青海省金矿成矿系列

QINGHAI SHENG JINKUANG CHENGKUANG XILIE

张勤山　王福德　李五福　乔建峰　等著

图书在版编目(CIP)数据

青海省金矿成矿系列/张勤山等著. —武汉:中国地质大学出版社,2022.12
ISBN 978-7-5625-5393-9

Ⅰ.①青… Ⅱ.①张… Ⅲ.①金矿床-成矿系列-研究-青海 Ⅳ.①P618.51

中国版本图书馆 CIP 数据核字(2022)第 158259 号

青海省金矿成矿系列		张勤山 等著

责任编辑:胡珞兰	选题策划:张 旭 段 勇	责任校对:何 煦
出版发行:中国地质大学出版社(武汉市洪山区鲁磨路 388 号)		邮编:430074
电　　话:(027)67883511	传　　真:(027)67883580	E-mail:cbb@cug.edu.cn
经　　销:全国新华书店		http://cugp.cug.edu.cn
开本:880 毫米×1230 毫米 1/16		字数:518 千字 印张:16.25 插页:1
版次:2022 年 12 月第 1 版		印次:2022 年 12 月第 1 次印刷
印刷:湖北新华印务有限公司		
ISBN 978-7-5625-5393-9		定价:128.00 元

如有印装质量问题请与印刷厂联系调换

序

青海省是我国矿产资源大省,截至目前已发现各类矿种 137 种,其中有 59 种储量居全国前十位。金矿是青海省优势矿种之一,也是重点进行勘查的矿种,金矿找矿所取得的丰硕成果有力支撑了青海省工业经济建设。近年来,地质工作者在金矿找矿上不断取得新认识、新发现、新突破,显示出青海省具有进一步寻找金矿的巨大潜力。"青海省金矿成矿系列"是青海省地质矿产勘查开发局在"青海省高端创新人才千人计划"(培养拔尖人才)基础上设立的综合性研究项目,作者通过对资料的系统收集、成矿认识的不断梳理、成果及时应用于生产等的凝练,以论著呈现给读者,其主要特点有以下 3 个方面。

(1)资料收集丰富,基础工作扎实。对与青海省金矿勘查历史、研究程度有关的资料进行了系统收集,针对滩间山金矿、五龙沟金矿、果洛龙洼金矿等典型矿床,通过最新测试分析成果综合研究后,提出了更加符合矿区实际的成矿特征、成矿作用。

(2)综合研究全面,分析总结系统。以成矿系列理论为指导,系统论述了青海省金矿成矿条件、成矿系列及时空分布规律,在此基础上,首次厘定青海省金矿成矿系列组 5 个、成矿系列 17 个、矿床式 20 个,总结出 4 个金矿成矿旋回和 5 个金矿主成矿期。

(3)成矿规律研究与地质找矿工作紧密结合,一是构建了典型金矿成矿模型点;二是用最新研究成果及时指导找矿实践,在柴北缘成矿带新发现了青山金矿、阿尔金成矿带交通社矿区金矿,找矿空间不断扩大,给读者留下了深刻印象。

总的认为,该书是对青海省金矿,特别是近 10 年的勘查成果进行的又一次系统的总结与理论提升,既有扎实的工作基础,又有对青海省典型金矿成矿作用认识的有益探讨,提出了金矿成矿系列理论,为今后深入青海省金矿研究奠定了基础,也为青海省金矿进一步找矿突破提供了新的理论依据。

借此专著出版之际,我向作者们表示祝贺,并对长期在青海从事金矿探索的地质工作者表示诚挚的敬意!

青海学者
李四光野外奖获得者
俄罗斯自然科学院外籍院士

2022 年 5 月 26 日

前 言

青海省幅员辽阔,但地处偏远、海拔高、气候恶劣,加之旧时交通不便、人烟稀少、经济落后,在19世纪中叶以前进行地质考察与调查的中外地质工作者极为罕见。中华人民共和国成立前,只有少数国内外学者进行过少量的零星地面调查,与金矿有关的调查有两项:一是1935年孙菽青调查了青海金矿,编写有《青海省门源化隆贵德三县金矿调查报告》;二是1943年刘海蓬和陆源对大通河、湟水流域金矿沿革及地质情况做过概括描述。中华人民共和国成立以来,青海省金矿勘查工作经历了3个阶段,找矿取得了重要突破,在各阶段均有重要矿床发现。

第一阶段,1949—1977年,砂金-岩金矿调查阶段。20世纪50年代末首先从砂金矿找矿勘查开始,80年代后砂金、岩金并存,90年代后岩金逐渐取代砂金。1958年青海省地质局成立,在此前后组建了两支砂金专业队:修沟地质队和祁连山地质队。1956—1961年间,青海进行第一轮砂金勘查,在北祁连、拉脊山两侧、赛什腾河、修沟、黄河流域等地区投入大量工作,找到一批像祁连县天朋河砂金矿和曲麻莱县大场砂金矿等矿床(点)。第二轮砂金找矿工作是在80年代中国西部找金热大潮下进行的,当时主要力量集中在青海南部地区长江、黄河上游水系,经过青海省第四地质队及其他地质队10多年的勘查,青海砂金找矿取得了显著成果,探明大型砂金矿床1处——称多县扎朵砂金矿床(1986年青海省第四地质队发现并评价),中型砂金矿床7处,分别为称班玛县吉卡砂金矿床(1979年青海省第四地质队发现,青海省第九地质队评价)、班玛县多卡砂金矿床(1980年青海省第四地质队发现并评价)、乐都区高庙砂金矿床(1984年武警黄金部队发现并评价)、玛多县柯尔咱程砂金矿床(1986年青海省第四地质队发现,青海省第三地质队评价)、曲麻莱县巴干砂金矿床(1988年青海省第四地质队发现并评价)、多县多曲砂金矿床(1989年青海省第四地质队发现并评价)、曲麻莱县白的口砂金矿床(1998年青海省第四地质队发现并评价)。

第二阶段,1978—2008年,岩金矿找矿阶段。1978年,青海省各地质局(队)以"富国兴业"为己任,陆续拉开了岩金矿找矿的序幕。从青海省第四地质队重建为金矿专业队起,首先在北祁连、拉脊山地区火山岩分布区进行勘查,随后扩展到西倾山及青海其他地区。经过近10年的奋战,发现并评价了泽库县夺确壳、化隆县天重峡等10多处矿床(点)。在后来的工作中,青海省地质矿产勘查开发局(原青海省地质局)其他地质队也不同程度地加入其中,对同仁县双朋西金矿床(1971年发现)、化隆县泥旦沟金矿床(1973年发现)、青海省有色地质矿产勘查局七队找到的门源县松树南沟金矿床(1978年发现)、青海省地球化学勘查技术研究院找到的甘德县东乘公麻金矿床(1986年发现)、青海省地球物理探查队找到的祁连县骆驼河金矿床(1988年发现)、青海省第五地质队找到的大柴旦滩间山金矿(1988年发现)等进行了评价。20世纪90年代,借助西部大开发战略转移的东风,随着微金分析技术的提高和化探找金技术的推广应用,青海省金矿勘查工作进入了一个快速发展的阶段,青海省所有的大型、超大型金矿都是这个时期发现的。相继评价了大柴旦镇滩间山金矿田(1988年青海省第五地质队发现,1991年后由青海省第一地质矿产勘查院为主体进行勘查)、都兰县五龙沟金矿田(1991年青海省地球化学勘查技术研究院、青海省第八地质队发现,之后由青海省第一地质矿产勘查院为主体进行勘查)、泽库县瓦勒根金矿床(1990年青海省地质矿产勘查开发局化探队发现,2002年之后由青海省第一地质矿产勘查院评价)、曲麻莱县大场金矿田等(1996年青海省第四地质队发现,2001年之后由青海省地质调查院、青海省第五地质矿产勘查院评价)。需要说明的是,青海省地球化学勘查技术研究院1989—1991年实施的"青海省东昆仑1:50万区域化探"项目,行政区划包括格尔木市、都兰县、曲麻莱县、玛多县,工作面积60 000km², 共圈定综合异常174处,确定找矿靶区74处。1998—1999年,青海峻田地球物理化学勘查股份有限公司在沟里地区开展了1:5万水系沉积物测量工作,圈出26处综合异常。这些项目的实施成果为青海省东昆仑地区的找矿工作尤其是金矿的找矿工作提供了依据。进入21世纪后,国家开展"国土资源大调查",青海省围绕重点矿集区开展了"1:5万矿产地质调查"工作。作为青海省的特色矿种、优势矿种的金矿找矿勘查工作依然是侧重点之一,又发现了都兰县沟里金矿田,先后评价了果洛龙洼金矿床、阿斯哈金矿床、玛多县坑得弄舍金多金属矿床等,同时,以往发现的矿田规模不断扩大,新的矿产地不断发现,如在大场金矿田新发现了扎家同哪金矿床、扎拉依金矿床、稍日哦金矿床等。随着以上成果的不断突破,各局属单位尽快实现了成果的转化,社会效益、经济效益明显提升。青海省地质矿产勘查开发局第一地质矿产勘查院,1992年与大柴旦镇人民政府合作成立了青海大柴旦金龙矿业开发有限公司,开始对滩间山地区金矿资源进行开发,2000年引进Sino Mining International Ltd.(澳华公司),至2016年净利润5.3亿元,现与银泰资源股份有限公司联合勘查开发;五龙沟金矿2006年开始筹建,现采矿生产能力达90万t/a。青海省有色地质矿产勘查局1994年成立了青海冶金地勘公司,对松树南沟金矿进行开发,2009年与山东黄金集团等成立了青海山金矿业有限公司,对沟里地区金矿进行勘查开发。青海省核工业地质局、兴海县源发矿业有限公司2010年左右先后对满丈岗金矿进行了勘查开发。其他单位同时期也进行了金矿区的联合勘查、转让,取得了较大的收益,为社会经济发展提供了金矿资源。

第三阶段,2008—2015年,岩金矿找矿突破阶段。为进一步加快地质勘查进程,实现地质找矿重大突破,提高矿产资源保障能力,青海省实施了"358"地质勘查工程,先后成立了5处以金为主的整装勘查区,统筹规划、统一部署、整装勘查。通过大规模投入、大兵团作战,实现了地质找矿重大突破,同时大幅度提高了地质工作程度和研究水平。其中青海省曲麻莱县大场金矿整装勘查区、都兰县沟里金矿整装勘查区通过与加拿大Inter-Citic公司、中国西部矿业集团有限公司、山东黄金集团有限公司等知名企业进行联合勘查,提升了矿床勘查研究程度,大幅度扩大了矿床规模,同时青海省人民政府引进武警黄金第六支队,在短短几年时间内,评价了甘德县东乘公麻金矿床、同德县加吾金矿床、门源县巴拉哈图金矿床等。

以上3个阶段的金矿勘查工作取得的丰硕成果,有力支撑了青海省经济建设,近几年又不断取得新发现,有些矿区甚至达到了中大型矿床规模,无论地表还是深部均显示了巨大的找矿前景,但也亟需深化对成矿规律的认识,以不断支撑找矿新突破。基于此,在"青海省高端创新人才千人计划"及青海省地质矿产勘查开发局、青海省第五地质勘查院的资助下,作者成立综合研究团队,以"青海省金矿成矿系列"为研究课题开展工作。主体思路是:以成矿系列理论为指导,以资料收集为基础,应用室内综合整理、综合研究和重点区域野外调研等手段,深入分析青海省成矿动力学演化过程,系统总结金成矿地质构造环境,深化金矿成矿作用研究,结合典型金矿床(点)地质背景、控矿因素、成矿年代及成因等特征建立青海省金矿成矿系列。

根据课题任务目标及设计书的总体要求,在青海省地质矿产勘查开发局技术专家指导下,通过3年时间选择了东昆仑夏日哈木—大干沟—益克郭勒地区、阿尔金交通社地区、柴北缘青山地区等13处重要区段,利用地质编录、剖面测制、样品采集进行了野外实地调查,室内开展了综合整理、分析、研究,完成了项目课题任务。完成的主要实物工作量:资料收集120份,代表矿床(点)调研13个,主量元素分析(硅酸盐)11件,稀土元素分析11件,微量元素分析11件,流体包裹体测温样品17件,流体包裹体成分分析17件,C、H、O、S稳定同位素测试17件,石英稀土同位素示踪13件,U-Pb(LA-ICP-MS)测年22件。取得了如下成果和认识。

(1)对青海省大地构造进行了系统梳理,将其划分为前南华纪基底演化、南华纪—泥盆纪原特提斯洋演化、石炭纪—三叠纪古特提斯洋演化、侏罗纪—白垩纪新特提斯洋演化、古近纪—第四纪高原隆升共5个阶段,并叙述了各阶段大地构造环境及演化基本特征。根据大地构造演化特征,梳理出前南华纪、南华纪—泥盆纪、石炭纪—三叠纪、古近纪—第四纪共4个金矿成矿旋回,前寒武纪(Anϵ)、早古生代(Pz_1)、晚古生代(Pz_2)、中生代(三叠纪)(Mz)、新生代(第四纪)(Cz)共5个金矿主成矿期。

(2)根据典型矿床的11个要素,按照5个金矿主要成矿期,梳理总结了青海省13个典型金矿床,其中前寒武纪典型金矿床2个,早古生代典型金矿床2个,晚古生代—早中生代典型金矿床5个,晚中生代典型金矿床2个,新生代典型金矿床2个。对西山梁、青龙沟、果洛龙洼等典型矿床成因、成矿时代进行了重新认识。

(3)首次较详细地划分了青海省金矿成矿作用,总结出蓟县纪陆缘裂谷环境沉积-热液叠加改造作用成矿、中寒武世—奥陶纪俯冲环境海相火山作用成矿、志留纪—泥盆纪碰撞造山环境岩浆作用成矿、二叠纪俯冲环境海相火山作用成矿、三叠纪碰撞造山环境岩浆作用成矿、三叠纪活动陆缘环境含矿流体作用成矿、第四纪青藏高原隆升环境机械沉积作用成矿7个主要成矿地质事件。

(4)首次对青海省金矿成矿单元和成矿系列进行了划分。在秦祁昆成矿域(I_1)、特提斯成矿域(I_2)两个一级成矿单元的基础上,将青海省金矿成矿单元重新划分为5个二级成矿单元,7个三级成矿单元,17个四级成矿单元。以此为基础厘定出青海省金矿成矿系列组5个,成矿系列17个,成矿亚系列19个,矿床式20个。

(5)丰富、佐证了志留纪—泥盆纪碰撞造山环境金矿成矿证据,新发现了早石炭世岩浆侵入作用成矿,并初步探讨了找矿前景。通过对五龙沟金矿、瓦勒根金矿、黑刺沟金矿、青山金矿、交通社金矿等开展典型矿床研究,基本查明了各典型矿床的成矿地质背景与矿床地质特征,提出了矿床成因认识,厘定了成矿时限。在青山金矿、交通社金矿,经系统的同位素样品测试,基本确定成矿年龄为(364.7 ± 5.3)Ma、$(438\pm4)\sim(433\pm2)$Ma。

(6)总结了青海省金矿成矿规律。在元古宙发现矿床(点)23个,资源储量106 318kg,占岩金资源储量的21.47%;寒武纪发现矿床(点)16个,资源储量3076kg,占岩金资源储量的0.62%;奥陶纪发现矿床(点)41个,资源储量29 628kg,占岩金资源储量的5.98%;志留纪发现矿床(点)13个,资源储量10 179kg,占岩金资源储量的2.05%;泥盆纪发现矿床(点)11个,资源储量568kg,占岩金资源储量的0.11%;三叠纪发现矿床(点)144个,资源储量345 703kg,占岩金资源储量的69.77%;石炭纪、二叠纪、侏罗纪各发现金矿床(点)1个、11个、1个,未求得资源储量;白垩纪、古近纪、新近纪未发现金矿床(点)。北祁连成矿带发现矿床(点)47个,岩金资源储量27 839kg,砂金资源储量3553kg;中南祁连成矿带发现矿床(点)43个,岩金资源储量6183kg,砂金资源储量2870kg;柴北缘成矿带发现矿床(点)37个,岩金资源储量92 169kg;东昆仑成矿带发现矿床(点)94个,岩金资源储量194 761kg,砂金资源储量33kg;西秦岭成矿带发现矿床(点)49个,岩金资源储量38 342kg;巴颜喀拉成矿带发现矿床(点)78个,岩金资源储量136 181kg,砂金资源储量28 319kg;三江成矿带发现矿床(点)13个,砂金资源储量1312kg。

(7)对制约青海省金矿找矿的核心问题进行了探讨。除特提斯成矿环境,大型矿田(床)内具有地层时代久、地层出露复杂、地层分布面积广、构造岩浆活动强烈的特点,显示成矿长期性特征,诸如五龙沟、青龙沟、果洛龙洼大型金矿单独地定在一个时期应该是有问题的,前寒武纪的成矿一定要加强研究。东昆仑成矿带是一个前寒武纪、志留纪—泥盆纪、三叠纪明显 3 期成矿作用复合叠加的成矿带,在其他的成矿带寻找相似环境可能性不大,应针对各带内独有的特点进行勘查。自北向南,海相火山作用成矿特点各异,柴北缘、西秦岭、阿尼玛卿成矿带研究薄弱但成矿条件佳,祁连、东昆仑成矿带海相火山岩调查力度不够,同时应注意与蛇绿岩的空间关系的分析。砾岩型金矿和陆相火山岩型金矿等新发现、新突破应加强重视。青海南部地区(特提斯成矿域)是将来大型、超大型矿床的基底。

在资料系统收集、野外实地调查、室内综合分析研究及参阅了大量文献的基础上,通过项目组全体成员的共同努力完成了本书的编写。本书共分 5 章,基础地质部分由青海省地质调查院李五福编写,矿产基础资料由王福德提供,乔建峰、田滔、何利、张金玲、石玉莲、朱明霞、杨占凤、孙婷婷、潘鑫进行了资料整理、图件制作和初步编写,张勤山统一修改、定稿,王瑾、潘彤、王秉璋、李东生、张爱奎、许光等专家进行了认真的审查,成文后青海省地质矿产勘查开发局总工程师潘彤为书作序,在此一并表示深深的谢意!

著者

2022 年 5 月 12 日

目 录

第一章 青海省成矿地质背景 (1)
- 第一节 前南华纪(约0.78Ga)地质 (4)
- 第二节 南华纪—泥盆纪(780～359Ma)地质 (6)
- 第三节 石炭纪—三叠纪(359～199.6Ma)地质 (10)
- 第四节 侏罗纪—白垩纪(199.6～65Ma)地质 (13)
- 第五节 古近纪—第四纪(65Ma至今)地质 (14)

第二章 青海省金矿成矿单元 (17)
- 第一节 祁连成矿省 (22)
- 第二节 柴周缘成矿省 (41)
- 第三节 西秦岭成矿省 (73)
- 第四节 巴颜喀拉成矿省 (83)
- 第五节 三江成矿省 (94)

第三章 青海省金矿典型矿床 (101)
- 第一节 前寒武纪金矿典型矿床 (101)
- 第二节 早古生代金矿典型矿床 (114)
- 第三节 晚古生代—早中生代金矿典型矿床 (124)
- 第四节 晚中生代金矿典型矿床 (150)
- 第五节 新生代金矿典型矿床 (163)

第四章 青海省金矿成矿规律 (171)
- 第一节 青海省金矿基本特征 (172)
- 第二节 青海省金矿时间分布规律 (174)
- 第三节 青海省金矿空间分布规律 (181)
- 第四节 青海省金矿成矿地质条件 (186)
- 第五节 青海省金矿主要成矿地质事件 (203)

第五章 青海省金矿成矿系列研究 (210)
- 第一节 成矿系列研究概况 (210)
- 第二节 青海省金矿成矿系列划分 (211)
- 第三节 青海省金矿成矿系列特征 (216)

结 语 (229)

主要参考文献 (232)

图　版 ……………………………………………………………………………………………………(241)
　　图版Ⅰ(五龙沟金矿) ………………………………………………………………………………(241)
　　图版Ⅱ(五龙沟金矿) ………………………………………………………………………………(242)
　　图版Ⅲ(五龙沟金矿) ………………………………………………………………………………(243)
　　图版Ⅳ(五龙沟金矿) ………………………………………………………………………………(244)
　　图版Ⅴ(满丈岗金矿) ………………………………………………………………………………(245)
　　图版Ⅵ(满丈岗金矿) ………………………………………………………………………………(246)
　　图版Ⅶ(大场金矿) …………………………………………………………………………………(247)
　　图版Ⅷ(大场金矿) …………………………………………………………………………………(248)
　　图版Ⅸ(大场金矿) …………………………………………………………………………………(249)

第一章　青海省成矿地质背景

中国大地构造研究的历史和发展与中国地质科学的发展紧密相连，大地构造形成演化与大地构造分区研究已有百余年的历史，涉及了不同的构造区域，划分了全国构造分区。对中国大陆地壳的形成与演化，不同学派、不同学者有不同的认识和划分方案。相对而言，以黄汲清先生等(1960,1977,1987)多旋回构造观、王鸿祯先生(1980,1981,1986,1990)大构造观、姜春发先生等(1992,1995,2000,2002)开合构造观和李春昱先生等(1980,1982)板块构造观为指导思想的大地构造划分方案，是集中国地质构造研究之大成，在全国大地构造研究过程中起指导作用，影响广泛且深远，更是青海省基础地质和构造演化研究的理论基础。

青海省内较系统、综合性的区域成矿地质背景研究或与之紧密相关的主要工作，起始于1975年。青海地质研究所张以弗等编制的1∶100万青海省构造体系及说明书，首次全面总结了青海省地质情况，为青海省成矿地质背景研究提供了基础依据。1985—1989年青海省地质矿产局完成的《青海区域矿产总结》，在深入总结成矿规律的基础上进行了成矿特征分析，对各主要成矿带进行了成矿预测，有效指导了20世纪80年代以来的地质找矿工作。1991年青海省区调综合地质大队完成的《青海区域地质志》以及相关地质图件，首次全面扎实地反映了青海省构造格架和地史演化特征，为区域成矿地质条件研究提供了第一手较全面的基础资料。2005年青海省地质调查院编制的青海省1∶100万大地构造图、地质图及说明书，为应用现代成矿理论进行成矿规律研究奠定了基础。2007—2013年，青海省地质矿产勘查开发局进行了青海省矿产资源潜力评价工作，编制了1∶100万大地构造相图及说明书，为青海省重要成矿区(带)地质找矿突破及矿床成因分析研究提供了翔实的资料基础。2014—2019年，青海省地质调查院编制了《中国区域地质志·青海卷》及系列地质图件，全面总结了近20年来青海省地质调查、矿产勘查及专题研究的最新成果，将青海省划分为秦祁昆造山系、康西瓦-修沟-磨子潭地壳对接带和北羌塘-三江造山系3个一级大地构造单元，阿尔金造山带、北祁连造山带、东昆北造山带等13个二级大地构造单元，阿帕-茫崖蛇绿混杂岩带、冷龙岭岛弧、鄂拉山岩浆弧等33个三级大地构造单元(地层区、构造岩浆岩带、变质带划分基本与大地构造单元划分范围一致)(图1-1，表1-1)，为"十三五"期间地质矿产勘查项目的开展和成矿地质背景研究提供了扎实的地质事实与理论依据。

2021年，青海省地质矿产勘查开发局编制的《中国矿产地质志·青海卷》，在大地构造特征梳理总结研究的基础上，结合《中国区域地质志·青海卷》和青海省的成矿区(带)划分方案(李金超等，2015；祁生胜，2015)，从青海省成矿规律出发，依据区域成矿的地质构造环境、矿床时空分布规律等，将区域成矿划分为5个演化阶段并进行了成矿地质条件分析。

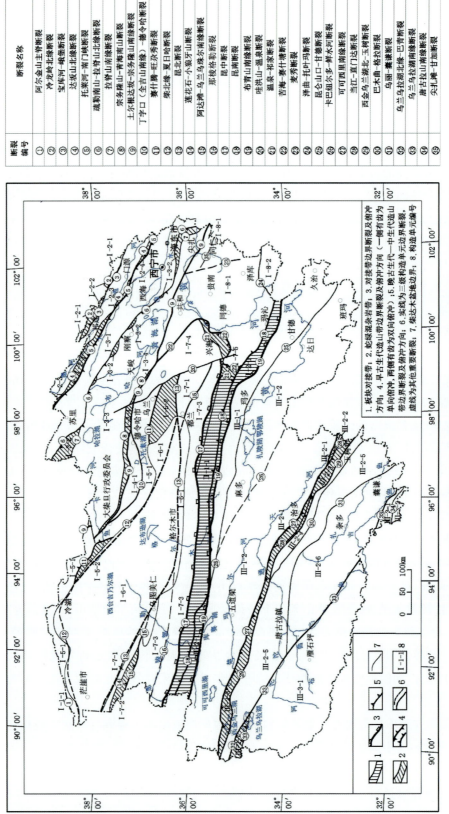

图 1-1 青海省大地构造单元及主要断裂分布图(据《中国区域地质志·青海卷》，2019)

表 1-1　青海省构造单元划分表(据《中国区域地质志·青海卷》,2019)

一级	二级	三级
秦祁昆造山系（Ⅰ）	阿尔金造山带（Ⅰ-1）	Ⅰ-1-1 阿帕-茫崖蛇绿混杂岩带（∈O）
	北祁连造山带（Ⅰ-2）	Ⅰ-2-1 宁禅弧后盆地（OS）
		Ⅰ-2-2 走廊南山蛇绿混杂岩带（∈O）
		Ⅰ-2-3 冷龙岭岛弧（O）
		Ⅰ-2-4 达坂山-玉石沟蛇绿混杂岩带（∈O）
	中南祁连造山带（Ⅰ-3）	Ⅰ-3-1 中祁连岩浆弧（OS）
		Ⅰ-3-2 党河南山-拉脊山蛇绿混杂岩带（∈O）
		Ⅰ-3-3 南祁连岩浆弧（OS）
		Ⅰ-3-4 宗务隆山陆缘裂谷带（CP_2）
	全吉地块（Ⅰ-4）	Ⅰ-4-1 欧龙布鲁克被动陆缘（∈O）
	柴北缘造山带（Ⅰ-5）	Ⅰ-5-1 滩间山岩浆弧（O）
		Ⅰ-5-2 柴北缘蛇绿混杂岩带（∈O）
	柴达木地块（Ⅰ-6）	Ⅰ-6-1 柴达木新生代断陷盆地
	东昆仑造山带（Ⅰ-7）	Ⅰ-7-1 祁漫塔格-夏日哈岩浆弧（OS）
		Ⅰ-7-2 十字沟蛇绿混杂岩带（∈O）
		Ⅰ-7-3 昆北复合岩浆弧（Pt_3、OS、PT）
		Ⅰ-7-4 鄂拉山岩浆弧（T）
		Ⅰ-7-5 苦海-赛什塘蛇绿混杂岩带（CP_2）
	西秦岭造山带（Ⅰ-8）	Ⅰ-8-1 泽库复合型前陆盆地（T）
		Ⅰ-8-2 西倾山-南秦岭被动陆缘（Pz_2Mz）
康西瓦-修沟-磨子潭地壳对接带（Ⅱ）	昆南俯冲增生杂岩带（Ⅱ-1）	Ⅱ-1-1 马尔争蛇绿混杂岩带（Pt_2、∈O）
	阿尼玛卿-布青山俯冲增生杂岩带（Ⅱ-2）	Ⅱ-2-1 马尔争蛇绿混杂岩带（CP_2）
北羌塘-三江造山系（Ⅲ）	巴颜喀拉地块（Ⅲ-1）	Ⅲ-1-1 玛多-玛沁前陆隆起（PT_{1-2}）
		Ⅲ-1-2 可可西里前陆盆地（T_3）
	三江造山带（Ⅲ-2）	Ⅲ-2-1 歇武(甘孜-里塘)蛇绿混杂岩带（T_{2-3}）
		Ⅲ-2-2 结古-义敦岛弧带（T_3）
		Ⅲ-2-3 通天河(西金乌兰-玉树)蛇绿混杂岩带（CP_2）
		Ⅲ-2-4 巴塘陆缘弧带（T_3）
		Ⅲ-2-5 沱沱河-昌都弧后前陆盆地（Mz）
		Ⅲ-2-6 开心岭-杂多陆缘弧带（$P_{1-2}T$）
		Ⅲ-2-7 乌兰乌拉湖蛇绿混杂岩带（T_{2-3}）
	北羌塘地块（Ⅲ-3）	Ⅲ-3-1 雁石坪弧后前陆盆地（T_3J）
		Ⅲ-3-2 北羌塘微地块（CT）

总体上，青海省位于青藏高原东北部、泛华夏陆块群的中西部、东特提斯的北部。显生宙以来处于劳亚大陆与冈瓦纳大陆之间，记录了古亚洲洋、特提斯洋的演化历程。在中国大陆地质演化和各大陆块群的沧桑巨变中，它是连接塔里木、华北、扬子等几大陆块的重要纽带，位于三大陆块的交会处，分属塔里木陆块区的南缘、扬子陆块区的西北缘、华北陆块区的西南缘，占据重要的位置。整体来看，青海省地处陆块区之间的造山带，以布青山南缘断裂为界，北部属于秦祁昆造山系，南部属于北羌塘-三江造山系。青海省及邻区地质作用记录表明，青海的板块构造体制始于前南华纪，大地构造格局成型于三叠纪。统一陆壳也是显生宙以来逐步形成的，主要经历了加里东期和海西-印支期两大构造阶段，自北而南由13条不同规模的蛇绿混杂岩带及与其配套的弧盆系构成了青海省构造格架。前南华纪是地史上十分重要的成矿期，大规模金矿床就出现在新太古代末期—古元古代，与绿岩带关系密切（陈毓川等，2007），青海省可追溯的西山梁小型金矿、果洛龙洼大型金矿、青龙沟大型金矿等，都与这一时期密不可分。南华纪随着罗迪尼亚超大陆裂解，青海省境内进入原特提斯洋演化阶段。中寒武世—奥陶纪进入俯冲造山过程，岛弧、陆缘弧等海相火山作用强烈，在北祁连、中南祁连造山带形成松树南沟、铜厂沟、槽子沟等海相火山岩型金矿。志留纪—泥盆纪青海省进入碰撞造山阶段，岩浆活动频繁，造山型金矿主要与中酸性岩浆作用有关。石炭纪—三叠纪为古特提斯洋演化阶段，在柴北缘造山带、东昆仑造山带以及三江造山带形成了我国十分重要的多金属成矿带，发现了一大批中大型多金属矿床，特别是晚三叠世以来碰撞及后碰撞造山过程中，在东昆仑和巴颜喀拉山北部地区形成了沟里和大场等金矿集区。侏罗纪主要为特提斯洋演化阶段，位于省外的新特提斯多岛洋打开，特提斯洋主域已移至省外青藏高原南部班公湖-怒江洋及雅鲁藏布江一带，青海北部为中低纬度温暖湿润的低海拔丘陵-平原，成为最重要的聚煤期，少见金的成矿。白垩纪新特提斯洋壳向北俯冲，并发生大规模的岩石圈拆沉和减薄，青海南部受远程效应影响，引发了大规模火山喷发，与该期岩浆作用有关的代表性矿产地有囊谦县冶金山铁矿床，但未发现金矿化线索。古近纪初，印度板块与欧亚板块初始碰撞，青海省南部受碰撞作用局部处于伸展阶段，三江造山带发育与花岗岩有关的多金属资源，如杂多县纳日贡玛钼铜矿床等。第四纪以来，青藏高原快速隆升，产出丰富的砂金资源。

第一节　前南华纪（约 0.78Ga）地质

青海省介于华北板块、塔里木板块和扬子板块三大板块之间，在 2500Ma 以前，地球经历了漫长而复杂的演化。大量的构造和岩石学研究成果表明，德令哈地区存在年龄大于 2500Ma 的太古宙岩石组分，证明新太古代—古元古代德令哈杂岩（表 1-2）是省内最古老的地质体。德令哈杂岩主要分布在柴北缘一带，为花岗质片麻岩-角闪斜长片岩-大理岩建造组合。花岗质片麻岩年龄为 2474～2430Ma/U-Pb（陆松年等，2002；陈能松等，2008；张建新等，2001），侵入其中的花岗伟晶岩年龄为（2427±41）Ma/U-Pb，表明德令哈杂岩形成时代应早于古元古代，具有太古宙的年龄信息。曾经可能是一些分散的古陆核，经壳幔物质添加形成初始地壳，经 2500Ma 左右的五台运动（第一次克拉通化），被长英质岩浆焊合为一体。

古元古代，原始中国古陆被一系列强大的北东向左行韧性剪切带所改造，并沿着这些韧性剪切带发生大规模的左行拆离，这一分裂活动形成大陆裂谷并逐步演化为被动陆缘。东昆仑苦海、年莫沙乃海一带变质基性岩墙群（2213Ma/Sm-Nd），柴北缘呼德生、醉马滩、沙乃亥地区及东昆北金水口一带古元古代变质侵入体（2348～2202 Ma/U-Pb），代表原始中国古陆裂解离散的构造热事件。经过漫长的沉积和火山作用，最终形成古元古代自北向南托莱南山群（2288～2002Ma）、化隆岩群（2600～1844Ma/U-Pb）、达肯大坂岩群（2318Ma/U-Pb）和金水口岩群（2229Ma/U-Pb）。主要为陆缘海或陆间海火山-碎屑沉积组合，斜长角闪岩-矽线（石榴）黑云斜长片麻岩-石榴奥长片麻岩夹白云岩组合、白云母（黑云）石英片岩

表 1-2 青海省岩石地层序列总表(据中国矿产地质志·青海卷, 2012)

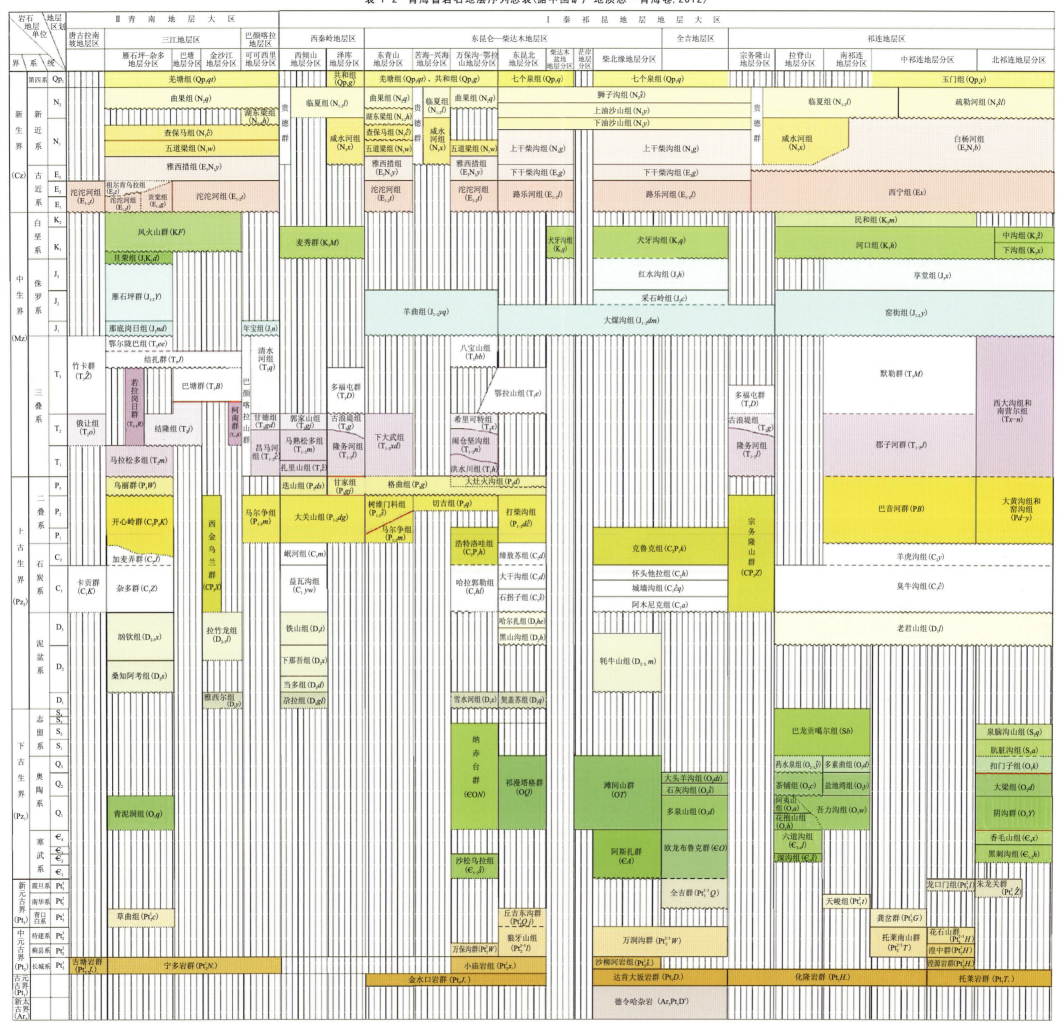

夹大理岩组合、斜长角闪岩-透辉(方解石)大理岩夹白云岩组合,原岩为砂泥质岩-中基性火山岩-镁碳酸盐岩岩系。后经吕梁运动区域动力热流变质作用形成以角闪岩相为主的中深变质岩。原始构造古地理为被动陆缘东浅西深的浅海相,沉降和堆积作用较强烈,形成较厚的碳酸盐岩-碎屑岩建造,构成了造山带的基底,碰撞造山期后以基底残块的形式出现于造山带中。古元古代漫长的沉积和火山作用及吕梁运动区域动力热流变质作用,形成了青海省Au元素的初始富集,柴周缘地区大型金矿田(床)的形成与其关系密切。

大约1600Ma,省内发生一期重要的构造运动(湟源运动),形成长城系湟源岩群与蓟县系湟中群之间不整合面。在挤压机制下,纵向构造置换强烈,形成一套以片麻理、片理为代表的弹塑性构造群落,代表着省内古大陆初步固结,形成结晶基底(第二次广泛克拉通)。长城纪出现以石英片岩为标志的一套稳定性沉积,形成湟源岩群、沙柳河岩组、小庙岩组、宁多岩群、吉塘岩群,以各类石英片岩为主,普遍夹大理岩和黑云斜长片麻岩绿帘角闪岩相岩石组合。长城系湟源岩群包括刘家台岩组($Pt_2^1 l.$)含碳质白云母(二云)石英片岩-石英二云(白云、绢云)片岩-绿泥片岩-镁质大理岩夹片麻岩组合和东岔沟岩组($Pt_2^1 d.$)(含石榴)更长(斜长)角闪片岩-含石榴白云母(二云)石英片岩-云母石英片岩、石英云母片岩夹大理岩和黑云斜长片麻岩组合。长城系沙柳河岩组($Pt_2^1 s.$)白云母石英片岩、含石榴白云母石英片岩、含石榴二云石英片岩、含绿帘石榴白云母石英片岩夹白云母变粒岩、含石榴绿帘角闪片岩,少量大理岩,经受高压变质作用,含大量榴辉岩、榴闪岩构造透镜体。长城系小庙岩组($Pt_2^1 x.$)石英岩、(含石榴)云母片岩、大理岩夹斜长角闪岩组合,原始构造古地理为一套基本稳定的被动陆缘沉积岩系。中元古界宁多岩群($Pt_2^1 N.$)黑云(石英)片岩、(十字、红柱石)黑云片岩-镁质大理岩变质岩石构造组合,原始构造古地理可能为一套被动陆缘火山-沉积岩系。吉塘岩群($Pt_2^1 J.$)石英片岩、大理岩、斜长角闪片岩组合,经动力热变质作用,达高绿片岩相-低角闪岩相。长城系均经受吕梁期动力热变质作用,形成以角闪岩相为主的变质杂岩,长城系与古元古界构成了青海省结晶基底,在地层后期断裂破碎带内发现了金矿床(点),但规模普遍不大。

蓟县纪开始随着刚性克拉通沿结晶基底中先存的北西西向(区域上还有北东向)弱化带裂解离散,省内出现基底盖层,至青白口纪汇聚重组,伴随古中国大陆最终固结,实现了第三次广泛的克拉通化。从全球尺度看,包括省区在内的古中国大陆可能成为罗迪尼亚超级大陆的组成部分(任纪舜,1999)。蓟县纪随着超大陆的裂解,青海北部出现裂解响应,柴北缘德令哈基性岩墙群、鹰峰环斑花岗岩组合均为这一时期的产物。在蓟县纪—待建纪,随着裂解作用的进一步加剧,出现了以蛇绿岩等为标志的有限洋盆,东昆仑清水泉地区的蛇绿岩(1372~1279Ma),以及蓟县系万保沟群[下部温泉沟组($Pt_2^2 w$)和上部青办食宿站组($Pt_2^2 q$)洋岛-海山(1348~1088Ma)等,可能共同组成了超大陆裂解相关的事件群。与之相伴随的沉积响应在省内主要为狼牙山组($Pt_2^{2-3} l$)碳酸盐岩沉积、托莱南山群[南白水河组($Pt_2^2 n$)、花儿地组($Pt_2^{2-3} h$)]、花石山群[克素尔组($Pt_2^{2-3} k$)、北门峡组($Pt_2^{2-3} b$)]碳酸盐岩沉积、湟中群[磨石沟组($Pt_2^2 m$)、青石坡组($Pt_2^2 q$)],以及万洞沟群($Pt_2^{2-3} W$)陆缘裂谷相沉积。南白水河组下部为杂色石英岩、变砂岩和粉砂岩、粉砂质板岩互层夹薄层灰岩;上部以灰色石英砂岩、石英岩与灰黑色中厚层结晶灰岩互层为主夹硅质岩。花儿地组由灰色、灰褐色微晶灰岩和硅质灰岩组成,为浅海内源碳酸盐岩沉积,原始构造古地理为浅海碳酸盐岩台地相。磨石沟组为(黑云母、绢云母、白云母)石英岩、(黑云母、绢云母)石英片岩夹(石榴)二云片岩组合,原始构造古地理为前滨相;青石坡组为泥岩、粉砂岩夹砂岩组合,原始构造古地理为远滨相。克素尔组为(鲕状)白云岩、结晶灰岩夹碎屑岩组合;北门峡组为(硅质)白云岩、白云质(灰岩)、砂岩夹硅质岩组合,二者原始构造古地理均为碳酸盐岩台地相。万洞沟群碎屑岩组为泥岩、粉砂岩夹砂岩组合,其环境为滨海相;碳酸盐岩组为石英、(白云石)大理岩、硅质白云岩夹石英砂岩、石英岩等组合,其环境为台地潮坪相。蓟县纪为陆壳裂张阶段,是被动大陆边缘发育的前身,经历了同期绿片岩相、中低压相系变质,并发育中等紧闭的线型褶皱,产出青龙沟金矿、果洛龙洼金矿等,矿体至今仍保留了原始褶皱形态。

青白口纪(1000~780Ma),进入汇聚重组阶段。在祁连、柴北缘、东昆仑等地区(野马咀-浪士当、曲库-塔湾-湟源、卡尔却卡-克合特)表现为以碰撞型花岗岩(1~0.9Ga)为主的岩浆岩侵位活动和绿片岩相变质作用的发生,以及以逆冲-走滑性质为代表的昆中大型变形构造带的形成,发育龚岔群(Pt_3^1G)、丘吉东沟组($Qbqj$)、草曲组(Pt_3c)等一套稳定性陆源碎屑-碳酸盐岩的盖层沉积,为早期洋陆演化阶段在地块边缘(托莱南山群)和地块内部(龚岔群)的海相沉积环境形成的被动陆缘建造组合,一般不含火山物质,经绿片岩相变质,变形也不强烈,并以盖层的形式出现在造山带中。丘吉东沟组内后期断裂破碎带发现金矿化。

第二节 南华纪—泥盆纪(780~359Ma)地质

南华纪随着罗迪尼亚超大陆裂解,原特提斯洋开启。随着裂解加剧,青海省自北至南出现了以达坂山、拉脊山、柴北缘和昆南洋为代表的有限洋,柴达木、东昆仑、中祁连、南祁连-全吉等板块是秦祁昆洋内相对稳定的地块。中寒武世始,大洋板块开始俯冲,青海北部处于活动大陆边缘,形成规模巨大的沟-弧-盆系,成矿作用与活动大陆边缘内的岛弧、陆缘弧和弧后盆地相关,形成了柴北缘地区热水喷流沉积型锡铁山铅锌(金)矿及祁连地区众多的海相火山岩型如松树南沟金矿等矿床。这一阶段,青海中部处于原特提斯大洋区,发现奥陶纪—志留纪驼路沟钴(金)矿。志留纪—泥盆纪青海北部的柴达木等诸陆块汇聚碰撞,形成柴北缘、东昆仑超高压变质带及与之相伴的金红石型钛矿床和造山型金矿。碰撞晚期地壳伸展拉张,幔源岩浆上涌,形成环柴达木周缘的志留纪—泥盆纪岩浆岩带与铜镍硫化物成矿带,近几年发现了与花岗岩类有关的岩浆热液型金矿。

南华纪—震旦纪中国大陆与西伯利亚大陆之间,以西萨彦-蒙古湖区蛇绿岩带为标志的第一代(元古宙)古亚洲洋诞生,同时在劳亚大陆与冈瓦纳大陆之间的古大西洋和"RHEIC"洋的基础上发展起来的原特提斯洋也开始扩张、裂陷,于是包括古中国大陆在内的罗迪尼亚超大陆已处于裂解离散状态。裂解事件的岩石记录在省内零零星星地保存在各个造山带或地块之中。全吉地块南华系—震旦系全吉群(Pt_2^{2-3})沉积序列及其大陆玄武岩系列[(738±28)Ma]指示的裂谷背景、天峻组陆缘裂谷环境的火山碎屑岩组合[(881~736)Ma]、朱龙关群陆缘裂谷环境的基性火山岩组合[(715~600)Ma],以及祁连南华纪与大陆伸展有关的玉石沟-野牛沟-柏木峡基性岩组合(746~675Ma/U-Pb),都可能是该阶段洋盆扩张的先声。随着裂解作用的加剧,在一些地块边缘出现了具洋壳特点的蛇绿岩。震旦纪开始,地球处于冰河时期,龙口门组冰碛砾岩、南华系—震旦系全吉群红铁沟组冰碛砾岩形成时代与区域上成冰期(850~630Ma)一致。全吉地块在青海省北部具有一定的特征性和代表性,该地块上发育了一套比较特殊的基本连续的南华系—奥陶系稳定型盖层沉积而备受人们的关注,称为欧龙布鲁克隆起,其中陆内裂谷建造组合及大陆玄武岩[(738±28)Ma],被认为是南华纪—震旦纪罗迪尼亚超级大陆裂解的岩石记录。天峻组(Pt_3^1t)为石英安山质(含角砾)岩屑凝灰岩-岩屑(沉)凝灰岩-流纹质玻屑(沉)凝灰岩夹变凝灰岩屑砂岩,快尔玛地区英安岩年龄740~736Ma/U-Pb,形成环境为大陆裂谷裂张早期,可能为超大陆裂解的产物。朱龙关群包括上部桦树沟组(Pt_3^1h)和熬油沟组(Pt_3^1a)。熬油沟组为板岩-灰岩夹中基性火山岩组合,碎屑岩具复理石沉积特点,火山岩同位素年龄值600~580Ma,形成于拉张环境深海—半深海盆地;上部桦树沟组由细碎屑岩和灰岩组成,古地理环境为陆缘裂谷。朱龙关群内发现了青海省最早的海相火山岩型金矿。震旦纪末兴凯运动(萨拉依尔运动,省内的欧龙布鲁克运动),省内主要表现为寒武系欧龙布鲁克群与全吉群之间呈平行不整合接触,以及柴北缘地区寒武系阿斯扎群与下伏地层的角度不整合,是一次微弱的造陆运动,变质、变形不明显,相伴的岩浆活动亦微弱,仅表现为轻微褶皱隆升,短时间的地层缺失,继而又强烈沉降,中国古陆块解体成泛华夏或古中华陆块群,尔后步入含板块构造的板缘变形阶段。

寒武纪，总体处于伸展、裂解构造背景，秦祁昆地区由一系列海底裂谷进化为多岛洋，形成以塔里木、扬子为代表的泛华夏陆块群。多岛洋主域内的洋盆发展不均一，以东昆南洋（原特提斯洋）的规模较大，发育时间较长，出现了MORS型蛇绿岩，分开了秦祁昆造山系和北羌塘-三江造山系。寒武纪—奥陶纪处于原特提斯洋南缘的三江—羌塘地区，由于地质记录残留甚少，构造演化过程尚不清楚。但据残留于宁多—勒通达一带的下奥陶统青泥洞组被动陆缘半深海浊积岩沉积及区域上昌都地区中奥陶世陆架碎屑岩和碳酸盐岩混合沉积分析，总体可能处于被动陆缘。中寒武世洋盆开始俯冲，由裂解离散转变为汇聚阶段，东昆中洋向北俯冲，在祁连（走廊南山、达坂山和拉脊山）、柴北缘、祁漫塔格产生了一系列弧后小洋盆，其蛇绿岩多为SSZ型。裂解导致的裂谷相双峰式火山岩建造，是铜铅锌（金）多金属矿产的含矿建造，如祁连铜厂沟多金属矿。金矿床（点）在空间分布上与蛇绿混杂岩紧密。走廊南山蛇绿岩呈北西-南东向带状断续展布，空间上自西向东分布在阿柔地区、莱日德大坂、盘坡羊肠子沟、冷龙岭地区直河一带。蛇绿岩分布严格受区域断裂控制，主要位于宝库河-峨堡断裂以北地区，断续出露长度200km左右。主要岩性为辉橄岩、纯橄岩、蛇纹岩、蛇纹石化橄榄岩（橄辉岩、辉橄岩）、斜方辉石岩、辉长岩、基性枕状熔岩等，与周围地质体均呈断层接触。区域上与甘肃省出露的九个泉、老虎山蛇绿岩属于同一个带，九个泉辉长岩年龄为490~448Ma/U-Pb（宋述光，1997，2001，2004，2007，2013），老虎山蛇绿岩上覆硅质岩中放射虫的时代为中晚奥陶世（张旗等，1997）。岩石总体具低SiO_2，贫TiO_2、Na_2O、K_2O、Al_2O_3，富MgO、FeO的特点；稀土总量较低，整体较亏损，表明源区为亏损地幔，轻、重稀土分馏较为明显。岩相学和地球化学研究表明北带的玄武质岩石地球化学上与现今的N-MORB类似（钱青和王焰，1999；钱青等，2001a，2001b；林宜慧等，2010），但岩石组合表明这些蛇绿岩组合形成于弧后拉张中心，属于与俯冲有关的SSZ型蛇绿岩。达坂山蛇绿岩从西段托勒地区疏勒山，经玉石沟、热水、达坂山至玉龙滩均有断续出露，以玉石沟、热水、达坂山、玉龙滩最具代表性，在省内呈两端窄、中间宽的纺锤状展布。蛇绿岩多呈断块、构造透镜体或构造岩片形式出现，与周围地质体呈断层接触，多受后期构造改造或被中生界—新生界覆盖。岩性主要有蛇纹岩、蛇纹片岩、方辉橄榄岩、纯橄岩、堆晶辉长岩、均质辉长岩、角斑岩、细碧质枕状熔岩及上覆硅质岩。通过近年来祁连地区区域地质调查和科研项目的实施，该带蛇绿岩获得了一批高精度的年龄值，辉长岩年龄为550~462Ma；硅质岩中获得放射虫组合所反映的时代为晚寒武世—奥陶纪，而放射虫*Anakrusa*则是早奥陶世的特征分子。总体来看，蛇绿岩形成时代为寒武纪—奥陶纪。对于该蛇绿岩前人研究程度较高，但也有不同的认识。一些学者认为熔岩Ti含量中等，REE为平坦型分布，具MORB特征（冯益民和何世平，1995；宋述光，1997）；还有一些学者研究认为稀土元素配分模式为轻稀土富集型，N-MORB标准化微量元素配分模式与典型的洋中脊玄武岩相似，暗示了玄武岩形成环境与扩张洋中脊有关（史仁灯，2005）。本次研究认为蛇绿岩中玄武岩为中Ti，高Mg，低K，富Na，为拉斑玄武岩系列，稀土总量不高，轻、重稀土元素分异明显，Eu未发生亏损，显微弱Ce负异常，特征与岛弧玄武岩特征一致；不相容大离子亲石元素Rb、Ba、K、U，及轻稀土元素La、Nb、Sm明显富集，高场强元素Sr、Zr、Nd相对亏损，与汇聚板块边缘喷发的岛弧玄武岩相似。通过以上研究认为，达坂山蛇绿岩为一套形成于寒武纪—奥陶纪与弧盆系相关的SSZ型蛇绿岩。拉脊山蛇绿岩自西向东均有出露，呈北西-南东向带状展布，主要分布于苏里—哈拉湖、木里、刚察、湟源、平安元石山、民和等地。可分东、西两段：西段主要分布在苏里—哈拉湖地区，东段主要分布在民和峡门地区。多呈断块或构造岩片形式出现，与周围地质体呈断层接触，多受后期构造改造或被中生界—新生界覆盖。由蛇纹石化辉橄岩、橄榄岩、橄榄辉石岩、角闪石岩、辉长岩、辉绿岩、（块状、枕状）玄武岩、硅质岩等组成。在该带蛇绿岩中获得了大批同位素测年值：苏里扎巧合地区辉长岩年龄为524~476Ma/U-Pb；木里地区错喀莫日南辉长岩年龄为(491.8±1.2)Ma/U-Pb；元石山辉长岩年龄为(525±3)Ma/U-Pb，辉绿岩年龄为(491.0±5.1)Ma/U-Pb；刚察种羊场玄武岩年龄为513~500Ma/U-Pb。整体来看，年龄主要集中在524~476Ma之间，形成于寒武纪—早奥陶世。党河南山-拉脊山蛇绿混杂岩带中的超镁铁质岩块及一些基性熔岩是否为蛇绿岩组分或为何种环境的蛇绿岩，存有争议（邱家骧等，1995）。本次研究认为，玄武岩为拉斑玄武岩系列，显示了富铁镁贫碱的特征。ΣREE在$(62.92~88.67) \times 10^{-6}$之间，比

N-MORB的稀土总量（$39.1×10^{-6}$）高，δEu介于0.68～0.93之间，具弱的负铕异常，说明岩石在熔融过程中经历了斜长石的分离结晶作用。La/Nb值和Y/Nb值的变化范围分别为1.06～3.37和1.47～4.66，其特征和岛弧玄武岩特征一致；不相容大离子亲石元素Rb、Ba、K、U，及轻稀土元素La、Nb、Sm明显富集，高场强元素Sr、Zr、Nd相对亏损，与汇聚板块边缘喷发的岛弧玄武岩相似。因此，党河南山-拉脊山蛇绿岩总体上具有与弧盆系相关的SSZ型蛇绿岩特征。柴北缘蛇绿岩呈不连续状分布，其中在绿梁山和哈莉哈德山最为集中。绿梁山蛇绿岩分布于石棉矿—黑石山一带。主要由蛇纹石化橄榄岩、蛇纹石化二辉橄榄岩、辉石橄榄岩、辉长岩、斜长花岗岩、辉绿岩岩墙、（块状）枕状玄武岩组成，均呈构造岩块产出，与围岩滩间山群、沙柳河岩组及达肯大坂岩群均呈断层接触，后期的构造作用导致了蛇绿岩的肢解、迁移和侵位。鱼卡沟辉长岩年龄为$(496.3±6.2)$Ma/U-Pb，太平沟辉长岩年龄为$(534.5±2)$Ma/U-Pb，玄武岩年龄为464.2Ma/U-Pb。哈莉哈德（沙柳河）蛇绿岩（$\in_3 O$）分布于沙柳河地区，呈长条状、透镜状产出，与其他地质体呈断层接触。主要由蚀变橄榄岩、金云母橄辉岩、蛇纹石化纯橄榄岩、辉长岩、斜长花岗岩、辉绿岩墙、蚀变玄武岩、细碧岩等组成，蛇绿岩的上覆沉积物为青灰色薄—中层状放射虫硅质岩。托莫尔日特斜长花岗岩年龄值为$(447±22)$Ma/Rb-Sr，都兰斜长花岗岩的变质年龄为$(443±1)$Ma/U-Pb，哈莉哈德山辉长岩的年龄值为$(470±2)$Ma/Rb-Sr，鱼卡河辉长岩年龄为496Ma/U-Pb。蛇绿岩组分的超镁铁质岩SiO_2含量小于40%，低钛、铝，富镁，贫碱，重稀土明显亏损，轻稀土分馏程度较低，显示弱铕正异常或弱铕负异常；辉长岩具有富Al、Ca，贫Fe、Ti的特征，常量元素与洋脊玄武岩的平均成分相近，稀土曲线呈平坦型，分馏程度较低，显示铕正异常，具有幔源分异产物特征，稀土曲线由下至上，正铕异常逐渐减弱，这是岩浆分异斜长石堆晶的结果。微量元素Nb、Ce、Zr、Hf、Ti、Sm、Yb等多数明显亏损，与过渡型洋脊玄武岩相似。综上所述，根据蛇绿岩地球化学特点及其产出部位，其形成于弧后拉张环境，应属于与消减作用有关的SSZ型蛇绿岩。祁漫塔格十字沟蛇绿岩主要分布于西段野马泉以西的阿达滩沟脑、十字沟、玉古萨依等地。岩石组合为蛇纹石化纯橄岩、蛇纹石化橄辉岩、辉长岩，非席状基性岩墙群，另在五道沟一带还见有枕状玄武岩和块层状玄武岩。呈大小不等、形态各异的岩块构造产出，与相近地质体均呈断层接触。蛇绿混杂岩普遍经受了后期构造改造，糜棱岩、糜棱岩化岩石发育。十字沟玄武岩年龄为$(468±54)$Ma/Sm-Nd；小西沟辉绿岩年龄为$(449±34)$Ma/Sm-Nd；盖依尔堆晶杂岩年龄为$(466±3.3)$Ma/Sm-Nd。玄武岩属于中高钾的钙碱性系列，La/Yb平均值为1.78，δEu平均值为1.31；辉长岩La/Yb值在1.31～3.94之间，δEu平均值为1.65。结合区域构造格局总体分析，蛇绿岩形成于弧后盆地环境，形成时代为寒武纪—奥陶纪。

晚寒武世—奥陶纪，开始了洋陆消减，步入了汇聚重组（洋-陆转换）构造阶段。大规模的俯冲消减发生在奥陶纪，在祁连、柴北缘、东昆仑出现了大量奥陶纪（481～440Ma）俯冲期TTG组合、GG组合、岛弧火山岩组合，另在北祁连、柴北缘形成了两条奥陶纪环太平洋型高压变质带，分别为北祁连清水沟-百经寺榴辉岩-蓝片岩高压变质带（480～463Ma/^{40}Ar-^{39}Ar、U-Pb）和柴北缘沙柳河含柯石英榴辉岩高压—超高压变质带（500～460Ma/U-Pb）。随着俯冲消减加剧，在中—晚奥陶世与早奥陶世之间发生了古浪运动，在祁连地区较为明显，有中奥陶统茶铺组角度不整合在下伏地层之上，上奥陶统药水泉组角度不整合在中奥陶统大梁组和茶铺组之上；区域上有甘肃古浪县古浪峡的上奥陶统与中奥陶统之间呈角度不整合接触。

奥陶纪岛弧火山岩组合有北祁连弧火山岩（阴沟群、扣门子组，495～466Ma/U-Pb）、柴北缘弧火山岩（滩间山群，486Ma/U-Pb）、昆北弧火山岩（祁漫塔格群，455～450Ma/U-Pb）等，均发现有重要的金矿床（点），与岛弧火山岩有关的金矿是青海省金矿的一种重要类型。阴沟群包括下火山岩组（O_1Y_1）、上火山岩组（O_1Y_3）和碎屑岩组（O_1Y_2），主要分布在黑河上游、瓜拉煤矿以及祁连山北坡和冷龙岭一带，与围岩多为断层接触，黑河上游、冷龙岭等地区见志留纪侵入岩，局部地区见石炭系臭牛沟组、中—新生界角度不整合覆于其上。其中下火山岩组以玄武岩、玄武安山岩、安山岩等熔岩为主；上火山岩组以火山碎屑岩为主，为一套夹凝灰岩、玄武岩、安山岩组合；碎屑岩组出露较少，为砂岩、页岩夹硅质岩组合。基性—中基性火山岩SiO_2含量在43.66%～53.95%之间，平均48.52%，大部分为拉斑玄武岩系列，少数在钙碱性系列中的样品靠近拉斑系列区,说明阴沟群基性—中基性火山岩有拉斑玄武岩系列与钙碱性系列两种类型。酸性火山岩 SiO_2 含量在 65.73%～69.76% 之间,平均 67.5%,均为钙碱性系列;显示大离子亲石元素 Rb、Ba 富集;高场强元素 Th、Hf、Ta 富集,Nb、Zr、Ti 亏损。稀土元素、微量元素特点与岛弧火山岩相似。扣门子组(O_3k)是一套以中性火山熔岩为主的玄武岩-安山岩-英安岩-流纹岩组合,主要分布在青羊沟、达坂山北坡以及珠固一带,中基性火山岩 SiO_2 含量在 50.51%～54.60% 之间,平均 53.25%,酸性火山岩 SiO_2 含量在 63.13%～79.68% 之间,平均 70.16%,岩石均以钙碱性系列为主。稀土总量中等偏低,铕异常不明显,弱正铕、负铕异常均有显示。显示大离子亲石元素 Rb、Ba、Sr 弱富集;高场强元素 Th、Hf、Ta 富集,Nb、Zr 亏损。稀土元素、微量元素特点与岛弧火山岩相似。同位素年龄在 495～466Ma 之间。总体上从早奥陶世至晚奥陶世安山岩组分不断增高,表明由不成熟岛弧向成熟岛弧演化的特点,并逐渐由拉斑系列为主演化为钙碱系列为主。柴北缘奥陶纪火山岩主要为滩间山群下火山岩组(OT_2)和玄武安山岩组(OT_4)。下火山岩组为一套安山岩、英安岩、流纹岩组合,SiO_2 含量在 62.37%～75.05% 之间,为钙碱性系列;玄武安山岩组为一套玄武安山岩、安山岩、玄武质集块岩组合,属钙碱性系列。在锡铁山地区滩间山群获得中酸性火山岩锆石 U-Pb 年龄为 (486±13)Ma(李怀坤等,1999),在托莫尔日特滩间山群火山岩 Rb-Sr 等时线年龄为 (450±4)Ma,在采石沟地区侵位于滩间山群的闪长岩中获得单颗粒锆石 U-Pb 年龄为 442～397Ma,时代厘定为奥陶纪。岩石稀土总量偏低,无明显的铕异常,微量元素显示大离子亲石元素 Rb、Sr、Ba 略富集,高场强元素 Th、Hf、Ta 富集,Nb、Zr、Ti、La 弱亏损,总体特征与岛弧玄武岩相似,形成于弧-陆主碰撞作用的岛弧构造环境。其中滩间山群下碎屑岩组(OT_1)、砾岩组(OT_3)和砂岩组(OT_5)与其相伴出露,下碎屑岩组为一套石英砂岩、砂质板岩夹结晶灰岩组合,为滨浅海环境;砾岩组和砂岩组为一套砾岩、含砾粗砂岩夹石英砂岩、粉砂岩组合,为滨浅海环境,属于弧后前陆盆地环境。祁漫塔格群火山岩组(OQ_2)是由祁漫塔格弧后洋盆向北俯冲而形成的弧形火山高地,岩石组合为安山岩、英安岩、流纹岩、(英安质)流纹质凝灰岩夹玄武岩组合。莲花石山地区流纹岩年龄为 (450.3±1.2)Ma/U-Pb,祁漫塔格地区玄武岩年龄为 (455±1.3)Ma/U-Pb。SiO_2 含量在 67.77%～77.29% 之间,属钙碱性系列;岩石稀土总量偏低,曲线平缓右倾,具明显的负铕异常;微量元素见明显的 Ba、Nb、Ta、Sr 负异常。祁漫塔格群火山岩在野马泉地区为碱性—亚碱性系列,那棱格勒地区以钙碱性中基性火山岩为主,有由南向北逐渐向成熟岛弧过渡的趋势。

奥陶纪侵入岩在北祁连与下奥陶统阴沟群呈断层接触,被早志留世花岗岩侵入,为一套与俯冲有关的 GG 组合,是祁连洋向北俯冲的产物。中南祁连高庙地区为一套俯冲环境下的 TGG 组合,刚察地区为一套俯冲环境下的 GG 组合,时代主要集中在 480～444Ma 之间,从 TTG 组合→GG 组合演化方向来看,其指示北祁连洋壳向南俯冲的极性。柴北缘奥陶纪侵入岩侵入于中元古界万洞沟群,与滩间山群呈断层接触,中—上泥盆统牦牛山组角度不整合其上,形成于俯冲环境,总体上靠海沟北侧分布,指示柴北缘的洋壳向北俯冲的极性。东昆仑奥陶纪侵入岩大多侵入于古元古界金水口岩群,形态很不规则,大体呈北东向延伸,近年来取得了一批高精度同位素资料,年龄介于 472～419Ma/U-Pb 之间,为岛弧环境的 TTG、GG 组合,与原特提斯洋向北俯冲有关。与奥陶纪侵入岩有关的金矿少量分布,个别地区形成矿床,如尼旦沟。

志留纪整体处于碰撞造山过程,海水向北退却,在构造反向期向南冲断负荷而形成构造挠曲类盆地沉积,涉及的地层单位有南祁连巴龙贡嘎尔组、北祁连肮脏沟组(S_1a)和泉脑沟山组(S_2q)。志留纪早期(439～416Ma/U-Pb),除东昆仑那棱格勒河以北地区仍发育俯冲型花岗岩外,省域大部分地区进入弧-陆、陆-陆碰撞阶段,青海省金矿重要的志留纪—泥盆纪碰撞造山作用成矿开始。在祁连、东昆仑发育(含白云母)强过铝质碰撞型花岗岩组合(435～417Ma/U-Pb)。在柴北缘、东昆仑地区出现了两条与大陆深俯冲有关的阿尔卑斯型高压—超高压变质带。其中柴北缘沙柳河一带含柯石英榴辉岩高压变质带[(423±7Ma)/U-Pb,Song et al.,2003],是典型的大陆型俯冲碰撞带;鱼卡河-胜利口-锡铁山超高压变质带变质温度为 550～750℃、610～830℃,压力为 2.3～2.7GPa、2.9～3.2GPa,原岩大多数可能为洋壳残片,部分为岛弧构造环境;东昆仑苏海图-温泉高压—超高压变质带(438~411Ma/U-Pb,与铜镍矿关系密切),高压变质的峰期时代为晚志留世—早泥盆世。志留纪侵入岩岩石组合为 $\xi\gamma+\eta\gamma+\gamma\delta+\delta o+\delta$ 和 $\gamma\theta+\pi\eta\gamma+\eta\gamma$。可以分为两类:一类岩石中 SiO_2 含量在 54.04%~74.61%之间,总体上 $K_2O<Na_2O$,富钠,为准铝质花岗岩,稀土总量中等,属于大陆边缘弧环境的 TGG、GG 组合;另一类岩石中 SiO_2 含量为 61.46%~74.71%,总体 $K_2O>Na_2O$,富钾,属强过铝质花岗岩,稀土总量中等,微量元素显示 Ba、Nb、Ta、Sr、P、Ti"谷"和弱的 Th、Nd、K"峰",为碰撞环境的花岗岩组合。从空间位置上来看,志留纪以格尔木市为界,东、西两段差异性明显:西段以那棱格勒河为界,北部整体仍处于俯冲消减阶段,南部则已进入碰撞阶段;东段以昆中断裂为界,北部整体亦处于俯冲消减阶段,南部则已进入碰撞阶段。从构造形迹来看,北西-南东向构造控制该期构造运动。

碰撞造山期的时限从早志留世一直延续到中泥盆世,随着一系列洋盆(或弧后洋盆)的关闭,在北祁连、拉脊山、柴北缘、祁漫塔格、东昆仑等地形成一系列碰撞造山带。早泥盆世,在祁连塔塔棱河、东昆仑滩北雪峰、中灶火-金水口、柴北缘野马滩等地区均出现了高钾钙碱性、高钾—钾玄质碰撞型花岗岩组合(410~374Ma/U-Pb),并在东昆仑发育雪水河组、契盖苏组高钾钾玄质碰撞型火山岩(418~397Ma/U-Pb),整体处于碰撞阶段。该时期与花岗岩类侵入作用有关的金矿是柴北缘、东昆仑地区重要的成矿类型,侵入岩分布于塔塔棱河、巴音山、菜挤河、阿卡托、大通沟南山、绿梁山东部大渔滩—胜利口一带,岩石组合为 $\gamma\pi+\xi o\pi+\eta\gamma\pi$ 和 $\xi\gamma+\eta\gamma+\gamma\delta+\delta o+\delta$,年龄值为 405~396Ma/U-Pb,属高钾钙碱性花岗岩组合,形成于汇聚、碰撞构造期。在整体挤压碰撞造山的环境中局部地区进入了伸展后造山环境,在东昆仑跃进山地区沿那棱格勒河断裂出现基性—超基性杂岩组合($\Sigma+\nu+\delta$,405Ma/U-Pb),形成局部伸展环境下幔源岩浆侵位。晚泥盆世广泛的加里东造山运动,主要表现在祁连地区上泥盆统老君山组(D_3l)一套陆相磨拉石建造角度不整合在下伏中志留统泉脑沟山组之上;柴北缘地区中—上泥盆统牦牛山组($D_{2-3}m$)不整合于奥陶系滩间山群之上;东昆仑地区上泥盆统黑山沟组(D_3h)不整合于奥陶系祁漫塔格群之上。从黑山沟组古生物组合时代来看,本次运动时限应在晚泥盆世早期(介于弗拉期和法门期之间)。这次运动,既是上一旋回的结束,又代表一个新的构造旋回的开始,代表祁秦昆多岛洋主域及北羌塘-三江被动陆缘结束发展。随着诸地块重新汇聚拼合,完成了大洋岩石圈构造体制向大陆岩石圈构造体制(板内伸展、陆内叠覆造山)的转变,包括省区在内的中国主体成为(北)大冈瓦纳大陆的组成部分。黑山沟组为海陆交互相环境的砂泥岩夹砾岩组合。泥盆纪火山岩层中少有金矿床(点)发现。

第三节 石炭纪—三叠纪(359~199.6Ma)地质

该阶段青海省进入区域上古特提斯洋演化阶段,古特提斯的裂解在省域主要体现在东昆南,同时在昆北-祁连-秦岭外围地区也有响应。随着裂解作用的增强,石炭纪—中二叠世出现了一系列小洋盆,洋盆的发展不均一,除阿尼玛卿洋规模较大、发育时间较长,出现了一些 MORS 型蛇绿岩外,余者均为汇聚阶段的弧后小洋盆。至此,青海北部发育陆表海,生物群繁盛,以无脊椎动物为主,主要为珊瑚、腕足类,其次为蜓。大规模的俯冲消减发生在二叠纪,在东昆仑、西秦岭出露了与俯冲有关的高镁—镁闪长岩组合、TTG 组合、GG 组合(280~252Ma/U-Pb),与之相应在上述地区出现了岛弧火山岩组合。

石炭纪—二叠纪,青海北部除宗务隆山裂谷外,整体处于陆缘海环境,缺乏火山活动,但碳酸盐岩为主的滨浅海相地层分布十分广泛,变形微弱。青海南部以阿尼玛卿洋和金沙江洋为代表的古特提斯洋处于鼎盛时期,洋中脊形成了与洋底热水沉积相关的德尔尼铜钴矿床。二叠纪晚期至晚三叠世早期,古特提斯大洋岩石圈板块向北、南两侧的大陆地壳之下俯冲,北部东昆仑地区形成了规模巨大的晚二叠世—晚三叠世岩浆弧,南部形成了开心岭-杂多陆缘弧。在东昆仑,洋壳俯冲作用形成的壳幔混合型岩浆岩带来了巨量的金属元素,形成了我国十分重要的多金属成矿带,在这一成矿带内发现了一大批大型—超大型多金属矿床。晚三叠世，古特提斯大洋消失，海水退至唐古拉山脉及以南广大区域。青海中部板块碰撞及后碰撞造山过程中，在东昆仑和巴颜喀拉山脉北部地区形成了五龙沟、沟里和大场等金矿集区。

北祁连地区主要表现为宁缠河碳酸盐岩陆表海（C_1）、大黑鹰沟-金洞沟口海陆交互陆表海（C_2），二叠纪地壳上升，海水完全退出北祁连地区，结束了北祁连地区海相沉积的历史，三叠纪形成坳陷盆地。中南祁连石炭纪—三叠纪发育一系列海相和海陆交互相陆表海沉积建造组合，是陆内发展（盆山转换）阶段的产物，并以盖层出现于造山带中，晚古生代—中生代晚期—新生代形成了一系列不同规模、不同成因的盆地，是砾岩型金矿、砂金矿良好的赋矿层位。宗务隆山此时为陆缘裂谷带，呈北西西向展布于宗务隆山—夏河甘加一带，介于宗务隆山北缘断裂和宗务隆山南缘-青海南山断裂之间，西端尖灭于鱼卡河一带，东端于天峻县纳尔宗尖灭，是叠加于中南祁连弧盆系之上的由大洋岩石圈转化为大陆岩石圈后的裂谷，也有学者（江新胜等，1996）将其作为插入秦祁昆造山系的古特提斯洋，普遍发生绿片岩相变质，发育紧闭线型褶皱，局部褶皱具有明显的圈闭端，总体具有过渡型褶皱特征，早期以逆冲型韧性剪切变形为主，晚期以走滑型韧性剪切变形为主；三叠系主要有古浪堤组（T_2g）和隆务河组（$T_{1-2}l$），总体表现为一种抬升的侵蚀带，与下伏地层为不整合关系。

柴北缘主要表现为上叠盆地发育，是叠加于岩浆弧之上的陆表海盆地，形成于陆内发展阶段，有牦牛山南坡海陆交互陆表海（C_1）和碳酸盐岩陆表海（C_1P_1），见阿木尼克组（C_1a）海陆交互相环境的砂泥岩夹砾岩组合、城墙沟组（C_1cq）开阔台地环境的碳酸盐岩组合、怀头他拉组（C_1h）陆源碎屑-碳酸盐岩组合和克鲁克组（C_2P_1k）局限台地环境的碳酸盐岩组合，总体为稳定分布的滨浅海沉积建造系列，沉积厚度变化小，浅水标志的层理和层面沉积构造发育，产各类陆相和滨浅海相生物化石，以高能演化为主，海进和海退频繁发生。

东昆仑受古特提斯洋向北俯冲影响，发育海西-印支期弧岩浆，主要分布在卡尔却卡、中灶火、克合特、那棱格勒河南一带。岩石中SiO_2含量在66.71%～73.25%之间，K_2O/Na_2O值平均1.35，具富K、贫Na的特征，属于准铝质钙碱性系列；稀土总量偏高，轻稀土强烈富集，重稀土亏损，δEu平均值为0.38，具有强Eu负异常；微量元素Ba、Ta、Sr、P、Ti相对亏损，其他相对富集。整体为一套与俯冲有关的TTG、GG组合，其中卡尔却卡-中灶火为与俯冲有关的高镁—镁闪长岩组合，具有初始弧特征。与之相应的火山弧涉及的地层单位为切吉组（P_2q）、鄂拉山组（T_3e），鄂拉山组内发现了省内唯一的满丈岗陆相火山岩型大型金矿。中二叠统切吉组呈残留体或断片形式零星分布于哇玉滩和切吉水库等地，岩石组合为安山岩、玄武安山岩及安山质凝灰熔岩，属钙碱性系列。上三叠统鄂拉山组分布于格尔木—切让—水塔拉等地，岩石组合为安山岩、英安岩、流纹岩组合，火山岩以出露面积大、沉积夹层少、熔岩组分高为主要特征，属高钾钙碱性系列，壳源型，陆缘弧环境。在河卡山一带还出露洪水川组（T_1h）滨浅海环境的砂泥岩、砾岩夹火山岩组合，闹仓坚沟组（$T_{1-2}n$）陆源碎屑-碳酸盐岩组合和希里可特组（T_2x）滨浅海环境的砂泥岩、砾岩夹火山岩建造组合，其动力学背景与赛什塘-兴海碰撞造山带的北西向冲断荷载有关。在苦海—赛什塘一带发育一套蛇绿岩，为北东向的向南东方向凸出的弧形构造带，由于后期洼洪山-温泉右行走滑断裂和昆中断裂的切错，其错位成明显的北东和南西两段，介于温泉-祁家断裂和苦海-赛什塘断裂之间，形成环境为与俯冲有关的小洋盆（弧后盆地、边缘海），具有SSZ型蛇绿岩特征。

秦岭造山带在青海省内自泥盆纪起处于被动陆缘，以陆棚碳酸盐岩台地（D_1T_1）和台地斜坡（T_{1-2}）为主。宗喀恰-纳日德陆棚碳酸盐岩台地（D_1T_1）呈北西西向展布于达日宗喀恰—纳日德一带，涉及的地层单位有尕拉组（D_1gl）、当多组（D_2d）、下那吾组（D_2x）、铁山组（D_3t）、益瓦沟组（C_1yw）、岷河组（C_2m）、大关山组（$P_{1-2}dg$）、迭山组（P_3ds）及扎里山组（$T_1\hat{z}$）。由于受南侧阿尼玛卿洋向北俯冲作用所导致的弧后扩张效应影响，二叠纪及三叠纪早期发育俯冲-碰撞期的侵入体。

巴颜喀拉地区在三叠纪为前陆盆地,呈北西西向展布于可可西里—巴颜喀拉一带。北以布青山南缘断裂西段至昆仑山口-甘德断裂为界分别与马尔争蛇绿混杂岩带和玛多-玛沁前陆隆起毗邻;南以可可西里南缘断裂为界与通天河(西金乌兰-玉树)蛇绿混杂岩带及歇武蛇绿混杂岩带分开。涉及的地层单位有昌马河组($T_{1-2}c$)、甘德组(T_2gd)和清水河组(T_3q),三者为连续沉积。昌马河组可以划分出两个建造组合,即砂岩夹板岩段半深海浊积岩(砂砾岩)组合和砂板岩互层段半深海浊积岩(砂板岩)组合。甘德组为陆源碎屑浊积岩组合。清水河组可以划分出两个建造组合,即砂板岩互层段半深海浊积岩(砂板岩)建造组合及砂岩夹板岩段滨浅海(局部为海陆交互相)砂泥岩组合。昌马河组和清水河组砂板岩互层段,发育不同类型的鲍马序列,具浊积岩特点。在蛇形沟一带测得270°和40°两组古水流向,反映具有南、北两个物源区特点。地层厚度空间变化显示具有北薄南厚的楔形体(尤其清水河组)。该盆地具有早期复理石、晚期海相磨拉石前渊盆地双幕式充填序列特征,是青海省特色的含矿流体作用浅成中低温热液型金矿的分布区,如大场金矿田。

三江地区受古特提斯洋向南俯冲影响,形成西金乌兰湖蛇绿岩,是西金乌兰-金沙江-哀牢山结合带的西延。以东段的玉树地区和西段的西金乌兰地区出露面积最大,中段露头变窄消失,形成环境为与俯冲相关的构造环境,形成时代为石炭纪—中二叠世,属于弧盆系体系的SSZ型蛇绿岩。与俯冲有关的火山弧主要为开心岭群诺日巴尕日保组火山岩段,与下伏碎屑岩段及上覆九十道班组均为整合接触。岩浆弧主要在东莫扎抓一带发育,侵入于杂多群和诺日巴尕日保组中。康青赛地区石英闪长岩年龄为254~247Ma/U-Pb,东莫扎抓发育中三叠世花岗岩,扎西地玛涌-苏鲁发育晚三叠世花岗岩,均为钙碱性系列,为俯冲期花岗岩组合。弧后盆地呈北西西向分布于达哈贡玛—日阿涌一带,主要为开心岭群诺日巴尕日保组($P_{1-2}n$)碎屑岩段、九十道班组(P_2j)、乌丽群那益雄组(P_3n)和拉卜查日组(P_3l)。

北羌塘石炭纪为陆缘裂谷(C_1),呈断块状北西西向分布,表现为卡贡群日阿则弄组(C_1r)一套滨浅海环境砂泥岩、砾岩夹火山岩建造组合。据西藏自治区地质调查院(2007)介绍,火山岩以玄武岩为主,部分基性火山角砾岩、蚀变基性岩屑凝灰岩,为拉斑玄武岩系列,其中大部分显示低K中Ti,Na/K值高的特点,具大洋拉斑玄武岩性质;稀土总量低,轻稀土不富集,Eu弱亏损。所夹碎屑岩具浊流沉积特点,为形成于拉张环境初始洋壳的产物。其外在君达、色加改一带发育陆缘斜坡(C_1)卡贡群马均弄组(C_1m),具深海千枚岩-板岩-杂砂岩夹灰岩建造组合。三叠纪有火山活动,巴钦组(T_3bq)与下伏中三叠统俄让组为整合接触,大部分地区超覆不整合在下石炭统卡贡群之上,为火山弧安山岩-英安岩-粗石岩-流纹岩建造组合,高钾钙碱性火山岩,海相喷溢相—爆溢相,形成环境为后碰撞。三叠纪沉积地层主要是结玛组(T_3jm)和俄让组(T_2e)。

上述事实表明,晚二叠世古特提斯洋还没有最终消亡,潘基亚(Pangea)大陆在动力学上没有达到焊合为一体的程度,其内部仍存在一些被陆块围限或堵塞的残留洋,其中在治多县查涌地区发育的MORS型歇武蛇绿岩,可能代表古特提斯洋的残余。早中三叠世为古特提斯洋衰退进入残留洋演化的时期,之前的洋脊可能虽已消亡,但残留的洋壳仍在继续俯冲消减,省内发育两条SSZ型蛇绿混杂岩带,分别为歇武蛇绿混杂岩带和若拉岗日蛇绿混杂岩带,即歇武洋(甘孜-理塘洋)和若拉岗日洋。与此同时,在柴北缘丁字口、生格、尕海等地区,东昆仑祁漫塔格、鲁木切、青根河等地区,三江扎日加、玉树等地区,均出现了中晚三叠世俯冲型花岗岩(245~215Ma/U-Pb),并在三江玉树出现了相应的火山弧(巴塘陆缘弧)。祁连造山带三叠纪侵入体主要分布在常牧、刚察东、巴彦塘、龙羊峡一带,岩石以富含SiO_2、Al_2O_3、K_2O为特征,普遍含闪长质同源包体,偏铝—过铝质高钾钙碱性系列,壳幔混合源型,为一套碰撞型花岗岩组合。其外在同仁形成一些火山盆地,涉及的地层单位为日脑热组(T_3r)和华日组(T_3h),形成于陆内发展(盆山转换)阶段,属造山带内拉张型山间盆地,为陆相火山-沉积组合,或称火山-沉积断陷盆地,盆地边缘受南北向断裂控制,变形微弱。东昆仑造山带在青根河、都龙—虽根尔岗、加当根一带出露一套晚三叠世侵入岩,岩石组合为$\xi\gamma+\eta\gamma+\pi\eta\gamma+\gamma\delta$,显示富钾特征,属弱过铝质钙碱性系列,具有Eu负异常,微量元素曲线呈右倾的锯齿状型式,出现Ba、Nb、Ta、Sr、P、Ti负异常和Zr、Hf正异常,为一套与俯冲有关的GG组合。

晚三叠世早期发生一次强烈的构造事件,发育了广泛的角度不整合。省内主要表现在三江地区上三叠统甲丕拉组[火山岩年龄(219.9±1.6)Ma/U-Pb,生物化石时代主体在卡尼(Carnian)期,最晚诺利(Norian)期]角度不整合在上三叠统巴塘群(火山岩年龄 230～213Ma/U-Pb,生物化石时代主体卡尼期)之上。该运动时限为晚三叠世卡尼期晚期,表明古特提斯洋于此时结束发展。伴随这次运动,在晚三叠世卡尼期(232～217 Ma/U-Pb),柴北缘哈莉哈德山、东昆仑黑山、西秦岭新街等地区出现了一套高钾—钾玄质、高钾—钙碱性碰撞型花岗岩组合。它不仅使省区主体已由大洋岩石圈构造体制转变为大陆岩石圈构造体制,主洋域已南移至班公湖-怒江部位,而且也完成了全区乃至泛华夏陆块群的最终拼合,至此,各陆块在动力学上才完全达到焊合为一体的程度。

第四节 侏罗纪—白垩纪(199.6～65Ma)地质

侏罗纪南青海省主体进入陆块间强烈的陆内叠覆造山阶段,北中国板块于此时进一步受到陆内叠覆造山(走滑造山、推覆造山、隆升造山)的改造,经多旋回缝合作用,最终使南、北中国板块焊合为一体。这种陆内叠覆造山的动力根源可能归结于新特提斯洋扩张的远程效应。该陆内造山阶段又称陆内叠覆造山阶段,为青海省地质构造发展的重要陆内造山、成矿阶段,主要表现为陆内盆山格局的形成。受工作程度的影响,仅在侏罗系中发现了含矿流体作用矿点,但青海南部地区强烈的构造岩浆活动和广泛发育的浊流岩沉积,具备寻找金矿的条件。

侏罗纪—白垩纪主要为新特提斯洋演化阶段,在古特提斯残留洋收缩、消亡、造山的同时,位于省外的新特提斯多岛洋打开,新特提斯洋主域已移至省外青藏高原南部班公湖-怒江洋及雅鲁藏布江一带。侏罗纪新特提斯洋形成,省内伴有伸展环境下钙碱性花岗岩产出,如东昆仑滩北雪峰、野马泉地区基性岩墙群及高分异花岗岩组合(199～198Ma/U-Pb)。滩北雪峰西北角发育的基性岩墙,侵入于早期花岗岩、奥陶系祁漫塔格群碎屑岩组中,滩北雪峰辉绿岩年龄为(192±0.9)Ma/U-Pb,形成于陆内发展构造阶段,陆内叠覆构造期。另外在景忍、野马泉-小灶火、察汗乌苏等地区出露侏罗纪侵入岩,呈不规则椭圆状条带岩株侵入于上三叠统鄂拉山组及更老地层中,岩石具有高 Si,贫 TiO_2、MgO、MnO、P_2O_5,富 K_2O、Na_2O 的特点,为典型的富钾岩石,属于偏铝—弱过铝质钙碱性—碱钙性岩系列,形成于造山后的伸展环境。中晚侏罗世—早白垩世新特提斯洋发育成熟,省内形成了雁石坪群弧后前陆盆地海相沉积,伴有碰撞环境下的强过铝花岗岩组合(169～167Ma/U-Pb),发现了全省唯一产于侏罗系的金矿点(加布陇贡玛金矿点)。

白垩纪印度洋的强烈扩张和印度板块的快速向北漂移,促使新特提斯洋开始俯冲消减,一系列弧盆系形成。受其远程效应影响,总体上已经焊合为一体的包括省区在内的中国大陆,受强烈的改造而进入陆内叠覆造山阶段,同时伴有陆壳加厚背景下的岩浆底侵,青藏高原开始逐渐形成(李廷栋,2010),从此青海省构造格局转换为陆内造山阶段,全面结束海相沉积。省内北部处于强烈的陆内叠覆造山阶段,主要表现为3个科帕型山体和2个盆地(东昆仑山、祁连山、北山、柴达木盆地、河西走廊盆地)的盆山构造格局雏形萌生,麦秀地区形成唯一的陆内裂谷碱性火山岩(112Ma/U-Pb)。南部在巴颜喀拉、开心岭—杂多等地区,形成了风火山群前陆盆地沉积,晚白垩世在唐古拉山口、龙亚拉、木乃及昂普玛等地同时伴有碰撞环境下的高钾—钾玄质花岗岩组合(79.5～66.1Ma/U-Pb)。晚白垩世苏鲁-陇仁达为一套与碰撞有关的高钾钙碱性花岗岩组合(93.6Ma/K-Ar)。木乃地区发育晚白垩世花岗岩,为一套与碰撞有关的高钾花岗岩组合(79～69Ma)。

此时青海北部进入陆相沉积。北祁连主要为侏罗纪断陷盆地和白垩纪拉分盆地。侏罗纪断陷盆地零星分布于走廊南山,出露面积较小,沉积下—中侏罗统窑街组($J_{1-2}y$)湖泊相砂砾岩-粉砂岩-泥岩组合及含煤碎屑岩组合和上侏罗统享堂组(J_3x)湖泊相砂岩-粉砂岩组合。白垩纪拉分盆地集中分布在托莱山以东黑河上游流域,沉积下白垩统下沟组(K_1x)湖泊相砂岩-粉砂岩组合和中沟组(K_1z)砂砾岩-粉砂岩-泥岩组合。中南祁连主要为热水断陷盆地(J_{1-3})和西宁压陷盆地(JN)。热水断陷盆地分布于中祁连东段热水一带,沉积窑街组沼泽环境的含煤碎屑岩组合和享堂组湖泊环境的砂砾岩、粉砂岩、泥岩组合。西宁压陷盆地夹持于托莱河-南门峡断裂和疏勒南山-拉脊山北缘断裂之间,向东与民和盆地连通,严格来说应称西宁-民和盆地或西宁-兰州盆地,沉积窑街组沼泽环境的含煤碎屑岩组合,河口组(K_1h)河流环境的砂砾岩、粉砂岩、泥岩组合,民和组(K_2m)湖泊环境的砂砾岩、泥岩组合,西宁组(Ex)河湖环境的砂砾岩、粉砂岩、泥岩组合,临夏组(N_2l)湖泊三角洲环境的砂砾岩、粉砂岩、泥岩组合等。柴北缘主要为清水沟断陷盆地(J),分布于西端清水沟—红石堡一带,形成于陆内发展(盆山转化)构造阶段,由大煤沟组($J_{1-2}dm$)河湖环境的含煤碎屑岩组合,采石岭组(J_2c)湖泊环境的砂砾岩、粉砂岩、泥岩组合,红水沟组(J_3h)湖泊环境的泥岩、粉砂岩组合组成,三者连续沉积,基本未变质,变形微弱,仅有轻微褶皱和掀斜。柴达木盆地接受大煤沟组河湖环境的含煤碎屑岩组合和犬牙沟组(K_1q)湖泊环境的砂砾岩、粉砂岩、泥岩组合等的沉积。泽库复合型前陆盆地发育1个断陷盆地和1个拉分盆地。共和断陷盆地除盆地东部边缘及西段北缘残留有侏罗系、白垩系、古—新近系及盆地内零星分布有下更新统之外,盆地本部多被中更新世以来的松散堆积物覆盖。涉及的地层单位有羊曲组($J_{1-2}yq$)、多禾茂组(K_1d)、万秀组(K_1w)、西宁组(Ex)、咸水河组(N_1x)、临夏组(N_2l)和共和组(Qp_1g)。羊曲组为河湖相含煤碎屑岩组合;多禾茂组为水下扇砂砾岩夹火山岩组合;万秀组为水下扇砂砾组合;西宁组为湖泊砂砾岩、粉砂岩、泥岩组合;咸水河组为水下扇砂砾岩组合;临夏组为湖泊泥岩、粉砂岩组合;共和组为湖泊泥岩、粉砂岩建造组合。多禾茂拉分盆地(J_2N_2),总体呈北东向展布于刚察—军功一带。涉及的地层单位有多禾茂组、万秀组、西宁组、咸水河组及临夏组。多禾茂组为水下扇砂砾岩夹火山岩组合;万秀组为水下扇砂砾岩组合;西宁组为湖泊砂砾岩、粉砂岩、泥岩组合;咸水河组为水下扇砂砾岩组合;临夏组为湖泊泥岩、粉砂岩组合。阿尼玛卿-布青山俯冲增生杂岩带侏罗纪进入陆内演化阶段,形成了侏罗纪大平沟-下勒可特里断陷盆地(J_{1-2}),局限于大平沟、下勒可特里等地,涉及的地层单位为羊曲组,为河湖相含煤碎屑岩组合。形成于陆内发展阶段,是造山带内拉张型山间盆地。盆地边缘受断陷控制,或北断南超,或南断北超,多不对称。巴颜喀拉地块侏罗纪发育年宝断陷盆地(J_1),零星分布于该单元东端年宝玉则和西端煤矿沟等地,由年宝组(J_1n)构成,为一套河湖环境的砂泥岩、火山岩夹煤层建造组合。三江造山带发育侏罗纪、白垩纪弧后前陆盆地(J_1K_2)。结绕-结多-多都弧后前陆盆地呈北西西向展布于结绕—结多—多都一带。涉及的地层单位主要为雁石坪群的夏里组(J_2x)、布曲组(J_2b)和雀莫错组(J_2q)。夏里组为前滨—临滨砂泥岩建造组合,三角洲-潮坪相沉积;布曲组为开阔台地碳酸盐岩建造组合,发育正粒序沉积韵律,碳酸盐岩缓坡相沉积,沉积时代为巴通期;雀莫错组为前滨—临滨砂泥岩建造组合,发育正粒序沉积韵律层,为三角洲相沉积,沉积时代为巴柔期—巴通期。雁石坪弧后前陆盆地(J_{2-3})延入乌兰乌拉山南坡和阿多—东坝一带,应与地貌关系密切,涉及的地层单位主要为雁石坪群的索瓦组(J_3s)、雪山组($J_3\hat{x}$)、雀莫错组(J_2q)。江夏尖弧后前陆盆地(k)分布于镇湖岭、江夏尖、巴音赛若一带,由白垩系风火山群组成,涉及错居日组(K_1c)、洛力卡组(K_1l)、桑恰山组(K_1s)。其中错居日组为湖泊相砂岩、粉砂岩、泥岩组合,下部砾岩夹砂岩,砾岩中砾石呈叠层状排列,为河湖相沉积。洛力卡组为湖泊环境的砂岩、粉砂岩组合,与错居日组为连续沉积,主要为杂色砂岩、粉砂岩夹泥岩、灰岩,含淡水生物介形虫化石,以湖相沉积为主,河床相次之,反映为淡水沉积环境。桑恰山组湖泊环境的砂砾岩、粉砂岩、泥岩组合,主要岩性为杂色砂岩夹砾岩,向上砾岩增多,以湖泊相沉积为主,河床相次之。

第五节 古近纪—第四纪(65Ma至今)地质

由于印度洋的强烈扩张,古新世—始新世延续了陆内叠覆造山过程。始新世晚期欧亚板块与印度板块的陆壳基底完全碰撞接触，南、北欧亚大陆和冈瓦纳大陆并为一体，包含省内的青藏高原的地壳结构和大陆构造格架形成。古地磁资料表明，当时的喜马拉雅地区在北纬5°左右，冈底斯在北纬12°左右，巴颜喀拉在北纬23°左右，柴达木在北纬28°左右，说明当时的古地理位置与现今位置相差2600km左右，与现今平均海拔高程相差3500～4500m(高延林，2000)。青藏高原的抬升过程不是匀速的运动，不是一次性的猛增，而是经历了几个不同的上升阶段。李廷栋院士将中生代末期以来青藏高原板块活动和高原隆起划分为4个阶段：第一阶段，晚白垩世时期，古地中海洋壳对欧亚大陆陆壳俯冲，吹响了高原隆升的前奏；第二阶段，新近纪早期，印度板块与欧亚板块相碰，揭开了高原隆起的序幕；第三阶段，新近纪晚期—第四纪初期，印度板块和塔里木地块向青藏高原挤压、俯冲，高原整体抬升(相当于青藏运动)；第四阶段，第四纪时期，印度陆块和塔里木陆块以更大的应力向青藏高原挤压、俯冲，使高原大幅度抬升，形成现今巍峨耸立的青藏高原和喜马拉雅山。通过对省内分布的残留盆地类型、形成构造背景、岩石地层序列及其沉积特征、地层接触关系、时代确定依据与沉积演化过程的研究，结合张克信对青藏高原新生代隆升现状的分析，青海省高原隆升与沉积盆地的响应经过了如下演化。

古新世—始新世隆升阶段(65～56Ma)：印度板块与欧亚板块初始碰撞，广泛发育于三江地区的高钾花岗岩组合-过碱性花岗岩组合的侵位。如各拉丹冬-纳日贡玛高钾花岗岩组合(62～61Ma/U-Pb)；56～45Ma，印度板块与欧亚板块碰撞高峰期，随着全面碰撞的发生，高原北缘兰州-西宁压陷盆地和柴达木-可可西里-羌塘压陷盆地形成并接受沉积，盆地内新生代的初始沉积均以陆源粗碎屑的砾岩和含砾粗砂岩开始，是碰撞的沉积响应。此外高原东缘的玉树-川西-藏东走滑拉分盆地在该阶段后期开始形成；伴随着碰撞加剧，青海南部也有岩浆活动发生，如赛多浦岗日高钾花岗岩组合(48Ma/U-Pb)。45～34Ma，为印度板块与欧亚板块俯冲碰撞隆升阶段，印度板块与欧亚板块全面碰撞使西藏南部新特提斯残留海消亡，在省内主要表现为高原东缘新的囊谦盆地的形成，青海南部伴有古—始新世钾玄质—高钾钙碱性火山喷发(祖尔肯乌拉山断陷火山盆地46.8～30.4Ma/^{39}Ar-^{40}Ar之间，平均年龄集中在40Ma；囊谦断陷盆地36.50～32.04Ma/^{39}Ar-^{40}Ar)。37Ma前后，印度板块沿雅鲁藏布江缝合线俯冲下插导致冈底斯山脉崛起，特提斯海从西藏南部全部撤出，在此后长达10Ma的时间内构造相对稳定，地表转为剥蚀夷平过程，形成了青藏高原上最高的一级夷平面——山顶面。

渐新世—中新世早期隆升阶段(34～25Ma)：仍发生在冈底斯，省内主要表现为随高原差异隆升，在高原东北缘出现了临夏-循化新的压陷盆地；25～20Ma沿冈底斯南缘广布大竹卡组砾岩，主要表现为可可西里-沱沱河初始隆升。约23Ma(渐新世与中新世之交)高原整体隆升，高原及周边的沉积缺失和不整合面遍布。20～13Ma喜马拉雅-冈底斯-西昆仑快速隆升，主要表现为一系列走滑断裂活动与拉分盆地充填活跃期，出现了高原及邻区的最大湖泊扩张期，如柴达木盆地的油沙山组，可可西里盆地的五道梁组。该隆升阶段称为陆内汇聚挤压隆升阶段。高原的自然环境发生了根本性的变化，高山深谷地貌形成并发展，环流形势被打乱，广大地区气候从温暖湿润转为寒冷干旱，各地域间的差异明显增大。

中新世中期—上新世隆升阶段(13～5Ma)：中新世晚期喜马拉雅-冈底斯持续隆升，青藏高原整体处在无沉积的剥蚀状态，南北向断陷盆地形成，沉积缺失与区域性不整合面广布。由于青藏高原由缓慢隆升逐渐变为急剧隆升，出现了活动类型火山沉积盆地。青藏高原受南北向挤压，出露白榴石霓辉石石英二长岩、霓辉石正长岩等A型花岗岩(10.71～10.26Ma/^{39}Ar-^{40}Ar)，进入板内活动期。上新世(5Ma)以来高原周缘压陷盆地沉积萎缩，盆地内沉积物向上变粗。3.6Ma，青藏运动开始，平均海拔数百米(不超过1000m)的主夷平面大幅度抬升，高原周边逆冲断层活动强烈，高原整体快速隆升，高原周缘发育巨砾岩堆积，山麓冲洪积扇砾岩堆积广泛分布，与下伏地层间不整合接触。

第四纪以来，青藏高原快速隆升2.6Ma，青藏运动B幕发生，高原上升到海拔约2000m的高度，在高原强大的热力和动力作用下，亚洲季风环流初步接近了现代格局，最终在2.6Ma的上新世末铸就了西高东低的地貌格局。青藏运动C幕(1.7Ma)，黄河干流形成。源头在祁连山(湟水)，形成黄河的高阶地，这一格局为黄河、长江等大型水系的形成(李吉均等，1994)奠定了基础，祁连地区富饶的砂金矿形成。昆仑-黄河运动(1.2~0.6Ma),昆仑山抬升,黄河切穿积石峡,黄河中阶地形成。共和运动(0.15Ma)以来,黄河低阶地形成,黄河切穿龙羊峡,近10万年下切深度达800~1000m,共和组褶皱变形。通过3次明显的隆升过程,青藏高原以平均每年7cm的速度上升,使高原面达到现今高度,现今地貌格局被称为"世界屋脊"。高原自然环境发生了根本性的变化,高山深谷、夷平面等地貌进一步发展,环流形势被打乱,气候从温暖湿润转为寒冷干旱,此时已有人类出现,至今高原隆升,高山夷平,地震活动等地质作用仍在进行。

第二章　青海省金矿成矿单元

成矿单元[也被命名为成矿区(带)]是包含大量矿产资源及潜力的地质单元,其合理划分是区域成矿规律分析成果的重要表现,能够为普查找矿和成矿预测等提供依据(翟裕生等,1999)。成矿区(带)是具有地质构造演化史、经历过成矿作用(1次或多次)、造就成矿物质大量(或巨量)堆积,区内矿产资源丰富、存在潜力、具备找矿远景的成矿地质单元(朱裕生等,2013)。自法国地质学家 Launay(1905)提出成矿区(带)的概念,成矿区(带)的研究至今已经有 100 多年的历史。我国始终站在成矿区(带)研究领域的制高点。翁文灏(1920)首次提出了依据矿种命名"成矿带"的新观念,20 世纪中叶至 90 年代是成矿区(带)研究迅速发展阶段,并取得了丰硕的研究成果(鲁蒂埃,1990),其中地物化遥多元地学的研究成果(朱裕生等,1999),在应用中起到了定位圈定的目的。近几年,国内知名学者根据长期的工作实践,在成矿单元的研究上又取得了一系列的成果,为中国成矿区(带)划分提供了重要依据,同时也对青海成矿单元进行了详细的划分(陈毓川等,2007;徐志刚等,2008;潘彤等,2006,2017;祁生胜,2015)。

成矿单元规模大小不等,可以是全球的含矿地质单元,也可以将矿床自身视为含矿地质单元,一般采用成矿域、成矿省、成矿带、成矿亚带、矿田 5 级划分原则,突出构造环境、成矿作用、主要矿种、物化探成果等(潘彤,2017),成矿作用(包括沉积作用、变质作用、构造运动、岩浆作用、火山活动和热液作用等)是确定成矿单元及其边界的首要因素。朱裕生等(2013)认为:成矿域(Ⅰ级成矿带)与全球性的巨型构造相对应,在地壳历史演化过程中,经历过与区域成矿作用相对应的几个大地构造-岩浆旋回,一个与构造-岩浆相对应的区域成矿旋回的特定矿床类型组合和另几个与区域成矿旋回特定矿床类型组合叠加在同一空间及经过多次壳幔物质交换形成的成矿单元,以地幔物质占主导地位。成矿省(Ⅱ级成矿带)应出现过 1 个或几个与区域成矿作用相对应的大地构造-岩浆旋回,其内部出现几个与构造-岩浆旋回有成因联系的矿化类型组合并叠加一体的成矿单元,在地质历史演化过程中,成矿物质的富集受地壳物质不均匀性的控制,即地壳物质占主导地位。成矿区(带)(Ⅲ级成矿带)为发育着一个构造-岩浆成矿旋回为主、其他的区域成矿旋回为辅的特定矿床类型组合的成矿单元,产出的空间位置在成矿时代、成因类型上具有明显的成矿专属性和区域成矿作用多期次特征。成矿亚带(Ⅳ级成矿带)为受同一构造-岩浆旋回控制的、矿床成因上有联系的 1 类或几类矿床组合一体的成矿富集区,一般称"矿田分布区"。矿田(Ⅴ级成矿带)为受有利成矿地质因素中同类成矿因素控制,在相似地质环境支配下,赋存有某几个矿种、某类或某几类、成因相似或空间上密切联系、分布集中的 1 组矿床分布区,一般称"矿田"。

青海省金矿分布较为广泛,成矿时代从元古宙一直到新生代,各地区、各成矿时期的矿产地规模、数量均有一定规律性。其中,岩金矿产地相对集中分布在祁连地区、柴达木盆地北缘地区、东昆仑地区、西秦岭地区、北巴颜喀拉—马尔康地区;砂金矿产地遍布全省,集中分布于北巴颜喀拉地区、南巴颜喀拉地区及北祁连地区。潘彤(2017)将青海省成矿单元划分为秦祁昆和特提斯 2 个Ⅰ级成矿域,北祁连、柴达木盆地、东昆仑、西秦岭西、可可西里-巴颜喀拉、三江北西延6个Ⅱ级成矿省,16个Ⅲ级成矿带和41个Ⅳ级矿带。李金超(2017)将东昆仑及邻区成矿单元划分出8个成矿区(带)(Ⅲ)和15个成矿亚区(带)(Ⅳ),乔耿彪等(2014)将阿尔金成矿带成矿单元划分为3个Ⅳ级成矿单元等。依据成矿单元划分的基本原则,从青海省金矿地质构造环境、区域成矿作用、成矿特征、金矿产分布规律等特征出发,在秦祁昆成矿域Ⅰ1、特提斯成矿域Ⅰ2两个一级成矿单元基础上,将青海省金矿成矿单元重新划分为5个二级成矿单元、7个三级成矿单元、17个四级成矿单元(表2-1,图2-1~图2-3)。需要说明的是,虽然阿尔金造山带大地构造背景与邻区不同,但在省内出露的面积小,且没有矿床(点)分布,故再不单独划分成矿单元。

表2-1 青海省金矿成矿单元划分结果表

一级		二级		三级		四级	
编号	名称	编号	名称	编号	名称	编号	名称
Ⅰ1	秦祁昆成矿域	Ⅱ1	祁连成矿省	Ⅲ1	北祁连金-(铜)成矿带(Pz$_1$、Cz)	Ⅳ1	西山梁-铜厂沟金-(铜)成矿亚带
						Ⅳ2	红川-松树南沟金成矿亚带
				Ⅲ2	中南祁连金成矿带(Pz、Cz)	Ⅳ3	高庙金成矿亚带
						Ⅳ4	熊掌-尼旦沟金成矿亚带
						Ⅳ5	尕日力根金成矿亚带
		Ⅱ2	柴周缘成矿省	Ⅲ3	柴北缘金-(铁-铅-锌-银-稀散)成矿带(Pz)	Ⅳ6	阿尔金金成矿亚带
						Ⅳ7	青龙沟-沙柳泉金成矿亚带
						Ⅳ8	骆驼泉-赛坝沟金成矿亚带
				Ⅲ4	东昆仑金(铜-铅-锌)成矿带(Pz、Mz)	Ⅳ9	昆北金成矿亚带
						Ⅳ10	昆中金成矿亚带
						Ⅳ11	昆南金成矿亚带
		Ⅱ3	西秦岭成矿省	Ⅲ5	西秦岭金成矿带(Pz$_1$、Cz)	Ⅳ12	谢坑-双朋西金成矿亚带
						Ⅳ13	瓦勒根-石藏寺金成矿亚带
Ⅰ2	特提斯成矿域	Ⅱ4	巴颜喀拉成矿省	Ⅲ6	巴颜喀拉金-(锑-钨-铜-钴)成矿带(Pz$_2$-Mz、Cz)	Ⅳ14	阿尼玛卿金-(铜-钴)成矿带
						Ⅳ15	巴颜喀拉金成矿亚带
		Ⅱ5	三江成矿省	Ⅲ7	三江金成矿带(Mz、Cz)	Ⅳ16	西金乌兰金成矿亚带
						Ⅳ17	乌拉乌兰金成矿亚带

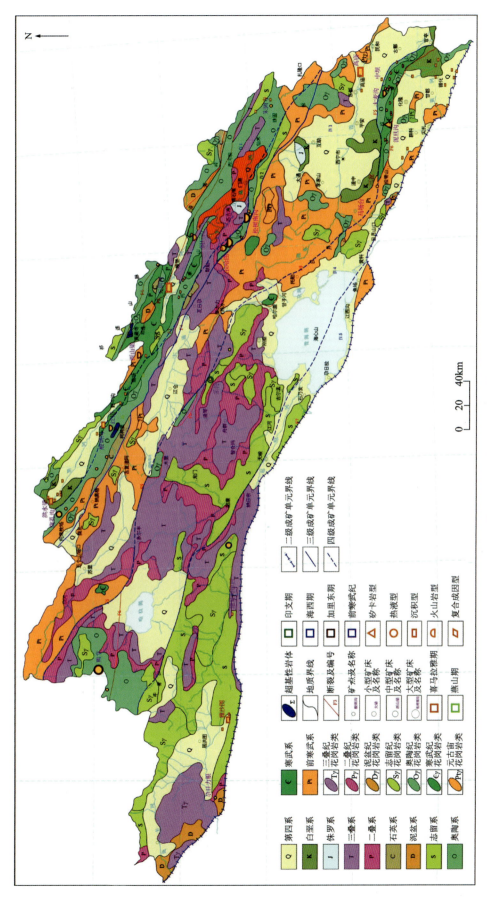

图 2-1 祁连成矿省成矿单元图

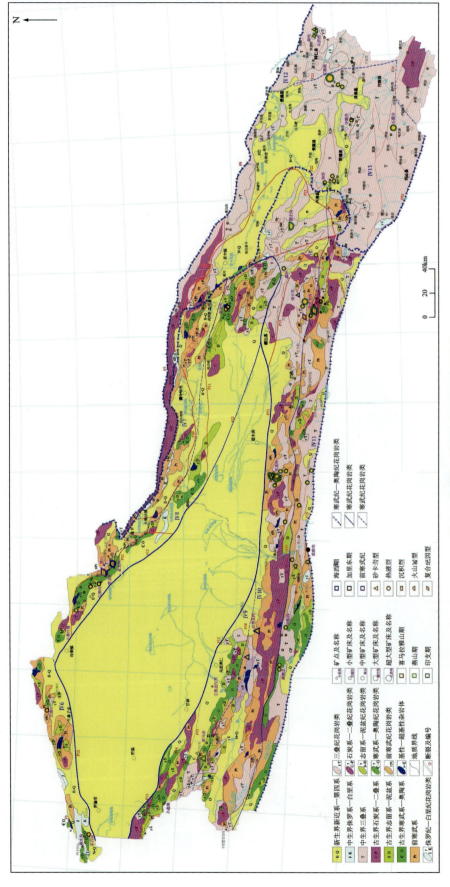

图 2-2 柴周缘、西秦岭成矿省成矿单元图

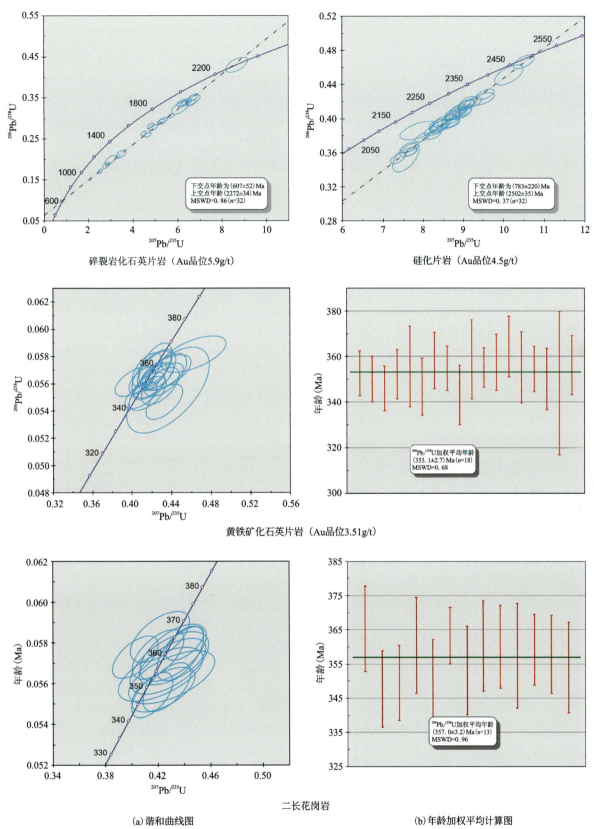

图2-3 柴北缘青山金矿区锆石U-Pb年龄谐和图与年龄加权平均计算图

第一节 祁连成矿省

祁连成矿省范围对应北祁连造山带（Ⅰ-2）和中南祁连造山带（Ⅰ-3），包含了以宗务隆山-青海南山断裂（F8）和土尔根达坂-宗务隆山南缘断裂（F9）东段为界以北省内广大区域。整体呈北西西向展布，长430～630km，宽190～245km，两端延出省外。区内自然地理条件较差，为典型的大陆性高寒半湿润山地气候。分布有多条国道、省道、县道及铁路，交通十分便利。

北祁连造山带分布于托莱河-南门峡断裂与龙首山南缘断裂之间，西端被阿尔金断裂切割，自北向南分为Ⅰ-2-1宁禅弧后盆地（OS）、Ⅰ-2-2走廊南山蛇绿混杂岩带（∈O）、Ⅰ-2-3冷龙岭岛弧（O）、Ⅰ-2-4达坂山-玉石沟蛇绿混杂岩带（∈O）4个三级大地构造单元，是发育最完善的造山带。中南祁连造山带北以托莱河-南门峡断裂为界，与北祁连造山带邻接；南侧以宗务隆山-青海南山断裂为界，西段与宗务隆山裂谷带相邻，东段与西秦岭造山带分开，自北向南分为Ⅰ-3-1中祁连岩浆弧（OS）、Ⅰ-3-2党河南山-拉脊山蛇绿混杂岩带（∈O）、Ⅰ-3-3南祁连岩浆弧（OS）3个三级大地构造单元。

该成矿省共发现金矿床（点）90处，其中岩金48处，砂金42处，主要分布于走廊南山、达坂山-玉石沟、党河南山-拉脊山3条蛇绿混杂岩带内，其次为冷龙岭岛弧、南祁连岩浆弧。成矿类型以海相火山岩型、砂矿型为主，其次为岩浆热液型、接触交代型、机械沉积型。成矿时代主要有寒武纪、奥陶纪、第四纪，其次为志留纪、泥盆纪、三叠纪。共求得上表岩金资源储量34 022kg，砂金资源储量6423kg（表2-2～表2-4，图2-1）。根据金矿床（点）的空间分布、矿产特征，结合大地构造环境、成矿作用，该成矿省划分为北祁连金-（铜）成矿带（Pz_1、Cz）（Ⅲ1）、中南祁连金成矿带（Pz、Cz）（Ⅲ2）2个三级成矿带，分别对应北祁连造山带（Ⅰ-2）、中南祁连造山带（Ⅰ-3）。

一、北祁连金-（铜）成矿带

（一）基本情况

该成矿带呈北西西向分布于托莱山-南门峡断裂以北，主体向东经托莱山、大通北山、达坂山，其范围与北祁连造山带一致，省内长约430km，宽40～60km，向东、向西及北部均延入甘肃境内。有西宁至张掖的铁路，国道G277及省道、县道等可以通行，交通十分便利。冬季长而寒冷干燥，夏季短而温凉湿润，全年降水量主要集中在5～9月，总体上为大陆性高寒半湿润山地气候。

矿产资源十分丰富，已发现的金属矿产有铁、铬、锰、铜、铅、锌、金、钨、锡、钼、钴、镍、锑、汞、铌、钽等，能源和非金属矿产有煤、石棉、蛇纹岩、滑石、菱镁矿、硫铁矿、玉石等。各类矿产地190余个，其中铜多金属矿床13个，铁矿床6个，岩金矿床7个，砂金铂矿床3个，铬铁矿床3个；按规模，大型矿床1个，中型矿床10个，小型矿床27个。非金属矿产成型矿床不多，较重要的有石棉、蛇纹岩矿床4个，煤、硫铁矿矿床各1个。矿床类型主要有沉积变质型（铁、铜、金组合）、海相火山岩型（铜及铜、铅、锌组合）、岩浆型（铬、镍、钴、铂组合）、热液型-矽卡岩型（金、钨、钼、铜、锡、稀有、稀土组合）、构造蚀变岩型（金）、变质型（石棉、玉石、滑石、菱镁矿等）。

共发现金矿床（点）47个，其中岩金25个，砂金22个。成矿类型以海相火山岩型、砂矿型为主，其次为岩浆热液型且多为矿点。成矿时代为寒武纪、奥陶纪、第四纪。共求得上表岩金资源储量27 839kg，砂金资源储量3553kg（表2-2～表2-4）。

表2-2 北祁连成矿带金矿床(点)特征一览表

序号	矿产地	矿种	矿床类型	规模	成矿时代	含矿地层/岩体	资源储量(kg)	平均品位(g/t)	成矿单元	构造单元	地区
1	西山梁	Au	海相火山岩型	小型	Pt	Pt_3Z			Ⅳ1	Ⅰ-2-1	祁连县
2	五道班-童子坝	AuCu	海相火山岩型	矿点	O	O_1Y			Ⅳ1	Ⅰ-2-1	祁连县
3	陇孔沟	Au	海相火山岩型	小型	O	O_1Y、$\in\Sigma$	627	2.55	Ⅳ1	Ⅰ-2-4	祁连县
4	黑刺沟	Au	海相火山岩型	矿点	O	O_1Y、$\in\Sigma$			Ⅳ1	Ⅰ-2-4	祁连县
5	泉儿沟	Au	海相火山岩型	矿点	$\in$	$\in_{2-3}h$			Ⅳ1	Ⅰ-2-3	祁连县
6	拴羊沟	Au	海相火山岩型	矿点	$\in$	$\in_{2-3}h$			Ⅳ1	Ⅰ-2-3	祁连县
7	黑泉河	AuCu	海相火山岩型	矿点	O	O_1Y			Ⅳ1	Ⅰ-2-3	祁连县
8	骆驼河	Au	海相火山岩型	矿点	O	O_3k			Ⅳ1	Ⅰ-2-3	祁连县
9	天朋河	AuCu	海相火山岩型	矿点	O	O_3k			Ⅳ1	Ⅰ-2-3	祁连县
10	天朋河无名沟	Au	海相火山岩型	矿点	O	$\in_{2-3}h$			Ⅳ1	Ⅰ-2-3	祁连县
11	铜厂沟	CuAu	海相火山岩型	小型	$\in$	$\in_{2-3}h$,$\in O\Sigma$	932	4.08	Ⅳ1	Ⅰ-2-3	门源县
12	下佃沟	Au	海相火山岩型	矿点	$\in$	$\in_{2-3}h$			Ⅳ1	Ⅰ-2-3	门源县
13	松树南沟	Au	海相火山岩型	中型	O	O_3k	14 772	3.2	Ⅳ1	Ⅰ-2-4	门源县
14	玉石沟地区	AuCu	海相火山岩型	矿点	O				Ⅳ2	Ⅰ-2-4	祁连县
15	中铁目勒	Au	岩浆热液型	矿点	S	$O_2\gamma\delta$			Ⅳ2	Ⅰ-2-4	祁连县
16	红川	Au	海相火山岩型	小型	O	O_1Y,$O\Sigma$	1731	4.13	Ⅳ2	Ⅰ-2-4	祁连县
17	野鹿台	AuPt	海相火山岩型	矿点	O	O_1Y,$O\Sigma$			Ⅳ2	Ⅰ-2-4	祁连县
18	马粪沟西岔西侧	Au	海相火山岩型	矿点	O	O_1Y			Ⅳ2	Ⅰ-2-4	祁连县
19	巴拉哈图	Au	岩浆热液型	小型	S	O_3k,$S_1\eta\gamma$	2700	6.44	Ⅳ2	Ⅰ-2-4	门源县
20	上多拉	Au	海相火山岩型	矿点	O	O_3k、$O_1\delta o$			Ⅳ2	Ⅰ-2-4	门源县
21	中多拉	Au	海相火山岩型	中型	O	O_3k、$O_1\delta o$	7018	18.98	Ⅳ2	Ⅰ-2-4	门源县
22	扎麻图	Au	海相火山岩型	小型	O	O_1Y	59	1.87	Ⅳ2	Ⅰ-2-4	门源县
23	大坂沟	Au	岩浆热液型	矿点	O	O_3k			Ⅳ2	Ⅰ-2-4	门源县
24	金子沟-大坡沟	Au	岩浆热液型	矿点	O	O_3k			Ⅳ2	Ⅰ-2-4	门源县
25	朱固寺	Au	岩浆热液型	矿点	$\in$	$\in_{2-3}h$			Ⅳ1	Ⅰ-2-3	门源县
	合计(上表岩金资源储量)						27 839				
26	洪水梁	AuPt	砂矿型	小型	Q	Q	435	0.249	Ⅳ1	Ⅰ-2-3	祁连县
27	上轱辘沟	AuPt	砂矿型	矿点	Q	Q			Ⅳ1	Ⅰ-2-3	祁连县
28	白沙沟	AuPt	砂矿型	矿点	Q	Q			Ⅳ1	Ⅰ-2-3	祁连县
29	小野牛沟	AuPt	砂矿型	矿点	Q	Q			Ⅳ1	Ⅰ-2-3	祁连县
30	黑河上游	AuPt	砂矿型	矿点	Q	Q			Ⅳ1	Ⅰ-2-3	祁连县
31	大清水沟	AuPt	砂矿型	矿点	Q	Q			Ⅳ1	Ⅰ-2-3	祁连县
32	大野牛沟	Au	砂矿型	矿点	Q	Q			Ⅳ1	Ⅰ-2-3	祁连县
33	小沙龙沟	AuPt	砂矿型	矿点	Q	Q			Ⅳ1	Ⅰ-2-3	祁连县
34	红土沟	Au	砂矿型	矿点	Q	Q			Ⅳ1	Ⅰ-2-3	祁连县
35	川刺沟	AuPt	砂矿型	小型	Q	Q	453	0.24	Ⅳ1	Ⅰ-2-3	祁连县

续表 2-2

序号	矿产地	矿种	矿床类型	规模	成矿时代	含矿地层/岩体	资源储量(kg)	平均品位(g/t)	成矿单元	构造单元	地区
36	黑河主沟	Au	砂矿型	矿点	Q	Q			Ⅳ2	Ⅰ-2-4	祁连县
37	二龙台	AuPt	砂矿型	矿点	Q	Q			Ⅳ2	Ⅰ-2-4	祁连县
38	下察汗河	AuPt	砂矿型	矿点	Q	Q			Ⅳ2	Ⅰ-2-4	祁连县
39	扎麻什克	Au	砂矿型	矿点	Q	Q			Ⅳ1	Ⅰ-2-3	祁连县
40	天朋河	Au	砂矿型	中型	Q	Q	2638	8.98	Ⅳ1	Ⅰ-2-3	祁连县
41	祁连河上游	Au	砂矿型	矿点	Q	Q			Ⅳ1	Ⅰ-2-3	祁连县
42	巴拉哈图	Au	砂矿型	矿点	Q	Q			Ⅳ1	Ⅰ-2-3	门源县
43	莱日图河	Au	砂矿型	矿点	Q	Q			Ⅳ1	Ⅰ-2-3	门源县
44	大梁	Au	砂矿型	矿点	Q	Q			Ⅳ1	Ⅰ-2-3	门源县
45	永安河	Au	砂矿型	矿点	Q	Q			Ⅳ1	Ⅰ-2-3	门源县
46	初麻院	Au	砂矿型	矿点	Q	Q			Ⅳ1	Ⅰ-2-3	门源县
47	朱固寺	Au	砂矿型	矿点	Q	Q	27		Ⅳ1	Ⅰ-2-3	门源县
	合计(上表砂金资源储量)						3553				

表 2-3 中南祁连金矿床(点)特征一览表

序号	矿产地	矿种	矿床类型	规模	成矿时代	含矿地层/岩体	资源储量(kg)	平均品位(g/t)	成矿单元	构造单元	地区
1	深沟	Au	岩浆热液型	小型	O	$Pt_3^1 G$、$O\delta$	58	5.61	Ⅳ3	Ⅰ-3-1	天峻县
2	马场台地区	Au	岩浆热液型	矿点	O	$Pt_2^2 q$			Ⅳ3	Ⅰ-3-1	湟源县
3	牙玛台	Au	岩浆热液型	矿点	O				Ⅳ4	Ⅰ-3-3	德令哈市
4	幺二湾	Au	海相火山岩型	矿点	O				Ⅳ4	Ⅰ-3-3	德令哈市
5	熊掌	Au	海相火山岩型	矿点	O				Ⅳ4	Ⅰ-3-3	德令哈市
6	南天重峡	Au	海相火山岩型	小型	ϵ	$\epsilon_{3-4}l$、$O_3\delta o$	94	2.82	Ⅳ4	Ⅰ-3-2	化隆县
7	泥旦沟	Au	接触交代型	小型	U	$\epsilon_{3-4}l$、$O_3\gamma\delta$	1920	10.66	Ⅳ4	Ⅰ-3-2	化隆县
8	尔尕昂地区	Au	海相火山岩型	矿点	ϵ	$\epsilon_{3-4}l$、$\epsilon O\Sigma$			Ⅳ4	Ⅰ-3-2	化隆县
9	松南垭豁	Au	海相火山岩型	矿点	ϵ	$\epsilon_{3-4}l$、$\epsilon O\Sigma$			Ⅳ4	Ⅰ-3-2	化隆县
10	西沟	Au	海相火山岩型	矿点	ϵ	$\epsilon_{3-4}l$、$\epsilon O\Sigma$			Ⅳ4	Ⅰ-3-2	乐都区
11	大麦沟脑	Au	海相火山岩型	小型	ϵ	$\epsilon_{3-4}l$、$\epsilon O\Sigma$	1344	10.48	Ⅳ4	Ⅰ-3-2	乐都区
12	横山	Au	海相火山岩型	矿点					Ⅳ4	Ⅰ-3-2	乐都区
13	槽子沟	Au	海相火山岩型	小型	ϵ	$\epsilon_{3-4}l$、$\epsilon O\Sigma$	450	3.97	Ⅳ4	Ⅰ-3-1	乐都区
14	四台	AuCu	海相火山岩型	矿点	ϵ	$\epsilon_{3-4}l$、$\epsilon O\Sigma$			Ⅳ4	Ⅰ-3-2	乐都区
15	当郎沟	Au	海相火山岩型	矿点	ϵ	$\epsilon_{3-4}l$			Ⅳ4	Ⅰ-3-2	化隆县
16	大冰沟	Au	海相火山岩型	矿点	ϵ	$\epsilon_{3-4}l$、$O_2\delta o$			Ⅳ4	Ⅰ-3-2	民和县
17	硖门	Au	海相火山岩型	小型	ϵ	$\epsilon_{3-4}l\beta$、$O_2\delta o$	256		Ⅳ4	Ⅰ-3-2	民和县
18	折合山	Au	海相火山岩型	矿点	ϵ	$\epsilon_{3-4}l$、$\epsilon O\Sigma$			Ⅳ4	Ⅰ-3-2	化隆县
19	采特	Au	热液型	小型	T	$\epsilon_{3-4}l$、$S_1\gamma\pi$	487	3.48	Ⅳ4	Ⅰ-3-3	刚察县

续表 2-3

序号	矿产地	矿种	矿床类型	规模	成矿时代	含矿地层/岩体	资源储量(kg)	平均品位(g/t)	成矿单元	构造单元	地区
20	静龙沟	Au	热液型	小型	T	T_3a、$S_1\gamma\delta$	123	4.79	Ⅳ4	Ⅰ-3-3	刚察县
21	维日可琼西	Au	岩浆热液型	小型	D	Pt_3^2t	568	2.03	Ⅳ5	Ⅰ-3-3	天峻县
22	夏格曲	Au	岩浆热液型	小型	S	Pt_3^2t	883	4.77	Ⅳ5	Ⅰ-3-3	天峻县
23	尕日力根	Au	机械沉积型	矿点	P	$P_{1-2}l$、$S_1\pi\gamma$			Ⅳ5	Ⅰ-3-3	大柴旦镇
合计（上表岩金资源储量）							6183				
24	岗沟	Au	砂矿型	矿点	Q	Q			Ⅳ3	Ⅰ-3-1	乐都区
25	中坝	Au	砂矿型	矿点	Q	Q			Ⅳ3	Ⅰ-3-1	乐都区
26	高庙	Au	砂矿型	中型	Q	Q	2805	0.20	Ⅳ3	Ⅰ-3-1	乐都区
27	享堂	Au	砂矿型	矿点	Q	Q			Ⅳ3	Ⅰ-3-1	民和县
28	卡克图	Au	砂矿型	矿点	Q	Q			Ⅳ5	Ⅰ-3-3	德令哈市
29	雅沙图	Au	砂矿型	小型	Q	Q			Ⅳ5	Ⅰ-3-3	德令哈市
30	默沟	Au	砂矿型	矿点	Q	Q			Ⅳ5	Ⅰ-3-3	德令哈市
31	伊克拉	Au	砂矿型	矿点	Q	Q			Ⅳ5	Ⅰ-3-3	德令哈市
32	李家峡水电站	Au	砂矿型	矿点	Q	Q			Ⅳ4	Ⅰ-3-3	尖扎县
33	俄家台	Au	砂矿型	矿点	Q	Q			Ⅳ4	Ⅰ-3-3	尖扎县
34	建设堂	Au	砂矿型	矿点	Q	Q			Ⅳ4	Ⅰ-3-3	循化县
35	古什群	Au	砂矿型	矿点	Q	Q			Ⅳ4	Ⅰ-3-3	循化县
36	文都	Au	砂矿型	矿点	Q	Q			Ⅳ4	Ⅰ-3-3	循化县
37	孟达山水库	Au	砂矿型	矿点	Q	Q			Ⅳ4	Ⅰ-3-3	循化县
38	加入	Au	砂矿型	矿点	Q	Q			Ⅳ4	Ⅰ-3-3	循化县
39	科阳沟	Au	砂矿型	矿点	Q	Q	65		Ⅳ4	Ⅰ-3-3	化隆县
40	科哇	Au	砂矿型	矿点	Q	Q			Ⅳ4	Ⅰ-3-3	循化县
41	清水水文站	Au	砂矿型	矿点	Q	Q			Ⅳ4	Ⅰ-3-3	循化县
42	阿麻叉	Au	砂矿型	矿点	Q	Q			Ⅳ4	Ⅰ-3-2	循化县
43	孟达	Au	砂矿型	矿点	Q	Q			Ⅳ4	Ⅰ-3-2	循化县
合计（上表砂金资源储量）							2870				

表 2-4 祁连成矿省典型矿床（点）基本特征一览表

矿产地	矿体基本特征	地质基本特征
泉儿沟	金矿（化）体 3 个，长度 250m，厚度 2.05m，金平均品位 0.1～12.2g/t，蚀变钾长花岗岩型金矿石，具钾长石化、绿泥石化、硅化、碳酸盐化、黄铁矿化、褐铁矿化等	矿床产于走廊南山南坡复背斜轴部挤压形成的大规模断裂破碎带，围岩为中寒武世火山岩。加里东期岩浆岩发育，岩石组合为花岗岩＋辉长岩＋超基性岩＋闪长岩及花岗斑岩脉、钾长花岗岩脉等
拴羊沟	金矿体 2 个，长度 62.5～220m，厚度 3.47～4.84m，金平均品位 3.24～5.96g/t。具硅化、绢云母化、碳酸盐化	主要出露中寒武世中性—酸性—中酸性多韵律的火山喷发沉积岩相。北西西向逆断层形成的断层破碎带控制矿体分布

续表 2-4

矿产地	矿体基本特征	地质基本特征
西山梁	金矿体7个,长度14.2~250m,厚度1~11.41m,平均品位:金2.73~3.88g/t,铅1.05%~3.03%,WO_3 0.337%,钴0.024 8%。黄铜矿、方铅矿、闪锌矿、黄铁矿发育,少量黝铜矿、铜蓝、斑铜矿、铬铁矿、磁铁矿,偶见辉银矿、银黝铜矿、自然金等	受古破火山口控制,为一套具有周期性火山喷发间喷溢—沉积旋回及韵律变化特点的中酸性火山岩夹中基性火山岩、硅质岩组合,矿体位于周期性旋回顶部。超基性岩、辉长岩、辉绿岩、花岗岩、石英闪长岩等岩浆活动强烈,见有元古宙花岗岩体。成矿时代为前寒武纪(潘彤和王福德,2018)
铜厂沟	铜(金)矿体4个,最长730m,最厚1.97m,铜品位1.0%,伴生金品位0.5g/t。金矿体6个,长度27~268m,厚度0.72~2.50m,平均品位1.08~9.44g/t。粒状结构,浸染状、块状构造,黄铁矿化、硅化、碳酸盐化发育,次为绿泥石化、绢云母化	矿床产于复向斜东端与北缘相接处。主要出露中寒武世浅变质碎屑岩和碳酸盐岩。加里东期英云闪长岩脉与超基性岩及绿泥石片岩边缘接触带、构造破碎带是有利的含矿部位
下佃沟	金矿体7个,长度25~330m,厚度0.21~3.29m,平均品位1.42~2.51g/m³。他形粒状、碎裂结构,稀疏浸染状、角砾状构造。黄铁矿、黄铜矿、硅化、碳酸盐化、绢云母化发育,次为褐铁矿、毒砂、蓝铜矿、铜蓝、孔雀石,少量闪锌矿、方铅矿	主要出露中寒武世千枚岩、板岩、碳酸盐岩。近东西向和近南北向两组断裂构造发育,近东西向表现为断层破碎带,近南北向次级断裂表现为平缓断层。加里东期闪长岩侵入活动强烈,另见少量浅成闪长玢岩岩脉
白沙沟	金矿体4个,长度700~5040m,厚度2.2~3.8m。平均品位0.11~0.273g/m³。主要含矿层为河漫滩黄灰色、青灰色砂砾层及Ⅰ级阶地灰黄及青灰色砂砾层,Ⅱ级阶地灰黄砂砾黏土层及灰黄砂砾层	位于托莱山-走廊南山山间断陷盆地中,沟长15km左右,发育6级阶地,以Ⅳ级、Ⅴ级分布最广。河谷交叉处或现代河床内湾处金较为富集,近基岩地段含金也较好
天朋河	砂金矿体4个,长度800~2400m,宽度80~300m,厚度0.5~0.7m,平均品位0.44~10.71g/m³。以片金、粒金为主,偶见针状、棒状、树枝状的残型金,呈浑圆状,成色一般	发育晚更新世的冲洪积阶地,为开阔的U型河谷,发育Ⅲ级、Ⅳ级、Ⅴ级阶地,分别高出河漫滩8m、18m、23m,呈北西—南东向条带状分布。含矿层为冲洪积Ⅲ级阶地砂砾层、Ⅳ级阶地砾石层下部
朱固寺	砂金矿体长度240m,宽度28.9m,厚度0.2~1m,平均品位7.84 g/m³。呈条带状或透镜状、块状、厚板状、不规则粒状、片状。砂金磨圆度较好,金成色为75.89%~94.15%	第四纪Ⅰ~Ⅳ级阶地冲积物、冰碛物、冰水-洪积物、坡积物、洪积物、河谷沉积物。含矿层主要赋存在黄色黏土质砂砾层的底部和基岩表部节理裂隙内。埋藏深度2.8~5.8m
陇孔沟	金矿(化)体30个,长度30~414m,厚度0.7~7m,平均1~10.6g/t,最高73.6g/t。矿石矿物有黄铁矿、针铁矿、磁铁矿、闪锌矿、钛铁矿、金,半自形-他形粒状、交代、压碎及乳滴状结构,具星散浸染状、角砾状、条带状构造。围岩蚀变为黄铁矿化、硅化,局部绿泥石化、绢云母化、碳酸盐化、高岭土化等	位于复向斜轴部,出露古元古界、下奥陶统阴沟群、下石炭统臭牛沟组、上二叠统窑沟组。阴沟群上岩组为赋矿地层,分为两个岩段:砂板岩段为浅灰色、灰色钙质粉砂板岩夹含碳硅质板岩、变砂岩、绢云片岩、绢云绿泥石英片岩。火山碎屑岩段为安山玄武质角砾凝灰岩、凝灰熔岩、火山角砾岩、集块岩、蚀变安山岩、玄武岩。区域性大断裂形成了一系列次级断裂
红川(红土沟)	红土沟矿段金矿体3个,长度176~370m,厚度0.64~12.05m,平均品位1.02~29.5g/t;川刺沟矿段金矿体9个,Ⅱ号主矿体长197m,厚度8.43m,平均品位5.40g/t。矿石矿物为自然金、毒砂、黄铁矿。自形—他形粒状、粒片状变晶、破碎、压碎结构,块状、片状、角砾状、浸染状构造。围岩蚀变主要有硅化、绢云母化、高岭土化和碳酸盐化	位于复向斜北翼,出露下奥陶统阴沟群板岩、变砂岩、玄武安山岩、火山角砾岩及灰岩、大理岩、绢云石英片岩。褶皱构造主要为单斜构造,局部有次级褶皱。北西向、近南北向及北东向断裂构造发育,北西向断裂是矿区主要控矿构造。岩浆岩发育,以超基性岩为主,代表岩性为蛇纹石化辉橄岩,此外有辉长岩、更长辉绿岩及细粒花岗岩、石英脉

续表 2-4

矿产地	矿体基本特征	地质基本特征
野鹿台	铂(金)矿体5个,长度50~150m,厚度2~6m,平均品位:金1.22~2.57g/t,铂0.26~0.29g/t。矿化蚀变有黄铁矿化、毒砂、黄铜矿化、硅化、碳酸盐化、滑石化、高岭土化。他形粒状、半自形—自形粒状结构,浸染状、星点状、块状及脉状构造	位于托莱山复向斜中西段北翼。出露下奥陶统阴沟群中基性火山岩组和碎屑岩组结晶灰岩、硅质板岩、变砂岩夹火山岩,上奥陶统扣门子组变长石石英砂岩夹板岩。断裂构造则以北西向为主。基性—超基性岩岩浆活动较强
巴拉哈图	金矿体36个,长度40~200m,厚度1.11~4.38m,平均品位1.00~29.17g/t。矿石矿物有黄铜矿、黄铁矿、晶粒、他形粒状结构,浸染状构造、细脉状构造。围岩蚀变为绿泥石化、硅化、高岭土化	出露中元古代变粒岩岩组变粒岩、石英岩等,上奥陶统扣门子组片理化安山岩、英安岩、蚀变玄武岩夹薄层粉晶灰岩。北西向、近南北向两断裂构造活动较强,韧性剪切带发育。早志留世黑云母花岗岩、晚奥陶世细粒石英闪长岩岩浆活动频繁
中多拉	金矿体21个,长度180~280m,厚度1.05~15.88m,平均品位1.41~10.71g/t。矿石矿物有自然金、褐铁矿、黄铁矿、黄铜矿、磁铁矿,自形—半自形粒状、交代残留结构,浸染状、脉状构造。围岩蚀变为硅化、碳酸盐化、绿泥石化、绢云母化	地处大坂山复向斜北翼。出露前寒武纪片岩、片麻岩、变流纹岩、英安岩、变粒岩等,上奥陶统下火山岩组、碎屑岩组、上火山岩组。北西向断裂构造发育。五台-吕梁期的片麻状花岗岩、加里东期闪长岩、斜长花岗岩、伟晶花岗岩、碱性花岗岩等岩浆活动强烈
扎麻图	金矿体11个,长度80~280m,厚度0.94~4.40m,平均品位1.02~9.99g/t。矿石矿物有自然金、褐铁矿、黄铁矿、磁铁矿、蓝铜矿,自形—半自形粒状、交代残留结构,脉状、浸染状构造。围岩蚀变为褐铁矿化、黄铁矿化、硅化、绢云母化、孔雀石化	出露寒武系、上奥陶统、二叠系、三叠系。上奥陶统是主要含矿地层。断裂构造呈北西西向展布。岩浆岩主要为加里东期的花岗闪长岩、闪长岩、片麻状花岗岩和蛇纹石化辉石橄榄岩及超基性岩
松树南沟	细碧岩中金矿体长度50~100m,厚度1.55~4.11m,平均品位4.60~6.60g/t;石英绢云母岩中金矿体长度25~92m,厚度0.76~1.14m,平均品位4.25~14.82g/t,最高达500g/t。矿石矿物有黄铁矿、黄铜矿、磁铁矿,自形—半自形—他形粒状结构,细脉浸染状构造。围岩蚀变为硅化、绿泥石化、绿帘石化、钾化、绢云母化、碳酸盐化及黄铁矿化	出露晚奥陶世中基性火山熔岩和中酸性火山碎屑岩,三叠纪紫红色砂岩。受大坂山深大断裂带影响,加里东晚期北祁连洋壳俯冲使元古界逆冲于下古生界之上,且形成大量层间挤压破碎带,是含矿主要地质体。岩浆侵入活动以加里东晚期闪长岩和海西期—燕山期花岗闪长斑岩为主
洪水梁	金矿体15个,长度3100~5202m,宽度60.6~110.30m,厚度1.52~3.53m。平均品位:砂铂0.0036~0.001g/m³,砂金0.249~0.181g/m³。砂铂矿呈亮灰色,六方板状,不规则棱角状。金呈金黄色,不规则状,磨圆度差,金成色90.32%~92.30%	位于托莱山-走廊南山山间断陷盆地中,Ⅰ~Ⅴ级阶地为基座阶地,均有砂铂、金,主要含矿层位为河谷的灰—青灰色砂砾层、Ⅲ级阶地的黄色砂砾黏土层、Ⅳ级阶地的黄色砾石碎石黏土层
小野牛沟	矿体2个,长度500~4330m,宽度19.5~20m,厚度1.6~2.6m,砂铂品位0.0254~0.0311g/m³,砂金品位0.468~0.112g/m³	第四系以冲积物为主,坡积物次之,沟谷平坦,坡度较小,两岸发育6级阶地,以Ⅲ级、Ⅳ级阶地分布较广,Ⅴ级和Ⅵ级阶地仅分布近沟口处。含矿层为河漫滩灰—青灰色砂层和灰黄色黏土砂砾层
黑河上游主沟	金矿体13个,长度300~5000m,宽度20~60m,厚度1.2~1.8m,砂铂品位0.0312~0.0505g/m³,砂金品位0.109~0.265g/m³	位于断陷盆地中,为北西-南东向山间开阔谷地,河谷多为不对称形态,有6级阶地,Ⅰ级、Ⅱ级为堆积阶地,Ⅲ~Ⅵ级为基座阶地,阶面高达60m,冲积层厚1~20m,各阶地均含砂铂金

续表 2-4

矿产地	矿体基本特征	地质基本特征
酸刺沟	砂金矿体 14 个，长度 424m，宽度 115m，厚度 4.73m。砂铂矿呈钢灰色，强金属光泽，粒状、板状、棱角状、圆粒状均有。金黄色、浅黄色、片状、板状、粒状、棒状	位于断陷盆地中，含矿层主要为谷地Ⅰ～Ⅲ级阶地，次为Ⅳ级、Ⅴ级阶地冲积、洪积扇。谷地Ⅰ号矿体最大
黑河主沟	砂金矿体 4 个，厚度 2.15～3.22m，平均品位 0.079 7～0.789 0g/m³。金黄色，片状、粒状，粒径一般 0.2～0.5mm，最大金粒 2.9mm×1.8mm	地处断陷盆地中，含矿层为河漫滩与阶地砾石层及Ⅲ级、Ⅱ级阶地冲积、洪积扇
岗沟	砂金厚 2～2.5m，平均品位 0.205g/m³。Ⅴ级、Ⅵ级阶地每隔 250～300m 就有冲沟横切造成砂金再次富集，金品位达 1.86g/m³。淡黄色，片状，粒径 0.3～1.4mm，最大片金为 9mm×13mm	第四纪松散层分为冲积、洪积、风积等类型。河漫滩冲积粗粒相砂砾。冲积层组成Ⅰ～Ⅵ级阶地，Ⅴ级、Ⅵ级阶地纵贯区内保留完好，底部巨砾黄色砂砾层是主要的含金层位
中坝	铂族矿物以锇铱矿为主，粗铂矿较少，金矿为自然金。金主要为片状，次为粒状、棒状，粒径一般小于 1mm；粗铂矿为锡白色浑圆粒状，粒径约 0.5mm；锇铱矿为烟灰色，锡白色粒状，粒径多数约 0.5mm。伴生重砂矿物有白钨矿、辰砂、锡石、铬铁矿等	河谷坡降大且缓急相间，河床基底呈巢状且宽窄多变，有利于重砂沉积，在河内发育有河漫滩冲积物，河谷两侧发育Ⅰ～Ⅷ级基座阶地。砂金、砂铂等重砂矿物主要分布于冲积层底部，且河漫滩含矿性较阶地为好
高庙	主矿体 2 个。1 号矿体长度 10 240m，平均宽度 145.18m，厚度 7.39m，混合砂金平均品位 0.182 5g/m³。2 号矿体长度 6569m，宽度 64.30m，厚度 9.50m，混合砂金平均品位 0.232 1g/m³。砂金多呈黄色，以板状为主，次为不规则状、片状，少量粒状、长条状及树枝状。中粗粒状（粒径大于 0.5mm），其质量占 89.8%	地处西宁-兰州次级坳陷盆地。出露前古生界及加里东期超基性岩、花岗岩。矿区两侧属高中山前缘的侵蚀-剥蚀低山丘陵地貌区，湟水河谷为不对称梯形谷，谷坡发育有Ⅰ～Ⅲ级阶地，支谷沟口有冲积-洪积扇。砂金主要富集于河床、河漫滩的冲积砂砾层下部和底部
幺二湾	金矿体 1 个，长度 471m，厚度 0.76m，平均品位 1.19g/t。具硅化、绢云母化、绿泥石化、绿帘石化、碳酸盐化、黄铁矿化、孔雀石化	出露下奥陶统和中上奥陶统盐池湾群，近东西向断裂带发育，带内闪长岩脉、辉绿岩及细小石英脉等贯入充填
熊掌	金矿体 4 个，长度 116～280m，厚度 0.4～1.33m，平均品位 9.48～21.98g/t。矿石矿物有自然金、黄铁矿、白铁矿、黄铜矿化，变晶、交代/残余结构，浸染状、片状、角砾状、蜂窝状构造。矿化蚀变为黄铁矿化、硅化、白铁矿化、碳酸盐化、绢云母化、绿泥石化	主要出露早奥陶世凝灰质砂岩、泥质岩，北北西向断裂构造发育，岩浆活动较强，岩性为花岗闪长岩、正长斑岩
尕日力根	金矿体 8 个，厚度 0.88～3.87m，平均品位 1.05～3.20g/t，最高品位 6.16g/t	出露下—中二叠统勒门沟组砾岩，局部夹薄层砂岩。含矿岩性主要为砾岩
维日可琼西	金矿体 6 个，长度最大 80m，厚度 0.7～5.2m。矿石矿物有毒砂、黄铁矿，碎裂、交代残留、粒状结构，块状、浸染状构造。具硅化、高岭土化、绿泥石化、绢云母化。资源量 559kg	出露下志留统巴龙贡噶尔组的一套复理石碎屑岩建造。北西向、近东西向和近南北向断裂发育，近东西向断裂含矿。岩浆活动强烈，主要岩性为辉石岩、辉长岩、花岗斑岩、花岗岩及斜长花岗斑岩脉
夏格曲	金矿化体 1 个，长度 160m，厚度 0.95m，平均品位 3.99g/t	含矿岩性为志留纪花岗细晶岩
雅沙图	金矿体 11 个，宽度 35.87m，厚度 1.96m，砂金品位一般 0.2～0.32g/m³，最高品位 11.99g/m³	出露志留系和新近系。雅河图河断层为主干断裂。含矿层为河漫滩及Ⅰ级阶地前缘

续表 2-4

矿产地	矿体基本特征	地质基本特征
伊克拉	砂金矿体长度1000m,宽度80～100m,厚度3～5m,品位0.252 1～1.361 9g/m³,混合砂0.309 4g/m³。砂金形态多为粒状、片状	冲洪积物分为亚砂土层、含黏土砂砾层、含黏土砾砂层和砂泥层。含矿层为底部含黏土砾砂层、砂泥层及基岩侵蚀面的低凹处
双格达	金矿体2个,长度15～20m,厚度1.6～2m,平均品位1.1～4.2g/t。矿石矿物有黄铁矿、黄铜矿、孔雀石,少量方铅矿。脉状、网脉状、浸染状构造。矿化蚀变为硅化、碳酸盐化、黄铁矿化	出露寒武系六道沟组中基性火山岩、火山碎屑岩,断裂构造有北东向、近东西向及北西向3组,加里东期侵入岩有单辉橄榄岩、辉石岩、正长辉长岩、闪长玢岩、斜长花岗岩、斜长花岗斑岩及煌斑岩等,呈岩脉或岩墙产出
南天重峡	金矿体49个,长度50～102m,厚度0.73～2.08m,平均品位1.52～7.0g/t。矿石矿物有黄铁矿、黄铜矿、方铅矿、闪锌矿、毒砂,自形—半自形晶粒状、他形不等粒状、碎裂结构,块状、浸染状构造	出露地层以寒武纪火山岩为主,发育天重峡向斜,北西西向和北西向成矿前断层规模较大,成矿期后断层呈北东向、北北东向延伸。侵入岩有辉石岩、辉长岩、花岗斑岩、花岗岩、斜长花岗斑岩
泥旦沟	金矿体39个,长度几米至100余米,厚度3～10余米,平均品位10.66g/t。矿石矿物有黄铁矿、黄铜矿、方铅矿、闪锌矿、毒砂,自形—半自形晶粒状、他形不等粒状、碎裂结构,致密块状、浸染状、细脉状、网脉状构造。矿化蚀变为黄铁矿化、黄铜矿化、硅化、绿泥石化	出露寒武纪海相火山岩建造。北西向、北东向和近南北向断裂构造发育,其中北西向断裂属于区域性深大断裂,近南北向断裂呈大致平行的带状展布,具压扭性,为主要控矿构造。侵入体主要为加里东期的五道岭花岗闪长岩体,另外有一些中酸性脉岩分布
横山	含金石英脉长度5.0～17.0m,厚度0.2～0.45m,品位:地表0.20g/t,老硐1.05～7.72g/t。矿石矿物有黄铁矿、黄铜矿、方铅矿、闪锌矿,自形—半自形结构,脉状构造。围岩蚀变为硅化、绿帘石化、绿泥石化	出露寒武系六道沟组中岩段绿泥石化安山岩、板岩。属花抱山向斜北翼的一部分,局部地段因受应力作用较强,形成片理化带。有基性岩体、闪长岩脉、石英脉分布
硖门	金矿体8个,主矿体长度137.5m,厚度3.93m,平均品位13.16g/t。矿石矿物有自然金、黄铁矿、磁铁矿、赤铁矿、黄铜矿。粒状结构,蜂窝状、胶状、粉末状及片状—块状构造。围岩蚀变为绿片岩化、硅化、碳酸盐化。资源量256kg	地处黄草坪复向斜的北东翼,出露寒武系六道沟组中岩组。见加里东中期闪长岩
静龙沟	成矿地段2处,Ⅰ号岩体估算金资源量6.02kg,平均品位2.09g/t,Ⅱ号岩体估算资源量720.26kg,平均品位3.55g/t。围岩蚀变为硅化、碳酸盐化、黄铁矿化	出露寒武系六道沟组中基性火山岩、火山碎屑岩,构成轴向近东西的向斜构造。断裂构造有北东向、近东西向及北西向3组。三叠纪中酸性岩浆活动强烈
科阳沟	矿块3个,主矿块长度1063m,宽度54.5～59.5m,厚度1.22～1.25m,平均品位1.17g/m³。呈金黄色、浅黄色,片状,直径0.1～0.5mm	科阳沟河谷呈阶梯状槽型谷,发育有6级阶地。第四纪沉积物划分为现代及古代河床、河漫滩冲积层、洪积层、残积层、坡积层、冰碛层、冰水沉积及风积层等。含矿层为河床、冲积层

（二）成矿地质条件

1. 含矿建造及赋矿地层

1) 元古宇与成矿

元古宙出露托莱南山群（$Pt_2^{2-3}T$）、朱龙关群（Pt_3^3Z）。托莱南山群，陆缘海环境，分为两个岩组：片麻岩组，岩性为矽线黑云斜长片麻岩、石榴石黑云奥长片麻岩、混合质条痕状片麻岩、斜长角闪岩、云母片岩夹大理岩、黑云石英片岩；片岩组，岩性为白云石英片岩、黑云石英片岩、石英岩、大理岩夹矽线黑云斜长角闪片岩、石榴黑云石英片岩。朱龙关群，分下部熬油沟组（Pt_3a），岩石组合主要为基性火山岩和细碎屑岩，岩性有灰色、褐紫色、灰绿色玄武质含角砾熔岩凝灰岩、基性火山角砾熔岩、玄武质凝灰岩、晶屑凝灰岩、杏仁状辉石玄武岩、枕状玄武岩、硅化玄武岩、玻基玄武岩、玄武安山岩与粉砂泥质板岩、泥质结晶灰岩、白云质灰岩互层，夹硅质岩、砂质灰岩、角砾状灰岩等；上部桦树沟组（Pt_3h），岩石组合主要由砂板岩和白云质灰岩组成，包括灰色、灰黑色、灰褐色粉砂泥质板岩、硅泥质板岩、泥质板岩、泥岩、含钙石英砂岩与灰色、灰黄色硅泥质条带白云岩、含粉砂白云质灰岩、结晶灰岩互层夹灰岩透镜、含铁质板岩、铁矿层，局部夹蚀变玄武岩。

新元古界朱龙关群，严格受北西向深断裂控制，呈长条状展布。早期浅海相，中—细碎屑和镁、钙质碳酸盐岩沉积，沉积厚度达1000多米，沉积物显示陆缘裂谷边缘带沉积特点；晚期随着裂谷活动性增强，发生中基性火山喷发，岩性为细碧岩、玄武岩、安山玄武岩，并有页岩、硅质岩夹层，火山岩枕状构造发育，属半深海环境陆缘裂谷中央带沉积，显示一定周期性火山喷溢-沉积旋回，北祁连地区残存有古破火山口，在火山口岩层顶部产出西山梁金（铅-钨-钴）矿床。

2) 下古生界与成矿

早古生代地层出露寒武系黑刺沟组（$\epsilon_{1-2}h$）、深沟组（$\epsilon_2\hat{s}$）、香毛山组（ϵ_4x），奥陶系阴沟群（O_1Y）、大梁组（O_2d）、扣门子组（O_3k）、志留系肮脏沟组（S_1a）、泉脑沟山组（S_2q）。黑刺沟组，浅海—半深海环境，分为2个岩性段：火山岩段，灰绿色橄榄玄武岩、杏仁玄武岩、蚀变辉石安山岩、紫灰色基性角砾熔岩、凝灰岩夹薄层泥质灰岩；碎屑岩段，灰色凝灰质砂板岩、条带状硅质岩、硅质板岩、千枚状砂岩、千枚岩夹安山岩、基性熔结角砾岩、凝灰岩。深沟组，浅海—半深海环境，分为2个岩段：火山岩段，灰绿色玄武岩、玄武安山岩、安山岩、粗玄岩夹基性—中基性火山角砾岩、粗玄质集块岩、凝灰岩；碎屑岩段，灰色厚层砂岩粉砂岩、板岩、灰—灰白色结晶灰岩、硅质岩、硅质板岩夹紫红色凝灰岩、安山岩、英安岩、安山质火山角砾岩，少量砾岩。香毛山组，浅海—半深海环境，下部为黄褐色白云母石英片岩夹硅质岩、结晶灰岩、白云石大理岩，上部为灰白色白云石大理岩、白云母石英片岩互层夹石墨白云母石英片岩。阴沟群，滨浅海后滨—海岸沙丘相，分为3个岩组：下火山岩组，以玄武岩为主，夹砂岩、板岩和硅质岩；碎屑岩组，浅灰—深灰色岩屑石英杂砂岩、细粒岩屑砂岩、岩屑石英砂岩、细粒长石石英砂岩、长石砂岩夹硅质岩、粉砂岩、灰岩；上火山岩组，灰绿色基性火山角砾岩、凝灰质角砾岩、凝灰岩夹玄武岩、安山岩、粉砂泥质板岩、硅质板岩，灰色、灰绿色蚀变玄武岩、安山岩、玄武安山岩、英安岩夹硅质岩、含锰硅质岩。大梁组，滨海相，分为2个岩段：碎屑岩段，灰—深灰色千枚岩、板岩、中—细粒变砂岩、灰白色厚层泥晶灰岩，局部夹凝灰岩、安山岩；碳酸盐岩段，灰色、灰白色薄—中厚层状灰岩、条带状灰岩夹砾状灰岩。扣门子组，滨浅海相，火山岩属岛弧或弧后盆地环境，灰绿色片理化安山岩、蚀变杏仁状玄武安山岩、辉石安山岩、安山质角砾熔岩、英安岩夹灰色中细粒长石石英砂岩、岩屑杂砂岩、石英砂岩及粉晶灰岩、安山质火山角砾岩、灰色粉砂质板岩、砾岩、灰岩。肮脏沟组，无障海前滨—近滨相，下部为紫红色含砾砂岩、砂砾岩、岩屑砂岩、泥质板岩夹泥岩、粉晶白云岩，底部见有杂色巨厚层中粗砾岩，上部为灰色、灰绿色砂岩夹板岩、岩屑长石粉砂岩、白云质长石粉砂岩、粉砂质泥岩、灰岩透镜。泉脑沟山组，无障海近滨相，灰绿色、黄褐色、紫红色砂岩、粉砂岩、板岩、页岩互层夹泥灰岩、灰岩。

中寒武世祁连山东段裂谷盆地发育：早期中基性火山活动强烈，沉积厚度达1782m，滨浅海环境，陆内裂谷边缘带；晚期为黑刺沟组，火山活动减弱，半深海斜坡沟谷环境，沉积物以细碎屑岩为主，夹少量安山岩,沉积厚度 1300 多米,古地理单元为陆内裂谷边缘带,产出铜厂沟金(铜)矿床、拴羊狗金矿点、泉儿沟金矿点。晚寒武世,裂谷盆地范围缩小,沉积香毛山组,为陆缘裂谷中央带,火山活动完全停止,裂谷盆地沉积结束。

下奥陶统阴沟群,主体为浅海相环境,海相火山洼地玄武岩组合、浅海—半深海砂岩-页岩夹硅质岩组合和海相火山盆地玄武岩组合。早期北祁连洋盆开始形成,玄武岩-玄武安山岩等拉斑系列火山岩喷发组成洋岛,走廊地区发育弧后盆地,具浊积岩特征的砂岩、粉砂岩夹硅质岩、灰岩为斜坡沟谷沉积环境,产出红川金矿床、松树南沟金矿床。盆地进一步扩张,形成弧后扩张脊型蛇绿岩 sly(O),走廊南山岛弧南侧靠近蛇绿混杂岩带一侧,浊积岩伴有流纹岩、安山岩等中酸性火山岩喷发,属弧前盆地沉积。中奥陶世盆地进一步发展,弧后、弧前盆地近弧带滨浅海相砂岩-泥岩夹凝灰岩组合、台缘浅滩相碳酸盐岩组合,组成中奥陶统大梁组。晚奥陶世弧后盆地停止接受沉积,弧前盆地进一步扩大形成扣门子组,滨海相、潮坪相,有巴拉哈图、中多拉等金矿床(点)产出。晚奥陶世末期,北祁连地区结束了弧盆系的发展历史,转入志留纪前陆盆地沉积环境。

3) 上古生界与成矿

晚古生代地层出露上泥盆统老君山组($D_3 l$)、石炭系臭牛沟组($C_1 \hat{c}$)、羊虎沟组($C_2 y$)、二叠系大黄沟组($P_{1-2} d$)和窑沟组($P_3 y$),未发现金矿化线索。老君山组,冲积扇-河流相,紫红色、褐紫色砾岩、含砾粗砂岩、砂岩,紫红色长石石英砂岩、泥质粉砂岩夹砾岩、泥岩等。臭牛沟组,滨海相,分为 2 个岩段:碎屑岩段,灰色、灰白色、紫红色石英砂岩、长石石英砂岩、砾岩夹有粉砂岩、泥岩;碳酸盐岩段,灰色、深灰色、局部为灰绿色灰岩、生物灰岩夹中细粒石英砂岩、粉砂岩、页岩、白云岩,普遍含石膏。羊虎沟组,湖三角洲和沼泽相,灰黑色、黑色页岩、碳质板岩、粉砂岩、中细粒石英砂岩、灰岩,普遍含煤层或煤线,局部菱铁矿结核。大黄沟组,河流—湖泊相,灰色、灰紫色粗粒石英砂岩、岩屑长石砂岩、粉砂岩,底部为细砾岩、含砾粗砂岩。窑沟组,河流、湖泊相,紫红色、灰白色中厚层状中粒长石石英砂岩、长石砂岩、粉砂岩、泥岩,局部形成砂岩、泥岩互层。

4) 中生界与成矿

中生代出露三叠系西大沟组($T_{1-2} x$),侏罗系窑街组($J_{1-2} y$)、享堂组($J_3 x$),白垩系河口组($K_1 h$)、下沟组($K_1 x$)、中沟组($K_1 \hat{z}$),未发现金矿化线索。西大沟组,河湖相,灰白色、灰绿色中细粒长石砂岩、岩屑长石砂岩、岩屑石英砂岩、长石石英砂岩、粉砂岩、粉砂质黏土岩、板岩,底部有砾岩、含砾砂岩。窑街组,沼泽—滨浅湖相,灰色、灰黑色、灰白色中厚层状细—中粒长石砂岩、岩屑长石砂岩、长石石英砂岩、泥质粉砂岩、粉砂质泥岩夹煤层、煤线、碳质页岩、油页岩及菱铁矿透镜体,底部以砾岩为主。享堂组,滨浅湖相—河流相,灰褐、灰红、紫红等杂色巨厚—块状粉砂质泥岩、粉砂岩细砂岩互层夹灰白色、灰绿色厚层状粗砂岩、含砾砂岩、砾岩。下沟组,山麓冲积相,兼河湖相,灰紫色、紫红色中厚层状长石石英砂岩、含砾粗砂岩、砾岩夹黑色、灰绿色粉砂岩、泥岩、泥灰岩及石膏。中沟组,河流相,淡棕色砾岩、含砾长石石英砂岩、粉砂岩、泥质粉砂岩互层夹灰绿色砂质泥岩、灰色泥岩。

5) 新生界与成矿

新生代出露西宁组(Ex)、白杨河组($E_3 N_1 b$)、玉门组($Qp_1 y$)及第四系(Q)。西宁组,河流相、湖泊三角洲相,下部为灰紫色、紫红色、棕红色中厚层状泥岩、砂质泥岩与厚层状细砾岩、砂砾岩、砾岩及细砂岩互层夹石膏;上部为灰紫色、紫红色、砖红色厚层状复成分砾岩、砂砾岩、含砾杂砂岩、岩屑粗砂岩夹中厚层状泥岩、砂质泥岩或呈互层夹石膏。白杨河组,河—湖泊相,下部为灰色、黄绿色、紫红色、砖红色粉砂质泥岩、泥岩、粉砂岩、泥质粉砂岩夹淡绿色钙质泥岩、泥灰岩夹含砾砂岩、细粒、中粒石英砂岩夹石膏;中部为灰绿色、紫红色粉砂岩、中厚层状泥岩、泥灰岩夹砾岩、杂砂岩、细砂岩、长石石英砂岩、薄层灰岩;上部为灰色、橘红色、橘黄色砾岩、砂岩夹黏土质。疏勒河组,滨湖相,下部为灰黄色、紫红色中厚层状、中粒石英长石砂岩、粉砂岩、砾岩夹粉砂质泥岩、泥岩及次生纤维石膏;上部为浅黄色、灰黄色、紫红色、浅红色中厚层状砾岩、砂砾岩、粗砂岩夹砂岩、粉砂质泥岩,青灰色泥岩、泥灰岩及薄层状石膏。玉门组,山前冲洪积相,灰绿色、黄褐色复成分砾岩类粉砂岩、中砂岩。

第四纪沉(堆)积全为陆相,从早更新世开始一直延续到全新世且广泛分布,成因类型有残坡积、冲积、洪积、风积、湖积、沼泽沉积、化学沉积、冰碛、冰水沉积等,与冰川作用有关的冰碛、冰水沉积的发育,反映了青藏高原高海拔、气候寒冷的特点。沉积成矿作用主要表现为物理作用主导形成的砂金矿,遍布北祁连乃至全省的河流谷地和阶地、台地,产出天朋河砂金矿床、洪水梁砂金(铂)矿床、穿刺沟砂金(铂)矿床等。

2. 构造与成(控)矿

发育冷龙岭北缘断裂(F1)、宝库河-峨堡断裂(F2)、达坂山北缘断裂(F3)、托莱河-南门峡断裂(F4)(成矿单元的分界断裂)共4条区域性分界断裂,控制了金矿床(点)的空间展布。断裂长度210~480km,总体呈北西西向展布,F4及F3局部断面倾向北东,其他断面南西倾,倾角变化较大。切割古元古界、奥陶系、志留系、二叠系—侏罗系、新近系及各时代的侵入体,整体控制了奥陶系、志留系空间展布,表明断裂形成于加里东早期或更早,晚古生代、新生代等断裂复活迹象明显。断层性质在不同的活动时期表现不同,如:F1晚古生代以逆冲为主;F2加里东早期以引张为主,晚期转为挤压,喜马拉雅期复活具走滑特征;F3早期为韧性,晚期为脆性;F4加里东早期表现为韧性,中期表现为向南、向北的双向右旋斜冲。

区域性分界断裂主要表现为一系列北西西走向的脆韧性逆冲断裂,发育在各地层单位、各构造岩片之间的分割界线上,断层面多呈舒缓波状,大多数北倾,倾角50°~70°,沿断层两侧发育拖褶皱。沿断裂倾向均发育数十米至数百米宽的断层破碎带,带内断层角砾岩、断层泥等发育,两侧地层显示强烈的挤压破碎、片理化现象,片状矿物定向排列,硅化、黄钾铁矾及铁染现象普遍。铜厂沟金(铜)等矿床在区域性断裂形成的层间破碎带内含矿性更佳。

褶皱在加里东期早期,形态上多为顶厚翼薄、两翼不对称的剪切褶皱,形态复杂多样,受后期右行走滑断裂的影响,轴向以近东西向为主。加里东晚期复式褶皱,长达几十千米,宽1~10km,由许多次级褶皱共同组成;褶皱两翼较为紧闭,转折端过渡突然,平面形态呈线状,主要是紧闭、同斜褶皱、斜歪褶皱和尖棱褶皱等,其次为倒转褶皱。翼间角一般50°~60°。陇孔沟金矿床、泉儿沟金矿点位于褶皱的轴部,红川金矿床、中多拉金矿床位于褶皱的北翼。

3. 岩浆作用与成矿

火山喷发活动全部为海相,构造环境较为复杂,陆缘裂谷、岛弧、俯冲、同碰撞环境SSZ型蛇绿岩组合均有发育;火山岩相以喷溢相为主,其次为爆溢相、爆发空落相、爆发崩塌相。火山活动始于元古宙,为由中心式爆发—喷溢—喷出—侵入形成的大型双峰式火山岩穹,矿床直接赋存于火山岩穹中心,下柳沟地区的古破火山口控制了西山梁金矿床,也是青海省最早的海相火山岩型金矿。火山活动占主导地位的是中寒武世—早奥陶世火山岩喷发旋回和晚奥陶世火山喷发旋回,前者由中基性熔岩-沉积岩组成3个韵律,后者大部分为岩浆弧的玄武岩-安山岩-英安岩组合,部分具双峰式火山岩,火山岩系构成复背斜,为爆发兼裂隙喷发,是大洋化基础上洋盆扩张向北俯冲消减所形成的活动大陆边缘沟-弧-盆火山活动,基性和酸性的细碧角斑岩具有双峰式海相火山岩特征,相伴产出有深海沉积的富碳泥质片岩、硅质岩,火山岩与沉积岩形成明显的韵律层,形成分异较好的块状硫化物矿床,酸性端元的火山岩相对发育的地段有利于多金属、金和钴等矿床的形成,基性火山岩有利于铜、金等矿产的形成,松树南沟、铜厂沟、红川等金矿床构成了青海省海相火山岩型金矿的主体;早志留世时火山活动微弱,没有发现金矿床(点)。

岩浆活动主要发生在中元古代和古生代,其中早古生代最为活跃,分布广泛,构成祁连花岗岩带,可分为寒武纪洋盆岩石构造组合、奥陶纪—中志留世俯冲岩石构造组合、晚志留世—早泥盆世碰撞及后碰撞岩石构造组合。中元古代变质侵入体主要为二长花岗质、钾长花岗质岩石,环斑花岗岩,以高钾为特征,具A型花岗岩特征,可能为基底裂解致上地幔岩浆上侵使陆壳重熔的产物。寒武纪—奥陶纪一系列海底裂谷进化为多岛洋,形成众多的SSZ型蛇绿岩。奥陶纪—中志留世俯冲岩石构造组合与蛇绿构造混杂带及弧火山岩带伴生,主要为中晚奥陶世石英闪长岩、花岗闪长岩、二长花岗岩及少量闪长岩、英云闪长岩、闪长岩。晚志留世—早泥盆世碰撞及后碰撞岩石构造组合，侵位时代主体为晚志留世，空间上分布于碰撞造山带主挤压构造带及两侧，岩石主要为二长花岗岩、花岗闪长岩，少量二云母花岗岩、石英二长闪长岩。泉儿沟金矿化直接产于加里东期钾长花岗岩脉中，铜厂沟加里东期英云闪长岩脉与围岩的接触带也有矿体产出。

青海省最大的基性、超基性岩带展布于成矿单元内，与寒武纪—奥陶纪火山岩一体构成北祁连蛇绿岩套或蛇绿岩建造，可划分3期成岩阶段：寒武纪早期裂谷开始形成阶段，晚寒武世末期与早奥陶世洋盆扩张阶段，中奥陶世末期与晚奥陶世弧后盆地扩张阶段。基性—超基性岩中的Au元素，经过多次构造运动活化迁移，形成了与超基性岩有关的岩金矿化。

4. 变质作用与成矿

吕梁期区域动力热流变质作用发生在古元古界托莱南山群，变质岩石组合以片麻岩、云母（石英）片岩类、大理岩为主，夹角闪质岩、变粒岩，主要特征变质矿物有矽线石、铁铝榴石、黑云母、普通角闪石、十字石、斜长石、镁橄榄石、透辉石，变质相归属中压型角闪岩相。

加里东期区域低温动力变质作用发生在震旦系朱龙关群熬油沟组和桦树沟组、中—上寒武统黑刺沟组、顶寒武统香毛山组、下奥陶统阴沟群、中奥陶统大梁组、上奥陶统扣门子组、下志留统肮脏沟组、中志留统泉脑沟山组，以及寒武纪—奥陶纪走廊南山和达坂山蛇绿混杂岩。特征变质矿物有阳起石、黑云母、钠长石、（钠）黝帘石、白云母、绿泥石。与金矿有关的变质矿物组合有黑刺沟组 $Bi+Ser+Qz+Cal$（千枚岩）、$Act+Chl+Ep$、$Ab+Ep+Chl$（变基性火山熔岩）、$Ser+Chl+Qz\pm Cal$（变砂岩、硅质岩）、$Ser+Chl+Ab+Qz+Cal$（变凝灰岩）。香毛山组 $Mu+Bi+Qz+Ser$（石英片岩）、$Cal+Ep+Ser$（大理岩）。阴沟群 $Ser+Chl+Cal\pm Bi$，$Ser+Qz\pm Do$（千枚岩、板岩）、$Chl+Ser+Cal$（变砂岩）、$Qz+Ab+Chl-Ser+Chl+Zo\pm Act$（变中性—基性火山岩）、$Qz+Ser+Dol$（硅质岩）[1]，可划分为绢云母-绿泥石带、黑云母带和绿泥石-黑云母带3个变质带，均归属绿片岩相。

海西期—印支期区域低温动力变质作用发生在上泥盆统老君山组、石炭系臭牛沟组和羊虎沟组；北祁连二叠系大黄沟组、窑沟组，三叠系西大沟组、南营尔组；中南祁连二叠系巴音河群，二叠系郡子河群、默勒群；宗务隆山地带为宗务隆山蛇绿混杂岩和三叠系隆务河组、古浪堤组。主要变质矿物有绢云母、绿泥石、方解石、钠长石。

（三）区域成矿规律

1. 构造演化与成矿地质事件

中新元古代阶段，为初始洋盆或小洋盆，新元古代末期裂解拉张至寒武纪。长城纪早期显示陆缘裂谷边缘带环境，晚期裂谷进一步发展为半深海环境陆缘裂谷中央带环境。裂谷内火山活动频发，伴有超基性岩和基性岩的侵位，在双峰式火山岩穹中心形成海相火山岩型金矿。

早古生代进入造山运动阶段。早寒武世为被动陆缘陆棚碳酸盐岩台地环境；中寒武世早期火山活动强烈，处于滨浅海环境，为陆内裂谷边缘带；中寒武世晚期，半深海斜坡沟谷环境，为陆内裂谷边缘带、中央带；晚寒武世为陆缘裂谷中央带。奥陶纪总体处于构造挤压背景，以深海盆地沉积为主，双峰式火山岩控制了北祁连成矿带海相火山岩型金矿的产出。早奥陶世（或晚寒武世末）在大洋裂谷系的基础上形成洋盆，随着洋盆扩张，洋壳发生俯冲并引起洋壳碎片向南仰冲拼贴于中寒武世火山岩系上（潘彤和王福德，2018），在蛇绿混杂岩带形成与基性、超基性岩有关的铬、金、铂族等矿产，岛弧环境下形成海相火山岩型矿床（浪力克、陇孔）。中晚奥陶世随俯冲作用诱发弧后扩张形成弧后盆地，发育SSZ型蛇绿岩，在汇聚板块边缘的岛弧中基性火山岩中产有金矿床［红沟铜（金）矿、松树南沟金矿等］（表2-5）。

---

[1] 注：Bi. 黑云母；Ser. 绢云母；Qz. 石英；Cal 方解石；Act. 阳起石；Ep. 绿帘石；Ab. 钠长石；Chl. 绿泥石；Mu. 白云母；Do. 白云石；Zo. 黝帘石。

表 2-5 祁连成矿省金矿成矿要素表

区域成矿要素			描述内容
成矿地质环境	成矿区(带)		北祁连金-(铜)成矿带(Pz_1、Cz)Ⅲ1,中南祁连 Au 成矿带(Pz、Cz)Ⅲ2
	大地构造位置		北祁连造山带、中南祁连造山带
	主要控矿构造		以火山为主的复合构造,包括火山机构、火山沉积盆地;断裂及褶皱构造
	主要赋矿地层		中寒武统黑刺沟组、深沟组,寒武系六道沟组,下奥陶统阴沟群、上奥陶统扣门子组
	控矿沉积建造		以海相火山岩建造为主,其次为海相火山-沉积建造
	岩浆岩		加里东期钾长花岗岩、英云闪长岩
	区域变质作用及建造		区域变质程度较低,属低绿片岩相变质建造
成矿地质特征	海相火山岩型金矿	矿床式	松树南沟式金矿、铜厂沟式铜金矿、红沟式金矿、南天重峡式金矿
		矿床类型	中晚寒武世、早奥陶世、晚奥陶世海相火山岩型铜(金)多金属矿床
		含矿建造	中晚寒武世、早奥陶世、晚奥陶世双峰式火山岩建造,次火山岩建造
		控矿构造	火山沉积盆地、古火山机构、穹隆构造、褶皱及断裂构造
		围岩蚀变	孔雀石化、硅化、绿泥石化、碳酸盐化、褐铁矿化、黄铁矿化
	接触交代型	矿床式	尼旦沟式金矿
		矿床类型	与晚奥陶世花岗闪长岩侵入作用有关的接触交代型金矿
		围岩	寒武系六道沟组碳酸盐岩
		控矿构造	北西向断裂为区域性深大断裂,近南北向断裂呈大致平行的带状展布,具压扭性,为主要控矿构造
		围岩蚀变	黄铁矿化、黄铜矿化、硅化、绿泥石化

晚古生代持续造山运动,系陆内地质背景,火山活动减弱,岩浆侵入活动增强。志留纪为前陆盆地沉积环境,遭降升剥蚀。志留纪弧陆碰撞提供大量热能引起地壳物质的重熔和地壳结构的改变,形成Ⅰ型、S型中酸性侵入岩,岩石组合为同碰撞强过铝花岗岩组合。早泥盆世进入后碰撞阶段,发育后碰撞高钾钙碱性花岗岩组合。石炭纪—白垩纪为陆内演化阶段。中酸性岩浆侵入活动在局部伸张或挤压作用下预富集、活化、改造贵金属元素,在寒武纪、奥陶纪火山岩发育广泛的脆-韧性变形中,尤其是韧性剪切带内形成不同程度的金矿化。

新生代脆性变形占主导兼有韧性变形,沿南、北两缘分别向中祁连地块和河西走廊逆冲推覆,形成一些断陷盆地及走滑拉分盆地。第四纪高原强烈差异性隆升形成现今地貌格局。在山间断陷盆地中,第四系分布较广,两岸阶地发育,砂金沉积作用频繁,尤其在河谷交叉处或现代河床内湾处金较为富集,但不同流域矿种略有不同,托莱山—达坂山一带、黑河流域主要为与第四纪洪冲积有关的砂金(铂)矿,在八宝河流域主要为与第四纪冲洪积有关的砂金矿。

2. Ⅳ级成矿单元

根据成矿单元的划分原则,北祁连成矿带进一步划分为西山梁-铜厂沟金-(铜)成矿亚带Ⅳ1、红川-松树南沟金成矿亚带Ⅳ2共2个Ⅳ级成矿亚带。

1)西山梁-铜厂沟金-(铜)成矿亚带Ⅳ1

该成矿亚带西起洪水坝,经野牛沟、峨堡,东到仙米、朱固寺,东、西两端及北部均延入甘肃省境内,整体呈北西向长条状展布,全长约430km,宽15~50km。

广泛出露中寒武世中基性—中酸性火山岩及早奥陶世火山沉积岩系,古元古代、晚古生代—新生代地层分布零星;基性—超基性岩带呈北西向分布,加里东期中酸性侵入岩比较发育。断裂构造以北西—北西西向为主,具多期活动特征。断裂带附近小岩体及脉岩十分发育,围岩蚀变强烈,形成诸多的北西西向构造蚀变带。

金矿资源比较丰富,发现金矿床(点)14个,除天朋河砂金矿达到中型以外,其他均为小型或矿点级别。成矿类型比较简单,主要为西山梁式、铜厂沟式海相火山岩型,天朋河式沉积砂矿型,及小沙龙为代表的岩浆热液型。成矿时代以奥陶纪、第四纪为主,寒武纪次之,最早可追溯到元古宙。

与金矿有关的成矿类型有元古宙陆缘裂谷环境海相火山岩型金矿,寒武纪陆缘裂谷环境、奥陶纪弧后盆地环境海相火山岩型金矿,志留纪—泥盆纪碰撞环境岩浆热液型金矿和新生代青藏高原隆升环境沉积型砂金矿。

2)红川-松树南沟金成矿亚带Ⅳ2

该成矿亚带西起托莱牧场,经柯柯里、鹿场、默勒,东到扎隆口南,东、西两端延入甘肃省境内,整体呈北西向长条状展布,全长约455km,宽6~17km。

该成矿亚带主要包含了达坂山-玉石沟蛇绿混杂岩带。古元古代块体分布局限;下古生界多沿北西向断裂带分布,以中基性火山岩发育为特色,是带内金多金属矿产的主要含矿层位;上古生界及中新生界出露零星。岩浆活动强烈,基性—超基性岩往往成群出现,多与火山岩相伴产出,组成北祁连蛇绿岩带。中酸性侵入岩分布不多,主要为加里东期闪长岩、石英闪长岩及二长花岗岩等。断裂构造发育。

金矿资源丰富,共发现金矿床(点)31个,其中中型矿床2个、小型矿床6个,但整体分布较散,相对集中在陇孔地区、红川地区、松树南沟地区。成矿类型为松树南沟式、红川式海相火山岩型金矿,洪水梁式沉积型砂金矿。成矿时代为奥陶纪、新生代。

与金矿有关的成矿地质事件有寒武纪—奥陶纪弧后盆地环境海相火山岩型金矿,新生代青藏高原隆升环境沉积型砂金矿。

二、中南祁连金成矿带

(一)基本情况

该成矿带位于祁连造山带中南部,北以托莱山-南门峡断裂为界,南以宗务隆山-青海南山断裂、土尔根达坂-宗务隆山南缘断裂为界,呈东西向条块状展布,长约630km,宽150~185km,东、西两端延入甘肃省境内。大陆性高寒半湿润山地气候,分布有多条国道、省道、县道等,交通十分便利。

矿产资源比较丰富,已发现各类矿产地200余处,金属矿产主要有铁、锰、钨、钼、铌钽、铜、铅、锌、金、银等。能源、非金属矿产有煤、磷、石英岩、白云岩、大理岩、石膏、黏土、自然硫、硫铁等。已发现的矿产地中,特大型矿床1处,大型矿床2处,中型矿床8处,小型矿床16处,其他均为矿(化)点。前寒武纪成矿期形成有变质型铁矿、伟晶岩型稀土矿等;加里东成矿期是最主要的成矿期,形成接触交代型铁矿、热液型锰、钨、铌钽矿,构造蚀变岩型金矿等;海西-印支成矿期形成有沉积型铜矿;第四纪形成砂金、砂铂等。

共发现金矿床(点)43处,其中岩金23处,砂金20处。成矿类型有岩浆热液型、海相火山岩型、接触交代型、机械沉积型。成矿时代主要为寒武纪、第四纪,其次为奥陶纪,少量志留纪、泥盆纪、二叠纪。共求得上表岩金资源储量6183kg,砂金资源储量2870kg(表2-2,表2-3)。

(二)成矿地质条件

1. 含矿建造及赋矿地层

1)元古宇与成矿

元古宙出露化隆岩群($Pt_1H.$)、托莱岩群($Pt_1T.$)、湟源岩群($Pt_2^1H.$)、湟中群($Pt_2^2H.$)、托莱南山群($Pt_2^{2-3}T$)、花石山群($Pt_2^{2-3}H$)、龚岔群(Pt_3^1G)、天峻组(Pt_3^2t)、龙口门组(Pt_3^3)。化隆岩群,为中高级变质岩系,中低压角闪岩相,原岩为泥砂岩-碳酸盐岩-火山岩组合,分为3个岩组:片麻岩岩组,黑云斜长片麻岩、含石榴花岗质片麻岩夹黑云石英片岩、角闪片岩、黑云钾长片麻岩、石英岩及大理岩;斜长角闪岩岩组,斜长角闪岩、绿帘斜长角闪岩、黑云斜长角闪岩、角闪斜长片麻岩、角闪斜长变粒岩、黑云变粒岩及透闪透辉岩等;石英片岩岩组,石英绿帘角闪片岩、黑绿色角闪石英岩、黑云石英片岩、黑云斜长片麻岩、角闪片岩,夹大理岩等。湟源岩群,滨浅海相,分为2个组:东岔沟组(Pt_2^1d),石墨化云母石英片岩、含石榴石云母石英片岩夹石英角闪片岩、石英透闪片岩、大理岩、石英岩;刘家台组(Pt_2^1l),灰—灰黑色石墨质云母石英片岩、石英二云母片岩夹大理岩、石榴石云母石英片岩、石英角闪片岩、透闪石英片岩、绿泥片岩。湟中群,滨浅海相,分为2个组:磨石沟组(Pt_2^2m),乳白色、灰白色、灰黑色、肉红色厚层—块状石英岩、变石英砂岩、变泥质粉砂岩、板岩夹千枚云母石英片岩、绿泥片岩,局部在底部有石英质砾岩;青石坡组(Pt_2^2q),灰色粉砂质板岩、石英质变粉砂岩、千枚岩夹中细粒变石英砂岩、钙质板岩和结晶灰岩。托莱南山群,滨浅海相,分为2个组:南白水河组(Pt_2^2n),下部为杂色石英岩、变砂砾岩、粉砂质板岩夹灰岩,上部为砂砾岩与灰黑色厚层结晶灰岩互层夹硅质岩、板岩;花儿地组($Pt_2^{2-3}h$),灰色条带状泥岩、角砾状灰岩、鲕状灰岩与玫瑰色藻灰岩互层夹灰色石英长石砂岩,灰岩中有白云岩夹层。花石山群,滨海相,分为2个组:克素尔组($Pt_2^{2-3}k$),灰白色、深灰色白云质结晶灰岩夹紫红色角砾状灰岩,局部夹钙质千枚岩,底部有砾岩、含砾砂岩;北门峡组($Pt_2^{2-3}b$),灰白色、灰色白云岩,局部含硅质,底部夹有千枚岩,局部夹砂砾岩。龚岔群,滨浅海相,分为4个组:窑洞沟组(Pt_3^1y),灰色、深灰色隐晶灰岩、角砾状灰岩、玫瑰色泥质灰岩,夹紫红色、深灰色板岩;哈什哈尔组(Pt_3^1h),灰色、灰紫色、灰绿色、灰黑色砂质板岩、钙质泥质板岩和粉砂岩、细粒岩互层夹长石砂岩、泥砂质灰岩及砾岩透镜体,局部大理岩和安山质凝灰岩;五个山组(Pt_3^1w),浅灰色砂质白云质灰岩、灰色微晶灰岩、含碳结晶灰岩夹钙质粉砂质板岩;其他大坂组(Pt_3^1q),下部为紫红色、灰绿色含砾中粗—细粒长石石英砂岩,上部为灰—灰绿色细粒石英砂岩、粉砂质板岩、泥质板岩、钙质板岩夹深灰色灰岩。

元古宙地层主要分布在中祁连造山带东、西两段及南祁连造山带东段部分地区,皆处于被动陆缘环境,经历了海进—海退3个沉积旋回,但仅在中祁连造山带东段发现了马场台、三岔、夏格曲等几处金矿点,产于地层中的断裂破碎带内。中祁连西段长城系为托莱南山群南白水河组,近岸沙丘—后滨环境,沉积厚度达3729m,陆棚碎屑岩盆地滨海沉积。蓟县系花儿地组,沉积盆地面积扩大,海水变浅,接受碳酸盐岩沉积,沉积厚度1156m,陆棚碳酸盐岩台地。青白口系龚岔群,沉积盆地范围进一步扩大,初期形成以长石石英砂岩为主的碎屑沉积,沉积厚度1055~3557m;中期海水变深,沉积厚度达1652m;晚期海水变浅,陆棚碳酸盐岩台地。中祁连造山带东段相对于西段,沉积盆地面积较小。长城纪早期,海水较浅,沉积厚度约935m;晚期青石坡组泥岩粉砂岩夹砂岩建造组合反映海水加深,下部普遍含黄铁矿,并富含磷,属还原环境;蓟县纪经短暂的抬升又被海水侵没,早期沉积以灰岩为主,晚期以白云岩为主,末期盆地基本消失,接受近岸碎屑沉积。

2)下古生界与成矿

早古生代地层出露寒武系深沟组($\epsilon_2\hat{s}$)、六道沟组($\epsilon_{3-4}l$)、奥陶系吾力沟组(O_1w)、花抱山组(O_1h)、阿夷山组(O_1a)、盐池湾组(O_2y)、茶铺组(O_2c)、药水泉组(O_3y)、多索曲组(O_3d)、志留系巴龙贡噶尔组(Sb)。深沟组,陆缘裂谷沉积,变质砂岩、变质粉砂岩、变质安山岩变质岩石构造组合。六道沟组,滨浅海相,分为2个岩段:碱性玄武岩段,灰绿色安山岩,灰紫色蚀变安山岩、辉石安山岩、安山质熔结角砾岩,灰绿色玄武安山岩,深灰色含砾长石砂岩、长石杂砂岩、凝灰质砂岩、粉砂质板岩、凝灰质板岩等;拉斑玄武岩段,灰绿色蚀变基性—中基性火山岩、基性火山角砾岩、蚀变中性—基性凝灰岩、含辉石安山岩、粗玄岩、绿泥石板岩、绢云钙质千枚岩,紫红色含铁硅质岩、结晶灰岩等。吾力沟组,浅海—半深海相,分为3个岩段:碎屑岩段,灰绿色中粒长石砂岩、石英长石砂岩、钙质粉砂岩夹含砾砂岩、中酸性凝灰岩;火山岩段,杂色安山质凝灰角砾岩、英安质火山角砾岩、英安、安山质凝灰岩、流纹英安质晶屑玻屑凝灰岩夹凝灰质粉砂岩、含砾粗砾岩、白云质灰岩;碳酸盐岩段,灰色、灰黑色灰岩、浅灰色结晶灰岩夹岩屑长石砂岩、泥钙质粉砂岩。花抱山组,下部为灰绿色、灰紫色复成分砾岩、含砾长石岩屑石英砂岩、片状砾岩夹板岩、灰岩,上部为灰绿色、黄绿色长石石英砂岩、石英砂岩、长石杂砂岩夹片状砾岩、安山岩、凝灰岩透镜。阿夷山组,半深海相,下部为灰绿色中基性凝灰岩、浅肉红色石英角斑岩夹紫色火山碎屑砂砾岩、凝灰质板岩、千枚岩及灰岩透镜,局部见有英安岩夹层,上部为灰绿色杏仁状安山岩、杏仁状辉石安山岩夹含角砾安山岩、安山质火山角砾岩,少量玄武岩。茶铺组,滨海相,火山岩属岛弧火山岩,下部为灰紫色复成分砾岩,灰绿色、灰黑色板岩夹薄层灰岩,中部为安山岩、玄武岩、石英安山岩夹凝灰岩、英安岩、板岩、砂岩,上部为玄武岩、安山岩与板岩互层夹砾岩。盐池湾组,半深海相,灰绿色长石石英砂岩、含砾粗砂岩、变石英砂岩、灰色千枚状板岩、粉砂质板岩夹粉砂岩、细砂岩、不纯硅质灰岩、细粒岩。药水泉组,滨浅海相,下部为暗紫色、灰色火山角砾岩、凝灰质杂砂岩、砾岩、含砾砂岩,中部为杏仁状安山岩、安山质火山角砾岩夹砂岩、页岩,上部为黄褐色、紫红色泥粉砂岩、凝灰质杂砂岩、凝灰岩。多索曲组,浅海相,灰绿色、暗绿色安山质角砾凝灰岩、流纹-英安质晶屑玻屑凝灰岩与杂色凝灰质砾岩、粉砂岩、砂砾岩互层夹砂质灰岩、白云质灰岩透镜,灰绿色玄武岩、安山岩、玄武岩、杏仁安山岩夹火山角砾岩,灰色、灰绿色安山岩、玄武岩夹火山角砾岩、凝灰岩、结晶灰岩、砾岩。巴龙贡噶尔组,半深海—浅海相,分为3个岩性段:粗碎屑岩段,灰绿色中厚层石英砂岩、粉砂岩、粉砂质板岩、复成分砂岩夹含砾砂岩、砾岩、硅质岩、结晶灰岩透镜,局部夹流纹英安岩、英安质凝灰岩;细碎屑岩段,灰绿色中厚层石英砂岩、杂砂岩、粉砂岩夹板岩、凝灰质板岩、二云石英片岩、结晶灰岩、千枚岩,局部夹中性火山岩;火山岩段,灰绿色中厚层钠长斑岩、流纹英安岩夹英安质火山角砾岩、火山角砾凝灰岩。

寒武纪地质特征与北祁连成矿带相似,裂谷盆地发育,分布范围较广。中寒武统为深沟组,无障壁海岸远滨相,陆缘裂谷环境,下部边缘带以火山岩为主,上部中央带以细碎屑岩为主,沉积厚度533~734m。拉脊山地区陆缘裂谷在拉张作用下,晚寒武世发展为小洋盆,引发强烈的火山活动。晚寒武世早期为以安山质熔岩为主的碱性玄武岩,晚期为拉斑玄武岩,构成六道沟组,形成小规模的洋内弧,强烈的火山活动在拉脊山地区形成了尼旦沟金矿集区,有南天重峡、槽子沟、碴门等金矿床。火山岩中夹大量陆源碎屑,下部以砂岩为主,上部以泥页岩为主夹硅质岩,滨浅海环境、半深海环境,沉积厚度由不足百米到3000多米;盆地中有大量基性、超基性蛇绿岩。

3)上古生界与成矿

晚古生代主要出露上泥盆统老君山组(D_3l),石炭系臭牛沟组($C_1\hat{c}$)、羊虎沟组(C_1y)及宗务隆山群(CP_2Z),二叠系巴音河群(PB)。巴音河群,海陆交互相,分为4个组:勒门沟组($P_{1-2}l$),紫红色、灰色、灰白色砾岩、石英砂岩、岩屑石英砂岩,发现了青海省较为典型的砾岩型金矿(尕日力根);草地沟组($P_{1-2}c$),灰岩,灰色、灰绿色夹紫红色长石石英砂岩、石英砂岩、粉砂岩夹灰岩、生物碎屑灰岩;哈吉尔组(P_3h),紫红色、灰色、深灰色长石石英砂岩、长石砂岩、粉砂岩夹深灰色石灰岩;忠什公组(P_3z),灰色、灰绿色、灰紫色中细粒石英长石砂岩、长石砂岩、岩屑砂岩夹粉砂岩,局部见黏土岩。

早—中二叠世地层分布在南祁连地区,陆表海环境,是在早古生代海盆闭合隆升剥蚀状态持续到早二叠世坳陷形成。有学者研究认为海水来自秦岭地区,属于特提斯海区。另外宗务隆裂谷于晚三叠世闭合,裂谷盆地中的海水也提供了部分来源。陆表海受北西向构造控制明显,海底地形不平坦,出现一系列的凸起,形成了几个大的坳陷盆地。勒门沟组—草地沟组,发育一个完整的海进-退积沉积序列,初期河流相砂砾岩发展成滨海相砂岩、粉砂岩,最后为浅海相碳酸盐岩。下部的砂砾沉积厚度变化较大,低洼处最厚可达290m,相对隆起处厚度仅有0.1m。

4) 中生界与成矿

中生代出露三叠系郡子河群（$T_{1-2}J$）、隆务河组（$T_{1-2}l$）、古浪堤组（T_2g）、多福屯群（T_3D）、默勒群（T_3M），侏罗系大煤沟组（$J_{1-2}dm$）、窑街组（$J_{1-2}y$）、享堂组（J_3x），白垩系河口组（K_1h）、民和组（K_2m），未发现金矿化线索。郡子河群，滨浅海，分为4个组：下环仓组（$T_{1-2}xh$），下部为灰色、灰紫色、灰白色厚层—块状砾岩、含砂砾岩、石英砂岩、长石石英砂岩，上部为灰绿色中薄层状石英长石砂岩夹粉砂岩；江河组（$T_{1-2}j$），灰色、灰绿色细粒长石砂岩、长石石英砂岩、粉砂岩夹粉砂质泥岩、砂质灰岩、生物碎屑灰岩；大加连组（$T_{1-2}d$），灰色、灰白色（局部夹粉红色）厚层状结晶灰岩、生物灰岩、鲕粒灰岩、角砾状灰岩夹少量粉砂岩、细粒长石砂岩；切尔玛沟组（T_2q），灰色、灰绿色长石砂岩、岩屑长石砂岩、粉砂岩夹生物碎屑灰岩、不纯灰岩。默勒群，海陆交互相，分为2个组：阿塔寺组（T_3a），黑色厚层—巨厚层长石砂岩、紫红色、灰绿色砂岩；尕勒得寺组（T_3g），灰色、灰黑色、灰绿色复矿砂岩、粉砂岩、页岩互层或组成韵律层夹薄层煤层。河口组，滨湖相，下部为红色、紫红色、灰色厚层状粗砾岩、砂砾岩、粉砂岩夹泥岩、粉砂质页岩、石膏；中部为灰绿色、紫红色厚层状粗砾岩、砂砾岩、灰白色块状长石石英粗砂岩、铁质石英细砂岩、粉砂质泥岩夹块状泥灰岩、页岩及石膏；下部为砾岩、砂砾岩、细粉砂岩、泥岩。民和组，河湖相，岩性为砂岩、粉砂岩、砂砾岩、泥岩。其他组岩性特征见前述。

5) 新生界与成矿

新生代出露贵德群（NG）、西宁组（Ex）、白杨河组（E_3N_1b）、疏勒河组（$N_2\hat{s}l$）、玉门组（Qp_1y）。与金矿有关的地层有元古宇、寒武系、二叠系、第四系。贵德群，分为2个组：咸水河组（N_1x），河流—湖泊三角洲相，紫红色、砖红色中厚层状砾岩，少量含砾粗砂岩、粗砂岩夹青灰色粉砂岩、砂砾岩、长石石英砂岩、青灰色、橘红色粉砂质泥岩；临夏组（N_2l），湖泊相，紫色泥岩、砂质泥岩夹中—细砂岩、含砾砂岩，杂色中厚—厚层状泥岩、粉砂岩夹泥灰岩、块状复成分砾岩。其他组岩性特征见前述。

新生代，随着压陷盆地面积不断扩大，沉积物由早期湖泊相、湖泊三角洲相，发展到后期的河流相，最后过渡到陡坡带沉积。在居洪图、化隆—循化一带，水系发育，为半封闭状态的沉积盆地，晚更新世、全新世砂砾层含矿，产出雅沙图、科阳沟等沉积型砂金矿。

2. 构造与成(控)矿

疏勒南山-拉脊山北缘断裂（F5）、拉脊山南缘断裂（F6）、宗务隆山-青海南山南缘断裂（F7）共3条呈北西-南东向展布的边界断裂，生成于古陆解体过程，具有长期活动历史，起着导矿而不聚矿的作用。与边界断裂交割的弧形、北东东向等断裂，控制了拉脊山地区寒武系—奥陶系分布，有利于成矿和聚矿。F5、F6夹持的蛇绿混杂岩带与金矿的关系最为密切，早古生代是断裂的强烈活动时期，均表现为强烈挤压的逆断层（F5早期为北倾正断层），向南西方向倾斜，抬升下古生界寒武系、奥陶系，分布熊掌金矿床、尼旦沟金矿集区。海西晚期至印支期F7最为活跃，强烈的活动使早古生代海盆隆升剥蚀，在该时期形成的坳陷中沉积，形成了尕日力根砾岩型金矿。晚中生代F6开始右行走滑，并与其他断裂一起控制拉分盆地的萌生，新生代随着青藏高原的隆升，形成了沉积型砂金矿。

褶皱为宽阔复式向斜，分布在南祁连造山带，核部位置为同褶皱期的断裂带所表现，并对同造山期花岗岩类侵入岩体的产出和分布起控制作用，复向斜轴部及北翼对成矿有利。碛门金矿床产于复向斜的北东翼，南天重峡金矿床也发育向斜。

3. 岩浆作用与成矿

火山喷发活动分布在加里东、海西旋回，始于中寒武世，结束于早二叠世，三叠纪有零星的火山活动，以海相喷溢相为主，奥陶纪有爆发崩塌相。寒武纪火山岩以中晚寒武世为主，洋内弧环境，拉脊山地区属陆间裂谷SSZ型蛇绿岩组合中的玄武岩建造，与北祁连寒武纪火山喷发活动类似，但火山活动结束时间早于北祁连，以海相基性熔岩为主，中酸性次之。尼旦沟金矿床、天重峡金矿床产于晚寒武世基性—中基性火山岩中，与火山喷气-热液活动有关。奥陶纪火山岩形成环境复杂，陆缘弧、岛弧岩石构造组合均有。志留纪为碰撞岩石构造组合，为海相喷溢相。晚古生代为陆缘裂谷、大陆伸展环境。

岩浆侵入活动分布在四堡-震旦、加里东、海西、印支4个旋回中。四堡-震旦旋回侵入岩，古元古代为变质基底杂岩组合,花岗闪长质岩石侵入于古元古代变质岩中,为早期陆块裂解-汇聚阶段陆壳重熔的产物;新元古代主要为二长花岗质、花岗闪长质变质侵入体,为陆壳重融花岗岩;中祁连地区发育独特的震旦纪侵入岩,岩性组合为二长岩、正长岩、碱长花岗岩,为大陆伸展环境,岩浆活动具裂谷性质,表明青白口纪已汇聚成陆的古大陆发生裂解。震旦纪末期—早寒武世青海省几乎未发现确切的岩浆侵入事件。加里东旋回侵入岩广泛发育,可分为寒武纪—奥陶纪洋盆、奥陶纪—中志留世俯冲、晚志留世—早泥盆世碰撞及后碰撞岩石构造组合。寒武纪—奥陶纪,一系列海底裂谷进化为多岛洋,被分支洋分割成陆块,形成众多的SSZ型蛇绿岩;奥陶纪—早志留世,俯冲岩石构造组合形成规模大,构造环境为俯冲型花岗岩;晚志留世—早泥盆世为碰撞及后碰撞岩石构造组合,常与二云母花岗岩-花岗闪长岩-二长花岗岩-钾长花岗岩岩石组合伴生。巴拉哈图金矿床、中铁牧勒金矿点与该期花岗岩浆作用关系密切,夏格曲金矿点产于志留纪花岗细晶岩中。海西-印支旋回花岗岩分布较广,可分为中泥盆世—早石炭世裂谷岩石构造组合、晚石炭世—中三叠世俯冲岩石构造组合、印支晚期后碰撞型花岗岩、燕山期后造山岩石构造组合。

4. 变质作用与成矿

吕梁期区域动力热流变质作用发生在长城系湟源岩群、化隆岩群。湟源岩群变质岩石组合为云母(石英)片岩夹石英岩,少量片麻岩、大理岩和角闪片岩,主要特征变质矿物有矽线石、蓝晶石、堇青石、石榴石、黑云母、普通角闪石,变质相大部分可划归绿帘-角闪岩相,局部归属角闪岩相,实际上可能处于绿帘-角闪岩相至角闪岩相的临界过渡状态。化隆岩群,变质岩石组合为长英质片麻岩、片岩、角闪岩类夹少量大理岩、变粒岩等,主要特征变质矿物有矽线石、堇青石、铁铝榴石、普通角闪石、黑云母、斜长石、透辉石、红柱石,变质相统归属角闪岩相。晋宁期区域低温动力变质作用由中祁连蓟县系湟中群、蓟县系—待建系花石山群和蓟县系—待建系托莱南山群及青白口系龚岔群浅变质岩系组成。变质矿物有绢云母、绿泥石、石英、方解石、白云石、绿帘石、白云母、黑云母、钠长石等。变质作用方式主要以重结晶作用为主。变质相属于绿片岩相,低温低—中压相系环境。加里东期区域低温动力变质作用仅发生在震旦系龙口门组,主要特征变质矿物有阳起石、黑云母、钠长石、(钠)黝帘石、白云母、绿泥石。海西-印支期区域低温动力变质作用发生在上泥盆统老君山组,石炭系臭牛沟组和羊虎沟组,二叠系巴音河群,三叠系郡子河群、默勒群,主要变质矿物有绢云母、绿泥石、方解石、钠长石。没有明显的变质作用成矿。

(三)区域成矿规律

1. 构造演化与成矿地质事件

大地构造演化大体经历了中寒武世陆缘裂谷期,晚寒武世—早奥陶世陆间海盆→被动陆缘(洋盆扩张)期,弧盆系形成,志留纪—早泥盆世碰撞造山期,中泥盆世进入盆山转换阶段,晚泥盆世发育断陷盆地,石炭纪—三叠纪为陆表海盆地,侏罗纪为断陷盆地,早中白垩世为压陷盆地,新生代主体为走滑拉分盆地。

中祁连在元古宙为古陆块,经历了强烈的区域变质活动。中新元古代早期含硅、镁质的碳酸盐岩岩石组合中上部的夹层中以不同程度含碳质泥质岩石为主;晚期(上部)局部有含碳泥质岩石集中产出,含一定量的金。元古宙晚期岩浆活动频繁,以中性—酸性岩浆为主,形成岩浆热液型金矿床,发现了三岔、马场台金矿点。新生代次级坳陷盆地湟水河流域中,第四系阶地发育,砂金(铱铱)等重砂矿物主要分布于冲积层底部,形成了大通—高庙地区与第四纪洪冲积有关的沉积型砂金(铱铱)矿。

南祁连元古宇出露极少,中寒武世为俯冲环境,以碱性系列火山岩为主,南、北两侧的超壳深断裂是裂隙式火山喷发和岩浆侵入的主要通道,呈近东西向的古裂谷与南北走向构造带叠加处岩浆活动最强,是尼旦沟金矿集区的主要空间部位。晚寒武世—奥陶纪为俯冲消减带上弧盆系环境的SSZ型蛇绿岩。奥陶纪为由碎屑岩夹碳酸盐岩及中基性—中酸性火山岩组成的类复理石建造,火山岩以岛弧环境为主,中酸性岩浆侵入活动增强,形成了与奥陶纪岩浆作用有关的金矿(夏格曲金矿点)。志留系见下统浅海陆源碎屑沉积,受区域变质呈低绿片岩相,局部达高绿片岩相。石炭系—二叠系为浅海—滨海相稳定台型盖层沉积,中性—酸性岩浆侵入活动持续,岩类以花岗岩、花岗斑岩为主,岩体规模较小,多呈岩株产出,侵位于志留系,活化富集 Au 元素。侏罗系为陆相沉积,分布零星。新生界为河湖相沉积,在初期河流向砂砾岩阶段,接受了早期岩浆活动形成的金矿物,是砂金的聚集场所。

2. Ⅳ级成矿单元

根据成矿单元的划分原则,中南祁连成矿带进一步划分为高庙金成矿亚带Ⅳ3、熊掌-尼旦沟金成矿亚带Ⅳ4、尕日力根金成矿亚带Ⅳ5 共 3 个Ⅳ级成矿亚带。

1)高庙金成矿亚带Ⅳ3

该成矿亚带西起尕河、苏里,经古复湟阿、江仓、热水,东到大通、互助、乐都,呈西窄东宽的"S"形条块状展布,北西向长条状展布,全长 630 余千米,宽 30~100km。

元古宙变质岩广泛分布,早古生代火山沉积岩及侏罗纪、白垩纪陆相沉积岩局部出露,第三纪(古近纪、新近纪)、第四纪沉积层覆盖面积较大。加里东期中酸性侵入岩比较发育。

共发现金矿床(点)5 个,其中沉积型砂金(锇铱)矿床(点)3 个、热液型矿点 2 个。沉积型砂金矿分布在中—新生代陆相坳陷(断陷)盆地内,盆地西起湟中县多巴一带,东至民和,集中在高庙一带。高庙砂金矿达到中型规模。热液型砂金矿产于元古宙蚀变破碎带内。成矿时代主要为新生代第四纪。

主要成矿地质事件为新生代青藏高原隆升环境沉积型砂金(锇铱)矿。

2)熊掌-尼旦沟金成矿亚带Ⅳ4

该成矿亚带西起哈拉湖一带,沿牛脊山北坡,经龙门—阳康、浪琴—智合玛、刚察—吉尔孟,过日月山口,东至循化—化隆。呈北西向狭长带状,长约 650km,宽 15~78km。

元古宇出露极少。寒武系、奥陶系沿 F5 断续出露,蛇绿混杂岩发育;拉脊山最早为一复式向斜,呈近东西向的古裂谷与南北走向构造带重叠处岩浆活动最强,在火山喷气热液期,随着加里东早期中基性火山喷溢期后的喷气热液活动,中基性火山岩发生次生石英岩化(硅化)、绢云母化,浸染状黄铁矿形成并伴随着金的初次富集,岩石中金丰度普遍高出地壳该岩石丰度的 50 倍左右,岩浆期后的石英硫化物阶段是黄铁矿大量晶出的阶段,亦是金富集的阶段,海相火山岩型金矿为主要类型。志留系仅见下统浅海陆源碎屑沉积,二叠系为浅海—滨海相稳定台地型盖层沉积,侏罗系为陆相沉积。新生界为河湖相沉积,是砂金的聚集场所。断裂以北西向、东西向基底断裂为主,次为北东向断裂。基性—超基性岩零星见于北部边缘带及中部断裂附近。中性—酸性侵入岩发育,岩体规模大,多呈岩基状复式岩体产出,产出与奥陶纪、三叠纪两期侵入岩有关的岩浆热液型金矿。

金矿资源丰富且集中分布。哈拉湖以西发现金矿床(点)2 个,其中熊掌金矿床达到中型规模,成因类型为海相火山岩型。拉脊山一带共发现金矿床(点)19 个,分布十分密集,但规模不大,其中小型矿床 4 个,其他为矿点,成因类型为海相火山岩型、岩浆热液型。日月山—化隆一带共发现金矿床(点)11 个,除采特、静龙沟为小型矿床规模外,其余均为矿点,成因类型为沉积型、岩浆热液型。

与金矿有关的成矿地质事件有寒武纪洋内弧环境海相火山岩型金矿,奥陶纪碰撞环境岩浆热液型金矿,新生代青藏高原隆升环境沉积型砂金矿。

3)尕日力根金成矿亚带Ⅳ5

该成矿亚带西起擦勒特,经居洪图、纳日综、石乃亥,东至青海湖东岸。呈北西向西宽东窄带状展布,长约 540km,宽 15~105km。

元古宇仅出露在青海湖鱼场以南,寒武系、奥陶系缺失,志留系、二叠系构成地层主体。志留系见下统浅海陆源碎屑沉积,二叠系为浅海—滨海相稳定台地型盖层沉积。新生界为河湖相沉积。构造以北西向基底断裂为主。中性—酸性侵入岩发育、规模大,尤以西段较为集中,构成醒目的花岗岩带,呈岩基状复式岩体产出,形成与奥陶纪、三叠纪两期侵入岩有关的岩浆热液型金矿。

共发现金矿床(点)7 个,沿居洪图—天峻一带展布,其中小型矿床 3 个,矿点 4 个。成矿类型比较简单,有维日可琼西岩浆热液型金矿床、尕日力根砾岩型金矿床、雅沙图沉积型砂金矿床。砾岩型金矿是近几年新发现的矿床类型。

与金矿有关的成矿地质事件有志留纪—泥盆纪碰撞环境岩浆热液型金矿,石炭纪—二叠纪陆缘海稳定环境机械沉积型金矿,新生代青藏高原隆升环境沉积型砂金矿。

第二节 柴周缘成矿省

柴周缘成矿省位于柴达木盆地周缘,主体在青海省境内,北邻祁连成矿省,南部以昆南断裂(F18)为界,茫崖镇以西和阿尔金山至拉配泉地段延入新疆,丁子口至花海子延入甘肃。东部以苦海-赛什塘断裂(F22)为界。整体呈北西西向展布,长约850km,宽220~400km。区内自然地理条件较差,山势陡峻,大部分地段处于高寒山区,属典型的大陆性高原气候。有青(海)-(西)藏铁路、格(尔木)-库(尔勒)铁路和敦(煌)-格(尔木)铁路3条铁路干线、(北)京-(西)藏高速高速公路、德(令哈)-都(兰)高速公路及9条公路主干线通行,交通条件较好。

自北向南依次包含全吉地块(Ⅰ-4)、柴北缘造山带(Ⅰ-5)、柴达木地块(Ⅰ-6)、东昆仑造山带(Ⅰ-7)、昆南俯冲增生杂岩带(Ⅱ-1)5个二级大地构造单元。全吉地块(Ⅰ-4)呈北西西向展布于宗务隆山南缘-青海南山断裂(F8)和丁字口(全吉山南缘)-德令哈断裂(F10)之间,北与中南祁连造山带相邻,南邻柴北缘造山带,西端尖灭于鱼卡河一带,分为Ⅰ-4-1欧龙布鲁克被动陆缘($\in$O)。柴北缘造山带(Ⅰ-5)主体介于丁字口-德令哈断裂(F10)与柴北缘-夏日哈断裂(F12)之间,西起茫崖镇向北东延伸经俄博梁,于冷湖一带转向南东方向,东端哈莉哈德山一带被哇洪山-温泉断裂(F20)截切,分为Ⅰ-5-1滩间山岩浆弧(O)、Ⅰ-5-2柴北缘蛇绿混杂岩带($\in$O)2个三级大地构造单元。柴达木地块(Ⅰ-6)是指被柴达木中新生代陆内盆地覆盖且主体由元古宇结晶基底组成的块体。东昆仑造山带(Ⅰ-7)呈近东西向展布于昆北断裂(F13)与昆中断裂(F17)之间,西端延展出省,东端大体以苦海-赛什塘断裂(F22)为界与西秦岭造山带分界,分为Ⅰ-7-1祁漫塔格-夏日哈岩浆弧(OS)、Ⅰ-7-2十字沟蛇绿混杂岩带($\in$O)、Ⅰ-7-3昆北复合岩浆弧(Pt_3,OS,PT)、Ⅰ-7-4鄂拉山岩浆弧(T)、Ⅰ-7-5苦海-赛什塘蛇绿混杂岩带(CP_2)5个三级大地构造单元。昆南俯冲增生杂岩带(Ⅱ-1)东邻西秦岭造山带,南部与巴颜喀拉地块接壤,向西延伸出省,分为Ⅱ-1-1马尔争蛇绿混杂岩带(Pt_2,$\in$O)。

成矿省内矿产资源十分丰富,是青海省乃至国内重要的金及多金属成矿带之一,除柴达木地块内主要为盆地未发现金矿床(点)以外,其他的大地构造单元内金矿资源均十分丰富。共发现金矿床(点)131个,其中岩金124个,砂金7个。主要分布在滩间山岩浆弧、昆北复合岩浆弧、马尔争蛇绿混杂岩带,形成了滩间山矿田、五龙沟矿田、沟里矿田;其次祁漫塔格-夏日哈岩浆弧、十字沟蛇绿混杂岩带,发育省内比较特色的海相火山岩型铜金多金属矿。成矿类型有岩浆热液型、海相火山岩型、接触交代型、机械沉积型。成矿时代主要有元古宙、奥陶纪、泥盆纪、三叠纪,其次为志留纪、三叠纪、第四纪。共求得上表岩金资源储量286 930kg,砂金资源储量33kg。

根据金矿床(点)的空间分布、矿产特征,结合大地构造环境、成矿作用,成矿省划分为柴北缘金-(铁-铅-锌-银-稀散)成矿带(Pz)、东昆仑金-(铜-铅-锌)成矿带(Pz、Mz)2个三级成矿带(表2-6~表2-8,图2-2)。

表 2-6 柴北缘成矿带金矿床(点)特征一览表

序号	矿产地	矿种	矿床类型	规模	成矿时代	含矿地层/岩体	资源储量(kg)	平均品位(g/t)	成矿单元	构造单元	地区
1	柴水沟西	金	岩浆热液型	矿点	S	$S_2\gamma\delta o$			Ⅳ6	Ⅰ-5-1	茫崖市
2	柴水沟	金	岩浆热液型	矿点	S	OT_1、$S_2\gamma\delta$			Ⅳ6	Ⅰ-5-1	茫崖市
3	采石沟	金	岩浆热液型	小型	S	OT_1、$S_2\gamma\delta$	1147	3.38	Ⅳ6	Ⅰ-5-1	茫崖市
4	小赛什腾	金	岩浆热液型	矿点	O	OT_2			Ⅳ6	Ⅰ-5-1	茫崖市
5	青龙沟	金	复合叠加改造	大型	Pt、D	$Pt_2^{2-3}W$	24 726	3.88	Ⅳ7	Ⅰ-5-1	大柴旦镇
6	金红沟	金	复合叠加改造	小型	Pt、D	$Pt_2^{2-3}W$	40		Ⅳ7	Ⅰ-5-1	大柴旦镇
7	青山金	金	复合叠加改造	矿点	Pt、D	Pt_1D_1、$D_3\delta o$			Ⅳ7	Ⅰ-5-1	大柴旦镇
8	绝壁沟	金	复合叠加改造	矿点	Pt、D	$Pt_2^{2-3}W$			Ⅳ7	Ⅰ-5-1	大柴旦镇
9	滩间山	金	复合叠加改造	大型	Pt、D	$Pt_2^{2-3}W$、$D_3\delta o$	46 743	6.52	Ⅳ7	Ⅰ-5-1	大柴旦镇
10	龙柏沟	金	复合叠加改造	矿点	Pt、D	$Pt_2^{2-3}W$			Ⅳ7	Ⅰ-5-1	大柴旦镇
11	细晶沟	金	复合叠加改造	中型	Pt、D	$Pt_2^{2-3}W$、$D_3\delta o$	10 406	6.27	Ⅳ7	Ⅰ-5-1	大柴旦镇
12	南泉	金	复合叠加改造	矿点	Pt、D	Pt_1D、$O\Sigma$			Ⅳ7	Ⅰ-5-2	大柴旦镇
13	东山	金	复合叠加改造	矿点	Pt、D	Pt_1D_1			Ⅳ7	Ⅰ-4-1	大柴旦镇
14	千枚岭	金	岩浆热液型	矿点	O	OT_1、$O_3\gamma\delta$			Ⅳ7	Ⅰ-5-1	茫崖市
15	塔塔楞河	金	岩浆热液型	矿点	O	OT			Ⅳ7	Ⅰ-4-1	大柴旦镇
16	求绿特	金	岩浆热液型	矿点	D	Pt_2W_2			Ⅳ7	Ⅰ-4-1	德令哈市
17	三角顶	金	岩浆热液型	矿点	D	$O_2\gamma\delta$			Ⅳ8	Ⅰ-5-1	茫崖市
18	红柳泉北	金	岩浆热液型	矿点	O	$O_2\gamma\delta$			Ⅳ8	Ⅰ-5-1	大柴旦镇
19	红灯沟	金	岩浆热液型	矿点	O	OT_2			Ⅳ8	Ⅰ-5-1	大柴旦镇
20	胜利沟	金	岩浆热液型	小型	O	OT_2、$O_3\nu$	562	1.92	Ⅳ8	Ⅰ-5-1	大柴旦镇
21	红柳沟	金	岩浆热液型	小型	O	OT	1085	5.52	Ⅳ8	Ⅰ-5-2	大柴旦镇
22	二旦沟	金	岩浆热液型	矿点	O	OT			Ⅳ8	Ⅰ-5-2	大柴旦镇
23	万洞沟	金铜	岩浆热液型	矿点	O	OT			Ⅳ8	Ⅰ-5-1	大柴旦镇
24	沙柳泉	金	岩浆热液型	矿点	D	Pt_1D			Ⅳ8	Ⅰ-5-1	乌兰县
25	托莫尔日特	金	岩浆热液型	矿点	D	OT			Ⅳ8	Ⅰ-5-2	乌兰县
26	南戈滩	金	岩浆热液型	矿点	D	Pt_1J_1、$T_2\pi\eta\gamma$			Ⅳ8	Ⅰ-5-2	都兰县
27	嘎顺	金铜	岩浆热液型	矿点	D	OT			Ⅳ8	Ⅰ-5-2	乌兰县
28	巴润可万	金铜	岩浆热液型	矿点	D	OT			Ⅳ8	Ⅰ-5-2	乌兰县
29	赛坝沟外围	金	岩浆热液型	矿点	S	OT、γo			Ⅳ8	Ⅰ-5-2	乌兰县
30	拓新沟	金	岩浆热液型	小型	O	OT	688	5.34	Ⅳ8	Ⅰ-5-2	乌兰县
31	赛坝沟	金	岩浆热液型	小型	S	$O_3\gamma\delta o$	3576	10.09	Ⅳ8	Ⅰ-5-2	乌兰县
32	乌达热呼	金	岩浆热液型	矿点	D	$O_3\gamma\delta o$			Ⅳ8	Ⅰ-5-2	乌兰县
33	阿里根刀若	金	岩浆热液型	矿点	O	$O_2\gamma\delta$			Ⅳ8	Ⅰ-5-2	乌兰县
34	野骆驼泉西	金钴	岩浆热液型	小型	T	OT_1	3196	4.08	Ⅳ8	Ⅰ-5-1	茫崖市
35	阿母内可山	金	岩浆热液型	矿点	P	Pt_1D_2、$P_2\eta\gamma$			Ⅳ8	Ⅰ-5-1	乌兰县
36	沙柳河西	金	岩浆热液型	矿点	T				Ⅳ8	Ⅰ-5-2	都兰县
37	灰狼沟	铜金	岩浆热液型	矿点	P	OT、$P_1\gamma\delta$			Ⅳ8	Ⅰ-5-2	乌兰县
合计(上表岩金资源储量)							92 169				

表 2-7 东昆仑成矿带金矿床(点)特征一览表

序号	矿产地	矿种	矿床类型	规模	成矿时代	含矿地层/岩体	资源储量(kg)	平均品位(g/t)	成矿单元	构造单元	地区
1	东沟	铜金	海相火山岩型	矿点	O	OQ_2、$O_3\gamma\delta$			Ⅳ9	Ⅰ-7-1	茫崖市
2	十字沟西岔	金	海相火山岩型	矿点	O	OQ			Ⅳ9	Ⅰ-7-2	茫崖市
3	小盆地南	金	海相火山岩型	矿点	O	OQ			Ⅳ9	Ⅰ-7-2	茫崖市
4	鑫拓	金	岩浆热液型	矿点	S	Pt_3^1qj、$S_2\gamma\delta$			Ⅳ9	Ⅰ-7-1	都兰县
5	肯德可克	铁铅金	接触交代型	中型	T	OQ_1、$\gamma\delta$	5712	2.76	Ⅳ9	Ⅰ-7-3	格尔木市
6	野马泉	金	岩浆热液型	矿点	T	C_2d、$T_3\xi\gamma$			Ⅳ9	Ⅰ-7-3	格尔木市
7	尕林格	铁金	接触交代型	大型	T		5145	2.88	Ⅳ9	Ⅰ-7-3	格尔木市
8	它温查汉西	铁铅金	接触交代型	中型	T	OQ_4、δo			Ⅳ9	Ⅰ-7-3	格尔木市
9	拉陵灶火中游	铜金	接触交代型	小型	T	Pt_1J_1、$T_2\gamma\delta$	2412	7.42	Ⅳ9	Ⅰ-7-3	格尔木市
10	哈茨谱山北	金铅锌	岩浆热液型	小型	T		31	3.28	Ⅳ9	Ⅰ-7-1	都兰县
11	夏拉可特力	金	复合叠加改造	矿点	Pt	Pt_1J_1、$T_2\gamma\delta$			Ⅳ10	Ⅰ-7-3	都兰县
12	三岔口地区	金铅	复合叠加改造	矿点	Pt	Pt_1J_1			Ⅳ10	Ⅰ-7-3	都兰县
13	阿斯哈	金	复合叠加改造	小型	Pt	Pt_1J_1、$T_2\gamma\delta$	2270	7.06	Ⅳ10	Ⅰ-7-3	都兰县
14	按纳格	金	复合叠加改造	小型	Pt	Pt_1J_1	1672	7.10	Ⅳ10	Ⅰ-7-3	都兰县
15	大高山地区	金	复合叠加改造	矿点	Pt	Pt_1J_1、$T_3\gamma\delta$			Ⅳ10	Ⅰ-7-3	都兰县
16	也日更地区	金	复合叠加改造	矿点	Pt	Pt_1J_1、$O_2\delta$			Ⅳ10	Ⅱ-1-1	都兰县
17	果洛龙洼	金	复合叠加改造	中型	Pt	$Pt_2^{2-3}W$、OSN	17 630	8.30	Ⅳ10	Ⅰ-7-3	都兰县
18	园以	金	复合叠加改造	矿点	Pt	Pt_1J_1			Ⅳ10	Ⅰ-7-3	都兰县
19	哈玛禾地区	金	复合叠加改造	矿点	Pt	$Pt_2^{2-3}W$、$O_2\gamma\delta$			Ⅳ10	Ⅱ-1-1	都兰县
20	瓦勒尕	金	复合叠加改造	小型	Pt	Pt_1J_1、$O_2\delta$	2831	11.61	Ⅳ10	Ⅰ-7-3	都兰县
21	达里吉格塘	金	复合叠加改造	矿点	Pt	Pt_1J_1、$T_1\eta\gamma$			Ⅳ10	Ⅱ-1-1	都兰县
22	叶陇沟	金	复合叠加改造	矿点	Pt	Pt_1J_1、$S_2\gamma\delta$			Ⅳ10	Ⅰ-7-3	都兰县
23	尕之麻地区	金银	复合叠加改造	矿点	Pt	Pt_1J_1、$O_3\gamma\delta$			Ⅳ10	Ⅰ-7-3	都兰县
24	打柴沟	金	岩浆热液型	小型	S	Pt_1J_1、$S_3\xi\gamma$	1873	2.25	Ⅳ10	Ⅰ-7-3	都兰县
25	水闸西沟	金	岩浆热液型	矿点	D				Ⅳ10	Ⅰ-7-3	都兰县
26	中支沟	金	岩浆热液型	矿点	S	Pt_1J_1、$S_3\xi\gamma$			Ⅳ10	Ⅰ-7-3	都兰县
27	五龙沟东	金	岩浆热液型	矿点	S	Pt_2^1x、$S_3\xi\gamma$			Ⅳ10	Ⅰ-7-3	都兰县
28	五龙沟东南支沟	金	岩浆热液型	矿点	S	Pt_1J_1			Ⅳ10	Ⅰ-7-3	都兰县
29	跃进山	金钴	岩浆热液型	矿点	D				Ⅳ10	Ⅰ-7-3	都兰县
30	大水沟沟口	金	岩浆热液型	矿点	T	Pt_1J_1			Ⅳ10	Ⅰ-7-3	格尔木市
31	小垭口	金	岩浆热液型	矿点	T	$S_3\gamma o$			Ⅳ10	Ⅰ-7-3	都兰县

续表 2-7

序号	矿产地	矿种	矿床类型	规模	成矿时代	含矿地层/岩体	资源储量(kg)	平均品位(g/t)	成矿单元	构造单元	地区
32	黄铁矿沟	金	岩浆热液型	矿点	P	$S_3\gamma\delta o$			IV10	I-7-3	都兰县
33	五龙沟中游	金	岩浆热液型	矿点	T	$Pt_2^1 x$			IV10	I-7-3	都兰县
34	戈壁滩	金	岩浆热液型	矿点	P	$Pt_1 J_1$			IV10	I-7-3	都兰县
35	石灰沟	金	岩浆热液型	矿点	P	$Pt_1 J_1$、$P_2\gamma\delta o$			IV10	I-7-3	都兰县
36	沙丘沟口北	金铜铅	岩浆热液型	矿点	T				IV10	I-7-3	都兰县
37	红旗沟-深水潭	金	岩浆热液型	大型	T	$Pt_3^1 qj$、γo	39 014	2.88	IV10	I-7-3	都兰县
38	岩金沟	金	岩浆热液型	大型	T	$Pt_1 J_1$、γo	28 526	11.14	IV10	I-7-3	都兰县
39	苦水泉	金	岩浆热液型	矿点	T				IV10	I-7-3	都兰县
40	黑风口	金	岩浆热液型	小型	T	$Pt_1 J_1$、γo	1044	2.88	IV10	I-7-3	都兰县
41	沙丘沟	金	岩浆热液型	小型	T	$Pt_1 J_1$、$T_2\gamma\delta$	643	2.59	IV10	I-7-3	都兰县
42	无名沟沟口	金	岩浆热液型	矿点	T	$Pt_1 J_1$、$T_2\eta\gamma$			IV10	I-7-3	都兰县
43	无名沟-百吨沟	金	岩浆热液型	中型	T	$Pt_3^1 qj$、$T_2\gamma\delta o$	16 004	3.59	IV10	I-7-3	都兰县
44	哈西哇	金	岩浆热液型	小型	T	$Pt_2^1 x$	8	1.74	IV10	I-7-3	都兰县
45	哈西亚图	铁金	接触交代型	中型	T	$Pt_1 J_1$、$T_2\delta o$	9579	4.10	IV10	I-7-3	格尔木市
46	三道梁	金	岩浆热液型	矿点	P	$Pt_2^1 x$、$S_3\xi\gamma$			IV10	I-7-3	都兰县
47	洪水河	铁铜金	接触交代型	小型	T	$Pt_1 J_3$、$T_3\xi\gamma$	249	21.9	IV10	I-7-3	都兰县
48	洪水河口	金	岩浆热液型	小型	T	$Pt_1 J_3$、$T_3\xi\gamma$	1390	3.79	IV10	I-7-3	都兰县
49	杨树沟	金	岩浆热液型	矿点	T	$Pt_1 J_1$、$T_2\gamma\delta$			IV10	I-7-3	都兰县
50	巴隆瑙木浑	金	岩浆热液型	矿点	T	$T_2\gamma\delta$			IV10	I-7-3	都兰县
51	巴隆	金	岩浆热液型	小型	T	$T_2\gamma\delta$	3125	9.16	IV10	I-7-3	都兰县
52	色日	金	岩浆热液型	矿点	T	$O_2\gamma\delta o$			IV10	I-7-3	都兰县
53	约尔根	金	岩浆热液型	矿点	T	$Pt_1 J_1$、$T_1\eta\gamma$			IV10	I-7-3	都兰县
54	满丈岗	金	陆相火山岩型	大型	T	$T_3 e$、$T_3\gamma\delta$	17 171	4.57	IV10	I-7-4	兴海县
55	果仁蒙地区	金	岩浆热液型	矿点	T				IV10	I-7-4	共和县
56	阿尕泽	金铜	岩浆热液型	矿点	T	$P_2 q$、$T_3\gamma\delta$			IV10	I-7-4	共和县
57	日干山	金铜	岩浆热液型	矿点	T	$T_{1-2} l$、$T_3\delta o$			IV10	I-7-4	兴海
58	菜园子沟西	铁金	海相火山岩型	小型	O	OSN	989	2.10	IV11	II-1-1	格尔木市
59	小干沟	金	岩浆热液型	矿点	O	$T_{1-2} n$			IV11	II-1-1	格尔木市
60	哈拉郭勒	金	海相火山岩型	小型	O	OSN	119	7.40	IV11	II-1-1	都兰县
61	黑海北	金铜	岩浆热液型	矿点	T	$T_{1-2} n$、$T_3\gamma\delta$			IV11	II-1-1	格尔木市
62	拉陵灶火	金	岩浆热液型	矿点	T	OSN			IV11	II-1-1	格尔木市
63	苏海图河上游	金	岩浆热液型	矿点	T	$T_{1-2} n$			IV11	II-1-1	格尔木市

续表 2-7

序号	矿产地	矿种	矿床类型	规模	成矿时代	含矿地层/岩体	资源储量(kg)	平均品位(g/t)	成矿单元	构造单元	地区
64	向阳沟	金	岩浆热液型	矿点	T	$T_{1-2}n$			Ⅳ11	Ⅱ-1-1	格尔木市
65	加祖它士东	金	岩浆热液型	矿点	T	T_1h			Ⅳ11	Ⅱ-1-1	格尔木市
66	大灶火-黑刺沟	金	岩浆热液型	小型	T	T_1h	336	1.98	Ⅳ11	Ⅱ-1-1	格尔木市
67	黑刺沟	金	岩浆热液型	矿点		OSN			Ⅳ11	Ⅱ-1-1	格尔木市
68	小红山北	金	岩浆热液型	矿点		OSN			Ⅳ11	Ⅱ-1-1	格尔木市
69	纳赤台	金	岩浆热液型	矿点	T	$Pt_2^{2-3}q$			Ⅳ11	Ⅱ-1-1	格尔木市
70	南沟西	金	岩浆热液型	矿点		Pt_1J_1			Ⅳ11	Ⅱ-1-1	格尔木市
71	南沟东	金	岩浆热液型	矿点		C_2P_1h			Ⅳ11	Ⅱ-1-1	格尔木市
72	驼路沟东部	金铜	岩浆热液型	矿点		OSN			Ⅳ11	Ⅱ-1-1	格尔木市
73	大干沟	金锑	岩浆热液型	矿点		T_2x			Ⅳ11	Ⅱ-1-1	格尔木市
74	白日其利	金	岩浆热液型	矿点	T	Pt_1J_1、$T_3\xi\gamma$			Ⅳ11	Ⅰ-7-3	格尔木市
75	大格勒沟脑	金	岩浆热液型	小型	T	$Pt_2^{2-3}q$	479		Ⅳ11	Ⅱ-1-1	格尔木市
76	大格勒沟东支沟	金	岩浆热液型	矿点	T	D_1x			Ⅳ11	Ⅱ-1-1	格尔木市
77	红石山南	金	岩浆热液型	小型	T	$T_{1-2}n$	353	3.34	Ⅳ11	Ⅱ-1-1	都兰县
78	开荒北	金	岩浆热液型	小型	T	$T_{1-2}n$	4537	5.60	Ⅳ11	Ⅱ-1-1	都兰县
79	诺木洪郭勒	金银	岩浆热液型	小型	T		95	8.03	Ⅳ11	Ⅱ-1-1	都兰县
80	卜郭勒	金	岩浆热液型	矿点	T	$Pt_2^{2-3}q$			Ⅳ11	Ⅱ-1-1	都兰县
81	伊和哈让贵	金铜	接触交代型	矿点	T	$T_{1-2}n$、$T_3\gamma\delta$			Ⅳ11	Ⅱ-1-1	都兰县
82	达热尔地区	金银	岩浆热液型	矿点	T	$O_2\gamma\delta$			Ⅳ11	Ⅱ-1-1	都兰县
83	德龙	金	岩浆热液型	小型	T	$T_1\eta\gamma$	2085	3.42	Ⅳ11	Ⅱ-1-1	都兰县
84	达里吉格塘	金	岩浆热液型	矿点	T	$T_1\eta\gamma$			Ⅳ11	Ⅱ-1-1	都兰县
85	坑得弄舍	金铅锌	海相火山岩型	大型	T	T_1h	29 439	2.62	Ⅳ11	Ⅰ-7-5	玛多县
86	陇通	金	岩浆热液型		T				Ⅳ11	Ⅰ-7-5	玛多县
87	西岭秋喝	金	岩浆热液型		T				Ⅳ11	Ⅰ-7-5	兴海县
	合计						194 761				
88	额尔滚赛埃图中	金	砂矿型	矿点	Q	Q			Ⅳ11	Ⅱ-1-1	格尔木市
89	阿勒坦郭勒	金	砂矿型	矿点	Q	Q			Ⅳ11	Ⅰ-7-3	格尔木市
90	托素湖北查卡曲	金	砂矿型	矿点	Q	Q			Ⅳ11	Ⅰ-7-5	玛多县
91	龙通沟点	金	砂矿型	矿点	Q	Q			Ⅳ11	Ⅰ-7-5	玛多县
92	金矿沟	金	砂矿型	矿点	Q	Q	33		Ⅳ11	Ⅰ-7-5	兴海县
93	水塔拉	金	砂矿型	矿点	Q	Q			Ⅳ11	Ⅰ-7-5	兴海县
94	切毛龙洼	金	砂矿型	矿点	Q	Q			Ⅳ11	Ⅰ-7-5	兴海县
	合计						33				

表 2-8　柴周缘成矿省典型矿床基本特征一览表

矿产地	矿体特征	地质特征
柴水沟西	金矿体9个，长度17～50m，厚度0.3～1.02m，平均品位0.82～4.35g/t。矿石矿物有银金矿、黄铁矿、赤铁矿、方铅矿、闪锌矿、磁黄铁矿。围岩蚀变为黄铁绢英岩化、电气石化、碳酸盐化、绿帘石化	处于阿克堤山复式向斜构造之次级背斜南翼，出露奥陶系滩间山群变火山碎屑岩组，近东西向断裂发育，近南北向多为小规模平移断裂。海西期闪长岩、花岗斑岩、石英正长斑岩等岩浆侵入活动强烈。成矿年龄（404±5）Ma
采石沟	金矿体34个，长度20～136m，厚度0.38～5.72m，平均品位1.03～33.6g/t。矿石呈碎裂、变斑状结构，块状、条带状构造。矿化蚀变为黄铁矿、硅化、绢云母化	出露奥陶系滩间山群海相灰绿色中基性火山岩组，凝灰岩为主。北北东向、东西向断裂形成挤压蚀变带。加里东期花岗闪长岩、闪长岩及海西期花岗岩发育，有正长岩脉和石英钠长斑岩侵入。成矿时代应为志留纪
沙柳泉	金矿（化）体9个，长度15～100m，厚度0.7～1.9m，平均品位1.45～4.35g/t。矿石矿物有黄铁矿、方铅矿、磁铁矿，粒状、糜棱结构，块状、条带状构造。围岩蚀变为黄铁绢英岩化、绿泥石化	出露长城系、蓟县系、中侏罗统大煤沟组。见北东倾的单斜褶皱，北西—北西西向、北东向两组断裂发育。发育海西晚期花岗岩及少量脉岩。成矿年龄（415+5.1）Ma/锆石U-Pb（闫亭廷，2011）
小赛什腾	铜（金）矿体，长度390m，厚度33.9m，平均品位：Cu 0.58%，Au 0.1～0.7g/t。矿石矿物有黄铁矿、黄铜矿、斑铜矿、辉钼矿、磁铁矿、自然铜、辉铜矿等，矿化蚀变为黄钾铁矾化、钾化、硅化	出露奥陶系滩间山群第二岩组灰绿色、紫红色安山岩，灰绿色安山质凝灰岩夹乳白色硅化大理岩。北西西向及北东向构造活动频繁，且伴随加里东晚期和印支期岩浆侵入活动。成矿年龄450～440Ma/锆石U-Pb
野骆驼泉西	金矿体38个，主矿体长度250～356m，厚度1.64～4.77m，平均品位3.49～5.99g/t。矿石矿物有黄铁矿、磁黄铁矿，显微鳞片变晶、碎裂、糜棱结构，片状、千枚状、角砾状构造。围岩蚀变为硅化、绿泥石化、黄铁绢英岩化、碳酸盐化	出露古元古界达肯大坂岩群、奥陶系滩间山群下部火山沉积岩，见北东东—东倾向的单斜褶皱，有5条规模较大的逆断裂及一系列次级断裂。加里东期至燕山期侵入活动频繁，以脉岩为主。成矿年龄（246.0±3.0）Ma/绢云母Ar-Ar（张德全等，2005）
千枚岭	金矿体15个，长度80～140m，厚度0.38～15.28m，平均品位1.38～5.20g/t。矿石矿物有自然金、黄铁矿、黄铜矿、磁黄铁矿，碎裂、交代残留结构，浸染状、脉状、团块状构造	出露奥陶系滩间山群、古元古界达肯大坂岩群，深大断裂发育。海西早期花岗闪长岩、闪长岩、闪长玢岩脉发育。成矿时代应为加里东晚期（张德全等，2001）
三角顶	金矿体12个，长度30～200m，厚度0.15～1m，平均品位4～39.5g/t。矿石矿物有黄铁矿、黄铜矿，粒状（变晶）、交代、碎裂结构，脉状、稀疏浸染状构造。围岩蚀变为硅化、钾化、绿泥石化、绢云母化、碳酸盐化	主要出露中奥陶世花岗闪长岩，岩体内北西向、近东西向脆-韧性断裂发育。成矿年龄（465.4±3.5）Ma/锆石U-Pb（王春涛等，2015）
胜利沟	金矿体18个，长度20～165m，厚度0.2～5.0m，平均品位1.03～55.3g/t。矿石矿物有自然金、黄铁矿、黄铜矿，粒状、碎裂、交代结构，浸染状、脉状、团块状构造。围岩蚀变为黄铁绢英岩化	出露奥陶系滩间山群第二岩组安山岩段和碎屑岩夹安山岩段。断裂构造发育，早期北西向压扭性剪切作用主断层是主要含矿构造，北东向断裂明显切割北西向断层。岩浆岩有加里东期中细粒辉长岩及中酸性侵入岩体以及种类繁多的脉岩。成矿年龄（469.7±4.6）Ma/锆石U-Pb（吴才来，2008）

续表 2-8

矿产地	矿体特征	地质特征
红柳沟	金矿体29个,主矿体长度210m,厚度9.78m,平均品位6.25g/t。矿石矿物有自然金、黄铁矿、黄铜矿、方铅矿,粒状、碎裂、交代、糜棱、鳞片变晶结构,浸染状、脉状、团块状、片状、流状构造。围岩蚀变为黄铁绢英岩化	出露奥陶系滩间山群、泥盆系牦牛山组、石炭系怀头他拉组、侏罗系红水沟组。北西-南东向、近南北向断裂发育,近南北向断裂控/储矿。以华力西期酸性侵入岩为主。有区域变质、动力变质、接触变质、热液交代变质等。成矿时代海西晚期—印支期(张德全等,2001)
青龙沟	分东、西两个矿区。东矿区圈定3条矿体,主矿体M2长度680m,厚度10m,平均品位7.18g/t,矿石矿物有黄铁矿、毒砂、自然金,粒状、包含结构,稀疏浸染状、线纹状、脉状构造。围岩蚀变为黄铁矿化、硅化、绢云母化、方解石化	处于青龙沟复向斜核部,出露中元古界万洞沟群浅变质岩系,褶皱作用形成的次级背斜两翼滑脱层间破碎带是主要赋存部位。见零星石英闪长岩,对金矿化富集具有叠加作用,脉体年龄为(409.4±2.3)Ma(张德全等,2005)。成矿时代应为元古宙,以变质作用为主,早期为火山沉积成矿,后期加里东期岩浆热液叠加改造
金红沟	金矿体长度100m左右,厚度1.73~3.8m,平均品位3.25g/t。矿石矿物有自然金、黄铁矿、黄铜矿、赤铁矿、黄钾铁矾、孔雀石、铜蓝,自形—他形粒状结构,浸染状、团块状、蜂窝状构造	位于滩间山复背斜东北翼更长环斑花岗岩体东南端,岩体呈菱形透镜状出露,长轴北西向,长12km,宽2km,最宽3km,面积约12km²。岩体中北西西向、北西向、北东向断裂发育
金龙沟	金矿体长度20~430m,厚度0.6~62.38m,平均品位3.9~13.4g/t。矿石矿物有自然金、银金矿、黄铁矿、毒砂,自形—半自形粒状、环边及环带、筛状结构,浸染状、眼球状、块状、细脉—网脉状构造。围岩蚀变为硅化、黄铁矿化、绢云母化	出露中元古界万洞沟群上、下两个岩组,下岩组为白云质大理岩、绢云石英片岩,上岩组为斑点状千枚岩、碳质绢云千枚岩、钙质白云母片岩。褶皱和断裂复杂,总体方向北西-南东向。岩浆活动强烈,以海西期中酸性岩为主。成矿年龄(352±4.2)Ma/锆石U-Pb(杨佰慧,2019)
细晶沟	金矿体31个,长度由几米到89m,厚度1~12.6m,平均品位5.41~20.99g/t。矿石矿物有自然金、黄铁矿、毒砂,自形—他形粒状、交代残余、包含结构,蜂窝状、细脉浸染状、网脉状构造。围岩蚀变为黄铁矿化、硅化、绢云母化	主要出露中元古界万洞沟群。褶皱和断裂十分复杂,总体北西-南东向,层间褶皱的翼部及其转折端附近是主要赋矿层位。岩浆活动强烈,侵入岩以海西期中酸性岩为主,加里东期基性岩次之。有区域变质作用、动力变质作用和热液交代变质作用。成矿年龄(344.9±2.2)Ma/锆石U-Pb(李世金,2011)
拓新沟	金矿体24个,长度20~491.5m,厚度0.2~4.19m,平均品位1.10~27.4g/t。矿石矿物有黄铁矿、褐铁矿、磁铁矿、黄铜矿,交代、碎裂结构,稀疏浸染状、千枚状、片状构造。围岩蚀变为黄铁绢英岩化、硅化	出露奥陶系滩间山群,北西向断裂最为发育,南北向、北东向次之。岩浆活动强烈,从超基性岩到酸性岩均见,以斜长花岗岩为主,钾长花岗岩、闪长岩、花岗闪长岩次之。闪长岩脉、闪长玢岩脉、花岗岩脉、钾长花岗岩脉、石英脉、花岗斑岩脉发育
赛坝沟	金矿体25个,长度33.0~214.4m,厚度0.9~3.35m,平均品位3.92~12.79g/t。矿石矿物有自然金、银金矿、黄铁矿,交代、胶状、碎裂、粒状鳞片变晶结构,稀疏浸染、脉状、片状构造。围岩蚀变为黄铁绢英岩化、硅化	出露奥陶系滩间山群火山岩相黑云石英片岩组、角闪片岩组。北西向断裂发育,南北向、北东向次之。海西期岩浆活动极为强烈,岩石类型为蛇纹石化橄榄岩、辉石岩、辉长岩、闪长岩、斜长花岗岩、花岗岩、钾长花岗岩等,斜长花岗岩是主要赋矿围岩。成矿年龄(230±7)Ma/K-Ar法(张德全等,2005)

续表 2-8

矿产地	矿体特征	地质特征
乌达热呼	金矿体36个,长度40～240m,厚度0.4～1.5m,平均品位4～8g/t。石英脉型、构造蚀变岩型金矿石。矿石矿物有自然金、银金矿、黄铁矿、磁铁矿,粒状鳞片变晶、碎裂、糜棱、交代结构,细脉状、稀疏浸染状、角砾状、斑点状构造。围岩蚀变为黄铁矿化、黄铁绢云岩化、硅化	主要出露海西期角闪斜长花岗岩、石英闪长岩、辉长岩、辉石岩及少量钾长花岗岩。钾长花岗岩脉、花岗斑岩脉、闪长玢岩脉、闪长岩脉、石英脉发育。北西-南东向、北东-南西和近东西向构造活动强烈。成矿时代为海西晚期-印支期(刘增铁等,2005)
阿里根刀若	金矿体6个,长度46～178m,厚度0.24～0.57m,平均品位1.1～6.96g/t。矿石矿物有黄铁矿、方铅矿、黄铜矿、闪锌矿、赤铁矿,交代假象、碎斑结构,稀疏浸染状、块状构造。围岩蚀变为黄铁矿化、闪锌矿化、黄铜矿化、绢云母化、碳酸盐化	以加里东期中粗粒角闪斜长花岗岩为主,海西期浅肉红色中粗粒二长花岗岩、灰色中—细粒闪长岩次之。脉岩有闪长岩脉、花岗岩脉,沿北东向、北西西向节理、裂隙贯入
十字沟西岔	金矿体6个,长度17～210m,厚度0.4～1.9m,平均品位1.04～4.25g/t。花岗斑岩型、碎裂石英型矿石,矿物有黄铁矿、毒砂、方铅矿、闪锌矿、黄铜矿、磁铁矿。围岩蚀变为硅化、黏土化、褐铁矿化、黄钾铁矾化、碳酸盐化、绢云母化	出露奥陶系滩间山群黑色碳质板岩、灰—深灰色粉砂质板岩。断裂主要为北西西向,压扭性。岩浆活动较强,表现为闪长岩岩枝、辉长岩脉、花岗斑岩脉、石英脉等
它温查汉西	矿区所有矿体全为盲矿体,埋深180.11～706.81m,大部矿体埋深在250～450m之间,标高2 352.71～2 867.93m	出露古元古界金水口岩群白沙河岩组、奥陶系滩间山群,下泥盆统牦牛山组、下石炭统石拐子组、大干沟组、上石炭统缔傲苏组、下二叠统打柴沟组等。滩间山群是主要的含矿地层。成矿年龄(236.0±2.3)Ma/锆石U-Pb(杨涛等,2017)。
肯德可克	各类矿体146个,长度最大1650m,厚度最大113.02m,铜铅锌铁硫矿体为主,金伴生。矿石矿物有60余种,磁铁矿、磁黄铁矿、闪锌矿、方铅矿、黄铁矿、白铁矿、斑铜矿、辉铜矿、赤铁矿、钛铁矿、软锰矿等,矿石结构复杂,粒度分微粒、细粒、中粒、粗粒、伟粒,结晶程度分自形、半自形、他形。构造有块状、浸染状、星散状、脉状、角砾状、斑杂状、条纹状	出露奥陶系滩间山群、上泥盆统牦牛山组、石炭系。滩间山群岩性以不纯硅质岩为主夹碎屑岩。北西向、北西西向断裂发育,长度大于2000m,宽度60～180m。岩浆活动微弱,地表仅见零星闪长玢岩脉、斜长花岗岩脉、石英斑岩脉,Ar-Ar法测年年龄(207.8±1.9)Ma(赵财胜等,2006),深部见规模较小的燕山期花岗闪长岩,与矽卡岩的形成无关
野马泉	金矿体17个,厚度1～2m。磁铁矿型、矽卡岩型金矿石,致密块状、浸染状构造。矿石矿物有磁铁矿、赤铁矿、黄铁矿、磁黄铁矿、方铅矿、闪锌矿、黄铜矿	出露震旦系、泥盆系、石炭系和二叠系,北西西—近东西向褶皱,北西-南东向的逆断层较为发育。印支期花岗闪长岩、钾长花岗岩、石英闪长岩、闪长岩、闪长玢岩活动频繁。成矿年龄(226±2)Ma/锆石U-Pb(宋忠宝等,2016)
拉陵灶火中游	铜钼金多金属矿体3个,长度200～400m,厚度2.74～10.25m,平均品位:Cu 1.59%、Mo 0.19%、Au 9.61g/t。矿石呈稀疏浸染状、细脉状构造,矿化蚀变为辉钼矿化、黄铜矿化、磁黄铁矿化、黄铁矿化、透辉石化、钙铝榴石化、绿泥石化	古元古界金水口岩群呈断块和残留体形式产出,中深变质,角闪岩相为主。北西向、北东向、东西向、近南北向断裂发育,中三叠世花岗闪长岩,晚三叠世二长花岗岩、石英闪长岩,早侏罗世正长花岗岩等岩浆活动强。成矿年龄240.8Ma/Re-Os等时线

续表 2-8

矿产地	矿体特征	地质特征
哈西亚图	铁金铜矿体2个，主矿体长度600m，厚度5.06m，平均品位：TFe 30.84%、Au 4.61g/t、Cu 0.60%。矿石矿物有磁铁矿、磁黄铁矿、黄铁矿、黄铜矿、闪锌矿、方铅矿，呈半自形粒状、不规则状、交代、包含结构，块状、稠密浸染状、星散状—星点状、条带状构造。围岩蚀变为矽卡岩化、硅化、碳酸盐化、黄铁矿化	出露金水口岩群下岩组中深变质的斜长片麻岩、大理岩、矽卡岩。北西—北西西向、北东—北东东向、东西向断裂活动生成于海西期或更早，印支-燕山期复活、发展、壮大，沿断裂石英正长岩脉、细粒花岗岩脉贯入，海西期灰白色闪长岩、石英闪长岩，浅肉红色二长花岗岩及灰白色钾长花岗岩发育。成矿年龄240Ma/锆石U-Pb(南卡俄吾等,2015)
白日其利	金银矿体2个，主矿体长度400m，厚度1.41m，平均品位Au 6.67g/t、Ag 97.05g/t。矿石矿物有黄铁矿、毒砂、黑钨矿、辉钼矿，粒状变晶、碎裂、糜棱结构，块状、变余流动、角砾状、条带状、环带状构造，围岩蚀变为黄铁矿化、硅化、绢云母化、碳酸盐化、毒砂矿化	出露古元古界金水口岩群白沙河岩组斜长花岗片麻岩段、大理岩段及狼牙山组大理岩段、板岩段。海西-印支早期形成逆冲推覆构造，印支期造山伸展作用形成变质核杂岩构造，燕山期形成矿区南部断裂构造。岩浆活动时期大多在海西期和印支期，少量属于晋宁期甚至更早时期，岩浆岩以酸性花岗岩类为主。成矿年龄(410±2)Ma/锆石U-Pb(李金超等,2015)
打柴沟	金矿体38个，长度220~280m，厚度1.38~2.52m，平均品位3.37~4.91g/t。矿石矿物有黄铁矿、自然金、辉锑矿、毒砂、黄铜矿，变余半自形粒状、鳞片变晶结构，浸染状、块状构造，围岩蚀变为硅化、绢云母化、黄铁矿化	主要出露古元古界金水口岩群中基性火山岩夹碎屑岩及碳酸盐岩。北西向、北北西向海西期区域性断裂，发育印支期东西向、北东向及南北向次级断裂，岩浆活动以海西期中性—酸性侵入岩为主
五龙沟	划分有红旗沟段圈定金矿体53条，黄龙沟段圈定金矿体80条，黑石沟段圈定金矿体15条，水闸东沟段圈定金矿体24条。规模最大矿体长度880m，厚度0.84~40.94m，平均品位3.41g/t，含矿岩性以碎裂岩、糜棱岩为主，少量硅化凝灰质板岩、硅质板岩、碎裂状蚀变闪长岩。矿石矿物有黄铁矿、毒砂、黄铜矿、方铅矿、闪锌矿、磁黄铁矿，半自形—自形柱粒状、鳞片变晶、交代、压碎、包含结构，浸染状、细脉状、网脉状构造及角砾状构造次之。围岩蚀变有硅化、绢云母化、高岭土化、黄铁矿化	出露古元古界金水口岩群、长城系小庙组、青白口系丘吉东沟组、奥陶系祁漫塔格群变火山岩组。北西向、近南北向和北西西向断裂活动强烈，形成系列断裂破碎带，带内断层泥、构造角砾岩、构造挤压透镜体、糜棱岩、碎裂岩发育。岩浆活动以新元古代、泥盆纪及三叠纪中性—酸性岩浆侵入为主。火山活动主要为新元古代中性火山喷发，沿Ⅺ号主干断裂为中心的裂陷槽谷呈线型裂隙式喷发，至少有4个喷发旋回。区域动力热液变质作用使金活化、迁移、富集，形成了硅化、绢云母化、高岭土化及碳酸盐化。成矿年龄(236.5±0.5)Ma绢云母Ar-Ar(张德全等,2005)
岩金沟	主矿体长度580m，厚度3.41m，平均品位8.8g/t。矿石矿物有臭葱石、毒砂和黄铁矿，自形—半自形粒状、交代假象、碎裂结构，块状、片麻状、条带状、角砾状构造。围岩蚀变为硅化、绢云母化、黄铁矿化、毒砂化、碳酸盐化及绿泥石化	出露古元古界金水口群白沙河组中深变质片麻岩夹大理岩、石英片岩、斜长角闪(片)岩和混合岩，被海西期的黑云母花岗岩、斜长花岗岩、花岗闪长岩及闪长岩等岩浆活动吞蚀
沙丘沟	主矿体长度335m，厚度2.36m，平均品位3.51g/t。矿石矿物有黄铁矿、黄铜矿、磁黄铁矿、毒砂，细晶、碎裂、不等粒或似斑状、角砾状结构，块状、细脉—细网脉状、片状、条带状构造，围岩蚀变为硅化、绢云母化、黄铁矿化、毒砂化、碳酸盐化及绿泥石化	处于伯喀里克-香日德元古宙古陆块体，介于东昆中、东昆北两深断裂之间，出露古元古界金水口岩群白沙河岩组中深变质的黑云斜长片麻岩。发育北西向断裂，见少量闪长岩体

续表 2-8

矿产地	矿体特征	地质特征
无名沟-百吨沟	矿体14个,最长840m,厚度3.23m,平均品位2.60g/t,矿石矿物有黄铁矿、磁铁矿,交代残余、自形—半自形—他形粒状、碎裂结构,浸染状、条带状、脉状、网脉状、角砾状、块状、蜂窝状构造。围岩蚀变为硅化、绢云母化、高岭土化、黄铁矿化	出露古元古界金水口岩群、青白口系丘吉东沟组、长城系小庙组和奥陶系祁漫塔格群火山岩组,北西-南东向断裂与韧-脆性剪切带同向,印支期中—晚三叠世岩浆侵入活动,具多期次、多类型的特征
哈西哇	主矿体长度440m,厚度1.33~9.25m,平均品位3.5g/t。矿石矿物有黄铁矿、毒砂、方铅矿、闪锌矿,中—细晶结构,脉状、浸染状、团块状构造。围岩蚀变为硅化、褐铁矿化	出露长城系小庙组中高级变质岩系,近南北向、近东西向、北西向断裂发育,海西期、印支期中性—酸性侵入岩为肉红色钾长花岗岩、花岗闪长岩、黑云母二长花岗岩
洪水河	矿体4个,主矿体长度100m,厚度2m,平均品位1.34g/t,含矿岩性为碎裂硅化白云质大理岩。矿化蚀变为褐铁矿化、黄铁矿化、黄钾铁矾化、炭化、硅化、绿泥石化	出露中新元古界冰沟群及古元古界金水口岩群,北西向、北西西向断裂发育,侵入岩为阿森特期片麻状花岗岩,海西期闪长岩、石英斑岩脉。岩浆爆破-贯入角砾岩,具多期性和间歇性特征。成矿年龄229Ma/裂变径迹
瑙木浑	矿体9个,长度30~300m,厚度0.5~1.5m,平均品位2.2~4.44g/t。矿石呈交代残余结构,斑杂状、细脉状、浸染状构造	仅见侵入岩,岩体内北西向、近东西向及近南北向断裂发育,大片海西期英云闪长岩、二长花岗岩及花岗闪长岩出露。成矿年龄235~227Ma/绢云母$^{40}Ar-^{39}Ar$(李金超,2017)
阿斯哈	金矿体12个,铜矿体1个。金主矿体长度1400m,厚度3.02m,平均品位5.67g/t。矿石矿物有黄铁矿、孔雀石,他形—半自形粒状、碎裂、交代结构,浸染状、细脉状构造。围岩蚀变有硅化、褐铁矿化、碳酸盐化、高岭土化、绢云母化	处于昆仑前峰弧的东段,出露古元古界金水口岩群白沙河岩组。北北东向、北东向、北西向、近东西向断裂多期活动,岩浆活动为海西-印支期灰白色中—粗粒花岗闪长岩,接触带具混合岩化现象。成矿年龄(222.1±3.9)Ma/锆石U-Pb(岳维好等,2017)
色日	含金蚀变带3条,含银蚀变带1条,含石墨蚀变带1条,金资源量918.39kg,平均品位4.52g/t	出露古元古代金水口岩群白沙河岩组,沿区域性近东西向断裂构造分布,见海西晚期酸性岩体
瓦勒尕	金矿体22个,长度50~313m,平均品位1~4.42g/t。矿石矿物有黄铁矿、方铅矿、闪锌矿、辉锑矿、黄铜矿、磁黄铁矿、毒砂,细晶、碎裂、不等粒、角砾状、鳞片变晶结构,块状、片状、条带状构造。围岩蚀变为硅化、黄铁矿化、绢云母化	出露古元古界白沙河岩组。受昆中断裂影响,断裂构造活动强烈,形迹复杂,除近东西向的主构造线外,还多发育与之相配套的多组韧性剪切带和脆性断裂。海西期侵入岩大面积分布,总体呈北西西向,表现为以斜长花岗岩为主的杂岩体
哈日扎	多金属矿体66个,主矿体长度2500m,厚度5.5m,平均品位:Cu 0.56%、Pb 0.92%、Zn 1.08%、Ag 93.82g/t、Au 1.08g/t。矿石矿物有毒砂、方铅矿、闪锌矿、黄铁矿、磁黄铁矿、白铁矿、黄铜矿、黝铜矿,半自形—他形粒状结构,浸染状、脉状构造,围岩蚀变为孔雀石化、硅化	出露古元古界金水口岩群、上三叠统鄂拉山组。发育近东西向、北西-南东向、近南北向、北东向4组断裂,北西向、北东向断裂具多期活动特征,为导运岩(矿)构造,并具储矿构造特征。早二叠世花岗闪长岩、似斑状二长花岗岩及早侏罗世花岗闪长斑岩等呈南北向不规则脉状展布。成矿年龄(245.8±3.4)Ma/锆石U-Pb(王小龙等,2017)

续表 2-8

矿产地	矿体特征	地质特征
驼路沟	钴金矿体14个,长度178～882m,厚度1.41～4.41m,平均品位Co 0.025%～0.085%,伴生金0.37g/t。黄铁矿化石英钠长岩钴矿石、块状黄铁矿钴矿石、黄铁矿化绿泥绢云石英片岩钴矿石。矿石呈自形粒状、半自形—他形粒状、自形柱状结构,浸染状、斑杂状、条带褶皱、块状构造。矿石矿物主要有黄铁矿、黄铜矿、斑铜矿、硫钴矿、硫铜钴矿、硫锑铅矿、闪锌矿、毒砂和褐铁矿等;脉石矿物有石英、绢云母、白云母、绿泥石、黑云母、斜长石及电气石等	地处马尔争蛇绿混杂岩带,出露纳赤台群海相碎屑岩、火山岩-碳酸盐岩建造,下部碎屑岩组分4个岩性段,自下而上为碳质板岩、千枚岩第一岩性段,绢云石英片岩第二岩性段,绿泥绢云石英片岩夹石英钠长岩第三岩性段,绢云石英片岩夹砾岩第四岩性段。第三岩性段是赋矿层位。受印支-燕山期南北向挤压作用的影响构造线呈东西向展布,其内褶皱、韧性剪切带发育。岩浆活动极其微弱。变质作用主要是区域变质作用和动力变质作用,对地层中Co元素再次改造、富集成矿
黑海北	金矿(化)体6个,长度140～516m,厚度1.77～11.62m,平均品位1.64～12.95g/t,含矿岩性为斜长花岗岩,矿石矿物为黄铁矿,自形—半自形—他形粒状结构,星点状、浸染状、细脉状、团块状构造。围岩蚀变为云英岩化、硅化、高岭土化、褐铁矿化、黄铁矿化	出露新元古界万保沟群、下古生界纳赤台群、中三叠统闹仓坚沟组,中三叠统闹仓坚沟组是主要的赋矿层位。北西西向断裂为主体构造,发育北西向、北东向次级断裂。海西期酸性、印支期中性—酸性岩浆活动最为强烈。成矿时代为印支期末
拉陵灶火	金矿体13个,主矿体长度560～800m,厚度3.48～5.43m,含矿岩性为长石石英砂岩,矿石矿物有黄铁矿、黄铜矿,他形—半自形结构,星点状、细脉状构造。矿化蚀变为硅化、高岭土化、褐铁矿化、黄铁矿化	出露新元古界万保沟群、下古生界纳赤台群、中下三叠统。下古生界纳赤台群是主要的含矿地层,岩性主要为变长石砂岩,长石石英砂岩,局部地段出露灰绿色安山质凝灰岩。断层总体走向近东西向。海西期酸性岩浆活动最为强烈。成矿年龄(242.6±3.4)Ma/锆石U-Pb(王富春等,2013)
大灶火沟-黑刺沟	金矿体9个。矿石呈粒状结构,星点状、浸染状、细脉状、团块状构造。围岩蚀变为硅化、绢云母化、高岭土化、绿泥石化、黄铁矿化	出露新元古界万保沟群碳酸盐岩组、中二叠统马尔争组、下三叠统洪水川组。北西西向、北西向断裂发育。花岗岩脉、闪长岩脉及石英脉为主,出露少,规模较小
纳赤台	金矿体28个,长度102～283m,厚度1.54～4.33m,平均品位2.65～16.82g/t。矿石矿物有黄铁矿、毒砂,自形—半自形—他形粒状、交代残余结构,浸染状、碎裂状、块状构造。围岩蚀变为褐铁矿化、硅化、黄铁矿化、黄钾铁矾化、砷华、孔雀石化	出露中新元古界万保沟群碳酸盐岩组白云岩、条带状硅质白云岩夹灰岩大理岩夹石灰岩、变砂岩及砂质板岩,下古生界纳赤台群。碳酸盐岩组含矿。褶皱、断裂构造发育。断裂以近东西向为主,北西向次之,压性、压扭性。成矿时代海西晚期-印支期(赵俊伟,2008)
小干沟	金矿体2个,长度110～850m,厚度1.22～2.14m,平均品位3.57～10.91g/t,矿石矿物有自然金、银金矿、黄铁矿、黄铜矿、辉锑矿,碎裂、他形—自形粒状结构,块状、脉状、浸染状构造。围岩蚀变为硅化、绢云母化、黄铁矿化、辉锑矿化、黄铜矿化、褐铁矿化	出露晚三叠世石英砂岩、石英杂砂岩、灰岩、晚白垩世砂砾岩。北西—北西西向断裂、裂隙发育,近平行或斜列式展布。岩浆活动弱,有规模较小的灰紫色、灰绿色花岗斑岩,呈长条状或岩株状
大格勒沟脑	金矿化体10个,主矿体长度640m,厚度4.67m,平均品位2.49g/t。矿石矿物有黄铁矿、方铅矿、黄铜矿,交代残留结构,浸染状、脉状、蜂窝状构造。围岩蚀变为硅化、黄铁矿化、绢云母化、褐铁矿化	出露中新元古界万保沟群海相火山岩及碳酸盐岩建造,下古生界纳赤台群。万保沟群火山岩含矿。褶皱总体形态为复式背斜,东西向、北东向压扭性断裂发育,有斜长花岗斑岩脉、斜长花岗岩脉、花岗闪长岩脉、石英闪长岩脉、辉绿玢岩脉侵入。成矿时代为海西-印支期(路宗悦等,2019)

续表 2-8

矿产地	矿体特征	地质特征
红石山南	金矿体7个,长度40~400m,厚度1~9.87m,平均品位1.13~5.79g/t。矿石呈自形—半自形—他形粒状、交代残余结构,浸染状、碎裂状、块状构造。围岩蚀变为硅化、碳酸盐化、黄铁矿化、毒砂矿化	主要出露三叠系闹仓坚沟组浅海相碎屑岩碳酸盐岩建造,夹有火山岩。近北西西向展布的逆断层控矿。侵入岩未见
开荒北	金矿体36个,长度20~1591m,厚度0.43~2.20m,平均品位1.58~23.12g/t。矿石矿物有方铅矿、闪锌矿、黄铁矿,他形—半自形粒状、交代碎裂、碎斑状结构,浸染状构造。围岩蚀变为硅化、绢云母化、黄铁矿化、碳酸盐化	地处昆南断裂带北侧,秀沟深大断裂带上,复式向斜的南翼,出露三叠系闹仓坚沟组砂岩段、砂板岩段和灰岩段,发育一系列叠瓦式南倾逆冲断层。岩浆活动微弱。成矿时代为印支晚期
按纳格	金矿体21个,长度40~400m,厚度0.5~2.5m,平均品位2.0~30g/t。矿石矿物有银金矿、自然金、黄铁矿、黄铜矿,半自形—他形粒状结构,块状、条带状、片状、千糜状构造。围岩蚀变为硅化、绢云母化、绿帘石化、绿泥石化、角闪石化、黄铁矿化	主要出露白沙河岩组绢云绿泥石英片岩、千枚岩,绿片岩相变质。近东西向或北西西向韧性剪切带发育,海西期侵入岩发育,见闪长岩脉和石英脉。成矿年龄(242±2)Ma/锆石 U-Pb(赵旭等,2018)
果洛龙洼	金矿体69个,长度40~2600m,厚度0.51~2.02m,平均品位1.03~19.66g/t,单样最高841.0g/t。矿石矿物有银金矿、自然金、黄铜矿、黄铁矿,半自形—他形粒状、填隙、反应边、隐晶状、土状结构,细脉浸染状、晶洞状、斑杂状、块状、网脉状、皮壳状构造。围岩蚀变为硅化、绢云母化、黄铁矿化、绿泥石化	处于区域复式向斜的北翼(倒转翼)。主要出露中新元古界万保沟群含碳绢云/绿泥石英千枚岩、角闪片岩、绿泥石英片岩、千糜岩、硅质岩,东西向断裂为主,次为北西向、北东向断裂。基性到中性岩浆岩均有出露,岩性为闪长岩、辉石岩。闪长岩锆石U-Pb年龄为(202.7±1.5)Ma(肖晔等,2014),后期热液叠加作用明显
德龙	金矿体11个,长度40~340m,厚度0.80~3.95m,平均品位1.12~23.10g/t。矿石矿物有黄铁矿、方铅矿、褐铁矿,半自形—他形粒状、交代残余结构,细脉浸染状、块状构造。围岩蚀变为硅化、黄铁矿化、方铅矿化、碳酸盐化、绿泥石化、绿帘石化、绢云母化	出露中新元古界万保沟群、下石炭统哈拉郭勒组、上石炭统—下二叠统浩特洛哇组。压性或压扭性断裂发育。海西期到印支期酸性岩浆活动频繁,中性、超基性岩次之
满丈岗	金矿体24个,长度50~212m,厚度1.92~4.71m,平均品位4.38~7.23g/t。矿石矿物有毒砂、黄铁矿、钛铁矿、磁铁矿、黄铜矿,自形—半自形—他形粒状、压碎、交代结构,浸染状、脉状、泥状、角砾状、块状构造。围岩蚀变为黄铁矿化、碳酸盐化、绿泥石化、高岭土化	处于鄂拉山岩浆弧。主要出露中三叠统古浪堤组板岩、粉砂岩夹细砂岩,上三叠统鄂拉山酸性火山岩组陆相火山喷发的酸性火山碎屑岩、熔岩夹中酸性火山碎屑岩(含矿层位)。北西向、北北西向、近南北向及北东向断裂发育,多期活动,纵横交错。中细粒黑云母花岗闪长岩、似斑状花岗岩等侵入活动强烈。成矿年龄(244±3)Ma/锆石 U-Pb
果仁蒙	金矿体4个,长度50m左右,厚度0.25~2.7m,平均品位3.1~37g/t。石英脉型、破碎蚀变岩型金矿石。矿石矿物有黄铜矿、黄铁矿、磁铁矿、毒砂、自然金,粒状、交代残余、碎裂结构,稀疏浸染状、角砾状、团块状、细脉状构造	处于鄂拉山岩浆弧。出露晚三叠世鄂拉山酸性火山岩组第二岩性段流纹质晶屑玻屑凝灰岩、熔结凝灰岩、英安质砾屑凝灰岩等。北西向、北北西及近南北向断裂发育,破碎带普遍

续表 2-8

矿产地	矿体特征	地质特征
拿东北	金矿体1个,长度26m,厚度1.8m,品位1.3~4.35g/t,矿石矿物有毒砂、黄铁矿、磁铁矿、磁黄铁矿、砷铁矿、锡石、褐铁矿、自然金、孔雀石、黄铜矿等。围岩蚀变为褐铁矿化、硅化	处于鄂拉山岩浆弧。出露中下三叠统池塘组灰白色厚层大理岩,发育北西向、北东向断裂,受晚三叠世混染蚀变石英闪长岩侵入作用影响,大理岩变质形成条带状含金云母透辉石大理岩
日干山	金铜矿体8个,长度22.5~117.5m,厚度0.2~8.0m,平均品位 Au 0.84~72.23g/t,Cu 0.13%~1.43%。矿石矿物有自然金、铜蓝、辉钼矿、黄铜矿,自形、半自形、他形粒状结构,浸染状、脉状、角砾状、块状构造。围岩蚀变为角岩化、硅化、碳酸盐化、绢云母化、黄铁矿化、孔雀石化等	出露中三叠统古浪堤组黑色红柱石角岩、黑云母长英角岩夹黑色角岩化变质细粒长石石英砂岩、粉砂岩、变质长石砂岩。印支期灰白色黑云母石英闪长岩较为发育
金矿沟	砂金矿体长度487m,宽度64m,厚度0.8~5.25m,平均品位0.126~2.45g/m³。矿物组合为自然金、磁铁矿、赤铁矿、石榴石、绿帘石、角闪石、白钛石、锆石、磷灰石、金红石、黄铁矿、白钨矿、自然银。金呈黄色,粒状、不规则状为主,次为饼状、板状、片状。磨圆度差,粒径以小于1mm×1mm为主	第四系按成因类型分晚更新世冲洪积层,构成Ⅲ级、Ⅳ级阶地。全新世冲积层,构成Ⅰ级、Ⅱ级阶地。河漫滩、河床,由砂砾层、含砾砂层等组成。Ⅱ级、Ⅲ级阶地二者总厚度大于15m。砂金赋存于Ⅱ级阶地,Ⅰ级、Ⅲ级阶地中也有砂金矿化

一、柴北缘金-(铁-铅-锌-银-稀散)成矿带

(一)基本情况

该成矿带位于柴达木盆地北缘,主体在青海省境内,茫崖镇以西和阿尔金山索尔库里至拉配泉地段延入新疆,丁子口至花海子延入甘肃。在青海省境内西起阿尔金山西段的阿卡托山,经阿尔金山、赛什腾山、绿梁山、锡铁山、阿木尼克山,东至沙柳河,北以土尔根达坂-宗务隆山南缘断裂,南以柴北缘-夏日哈断裂、昆北断裂,东以哇洪山-温泉断裂为界。在阿尔金山一带呈北东东向,长约275km,宽8~35km;丁子口至沙柳河段呈北西向展布,长约620km,宽6~88km。总面积约40 000km²。

矿产丰富,已发现的金属矿产有铁、铬、锰、铜、铅、锌、钨、金、银、锂、铌钽等,能源、非金属矿产有煤、黏土、石灰岩、白云岩、硫铁矿、重晶石、萤石等。据不完全统计,矿产地有370余个,其中金属矿产地285个,煤及非金属矿产地85个。已知矿床39个(其中大型矿床6个,中型矿床8个,小型矿床25个),各类矿点144个,各类矿化点187个。主要成矿类型有沉积型、变质型、海相火山岩型、热液型、矽卡岩型、岩浆型、破碎蚀变岩型、盐湖沉积型。金属矿产的成矿时代主要集中于前寒武纪和早古生代,分别占19.57%和37.50%。在发现的20个金属矿床中,金矿床9个,累计查明金资源量71 216.77kg,是青海省主要的金成矿带。典型矿床为滩间山沉积-热液叠加改造型金矿、赛坝沟岩浆热液型金矿。

共发现金矿床(点)37个,全部为岩金。成矿类型有岩浆热液型、复合叠加改造型。成矿时代主要有元古宙、奥陶纪、志留纪、泥盆纪,其次为二叠纪、三叠纪。共求得上表岩金资源储量92 169kg(表2-6~表2-8)。

(二)成矿地质条件

1. 含矿建造及赋矿地层

1)元古宇与成矿

元古宙出露达肯大坂岩群(Pt₁D.)、沙柳河岩组(Chs.)、万洞沟群(JxW)、全吉群(Pt₃Q)。达肯大

坂岩群,陆缘海,分为3个岩组:麻粒岩组,深灰色石榴二辉麻粒岩、暗灰绿色基性二辉麻粒岩、黑云钾长变粒岩;片麻岩组,灰色含矽线黑云斜长片麻岩、含矽线石黑云斜长变粒岩、含石榴黑云二长片麻岩夹暗绿色斜长角闪岩、含石榴石二云母片岩、大理岩;大理岩组,灰色、灰白色白云石大理岩、条带状白云石大理岩夹暗绿色斜长角闪片岩、斜长角闪岩。沙柳河岩组,深海—洋盆,白云母石英片岩、含石榴白云母石英片岩、含石榴二云石英片岩、含绿帘石榴白云母石英片岩夹白云母变粒岩、含石榴绿帘角闪片岩,少量大理岩。万洞沟群,滨海相局限碳酸盐岩台地相,分为2个岩组:碎屑岩组,深灰色、灰黑色千枚岩、绢云母片岩夹少量结晶灰岩;碳酸盐岩组,灰色、灰白色硅质结晶白云岩、白云质大理岩、角砾状白云岩、团块状白云石大理岩夹少量千枚岩、石英岩、绿泥石英片岩。全吉群,滨浅海相,分为7个组:麻黄沟组($NhZm$),底部为复成分砾岩、砂砾岩,下部为紫灰色、灰绿色巨厚层含砾长石石英砂岩夹细砂岩、粉砂质页岩,中部为紫灰色、黄绿色巨厚层中—粗砾岩、细砾岩夹含砾长石石英砂岩,上部为灰紫色、灰白色厚层粗粒长石石英砂岩、含砾不等粒杂砂质长石砂岩、长石杂砂岩、长石石英砂岩夹砾岩、砂质黏土岩;枯柏木组($NhZk$),下部为灰紫色、灰白色巨厚层巨—粗粒砾岩夹中—粗粒石英砂岩及薄层含泥质粉砂岩,中部为浅肉红色含细砾石英砂岩,上部为肉红色中—细粒石英砂岩;石英梁组($NhZs$),下部为紫红色含铁凝灰质粉砂岩、细砂岩、石英砂岩,中部为灰绿色玄武岩、灰—灰黑色含粉砂质黏土岩、薄层页岩、灰色海绿石石英砂岩,上部为灰白色石英岩状砂岩、灰—灰绿色含粉砂黏土质页岩、含砾石英岩状砂岩;红藻山组($NhZhz$),下部为紫—灰色薄—中厚层凝灰质砂砾岩、粉砂岩与粉砂质泥晶白云岩、泥质白云岩互层夹凝灰岩、碧玉岩,中部为深灰色含硅质条带泥晶白云岩,上部为块状泥晶白云岩;黑土坡组($NhZh$),下部为黄绿色中薄层泥晶白云岩与薄层泥质板岩互层,中部为灰黑色含碳质板岩、砂板岩夹细砂岩,上部为黄绿色、浅灰色泥质粉砂岩;红铁沟组($NhZht$),下部为黄绿色、灰绿色冰渍砾岩,上部为紫红色冰碛砾岩、含砾粉砂岩夹纹泥质岩层、白云岩;皱节山组($NhZz$),白云质砂岩,含铁粉砂岩、薄层状板岩、细砂岩、粉砂岩、含铁白云岩,灰色薄层粉砂岩,顶部有0.5m厚的浅灰绿色薄板状粉砂岩。

古元古界达肯大坂岩群为中高级变质杂岩和基底残块。中新元古代总体处于拉张环境,蓟县纪为活动型,南华纪—震旦纪为稳定型。蓟县纪为陆缘裂谷环境,形成万洞沟群,早期碎屑沉积,片岩,千枚岩原岩为粉砂岩、泥页岩夹灰岩,边缘带;晚期海水变浅,接受碳酸盐岩沉积,白云岩为主,并伴有少量细碎屑岩,中央带。赛什腾山—沙柳河一带的片岩-斜长角闪岩中赋存变质火山沉积型铅锌矿,并富含金、银、稀有分散元素等。滩间山地区中部碳酸盐岩组合中的含碳泥质岩石赋含金矿物,含矿建造为沉积含金岩系(大理岩-变质砂岩-千枚岩),形成青海省著名的滩间山金矿田。青白口纪为陆内裂谷环境,至震旦纪,延续到早古生代,全吉群初期滨岸相—河流相粗碎屑沉积,陆内裂谷边缘带;之后,水体变深,细碎屑岩、碳酸盐岩沉积,有基性火山喷发,边缘带、中央带;后期由于气候变冷,有冰碛物堆积,形成红铁沟组。早寒武世转化为被动陆缘环境。

2)下古生界与成矿

早古生代地层出露寒武系欧龙布鲁克群($\in O$)、阿斯扎群($\in A$),奥陶系滩间山群(OT)、多泉山组(O_1d)、石灰沟组(O_1s)、大头羊沟组(O_2dt)。欧龙布鲁克群,由陆内裂谷盆地发展而来,寒武纪转化为被动陆缘陆棚碳酸盐岩台地,滨浅海环境,含胶磷矿石英砾岩、含磷砂砾岩,灰色厚层灰质白云岩、黄绿色长石粉砂岩、钙质页岩,粉砂质灰岩、白云质灰岩、中厚层状灰岩夹白云岩、竹叶灰岩,灰色、深灰色灰岩、灰质白云岩、白云岩夹假鲕粒灰岩、硅质岩。阿斯扎群,浅海相,绿片岩和大理岩组成,岩石组合为灰绿色绿泥绿帘透闪片岩、白云母透辉透闪片岩、二长透辉片岩、绢云阳起片岩、阳起绿帘透闪片岩,夹灰绿色钙质透闪片岩、绿帘角闪岩、阳起石英片岩、透辉透闪片岩、阳起绢云石英片岩,下部含大理岩夹层。滩间山群,滨浅海相,火山岩属岛弧环境,分为5个岩组:下碎屑岩组,各地区岩性组合不同,马海地区为灰色千枚岩、砂岩、含砾砂岩、灰岩夹绢云石英片岩、安山质角砾凝灰岩、灰岩和含锰硅质岩;大柴旦北山为灰色、灰褐色绿帘黑云岩、安山质晶屑凝灰岩夹大理岩、变英安岩、流纹岩;查查河北部为深灰色二云石英片岩、绢云石英片岩、绢云片岩、含石榴黑云变粒岩、浅粒岩夹含锰硅质岩,局部见斜长角闪岩,混有较多蛇绿岩碎块,有深灰色玄武岩、细碧岩,灰黑色辉长石、辉绿玢岩、斜长花岗岩、辉石闪长岩、橄榄岩、辉石角闪石岩、蛇纹石化单辉橄榄岩、蛇纹石化纯橄岩等。下火山岩组,包括 2 个建造组合:拉斑玄武岩段,暗绿色玄武岩、安山岩、安山质火山角砾岩夹阳起石岩、石英岩、变粒岩和大理岩;钙碱性玄武岩段,灰绿色英安岩、安山岩、暗绿色绿泥石英片岩、变晶屑凝灰岩夹灰色砂岩、粉砂岩、硅质岩。砾岩组,杂色片状砾岩夹岩屑砂岩、千枚岩、钙质粉砂岩、结晶灰岩等。上火山岩组,灰紫色杏仁状玄武安山岩、蚀变安山岩、辉石安山岩夹英安岩、安山质火山角砾岩、凝灰岩、片状砂岩、千枚岩、沉凝灰岩等。上碎屑岩组,黄褐色、灰紫色岩屑石英长石砂岩、石英长石岩屑砂岩,灰绿色片状砂岩、薄层状流纹质凝灰岩夹玄武安山岩、玄武岩。多泉山组,灰色、浅灰色灰岩、砾屑灰岩、鲕状灰岩、生物碎屑灰岩、硅质灰岩等,滨浅海台地碳酸盐岩台地。石灰沟组,黑色页岩夹粒状灰岩透镜体、绿色页岩夹砂岩、条带灰岩,浅海相。大头洋沟组,灰紫色砂砾岩、粉砂岩夹灰岩,深灰色碎屑灰岩、角砾状灰岩、竹叶状灰岩,滨浅海相。

寒武纪—奥陶纪地层时代依据不足。全吉地层区为寒武系欧龙布鲁克群,由全吉南华纪—震旦纪陆内裂谷盆地发展而来,寒武纪转化为被动陆缘陆棚碳酸盐岩台地,以白云岩为主,伴有细碎屑沉积,沉积厚度约 1049m。柴北缘地层区为奥陶系滩间山群。沉积时代可能始于寒武纪,主体为奥陶纪,也不排除有志留纪的沉积物。早期为活动型沉积,晚期沉积环境较稳定。早期滩间山群下碎屑岩组,含蛇绿岩浊积扇、火山弧和弧前盆地环境。蛇绿混杂带,片岩、变粒岩夹含锰硅质岩;下火山岩组,泥砂质、碳酸盐岩沉积之后中基性—中酸性火山活动较强,火山岩夹砂岩、粉砂岩、灰岩和硅质岩,厚度 430~2723m。晚期下部砾岩组,弧后前陆盆地环境,水下河道沉积;上火山岩组,由于盆地范围缩小,中基性火山开始活动,发育海相火山盆地玄武岩-安山岩组合。火山活动结束后盆地沉积形成上碎屑岩组。中酸性火山岩建造,尤其是下火山岩组安山岩段和碎屑岩夹安山岩段,有利于多金属、金和钴等矿床的形成,发现了采石岭、胜利沟、红柳沟等金矿床。

3) 上古生界与成矿

晚古生代地层出露泥盆系牦牛山组($D_{2-3}m$),石炭系阿木尼克组(C_1a)、城墙沟组(C_1cq)、怀头他拉组(C_1h)、克鲁克组(C_2P_1k),石炭系—二叠系宗务隆山群(CP_2Z),二叠系甘家组(P_2gj)、果可山组(P_1g),未发现金矿化线索。牦牛山组,陆相辫状河相、曲流河相,分为 2 个岩段:碎屑岩段,下部为紫红色、灰紫色中—粗砾岩、含砾砂岩、砂岩夹粉砂岩,细—中粒岩屑长石砂岩、长石石英砂岩、粉砂岩,局部出现泥岩,个别地方有安山岩、凝灰岩;上部为灰色、紫灰色厚层—巨厚层状细粒石英长石砂岩、石英长石岩屑砂岩、粉砂岩、板岩、泥岩,局部可见到少量玄武岩、硅质岩、砂质灰岩透镜体。火山岩段,下部为灰色、灰绿色橄榄玄武岩、玄武安山岩、安山岩、杏仁状安山岩等,伴随有较少的集块岩、火山角砾岩和凝灰岩;上部为灰紫色、紫红色流纹岩、流纹质火山角砾岩、凝灰岩,灰绿色、灰色英安岩、凝灰熔岩等。阿木尼克组,海陆交互相、河口湾相,紫红色厚层砾岩、砂砾岩、石英长石砂岩、岩屑砂岩、粉砂岩,上部夹薄层灰岩。城墙沟组,滨浅海相,灰色、灰黑色中厚—厚层状生物灰岩、鲕粒灰岩、泥灰岩夹少量白云岩、页岩、粉砂岩、石英岩屑砂岩,有的地方含燧石结核。怀头他拉组,台地碳酸盐岩相,灰色、灰绿色、灰紫色长石石英砂岩、含砾砂岩夹页岩、粉砂岩、石灰岩,砂岩中含铁锰结核,底部常有砾岩出现。克鲁克组,滨海潮坪相—河口湾相,灰色、黄灰色、灰绿色石英砂岩、碳屑砂岩、粉砂岩、碳质页岩夹灰岩,下部灰岩增厚,主要有灰黄色、灰白色生物屑泥晶灰岩、生物灰岩、白云岩,含煤线或煤层及菱铁矿结核。宗务隆山群,分为 3 个组:土尔根达坂组,深海—半浅海相,分为 2 个岩段:火山岩段,灰绿色安山玄武岩、杏仁状玄武岩、枕状玄武岩、绿帘绿泥片岩、灰色硅质岩,浅灰色片理化长石石英砂岩、岩屑石英砂岩、灰白色结晶灰岩;碎屑岩段,灰色、灰绿色绢云母千枚岩、绿泥绢云千枚岩、千枚状粉砂岩、石英砂岩、长石石英砂岩夹灰色灰岩、白云岩、硅质岩、砾岩,局部见少量火山岩。果可山组,滨海碳酸盐岩台地相,灰色、深灰色、灰白色灰岩、燧石条带灰岩、白云质灰岩夹白云岩,灰绿色中基性火山岩、长石岩屑砂岩、石英砂岩、千枚岩及少量砾岩。甘家组,滨浅海相,分为 2 个岩段:碎屑岩段,灰色、灰白色石英砂岩、不等粒岩屑砂岩、粉砂岩、板岩夹结晶灰岩;碳酸盐岩段,灰—深灰色厚层状灰岩、生物碎屑灰岩、白云质灰岩、白云岩。

4)中生界与成矿

中生代出露侏罗系大煤沟组($J_{1-2}dm$)、采石岭组(J_2c)、红水沟组(J_3h)、犬牙沟组(K_1q)。大煤沟组，湖泊—沼泽相，灰—灰白色厚层状复成分砾岩、砂砾岩、含砾粗砂岩、灰绿—灰紫等杂色岩屑长石砂岩、岩屑石英砂岩、长石石英砂岩、泥钙质粉砂岩、泥岩夹黑色碳质页岩夹煤层、煤线及油页岩，局部夹薄层状菱铁矿。采石岭组，河流相—滨湖相，下部为紫红—灰黄色含砾石英砂岩、岩屑砂岩、岩屑石英砂岩与浅红色泥岩互层夹碳质页岩、紫红色砾岩，上部为灰—灰绿—灰紫色厚层状砾岩、含砾石英砂岩、细砂岩与棕红—浅红色中厚层状粉砂岩、粉砂质泥岩、泥岩互层夹碳质页岩、灰岩透镜体。红水沟组，湖泊三角洲相，紫红、棕红、灰紫、黄绿等杂色粉砂岩、粉砂质泥岩、钙质泥岩、泥岩互层夹细粒长石石英砂岩夹复成分砾岩、含砾粗砂岩。犬牙沟组，冲积扇三角洲相，下部为棕红色、紫红色、褐红色、褐黄色厚层状细粒长石石英砂岩、长石砂岩、泥质粉砂岩、泥岩夹砾岩、含砾粗砂岩偶夹在绿色泥页岩、泥灰岩，产轮藻化石；中部为紫红色中厚层状粉砂质泥岩夹砂岩、泥灰岩，灰色、深灰色、紫红色、灰紫色厚层状复成分砾岩夹含砾不等粒钙质岩屑砂岩、岩屑石英砂岩、钙质砂岩；上部为棕红色、褐红色、紫红色、黄褐色砾岩、厚层状细粒长石石英砂岩、长石砂岩、粗砂岩夹褐黄色砂质泥岩、泥质粉砂岩及泥灰岩。

5)新生界与成矿

新生代出露路乐河组($E_{1-2}l$)、干柴沟组(E_3N_1g)、油沙山组(N_2y)、狮子沟组(N_2s)、七个泉组(Qp_1q)，未发现砂金线索。路乐河组，河流相，下部为暗红色、褐红色、棕红色泥岩、砾岩、砂岩、砂岩夹灰岩、碳质泥岩；中部为砖红色、紫红色、灰紫色厚—巨厚层状复成分砾岩、含砾粗砂岩、中粒长石石英砂岩夹粉砂质泥岩、粉砂岩；上部为灰紫色、灰褐色、紫红色厚—巨厚层状复成分砾岩、含砂砾岩夹长石质岩屑砂岩、长石石英砂岩及泥质粉砂岩。干柴沟组，河—湖相，上部为砖红色、紫灰色、黄灰色巨厚层状复成分砾岩、砂砾岩夹长石石英砂岩、岩屑砂岩；下部为紫红色长石石英砂岩、岩屑石英砂岩、砂砾岩夹粉砂岩及薄层状泥岩。油沙山组，河流三角洲相，下部为棕红色、灰色、灰绿色、黄绿色泥质粉砂岩、粉砂岩、砂质泥岩、泥岩互层夹砂岩、泥灰岩、含砾砂岩，局部夹泥晶灰岩、泥质白云岩及砂质石膏；中部为棕、棕红、砖红、灰绿、黄绿等杂色中厚层状中粒长石石英砂岩、泥质粉砂岩、粉砂岩、粉砂质泥岩、泥岩互层夹泥灰岩、含砾粗砂岩、砂砾岩、砾岩；上部为土黄色、灰黄色、灰绿色、浅红色厚层状、砂砾岩、中细粒长石石英砂岩、长石岩屑砂岩、岩屑砂岩、泥质粉砂岩、粉砂岩，夹粉砂质泥岩、泥灰岩，少量砂质灰岩。狮子沟组，湖泊相，下部为灰色、灰黄色、土黄色、黄绿色砂质泥岩、钙质泥岩、粉砂岩、泥质粉砂岩、细砂岩夹含砾砂岩、砂砾岩、砾岩、泥灰岩及石膏，灰色、灰绿色、绿色、紫红色砂岩粉砂质泥岩、岩屑长石砂岩；上部为灰色、浅黄色中厚—厚层状砾岩夹砂岩。七个泉组，湖泊相，下部为灰色中厚层状含砾粗砂岩、土黄色泥质粉砂岩夹中层状砾岩，灰色、灰黄色、黄绿色厚层状泥岩、砂质泥岩、泥质粉砂岩、粉砂岩互层夹细砂岩、泥灰岩、含砾粗砂岩、砂砾岩、砾石夹岩盐、石膏、芒硝及少量灰岩；中上部为灰浅灰色、土黄色、灰黄色砾岩、砂岩夹粉砂岩、粉砂质泥岩、碳质泥岩、泥灰岩、含砾砂岩；上部为灰色、褐灰色中厚层状含砾粗砂岩、土黄色泥质粉砂岩、含砾泥岩夹中层状砾岩、泥灰岩透镜、含石膏；底部为巨砾层，含盐。

2. 构造与成(控)矿

阿尔金山主脊断裂(F8)、土尔根达坂-宗务隆山南缘断裂(F9)、丁字口(全吉山)南缘-乌兰断裂(F10)、赛什腾山-旺尕秀断裂(F11)、柴北缘-夏日哈断裂(F12)共5条区域性断裂呈北东东向、北向展布。主要活动时期为加里东期、海西期和印支期，各条断裂在不同时期活动强度不同。F10主要是加里东期，在南、北两侧基底断裂控制下，促进东侧F11海西期—印支期活动，是滩间山岩浆弧与柴北缘蛇绿混杂岩带的分界，是最主要的控岩控矿断裂，控制了滩间山金矿田、赛坝沟金矿田等主要金矿床(点)的分布。其中，寒武纪—奥陶纪逆冲构造期，产出岛弧环境沙柳河式海相火山岩型铜金矿床，同时北西向压扭性剪切作用断裂是主要含矿构造；志留纪—早泥盆世弧-陆碰撞构造期(走滑构造期)，对形成的金矿床进行改造、叠加；晚泥盆世以来陆内发展阶段形成与大规模右行韧-脆性剪切作用有关的赛坝沟金矿。印支期最活跃的是F9、F12，对印支期花岗岩有着明显的控制作用，脆性断层形成的断裂带，在地表负地形发育,发育宽40～50m的破碎带及达数百米的片理化带,滩间山金矿在这一时期叠加作用明显。

区域性大型韧性带在地质演化过程中多次活化,通过变形变质作用,使地层中的Au元素初步富集。区域性剪切带普遍延伸远,涉及深度大,有利于不同圈层中流体的循环,为广泛的矿质和流体来源创造了运移的通道条件。金矿床主要受北西向区域性大型韧性剪切带和次级向斜构造叠加部位的控制,两组构造的叠加部位更易形成大量的扩容负压空间,为矿化流体的汇聚和沉淀提供场所,是极为有利的成矿部位。

褶皱控制了矿床(点)的空间分布,矿体产状基本保留了褶皱形态,具有明显的层控特征,阿克堤山复式向斜之次级背斜南翼滩间山群变火山碎屑岩组,青龙沟复向斜核部之次级背斜两翼万洞沟群浅变质岩系中滑脱层间破碎带,滩间山复背斜东北翼万洞沟群浅变质岩系等均是主要赋存部位,代表性矿床有青龙沟金矿床、万洞沟金矿点、绝壁沟金矿点、金红沟金矿点、绝壁沟铅铜锌矿点、白云滩铅银金矿点。

3. 岩浆作用与成矿

火山喷发活动分布在加里东、海西旋回中。加里东旋回以俯冲环境、海相喷溢相为主,玄武岩-安山岩-英安岩-流纹岩构造岩石组合、俯冲环境(外弧)玄武安山岩构造岩石组合、俯冲环境洋内弧拉斑玄武岩构造岩石组合、俯冲环境(成熟岛弧)英安岩-流纹岩构造岩石组合,喷发时代为寒武纪—奥陶纪,形成滩间山群火山岩系,与基性、超基性岩一体构成柴北缘蛇绿岩建造,是柴北缘主要含矿层,在其下部火山-沉积岩系中,已发现胜利沟等金矿床(点),同时该套火山岩为以后发现的构造蚀变岩型和石英脉型金矿提供了物源。海西旋回,为大陆伸展环境,陆相喷溢相、爆溢相,安山岩-英安岩-流纹岩构造岩石组合、英安岩-流纹岩构造岩石组合,喷发时代为泥盆纪。

岩浆侵入活动分布在四堡-震旦、加里东、海西、燕山4个旋回中。四堡-震旦旋回侵入岩,古元古界为变质基底杂岩组合,过铝质钙碱性系列;长城纪、蓟县纪侵入环境为稳定陆块,见基性杂岩组合、钙碱性岩石系列,环斑花岗岩组合、偏铝质高钾钙碱性—钾玄岩系列;青白口纪为碰撞环境,强过铝质花岗岩组合、过铝质高钾钙碱性系列。加里东旋回侵入岩广泛发育,可分为寒武纪—奥陶纪洋盆、奥陶纪—中志留世俯冲、晚志留世—早泥盆世碰撞及后碰撞岩石构造组合。寒武纪—奥陶纪SSZ型蛇绿岩岩石构造组合为一系列海底裂谷进化为多岛洋,进一步分割成陆块而形成,拉斑玄武岩系列、贫—低铝拉斑玄武质系列;奥陶纪—早志留世俯冲岩石构造组合发育时间早(早—中奥陶世),构造环境为俯冲、碰撞,三角顶矿点矿体产于中奥陶世花岗闪长岩;晚志留世—早泥盆世碰撞及后碰撞岩石构造组合,构造环境为碰撞及后碰撞,滩间山金矿田石英闪长玢岩,对金矿化富集具有叠加作用。海西旋回,在滩间山岩浆岩带晚泥盆世—中二叠世,广泛发育后造山钙碱性花岗岩组合,分布集中、规模大、时间延续长;在柴北缘岩带早—中二叠世为与洋俯冲有关的花岗岩组合。燕山期后造山岩石构造组合,显示岩浆来源于地壳物质的重熔,并有幔源物质的参与,构造环境为伸展垮塌花岗岩。加里东晚期—海西早期,裂陷谷闭合碰撞造山,使矿源层强烈变形褶曲,发生动力热流变质,成矿物质迁移,再度富集形成金矿化体。海西晚期再生裂陷谷盆闭合造山,伴随强烈的构造岩浆活动,中酸性杂岩体岩浆期后成矿热液运移到继承性复合的控矿构造部位,再次发生矿化富集叠加使金矿化体叠加富集成矿。

4. 变质作用与成矿

中元古界万洞沟群、奥陶系滩间山群均遭受区域变质作用形成或叠加金矿体。

吕梁期区域动力热流变质作用发生在古元古界达肯大坂岩群,原岩为一套泥质、砂质碎屑岩-碳酸盐岩和中基性火山岩,变质岩石组合主要由一套中深变质的片麻岩、片岩、大理岩夹角闪质岩、变粒岩等组成,主要特征变质矿物有矽线石、蓝晶石、十字石、铁铝榴石、普通角闪石、黑云母,变质相归属角闪岩相,中压相系。长城系沙柳河岩组,原岩为泥砂质岩-碳酸盐岩-中基性火山岩建造,变质岩石组合为云母石英片岩、石英岩为主夹片麻岩、变粒岩、角闪岩及少量大理岩,主要变质特征矿物有蓝晶石、十字石、铁铝榴石、普通角闪石、黑云母斜长石,归属中压型角闪岩相。

晋宁期区域低温动力变质作用发生在中元古界万洞沟群,为一套陆缘裂谷滨浅海沉积,变质岩石组合下部以绢云片岩、钙质绿泥片岩、千枚岩为主夹大理岩、白云岩、结晶灰岩;上部以大理岩、白云岩为主夹石英岩、石英片岩、变石英砂岩等，原岩可能是中性—中酸性火山岩类，主要变质特征矿物有黑云母、绢云母、绿泥石、钠长石、绿帘石、白云母、石英、方解石、白云石，变形强弱不等，但变质级别低，以泥质岩中出现黑云母为特征，变质相为黑云母级绿片岩相，变质相系为中—低压。滩间山金矿田中大型金矿床基本经受了该期变质作用。

加里东期区域低温动力变质作用发生在南华系—震旦系全吉群和下古生界中，为陆缘海盆稳定型碎屑岩-碳酸盐岩建造，包括寒武系欧龙布鲁克群、下奥陶统多泉山组、中奥陶统石灰沟组和大头羊沟组。变质岩石以变砂岩、板岩、结晶灰岩、白云岩为主，总体变质程度低，变形以碎屑岩中的非透入性板劈理、片理化为主。主要变质特征矿物有绢云母（白云母）、绿泥石、绿帘石，变质相划归绢云母-绿泥石带绿片岩相，低温中—低压变质相系。寒武系阿斯扎群、奥陶系滩间山群、寒武纪—奥陶纪柴北缘蛇绿混杂岩和茫崖蛇绿混杂岩，原岩均以活动型火山岩-碳酸盐岩-（或夹）碎屑岩组合为主体，变质碎屑岩由变砂岩、板岩、千枚岩组成，变质火山岩包括绿片岩、玄武岩、玄武安山岩、安山岩以及中酸性火山碎屑岩、英安岩、流纹岩等；变质碳酸盐岩有结晶灰岩、大理岩、白云岩等。滩间山群、柴北缘蛇绿混杂岩中还有一些绿片岩及绿泥或绢云石英片岩分布。后期韧性剪切及热力变质作用较强，属绿帘-角闪岩相。

海西期、印支期区域低温动力变质作用包括泥盆系牦牛山组陆相碎屑岩-钙碱性火山岩建造，石炭系阿木尼克组、城墙沟组、怀头他拉组和石炭系—二叠系克鲁克组陆表海碎屑岩-碳酸盐岩建造。

（三）区域成矿规律

1. 构造演化与成矿地质事件

对应的大地构造单元是全吉地块欧龙布鲁克被动陆缘（∈O）、柴北缘结合带之滩间山岩浆弧（∈）、柴北缘蛇绿混杂岩带（∈O）。古元古代中高级变质杂岩原始构造古地理可能为被动陆缘火山-沉积组合，现以变质基底的形式出现于造山带中。蓟县纪陆缘裂谷环境系陆壳裂张阶段的产物，是被动大陆边缘发育的前身，青龙沟、金龙沟超大型金矿床应该在这一时期形成。南华纪—震旦纪陆内裂谷环境。对滩间山金矿田外围青山金矿区内碎裂岩化石英片岩（Au 品位 5.9g/t）、硅化片岩（Au 品位 4.5g/t）、黄铁矿化石英片岩（Au 品位 3.51g/t）及二长花岗岩进行了 U-Pb 测年，碎裂岩化石英片岩、硅化片岩年龄加权平均值为（607±52）Ma、（783±2.2）Ma（图 2-3），成矿时代为新元古代，另外还有（2272±34）Ma、（2502±35）Ma，显示古元古代、新太古代年龄值；黄铁矿化石英片岩年龄加权平均值为（353.1±2.7）Ma，显示早石炭世成矿；二长花岗岩年龄加权平均值为（357.0±3.2）Ma、（364.7±5.3）Ma，显示晚泥盆世—早石炭世对成矿有叠加。

晚寒武世—早奥陶世，柴北缘古洋盆形成并向北俯冲，大陆深俯冲伴有高压—超高压变质；汇聚重组构造阶段，滩间山群呈近东西向断块断续分布，大量金矿点分布其中，形成了与海相火山作用有关的金矿床。中晚奥陶世发育俯冲期岩浆杂岩，尤其是中奥陶世的大洋斜长花岗岩与金矿关系最密切，代表矿床为三角顶，形成了与加里东期有关的金矿。

志留纪—泥盆纪洋盆消亡，弧-陆、陆-陆碰撞，为了调节因碰撞引起的地壳失稳产生侧向挤出效应，右行走滑型韧性剪切带形成，部分洋壳物质及高压—超高压岩石挤入到地壳浅部。碰撞作用形成的花岗闪长岩、钾长花岗岩，产出金矿床（点），以赛坝沟金矿床、金龙沟金矿床个别矿体、细金沟金矿床等为代表，形成了与加里东晚期—海西期碰撞环境花岗岩有关的金矿。该期岩浆作用叠加富集成矿作用十分明显，除青山金矿以外，对阿尔金地区交通社金矿区含矿石英片岩、片麻岩采用锆石 U-Pb 测年，结果显示年龄加权平均值为（438.4±4.7）～（433.4±2.3）Ma（图 2-4）。

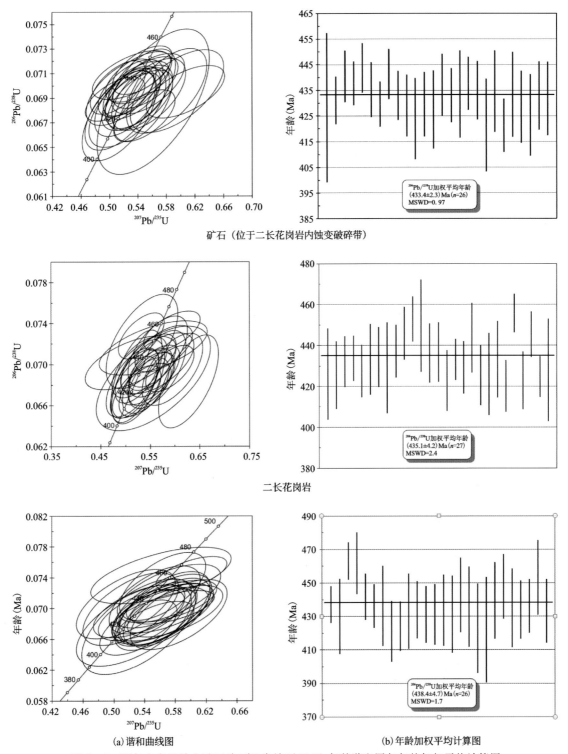

矿石（位于二长花岗岩内蚀变破碎带）

二长花岗岩

(a) 谐和曲线图　　　　　　　(b) 年龄加权平均计算图

图 2-4　阿尔金交通社金矿区片（麻）岩锆石 U-Pb 年龄谐和图与年龄加权平均计算图

石炭纪以来韧-脆性剪切变形占主导，叠加于韧性剪切带之上，浅层陆表海盆地形成。中石炭世—中二叠世陆缘裂谷形成；中二叠世末裂谷闭合碰撞持续到中三叠世。侏罗纪—古近纪古造山带再生，制约柴达木压陷盆地的形成与演化。与金矿有关的成矿要素见表 2-9。

表 2-9 柴北缘成矿带金矿成矿要素表

区域成矿要素		描述内容
成矿地质环境	大地构造单元	柴北缘造山带
	岩石地层单位	古元古界达肯大坂岩群($Pt_1D.$)、金水口岩群($Pt_1J.$)，中元古代蓟县纪沉积含金岩系，奥陶系滩间山群(OT)a、b岩组
	建造特征	古元古界为片麻岩-斜长角闪岩-大理岩变质岩石，中元古界蓟县系为大理岩-变质砂岩-千枚岩变质岩石，滩间山群为变酸—基性火山熔岩、火山碎屑岩、凝灰岩夹碳质粉砂岩、大理岩
	岩石名称	侵入岩为加里东期的斜长花岗岩、蛇纹石化辉橄岩、蛇纹岩、辉石岩、蚀变辉长岩，海西期花岗闪长斑岩、斜长细晶岩、闪长玢岩、钾长花岗岩及闪长岩、辉长岩等；火山岩为玄武岩、安山质玄武岩、安山岩、英安岩、角斑岩、安山质晶屑凝灰岩、英安质晶屑凝灰岩和沉凝灰岩
	侵入时代	加里东期—海西期
	接触带特征	与围岩接触界线清楚，接触带上同化混染作用明显，围岩蚀变有硅化、黄铁矿化、绢云母化、碳酸盐化、绿泥石化、磁铁矿化、阳起石化、绿帘石化等
	断裂	断裂发育，有北西向、东西向、北东向及近南北向。北西向断裂为区域性构造，形成规模宏大的韧性剪切带，带内多为含金石英脉充填，其次东西向断裂也含极少矿体
成矿地质特征	沉积-热液叠加改造型金矿	
	矿床式	青龙沟式金矿
	沉积建造	中元古代蓟县纪沉积大理岩-变质砂岩-千枚岩
	含矿构造	褶皱控制矿体形态，两翼滑脱部位含矿
	岩浆岩	泥盆纪花岗岩对成矿有明显的叠加作用，岩性以花岗闪长斑岩、斜长细晶岩为主，次为闪长玢岩
	成矿期次	元古宙沉积-变质成矿，泥盆纪叠加富集
	围岩蚀变	硅化、黄铁矿化、绢云母化、碳酸盐化、高岭土化
	岩浆热液型金矿	
	矿床式	赛坝沟式金矿
	控矿构造	北西向韧性剪切带导矿、容矿，近东西向也容矿
	岩浆岩	加里东期的斜长花岗岩
	围岩蚀变	围岩蚀变比较普遍，硅化、黄铁矿化、黄铁绢英岩化、次生石英岩化为主
	海相火山岩型金矿	
	矿床式	锡铁山式铅锌银(金)矿、沙柳河式铜铅锌(金)矿、绿梁山式铜(金)矿
	火山岩建造	奥陶系滩间山群黑色含碳绿泥石英绢云片岩、绢云石英片岩、大理岩
	断裂构造	锡铁山式为北西-南东逆断层，次级北东向斜移断裂对矿体有破坏作用；沙柳河式为东西向断裂，北西向及北东向断裂为成矿后断裂；绿梁山式为断裂片理化带和破碎带
	成矿期次	火山喷溢沉积作用期，岩浆期后成矿作用期
	围岩蚀变	锡铁山式具硅化、黄铁矿化、白云石化、绢云母化、重晶石化、碳酸盐化、绿泥石化；沙柳河式具绿泥石化、碳酸盐化、绢云母化、透闪石化、阳起石化、矽卡岩化；绿梁山式具绿帘石化、阳起石化、绿泥石化、孔雀石化、褐铁矿化

2. Ⅳ级成矿单元

根据成矿单元的划分原则,柴北缘成矿带进一步划分为阿尔金金成矿亚带Ⅳ6、青龙沟-沙柳泉金成矿亚带Ⅳ7、骆驼泉-赛坝沟金成矿亚带Ⅳ8共3个Ⅳ级成矿亚带。

1)阿尔金金成矿亚带(Ⅳ6)

该成矿亚带位于阿尔金山山脉,西起阿卡托山西部的茫崖市,东至俄博梁北东,向西和北延入新疆。青海省内东西长约275km,宽9~38km。

出露古元古界达肯大坂岩群,中元古界万洞沟群,下—中侏罗统大煤沟组、中侏罗统采石岭组、上侏罗统红水沟组,新生界干柴沟组、油沙山组、狮子沟组和七个泉组等。区域性北东东向构造发育,形成宽100~500m的韧性剪切带。牛鼻子山至俄博梁一带发育北西向和近南北向断裂,交通社、采石沟矿床(点)产于其中。岩浆活动较强,基性、超基性岩及中性—酸性岩浆侵入活动和火山活动都有。海西早期,区域性中酸性岩浆活动强烈,肉红色中粗粒正长花岗岩、灰—灰白色斑状—不等粒二长花岗岩、灰—灰白色中细粒花岗闪长岩等过铝质高钾钙碱性系列岩石侵入,受近东西向区域性断裂控制,在断裂形成的破碎蚀变带或韧性剪切带中富集成矿。

带内已知矿产有铁、铜、铅、锌、金、煤等,矿产地很少,金矿产地仅有4处,分布在采石沟、交通社一带。成矿类型单一,为岩浆热液型。成矿时代为晚志留世。

与金矿有关的成矿地质事件主要是与海西期碰撞环境岩浆侵入作用有关的岩浆热液型金矿。需要注意寒武纪—奥陶纪陆缘裂谷环境海相火山岩型金矿。

2)青龙沟-沙柳泉金成矿亚带(Ⅳ7)

该成矿亚带西起青山、达肯大坂,经大柴旦北鱼卡,东至茶卡盐湖西部的哈莉哈德山。总体呈北西西向展布,长约420km,宽17~48km。

出露的主体是古元古界(含变质侵入体)、中—新元古界,普遍分布侏罗纪—第四纪陆相地层。万洞沟群浅变质岩系和全吉群碎屑岩夹碳酸盐岩中产出的金矿床(点),在这一时期矿床类型为沉积变质型。成矿亚带西段为震旦纪—奥陶纪、石炭纪—早二叠世稳定型地层,以及边缘部位的早三叠世活动型地层。东段有活动型寒武系和晚泥盆世含火山岩的磨拉石地层。晚古生代—早中生代,陆内造山作用产生强烈的构造岩浆活动,形成与花岗岩类有关的金矿床,矿床类型以岩浆热液型为主,对青龙沟金矿床叠加作用明显。

金矿资源较为丰富,共发现金矿床(点)12个,分布较为集中、矿化规模大,成矿类型为复合成因型、岩浆热液型。成矿时代以元古宙、泥盆纪为主。

与金矿有关的成矿地质事件主要是元古宙陆缘裂谷环境沉积变质—志留纪—泥盆纪碰撞环境岩浆热液叠加形成的复合成因型金矿,志留纪—泥盆纪碰撞环境岩浆热液型金矿。

3)骆驼泉-赛坝沟金成矿亚带(Ⅳ8)

该成矿亚带西起小赛什腾山,经绿梁山、锡铁山、阿木尼克山,东至沙柳河。呈北西向,长约650km,宽10~45km。

以前造山期块体和造山期物质组分的相间格局为特征,地层出露齐全,从元古宇达肯大坂岩群、万洞沟群,奥陶系滩间山群,泥盆系牦牛山组,到石炭纪—新生代地层等均有分布,奥陶系滩间山群变火山岩组与金矿关系最为密切。纵向断裂十分发育,呈斜列形式分布,为岩浆侵入体的产出和成矿活动提供了空间。基性、超基性岩及中性、酸性岩浆侵入活动和火山活动都有分布,中奥陶世大洋斜长花岗岩,海西期花岗闪长岩,钾长花岗岩与金矿关系密切。

金矿资源丰富,共发现矿产地19处,是青海北部地区重要的有色金属(金)矿化集中区。加里东期—海西期是成矿高峰期,印支成矿期矿化较弱。

与金矿有关的成矿地质事件有早古生代弧后盆地环境海相火山岩型金矿、海西期碰撞环境岩浆热液型金矿。

二、东昆仑金-(铜-铅-锌)成矿带

(一)基本情况

该成矿带位于青海省西部,地理位置:东经90°30′—102°21′,北纬35°14′—37°55′。西起青新边界,经过伯喀里克、野马泉、布伦台、埃坑、沟里、赛什塘等,止于兴海县尕马羊曲附近。两头宽、中间窄,呈勺形,长约850km,宽一般70km,最宽136~145km,面积约83 900km²。

已发现的矿种有铁、钼、铅、锌、铜、锡、钨、钼、铋、金、银、钴、水晶、硅灰石等,优势矿种是铁矿、多金属矿、金矿。成因类型有海相火山岩型、矽卡岩型、热液型、破碎蚀变岩型、岩浆型等。成矿时代主要是印支期和海西期,其次为加里东期和前寒武纪,大中型矿床多为印支期成矿。

共发现金矿床(点)94处,其中岩金87处,砂金7处。成矿类型有岩浆热液型、复合叠加改造型、海相火山岩型、陆相火山岩型、接触交代型。成矿时代主要有元古宙、奥陶纪、志留纪、泥盆纪,其次为二叠纪、三叠纪。共求得上表岩金资源储量194 761kg、砂金资源储量33kg(表2-7、表2-8)。

(二)成矿地质条件

1. 含矿建造及赋矿地层

1)元古宇与成矿

元古宇出露金水口岩群($Pt_1J.$)、小庙岩组($Chx.$)、万保沟群(Pt_2^2W)、狼牙山组(Jxl)、丘吉东沟群($QbQj$),多为中高级变质杂岩和基底残块。金水口岩群,陆缘海环境,分为4个岩组:麻粒岩组(Pt_1J^a),含紫苏角闪麻粒岩、含黑云二辉麻粒岩、含董青矽线红柱斜长片麻岩、辉石角闪斜长麻粒岩、大理岩、斜长角闪岩;片麻岩组,含红柱矽线董青黑云斜长片麻岩、黑云角闪片麻岩、黑云二长片麻岩、斜长角闪岩、镁橄榄石大理岩;碳酸盐岩组,白云大理岩、镁橄榄白云石大理岩、透闪石大理岩夹斜长角闪岩、混合片麻岩;片岩组,长石石英岩、红柱石石英岩、二云石英片岩夹片麻岩、大理岩、斜长角闪岩。小庙岩组,滨浅海相,石英岩、二长石英片岩、白云石英片岩夹大理岩,局部片麻岩。万保沟群,洋岛—海山环境,分为2个岩组:火山岩组,灰绿色变玄武岩、玄武安山岩、安山岩、片理化凝灰岩、熔结凝灰岩夹硅质岩、变砂岩、板岩,结晶灰岩;碳酸盐岩组,深灰色、灰白色厚层白云岩、含硅质白云岩、硅质条带白云质大理岩夹灰白色、浅灰色薄层微晶灰岩、泥质灰岩和少量玄武岩、千枚岩、变砂岩及板岩。狼牙山组,滨海相,下部为砂板岩与白云质灰岩、鲕状灰岩、角砾状灰岩、互层夹粉砂质砂板岩硅质岩,中部为细粒含海绿石砂岩、砂板岩夹含铁石英砂岩、泥晶灰岩,上部为白云岩、角砾状白云岩夹灰岩、砂板岩。丘吉东沟群,浅海相,下部为深灰色、灰黑色砂板岩,硅质岩夹含磷白云岩,底部为白云质砾岩,中部为灰色厚—巨层状长石石英砂岩、砂板岩夹复成分砾岩,上部为灰色、灰紫色砂板岩、白云岩夹砂岩、硅质岩。

古元古代经过漫长的沉积和火山作用,形成了被动陆缘环境陆缘海或陆间海火山-碎屑沉积组合,砂泥质岩-中基性火山岩-镁碳酸盐岩系,后经吕梁运动区域动力热流变质作用形成以角闪岩相为主的中深变质岩,产出五龙沟金矿田、沟里金矿田等。蓟县系狼牙山组,早期为陆源碎屑-碳酸盐岩陆表海,沉积厚度达2636m;中晚期形成碳酸盐岩陆表海,沉积厚度达6000多米。青白口纪盆地进一步发展,海水加深,由滨海相过渡为浅海相,碎屑物质丰富,早期和晚期以泥质、粉砂质为主,中期砂岩、砾岩沉积,沉积中心厚度达1581m,陆源碎屑障壁陆表海,地层中断裂破碎带内产出鑫拓金矿点。中—新元古代东昆仑南坡处于洋盆环境,早期洋盆扩张,火山活动强烈,形成以拉斑玄武岩为主的火山喷发,并伴有泥砂质及硅质岩沉积,晚期海水变浅,发育海山碳酸盐岩,构成万保沟群,是果洛龙洼大型金矿的赋矿层位。

2) 下古生界与成矿

早古生代地层出露寒武系沙松乌拉组（$\epsilon_{1-2}\hat{s}$），奥陶系祁漫塔格群（OQ）、纳赤台群（OSN），各层位中均有重要金矿床（点）产出。

沙松乌拉组，陆缘裂谷环境，滨浅海陆架斜坡相，浅灰色、深灰色片理化中细粒长石岩屑砂岩、岩屑杂砂岩、细粒石英砂岩、浅灰色白云质灰岩、安山岩、凝灰岩、含硅质粉晶白云岩、细—粉晶灰岩夹复成分砾岩、粉砂质板岩，向阳沟金矿与该层位关系较为密切。

祁漫塔格群，是东沟海相火山岩型锌铜（金）矿的赋存层位。早期为碎屑岩组，包括2个岩段：浊积岩段，深灰色绢云母千枚岩、变粉砂质板岩、长英质角岩化粉砂岩、变质岩屑石英杂砂岩夹浅灰色结晶灰岩、钙质石英砂岩等；蛇绿混杂岩段，西段为深灰色岩屑长石杂砂岩、长石岩屑砂岩、长石石英砂岩、石英砂岩夹粉砂质板岩、绢云母千枚岩、灰绿色片理化安山岩，含较多的蛇纹岩、橄榄岩、辉长石、辉绿岩、枕状玄武岩等蛇绿岩碎块；东段为绿灰色变长石砂岩、泥质碳质板岩、绢云泥片岩、绢云母千枚岩夹结晶灰岩、大理岩、硅质岩、含铁石英岩。在祁漫塔格北坡—夏日哈岩浆弧小盆地一带可能为沉积中心，半深海斜坡沟谷相，向东为陆源碎屑浊积岩建造，弧前盆地近弧带；在十字沟蛇绿混杂岩带，含有大量基性、超基性岩组成的蛇绿岩碎块及深水硅质岩，半深海斜坡沟谷相，俯冲增生杂岩楔含蛇绿岩浊积扇；在昆北复合岩浆弧，受断层破坏零星出露，千枚岩、片岩夹碳酸盐岩，浅海环境，被动陆缘陆棚碎屑岩浅海。中期为火山岩组，包括2个岩段：钙碱性火山岩段，西段为深灰色、灰褐色流纹质熔结角砾岩、凝灰角砾岩、含角砾熔岩、安山岩、流纹岩、英安岩、晶屑凝灰岩夹硅质岩、千枚状板岩，中段为玄武安山岩夹白云岩、大理岩、板岩、钙质千枚岩，东段为灰绿色英安质凝灰岩、安山质角砾凝灰岩、安山岩夹长石石英砂岩、浅灰色长石砂岩。碱性玄武岩段，灰绿色玄武岩、枕状玄武岩、粗面玄武岩、基性岩屑凝灰岩夹白云岩、大理岩、砂岩、粉砂岩、板岩。火山活动强烈，规模巨大，分布范围广。西段岩浆弧内半深海环境安山岩-英安岩和流纹岩组合，蛇绿混杂岩带内浅海环境玄武岩和粗面玄武岩为主，夹白云岩、砂岩，陆缘裂谷中央带（mrc）；中—东段滨浅海环境，中酸性钙碱性系列火山岩为主，五龙沟一带为以安山岩为主的钙碱系列火山活动。晚期为碳酸盐岩组，灰色块层条带状石英大理岩、透闪石大理岩、不纯灰岩、硅质结晶灰岩、含白云石粉晶灰岩、绿泥石化白云岩夹粉砂岩，半深海相斜坡沟谷相。

纳赤台群（OSN），深海洋盆环境，国内知名的驼路沟钴金矿产于该层位。分为3个岩组：下碎屑岩组，灰色中粒长石砂岩、石英砂岩、岩屑长石砂岩夹粉砂岩、黑灰色斑点状千枚岩、硅质板岩夹结晶灰岩、玄武岩、灰绿色蚀变安山岩、英安岩、英安流纹斑岩，含蛇绿岩碎片，有灰绿色蚀变辉绿岩、蚀变辉石岩、蛇纹岩、蛇纹石化橄榄岩等。火山岩组，包括2个岩段：中基性火山岩段，灰绿色玄武岩、绿帘绿泥阳起石片岩、变拉斑玄武岩、变细碧岩，混有基性、超基性蛇绿岩碎块，在诺木洪河上游岩性为灰绿色安山质结晶凝灰岩、安山质火山角砾岩、蚀变杏仁状玄武岩夹灰黑色硅质岩；中酸性火山岩段，灰绿色安山质晶屑凝灰岩、安山质火山角砾岩、英安岩、蚀变杏仁状玄武岩夹灰绿色长石粉砂岩、千枚岩、变砾岩、结晶灰岩、绿泥石英片岩。上碎屑岩组，包括2个岩段：粗碎屑岩段，灰色、深灰色、灰绿色厚层中—粗粒长石砂岩、岩屑长石砂岩、含砾岩屑粗砂岩夹复成分砾岩，底部为砾岩；细碎屑岩段，灰—灰绿色细粒厚层岩屑杂砂岩、长石岩屑砂岩、粉砂质泥质板岩、千枚岩夹硅质岩、结晶灰岩，局部夹中性—酸性凝灰熔岩。纳赤台群早期为活动陆缘环境，晚期则为较稳定的周缘前陆盆地环境。

3) 上古生界与成矿

晚古生代地层出露泥盆系雪水河组（D_1x）、契盖苏组（D_1q）、黑山沟组（D_3h）、哈尔扎组（D_3he），石炭系哈拉郭勒组（C_1hl）、石拐子组（$C_1\hat{s}$）、大干沟组（C_1d）、缔敖苏组（C_2d）、浩特洛哇组（C_2P_1h），二叠系打柴沟组（$P_{1-2}d\hat{c}$）、切吉组（P_2q）、马尔争组（$P_{1-2}m$）、格曲组（P_3g）、大灶火沟组（P_3d），未发现层控金矿床（点）。雪水河组，总体陆相，局部夹海相地层，属三角洲相或湖沼相沉积，岩石组合以碎屑岩为主。灰紫色中—细砾岩、含砾粗砂岩、长石岩屑砂岩、岩屑石英砂岩、粉砂质泥钙质板岩夹白云石化板岩、砂板岩、灰色、灰绿色岩屑长石砂岩、白云石化长石岩屑杂砂岩夹白云质板岩、白云岩等，中—下部有较多的中性—酸性火山岩夹层,以火山碎屑岩为主,有英安质岩屑晶屑凝灰岩、英安质沉晶屑凝灰岩、流纹质凝灰熔岩、流纹质含角砾熔结凝灰岩、流纹岩。契盖苏组,河流相沉积,局部可能为湖泊三角洲相三角洲平原亚相沉积环境,下部碎屑岩组合主要为河流相,岩性为复成分砾岩、含砾粗砂岩、岩屑长石砂岩夹泥质粉砂岩、钙质粉砂质泥岩,上部火山岩组合以中性—酸性火山熔岩和火山碎屑岩为主,岩性为肉红色流纹岩、流纹质角砾岩、角砾凝灰熔岩和凝灰岩,并夹安山岩、橄榄玄武岩,偶夹少量泥质粉砂岩、粉砂质板岩。黑山沟组,海陆交互相,浅灰色、灰色泥质粉砂岩、钙质粉砂岩夹粉砂质砂板岩、岩屑砂岩、生物碎屑灰岩、英安岩、英安质凝灰岩、流纹质凝灰岩。哈尔扎组,海陆交互相沉积,中性—酸性凝灰熔岩、凝灰岩为主,夹薄层粉砂质板岩、粉砂质泥质灰岩。哈拉郭勒组,滨浅海相,包括3个岩段:碎屑岩段,深灰色、灰绿色岩屑长石砂岩、粉砂质板岩、泥质板岩夹沉凝灰岩、硅质岩、灰岩、泥晶粉晶灰岩、中酸性凝灰熔岩、灰绿色杏仁状安山岩及少量砾岩;火山岩段,灰绿色、灰黑色玄武岩、安山岩、英安岩、流纹岩夹硅质岩、硅质板岩、凝灰岩、砂岩;碳酸盐岩段,浅灰色、灰白色灰岩,灰绿色、深灰色中—厚层状硅质泥晶灰岩、硅质灰岩夹泥灰岩、硅质泥岩、硅质岩等。石拐子组,滨浅海相,包括2个岩段:碎屑岩段,灰色、灰绿色、灰紫色长石石英砂岩、含砾砂岩夹页岩、粉砂岩、灰岩;碳酸盐岩段,灰色、深灰色中厚层—厚层状生物灰岩、燧石条带灰岩夹有少量石英砂岩、页岩或硅质岩。大干沟组,陆表海沉积岩石组合以灰岩为主,下部为硅质白云岩、砂质灰岩夹长石石英砂岩。缔敖苏组,台地潮坪相,下部为紫红色、灰色、灰白色石英砂岩、砾岩、砂砾岩夹粉砂岩、泥岩、页岩等,上部为灰色、灰白色、玫瑰红色厚层—块层状生物碎屑灰岩、含生物碎屑砾状灰岩、假鲕状灰岩、含白云质灰岩夹砂岩,顶部碳质页岩。浩特洛洼组,滨海相,灰色、浅灰色、灰黑色中厚层中—细粒石英砂岩夹长石砂屑、粉砂岩、板岩、含砾砂岩及深灰色厚层灰岩、生物碎屑灰岩,夹不稳定的灰绿色英安岩。打柴沟组,滨海碳酸盐岩台地相,包括2个岩段:碳酸盐岩段,深灰色燧石条带灰岩、白云质灰岩、生物灰岩;碎屑岩段,灰色、深灰色石英砂岩、粉砂岩、碳质页岩夹燧石条带灰岩、生物灰岩,底部有不稳定的含砾粗砂岩。马尔争组,半深海相,包括4个岩段:碎屑岩段,灰色、灰绿色不等粒长石石英砂岩、长石砂岩、岩屑砂岩、粉砂岩、板岩夹少量石灰岩、玄武岩;火山岩段,上部为灰绿色安山玄武岩、灰紫色玄武安山质火山角砾岩和紫红色火山角砾岩、硅质岩,下部为蚀变玄武岩、角斑岩、中细粒岩屑长石砂岩、长石岩屑砂岩、板岩、泥晶灰岩、砾屑灰岩、砂砾岩;碳酸盐岩段,灰色、浅灰色、浅灰白色块层状亮晶含生物碎屑灰岩、亮晶团块灰岩、白云质灰岩、条带状灰岩、暗灰色泥晶灰岩夹少量板岩、粉砂岩、含砾砂岩、中基性火山岩;碎屑岩段,灰色、灰绿色中厚层状细粒—中粒长石石英砂岩、长石砂岩、岩屑长石砂岩夹板岩、薄层灰岩及少量玄武岩。迭山组,滨浅海相,灰色、灰白色薄—中厚层状微晶灰岩夹泥晶灰岩,局部泥砂质灰岩。切吉组,浅海相,包括6个岩段:第一岩段,灰绿色、灰紫色片理化玄武岩、杏仁状玄武岩、凝灰岩夹英安岩、含角砾晶屑岩屑熔岩凝灰岩;第二岩段,灰色厚层—巨厚层生物屑亮晶灰岩、泥晶灰岩、藻块灰岩、鲕粒灰岩、砂质灰岩、微晶灰岩、泥晶白云岩夹长石石英砂岩、钙质粉砂岩、灰质砾岩;第三岩段,深灰色、灰绿色岩屑长石砂岩、长石石英砂岩、粉砂岩、板岩、千枚岩夹薄层泥晶灰岩、砾屑灰岩、含生物屑灰岩,混入有蛇纹岩、超基性岩、玄武岩、辉长辉绿岩等洋壳岩块和生物灰岩岩块;第四岩段,灰色、深灰色板岩、千枚岩、粉砂岩夹岩屑长石砂岩、长石石英砂岩、泥晶灰岩、厚层状生物屑灰岩、砾屑灰岩、砂质灰岩、微晶灰岩、少量复成分砾岩、片理化英安岩、安山岩、晶屑凝灰岩;第五岩段,灰色蚀变玄武安山岩、灰紫色辉石安山岩、褐灰色蚀变安山岩、紫灰色安山质凝灰熔岩夹灰黄色岩屑灰岩、灰白色泥灰岩;第六岩段,浅灰色长石砂岩、石英砂岩、灰色岩屑砂岩、粉砂岩,深灰色粉砂质板岩夹砾岩、灰岩透镜体。格曲组,滨浅海相,包括2个岩段:碎屑岩段,灰褐色、黄褐色厚层—巨厚层状复成分砾岩、含砾砂岩、岩屑石英砂岩夹粉砂岩、板岩、泥岩、石灰岩组成;碳酸盐岩段,灰色、浅灰色、灰白色巨厚层状生物碎屑灰岩、角砾状灰岩,浅肉红色粒状灰岩、礁灰岩夹黄色中酸性凝灰岩、凝灰熔岩、钙质砂岩、板岩,灰紫色粉砂岩、岩屑石英砂岩。大灶火沟组,英安质晶屑凝灰熔岩、英安质熔结角砾凝灰岩、安山质含火山角砾晶屑凝灰岩、英安质火山角砾岩、英安质含角砾集块岩夹英安岩、流纹岩和流纹英安岩。火山岩属钙碱性系列,形成于俯冲环境陆缘弧。

4) 中生界与成矿

中生界出露三叠系洪水川组(T_1h)、闹仓坚沟组($T_{1-2}n$)、希里可特组(T_2x)、鄂拉山组(T_3e)、八宝山组(T_3bb),侏罗系大煤沟组($J_{1-2}dm$)、羊曲组($J_{1-2}yq$)。洪水川组,包括3个岩段:砂砾岩段,灰色、灰紫色复成分砾岩、长石石英砂岩、岩屑砂岩夹粉砂岩;中段,上部为灰绿色中厚层熔结凝灰岩夹白云母粉砂岩,下部为灰—灰绿色、灰紫色厚层晶屑玻屑凝灰岩、安山质凝灰熔岩、角砾熔岩、安山玄武岩、英安岩;砂板岩段,灰色、深灰色中厚层中细粒岩屑长石砂岩、石英岩屑砂岩、砂板岩、粉砂质板岩夹粉砂岩及灰岩透镜体。闹仓坚沟组,灰色、深灰色、灰白色、肉红色厚—巨厚层状泥晶灰岩、生物碎屑灰岩、鲕状灰岩、核形石灰岩、白云质灰岩,灰色中厚层中细粒长石石英砂岩、岩屑长石砂岩、粉砂岩,深灰色泥质板岩、粉砂质板岩。滨浅海相—半深海相沉积。闹仓坚沟组,浅滩—浅海相沉积,下部为深灰色核形石灰岩、薄层纹层状灰岩夹碎屑岩;上部为灰红色块状灰质角砾岩夹岩屑长石砂岩、微晶灰岩、砂屑灰岩。希里可特组,斜坡相,下部为灰色、灰黄色砾岩、含砾砂岩夹中细粒砂岩、粉砂岩,上部为灰紫色、灰绿色玄武岩、玄武安山岩、英安质凝灰熔岩、流纹岩、流纹质凝灰岩。鄂拉山组,陆内火山盆地喷发相及陆相喷发水下湖泊相,包括2个岩段:砂砾岩段,灰色、浅灰色、紫红色、灰黄色厚层—巨厚层状复成分砾岩、石英砂岩夹泥岩、板岩、中酸性熔岩、凝灰岩;火山岩段,灰色、灰绿色、深灰色辉石英中钾安山岩夹中酸性凝灰熔岩,浅灰色英安岩、安山质凝灰熔岩,局部见英安质凝灰岩。八宝山组,河流相,包括3个岩段:砂砾岩段,紫红色、灰绿色、灰褐色复成分砾岩、含砾粗砂岩、岩屑石英砂岩、岩屑长石砂岩夹流纹岩、凝灰岩;火山岩段,紫红色、灰紫色流纹岩,灰绿色安山岩、灰紫色安山岩、粗面岩、安山角砾岩夹灰紫色复成分砾岩、薄层粉砂岩;砂岩段,灰色、灰绿色、深灰色、灰黑色粉砂岩、长石岩屑砂岩、长石石英砂岩、粉砂质页岩夹泥灰岩、煤线及砾岩。羊曲组,流河相—滨浅湖相,灰色、灰绿色、灰紫色、紫红色含砾不等粒长石岩屑砂岩、石英砂岩、粉砂岩、泥岩夹碳质页岩、煤线及煤层。

三叠纪在柴达木周边海水完全退出成为剥蚀区,在昆仑山南坡、兴海—泽库地区受阿尼玛卿洋俯冲消减、闭合碰撞等作用形成弧后前陆盆地,接受陆源碎屑岩-碳酸盐岩沉积。阿尼玛卿洋末期碰撞挤压成陆,早—中三叠世挠曲下拗形成前陆盆地。早期洪水川组为滨海冲积扇—三角洲环境,中期闹仓坚沟组为浅海环境,后期希里可特组为半深海环境并出现中基性—酸性火山活动。兴海地区下部隆务河组由滨海过渡到浅海—斜坡环境,上部古浪堤组由浅海—斜坡环境过渡到滨海环境,在唐干地区也有火山活动。火山活动、浊积岩沉积控制金矿床(点)产出。

5) 新生界与成矿

新生界出露路乐河组($E_{1-2}l$)、沱沱河组($E_{1-2}t$)、雅西措组(E_3N_1y)、五道梁组(N_1w)、贵德群、干柴沟组(E_3N_1g)、油沙山组($N_{1-2}y$)、狮子沟组($N_2\hat{s}$)、曲果组(N_2q)、七个泉组(Qp_1q)、共和组(Qp_1g)。沱沱河组,山麓冲、洪积相兼河湖相,包括2个岩段:碎屑岩段,紫红、砖红、紫灰、灰褐、灰黄等杂色中厚—块层状复成分中细砾岩、含砾粗砂岩、中粗粒石英砂岩、含砾不等粒岩屑砂岩、岩屑石英砂岩、长石石英砂岩、粉砂岩夹粉砂质泥岩、钙质粉砂岩、中厚—中薄层状灰岩、泥灰岩夹石膏层;火山岩段,灰紫色、灰白色变粗面安山岩、粗面岩夹粗面质火山角砾熔岩、角砾岩、集块岩、凝灰岩。雅西措组,河湖相,下部为灰白色厚层状亮晶粒屑灰岩,紫红色、灰紫色亮晶团块砂质灰岩夹薄层状泥晶灰岩、泥灰岩;上部为紫红色厚层状中细粒岩屑石英砂岩、薄—中层状中细—粗粒岩屑砂岩、岩屑长石砂岩、粉砂岩夹石膏、泥岩;中部层位,下部为灰白色厚层状亮晶粒屑灰岩夹泥晶灰岩、泥灰岩,浅灰色厚层状微晶团粒灰岩,上部为紫红色厚层状中细粒岩屑石英砂岩,紫红色、灰色薄—中层状中细—粗粒岩屑砂岩、岩屑长石砂岩、长石石英砂岩夹灰绿色粉砂岩,紫红色中层状泥质粉砂岩,灰黄色钙质泥岩及石膏层。五道梁组,河湖相,下部为砖红色、橘红色中厚—厚层状细粒钙质石英砂岩,橘红色粉砂岩,橘红色、紫红色、灰绿色粉砂质钙质泥岩,浅灰绿色、灰黄色薄层—中厚层状泥灰岩夹泥晶灰岩,浅灰色灰质黏土岩夹细砂岩,紫红色复成分砾岩夹石膏层;中部为紫红色、紫灰色细粒粉砂质长石石英砂岩、岩屑石英砂岩、泥岩,浅灰白色含粉砂泥晶白云岩、含碎屑泥晶白云岩；上部为紫红色、紫灰色细粒粉砂岩质长石石英砂岩、岩屑石英砂岩，厚—巨厚层状岩屑长石砂岩，含砾岩屑长石砂岩，泥岩、泥晶灰岩，灰白色含粉砂泥晶白云岩，含碎屑泥晶白云岩，浅灰绿色、灰黄色薄—中厚层状泥灰岩夹浅灰色含灰质黏土岩、石膏岩和砾岩。曲果组，河湖相，下部为紫红色、灰紫色复成分砾岩，紫红色厚层—块状粗砾岩，灰黄色细砾岩、含砾粗砂岩、厚层状岩屑砂岩、长石岩屑砂岩、中细粒长石石英砂岩夹灰色薄层状泥晶灰岩，紫红色薄层状泥岩、泥质粉砂岩及灰白色薄层—块层状石膏；中部为紫红色复成分中砾岩，暗红色厚层状粗砾岩、含砾粗砂岩夹含砾岩屑砂岩、长石岩屑砂岩、长石石英砂岩夹紫红色厚层状泥岩、粉砂质泥岩、粉砂岩夹石膏；上部为灰紫色、紫红色、橘黄色厚层状复成分中细—粗砾岩、含砾粗砂岩、中细粒长石石英砂岩、粉砂岩、泥质粉砂岩夹泥岩、粉砂质泥岩、含砾泥岩和少许砂砾岩。共和组，湖泊相，灰、浅灰、黄绿、灰绿等杂色砂砾岩、砂岩、粉砂岩、泥岩互层，局部夹砾岩，部分地段未半固化或松散层、卵石、中粗—中细粒砂、粉砂、亚砂土、亚黏土，见有钙质结核、铁质条带。第四纪含砂金地层只分布于兴海地区，全为陆相，残坡积、冲积、洪积、风积、湖积、沼泽沉积、化学沉积、冰碛、冰水沉积均有发育。沉积型砂金矿产于上更新统、全新统。其他组岩性特征见前述。

2. 构造与成(控)矿

昆北断裂(F13)、莲花石-小狼牙山断裂(F14)、阿达滩-乌兰乌珠尔南缘断裂(F15)、那棱格勒断裂(F16)、昆中断裂(F17)、昆南断裂(F18)、哇洪山-温泉断裂(F20)、温泉-祁家断裂(F21)共8条区域性断裂控制成矿带矿产分布。F13为成矿带北边界断裂，压扭性逆冲断层，具右行走滑及多期次活动特征，现今仍在活动。F14为祁漫塔格-夏日哈岩浆弧与十字沟蛇绿混杂岩带的分界断裂。F15系十字沟蛇绿混杂岩带与昆北复合岩浆弧的主边界断裂。前期是一条脆-韧性剪切带，加里东期为祁漫塔格微洋盆裂谷的南界，分布寒武纪—奥陶纪蛇绿混杂岩组合，产出东沟海相环境喷流沉积型金矿；海西期的花岗岩建造主要分布于断裂以北，表明断裂北侧的岩浆活动强于南侧；印支期及以后断裂南、北两侧的构造活动强度发生逆转，发育大套鄂拉山组中酸性火山岩建造及花岗岩建造；燕山期断裂南侧有大量正长花岗岩侵入；喜马拉雅期形成复合拉分盆地。F16形成于加里东中晚期，初为张性断层，晚泥盆世早期褶皱回返转化为压性逆断层，常形成10mm至数百米宽的挤压破碎带，北西—北西西向、北东—北东东向、东西向、近南北向断裂及其次级断裂发育，常为主要的赋矿构造，白日其利金矿床受海西期—印支早期形成逆冲推覆构造，印支期造山伸展作用形成变质核杂岩控矿。F17新元古代前产生，古元古代基底破裂解体，初期可能为张性断层，晚期脆性的复合断裂；海西运动中褶皱回返转化为压性逆断层，印支、燕山构造运动进一步改造、复活，形成宽20～300m的挤压断层破碎带，局部断层破碎带宽达1～2km。F18为规模巨大的韧性剪切带，西段太阳湖一带为逆冲-左行平移特征，主活动期时间为中三叠世晚期(王秉璋等，2014)；中、新生代以来，表现为强烈推覆和左旋走滑(许志琴，2012)，形成了东、西大滩的直线型谷地和一系列新生代红层盆地。F20是一条挤压逆冲兼右行走滑的断裂，截切8条近东西走向的边界断裂，长约60km，宽100～500m，形成于加里东期，海西期至印支中期活动性增强，印支晚期—喜马拉雅期进入陆内造山阶段，活动强度十分剧烈。F21由7条逆冲断层构成一个背冲式断裂组，常发育3～100m不等的断层破碎带及密集劈理带，带内次级断层及同斜褶皱极为发育。

褶皱总体形态为复式背向斜，以近东西向为主，南北翼、核部均有矿床(点)分布。果洛龙洼矿床处于复式向斜的北翼(倒转翼)中新元古界万保沟群含碳绢云/绿泥石英千枚岩、角闪片岩、绿泥石英片岩、千糜岩、硅质岩中，后期热液叠加作用也明显。开荒北矿床位于复式向斜的南翼中三叠统闹仓坚沟组砂岩段、砂板岩段和灰岩段。

3. 岩浆作用与成矿

火山喷发活动最早出现于新元古代，另外在加里东旋回、海西旋回、印支旋回中也有出露。五龙沟大型金矿床火山活动主要为新元古代中性火山喷发，沿主干断裂呈线型裂隙式喷发。加里东旋回以俯冲环境、海相喷溢相为主，玄武岩-安山岩构造岩石组合、安山岩-英安岩-流纹岩构造岩石组合，喷发时代为奥陶纪。海西旋回，以大陆伸展环境、俯冲环境为主，大陆伸展环境以陆相喷溢相为主，碱性玄武岩-流纹岩-安山岩构造岩石组合，喷发时代为泥盆纪；俯冲环境以海相爆溢相为主，玄武安山岩-安山岩-英安岩构造岩石组合，喷发时代为中二叠世。印支旋回，同碰撞环境，海相、陆相爆溢相，高钾钙碱性火山岩构造岩石组合，喷发时代为早三叠世。

岩浆侵入活动分布在四堡-震旦、加里东、海西、印支、燕山5个旋回中。四堡-震旦旋回侵入岩，古元古代为与大陆伸展有关的基性岩墙群组合、变质基底杂岩组合、稳定克拉通环境基性杂岩组合；中元古代蓟县纪为大陆裂谷环境形成的岩浆岩组合，新元古代青白口纪为同碰撞构造岩浆岩段，前南华纪为与同碰撞有关的强过铝花岗岩组合、同碰撞强过铝花岗岩组合。加里东旋回，寒武纪—奥陶纪SSZ型蛇绿岩岩石构造组合为一系列海底裂谷进化为多岛洋，进一步分割成陆块而形成；奥陶纪—早志留世俯冲岩石构造组合发育时间早（早—中奥陶世），构造环境为洋俯冲；晚志留世—早泥盆世同碰撞及后碰撞岩石构造组合。海西旋回岩浆侵入活动广泛发育，分布集中、规模大、时间延续长（晚石炭世—中三叠世），尤其早—中二叠世、早三叠世花岗岩呈东西向大岩基分布于东昆北亚带及祁漫塔格亚带，侵入于新元古代、晚奥陶世、晚志留世、晚泥盆世及早石炭世侵入岩，被上侏罗世侵入岩超动侵入，被上三叠统鄂拉山组火山岩不整合。印支旋回多为高钾钙碱性花岗岩类，岩性以花岗闪长岩、二长花岗岩、钾长花岗岩为主，洋俯冲环境。印支期发育花岗闪长岩、钾长花岗岩、石英闪长岩、闪长岩、闪长玢岩，形成了野马泉、哈西亚图为代表的金矿床（点）。肯德可克铜金多金属矿床印支晚期闪长玢岩脉、斜长花岗岩脉、石英斑岩脉与矽卡岩矿体关系密切，深部见规模较小的燕山期花岗闪长岩，与矽卡岩的形成无关。燕山旋回，侵入环境复杂，先后经历了洋俯冲、同碰撞、后碰撞环境，多为钙碱性系列，晚三叠世—早侏罗世花岗岩组合，形成了以拉陵高里河上游金矿、拉陵灶火中游金矿为代表的矿床（点）。

4. 变质作用与成矿

吕梁期区域动力热流变质作用发生在古元古界金水口岩群，原岩为泥质、泥砂质岩-碳酸盐岩-中基性火山岩组合，变质岩石组合由长英质片麻岩、石英片岩、角闪斜长片麻岩、角闪（片）岩、大理岩及少量变粒岩等组成，混合岩化作用显著，主要变质特征矿物有蓝晶石、矽线石、红柱石、黑云母、铁铝榴石、普通角闪石、透辉石，五龙沟—金水口一带 Ky+Alm+Bi+Hb+Qz，And+Ky+Alm+Bi+Pl+Qz，Ky+And+Bi+Qz，Sil+Alm+And+Bi+Qz+Pl[①] 变质矿物组合，与五龙沟金矿田、果洛龙洼金矿床的叠加富集关系密切，五龙沟以西为堇青石（或红柱石）-矽线石带低压型角闪岩相，五龙沟至金水口之间为红柱石-蓝晶石带中—低压型角闪岩相，金水口以东为十字石-蓝晶石带中压型角闪岩相，东昆南万保沟-纳赤台、苦海-兴海为十字石-蓝晶石带中压型角闪岩相。长城系小庙岩组，原岩以含泥石英质砂岩为主夹灰岩及中基性火山岩，变质岩石组合为石英岩、石英片岩夹大理岩、片麻岩和少量斜长角闪片岩等，后期混合岩化作用和韧性动力变质作用普遍，发现有金矿点，主要变质特征矿物有红柱石、堇青石、矽线石、石榴石、黑云母、透辉石、普通角闪石，中—低压型绿帘-角闪岩相、低压型角闪岩相。

晋宁期区域低温动力变质作用发生在蓟县系—待建系狼牙山组、青白口系丘吉东沟群。狼牙山组为一套碎屑岩-碳酸盐岩组合，丘吉东沟群为一套碎屑岩组合，均为陆表海建造，变质岩石组合主要为变砂岩、板岩、千枚岩、结晶灰岩、白云岩夹硅质岩等，受后期岩浆热力变质作用叠加，灰岩大理岩化明显，部分岩石中出现透闪石、透辉石、石榴石、滑石等矿物，丘吉东沟群变粉砂岩中还出现黑云母、空晶石及堇青石等变质矿物。主要变质特征矿物有绿泥石、绢云母、钠长石、阳起石、黑云母、绿帘石。狼牙山组为绿泥石-黑云母带绿片岩相，丘吉东沟群为绢云母-绿泥石带绿片岩相。发现有动力变质作用叠加的岩浆热液型金矿点。中元古界万洞沟群为一套洋岛拉斑玄武岩-海山碳酸盐岩组合，变质岩石以变中基

---

① Ky. 蓝晶石；Alm. 铁铝榴石；Bi. 黑云母；Hb. 角闪石；Qz. 石英；And. 安沸石；Pl. 斜长石；Sil. 矽线石。

性火山岩和结晶灰岩、白云岩为主,夹少量板岩、变砂岩及硅质岩,碳酸盐岩不同程度具大理岩化,且后期叠加韧性变形作用特征明显,主要特征变质矿物有绢云母、绿泥石、绿帘石、钠长石、阳起石、黑云母、透闪石,为低—中温低—中压变质相系。

加里东期区域低温动力变质作用发生在寒武系沙松乌拉组,奥陶系祁漫塔格群、蛇绿混杂岩带,均为早古生代板块演化期的活动型碎屑岩-碳酸盐岩-中酸性、中基性火山岩建造组合,主要变质岩石有变砂岩、板岩、千枚岩、结晶灰岩、白云岩、变火山岩等,蛇绿混杂岩带中有少量绿片岩、大理岩及轻变质硅质岩分布,部分基性岩(辉长岩、辉绿岩等)也明显变质,后期叠加韧性动力变质变形作用强烈,部分灰岩受热变质大理岩化发育,并形成透闪石化大理岩,发育海相火山岩型金矿、接触交代型多金属(金)矿,主要变质特征矿物有阳起石、钠长石、黑云母、绿帘石、绢云母、绿泥石,为绿泥石-黑云母带(组合)绿片岩相,低温低—中压相系。

海西期、印支期区域低温动力变质作用发生在泥盆系契盖苏组、黑山沟组、雪水河组、哈尔扎组陆相碎屑岩-钙碱性火山岩建造,石炭系石拐子组、哈拉郭勒组、大干沟组、缔敖苏组,二叠系打柴沟组,石炭系—中二叠统格曲组、苦海-赛什塘蛇绿混杂岩,有少量金矿床(点)分布,受该期变质作用叠加。上三叠统鄂拉山组、八宝山组和下—中三叠统洪水川组、闹仓坚沟组、希里可特组、下大武组,主要变质特征矿物有绢云母、绿泥石、钠长石、绿帘石等,鄂拉山组火山碎屑岩中局部出现葡萄石,为绢云母-绿泥石组合绿片岩相,低温中—低压变质相系。

(三)区域成矿规律

1. 构造演化与成矿地质事件

元古宙早期,形成了以金水口岩群为主的由一套中深变质岩组成的统一结晶基底,陆缘裂谷环境。五龙沟金矿田、果洛龙洼金矿田整体赋存于元古宙地层,区域变质作用为最早的金成矿作用,形成了金矿体,至少也提供了物质来源。满丈岗地区金矿床同位素测定,成矿物质主要来源于古元古界。寒武纪陆缘裂谷演化为洋盆沉积,同时形成 MORS 型蛇绿岩,中奥陶世向北俯冲发育弧花岗岩(昆北)和弧火山岩(昆中)。加里东晚期,结晶基底开始裂解,形成祁漫塔格地区以东沟铜金多金属矿为代表、昆南以驼路沟钴金矿为代表的两处海相火山岩型矿床集中分布区,中基性海相火山活动,同沉积的硅质岩、含碳质砂板岩是主要的含矿层位。另外在昆南地区向阳沟金矿点内,矿石 U-Pb 锆石测年结果非常复杂,年龄加权平均值有 4348~3230Ma、3230~1132Ma、2472~580Ma、546~440Ma 等几组,分布比较均匀。

中志留世开始进入(陆)弧陆碰撞阶段,发育同碰撞花岗岩,形成白日其利金矿床;早中泥盆世为后碰撞阶段,多发育后碰撞花岗岩,晚泥盆世为后造山阶段。大量的金矿床(点)矿体与海西期碰撞花岗岩关系密切,如五龙沟、岩金沟、哈西哇、瓦勒尕、黑海北、向阳沟、按纳格、德龙等金矿床(式)。夏日哈木超大型铜镍矿床产于该阶段,近两年在其外围铅锌(金)矿显示了较好的前景,成矿与中酸性花岗岩关系密切,对矿石进行 U-Pb 锆石测年,成果显示矿石年龄加权平均值为 $(419.9±3.9)$Ma,为晚志留世成矿。巴隆一带和洛佳矿石年龄加权平均值为 $(384.7±4.3)$Ma,为晚泥盆世成矿,矿体产于二长花岗岩中蚀变破碎带,二长花岗岩年龄加权平均值为 $(422.3±3.6)$Ma,为晚志留世,均为中晚志留世—晚泥盆世碰撞造山环境的产物(图 2-5、图 2-6)。

石炭纪—中二叠世昆南分支洋裂解,形成马尔争蛇绿混杂岩,产出纳赤台金矿床。早三叠世昆南洋壳向北俯冲,为洋岛-海山沉积,在俯冲带内沉积厚数千米的类复理石、火山岩夹碳酸盐岩建造。中三叠世晚期—晚三叠世进入后碰撞阶段,在东昆仑中性—酸性火山岩的侵入活动强烈,斑岩型、矽卡岩、热液型矿产成矿事实较多(图 2-7~图 2-9),矽卡岩化、绿泥石化、青磐岩化等岩浆热液蚀变作用标志显著,代表性矿床有哈西亚图、大水沟沟口、哈日扎、阿斯哈、瑙木浑、洪水河等矿床,五龙沟、果洛龙洼等大型金矿床,该时期也是主要成矿期,甚至矿区内形成了印支期独立矿体。晚三叠世盆-山转换继承性发展形成陆相火山岩盆地,受后期构造控制,形成分布范围局限的构造小盆地,多为中心喷发,由爆发相—喷溢相/溢流相—潜火山相,火山口或火山机构金银等成矿较好,在兴海地区,最为典型的为满丈岗金矿床,含矿火山沉积岩系分4个沉积旋回,每个旋回都出现热水沉积的层矽卡岩。侏罗纪—白垩纪为后造山阶段。成矿要素见表2-10。

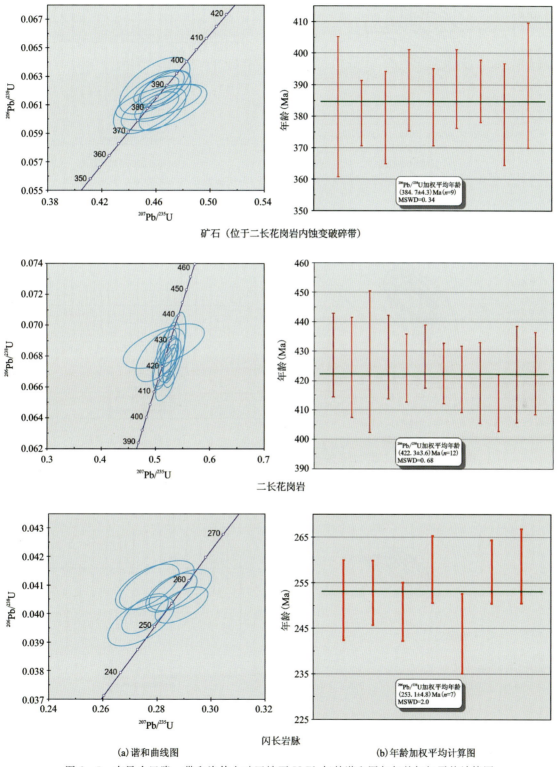

(a) 谐和曲线图　　　　　(b) 年龄加权平均计算图

图2-5　东昆仑巴隆一带和洛佳金矿区锆石U-Pb年龄谐和图与年龄加权平均计算图

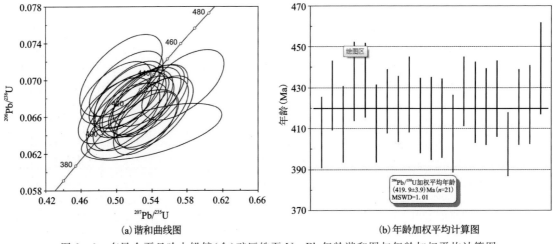

图 2-6　东昆仑夏日哈木铅锌(金)矿区锆石 U-Pb 年龄谐和图与年龄加权平均计算图

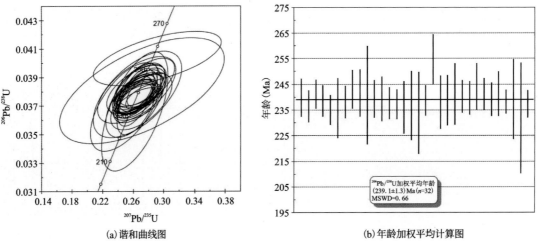

图 2-7　东昆仑二道沟金矿区锆石 U-Pb 年龄谐和图与年龄加权平均计算图

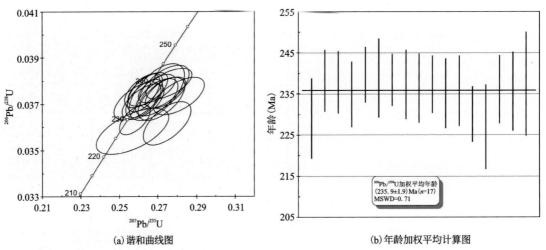

图 2-8　东昆仑洪水河口金矿石锆石 U-Pb 年龄谐和图与年龄加权平均计算图

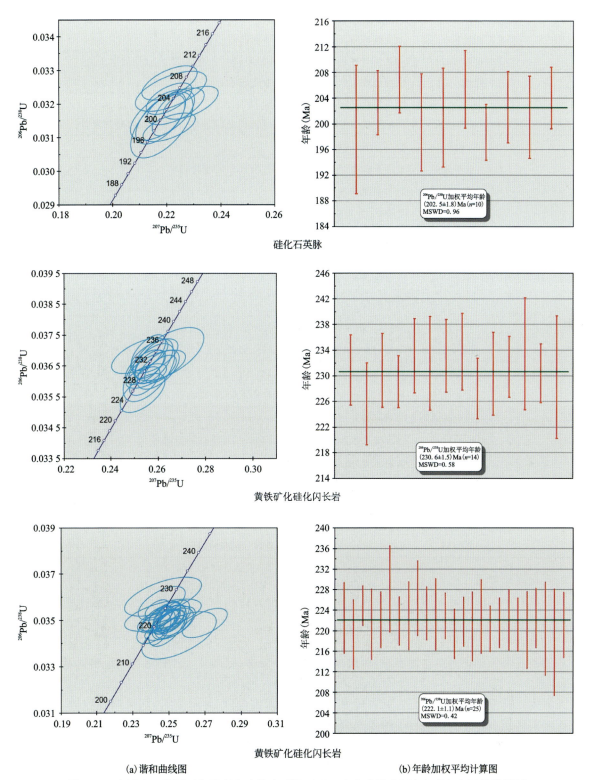

(a) 谐和曲线图　　　　　(b) 年龄加权平均计算图

图 2-9　东昆仑巴隆河西斑岩型金矿化矿石锆石 U-Pb 年龄谐和图与年龄加权平均计算图

表 2-10 东昆仑成矿带金矿成矿要素表

区域成矿要素			描述内容
成矿地质环境	大地构造位置		东昆仑造山带
	主要控矿构造		深大断裂及次级断裂带，多级断裂交会部位
	主要赋矿地层		蓟县系万保沟群，奥陶系祁漫塔格群，三叠系鄂拉山组、洪水川组
	沉积建造		以海相火山岩建造为主，其次为海相火山-沉积建造
	侵入岩		印支期花岗闪长岩、二长花岗岩
	变质作用及建造		区域变质程度较低，属低绿片岩相变质建造，岩体接触带局部发育低角闪岩相
成矿地质特征	矽卡岩铁（金）矿	矿床式	哈西亚图式铁铅锌（金）
		含矿建造	奥陶系祁漫塔格群碳酸盐岩、石炭系碳酸盐岩
		控矿构造	北西向断裂及矽卡岩带
		矿石建造	黄铜矿-方铅矿-闪锌矿-磁铁矿-（辉钼矿）-黄铁矿等
		围岩蚀变	石榴石化、透辉石化、透闪石化、绿泥石化、绿帘石化、硅化
	海相火山岩型钴（金）矿、锌铜（金）矿	矿床式	驼路沟式钴金矿、东沟式锌铜（金）矿
		含矿建造	祁漫塔格群、纳赤台群碎屑岩夹火山岩建造
		控矿构造	同生断裂
		矿石建造	黄铜矿-磁黄铁矿-方铅矿-闪锌矿-白铁矿-白钨矿
		围岩蚀变	绿帘石化、绿泥石化、绢云母化、碳酸盐化、角岩化、硅化次之
	岩浆热液型金矿	矿床式	五龙沟式金矿
		含矿建造	元古宙变质岩、蓟县纪含碳硅质泥灰岩-碳酸盐岩建造等
		控矿构造	北西向韧性剪切带
		矿石建造	含砷黄铁矿为主，毒砂少量，铜、铅、锌硫化物微量等
		围岩蚀变	黄铁矿化、硅化、绢云母化
	陆相火山岩型矿产	矿床式	满丈岗式金矿
		火山岩建造	三叠系鄂拉山组酸性火山岩组陆相火山喷发的酸性火山碎屑岩、熔岩夹中酸性火山碎屑岩
		断裂构造	火山机构中次级构造环形、弧形及放射状断裂发育

2. Ⅳ级成矿单元

根据成矿单元的划分原则，东昆仑成矿带进一步划分为昆北金成矿亚带Ⅳ9、昆中金成矿亚带Ⅳ10、昆南金成矿亚带Ⅳ11共3个Ⅳ级成矿亚带。

1）昆北金成矿亚带Ⅳ9

该成矿亚带位于柴达木盆地南缘，西起祁漫塔格，经景忍、野马泉、乌图美仁，东至哈西亚图北，长约300km，宽30~70km。

元古宙以推覆体形式出现。古元古代片岩夹石英岩、大理岩、片麻岩等，陆缘裂谷环境。造山期以寒武纪和奥陶纪沉降作用为主导的物质充填，志留纪以隆升作用为主导。发育以花岗岩类为主的侵入岩，以海西期和印支期岩体为主，少有加里东期和燕山期岩体产出。

共发现金矿床（点）9个，但规模不大，除它温查汉西金矿、肯德可克金多金属矿达到中型以外，其他均为矿点。成矿类型比较简单，有海相火山岩型、岩浆热液型-矽卡岩型。加里东期、印支期是最重要的成矿时期。

与金矿有关的成矿地质事件有奥陶纪弧后盆地环境海相火山岩型金矿，印支期碰撞环境矽卡岩型矿床。

2)昆中金成矿亚带Ⅳ10

该成矿亚带西起伯喀里克,经那棱格勒河、哈西亚图、昆仑河、五龙沟、巴隆、哈日扎、满丈岗,至兴海一带。长约900km,宽30～70km。

出露元古宇及其中包容或产出的变质侵入体和基性岩,造山期受到了断裂活动的影响,有同造山期的花岗岩类岩体侵入。造山期后接受晚泥盆世、石炭纪、早二叠世、晚三叠世、侏罗纪、第三纪和第四纪的沉积。除北北西向具俯冲性质的鄂拉山断裂外,其他区域性断裂以北西西向为主,派生北西向、北东向、近东西向及近南北向次级断裂。褶皱形态总体为一轴向北西西向的复式褶皱,次级褶皱以短轴及线状褶皱为主。受海西期、印支期闪长岩类和花岗岩类侵入活动影响,形成了以花岗类岩石为主的岩基带。

金矿资源十分丰富,均沿昆中断裂北侧呈近东西向带状分布,形成颇具规模的金、多金属成矿带。共发现金矿床(点)46个。成矿类型多样,有海相火山岩型、岩浆热液型、矽卡岩型、陆相火山岩型、沉积型等。

与金矿有关的成矿地质事件有中元古代陆缘裂谷环境沉积-热液叠加改造金矿,海西、印支两期碰撞环境岩浆热液型、矽卡岩型金矿,印支期碰撞环境陆相火山岩型金矿,新生代青藏高原隆升沉积型砂金矿。

3)昆南金成矿亚带Ⅳ11

该成矿亚带西起雪山峰,经黑海、向阳沟、驼路沟、沟里,东至苦海。长约650km,宽20～40km。

地层物质组成分前造山期、造山期和后造山期三部分。前造山期组分为支离破碎的元古宙块体或残留体。造山期同样由沉降作用主导的寒武系、奥陶系和隆升作用主导的志留系所组成,志留纪末随着槽地闭合,褶皱成为造山亚带,并有同造山期花岗岩类侵入体产出。造山期后的盖层沉积开始于石炭纪,并沉积了二叠系到侏罗系、第三系和第四系,最高海相层为中三叠统,晚三叠世是火山喷发活动的活跃时期。造山期后的岩浆侵入活动主要发生在海西期和印支期,以花岗岩类岩体为主。褶皱形态大体为一东西向展布的复背斜带,以同层挤压、线型紧闭褶皱及断裂交错等构造形态为特点。

金矿资源比较丰富,共发现金矿床(点)27个,但整体分布零散、规模不大。成矿类型比较复杂,有与岩浆作用有关的岩浆热液型、矽卡岩型、海相火山岩型等,及与含矿流体作用有关的浅成低温热液型。

与金矿有关的成矿地质事件有元古宙陆缘裂谷环境沉积变质-海西期、印支期碰撞环境岩浆热液叠加形成的复合成因金矿,奥陶纪周缘前陆盆地环境海相火山岩型金矿,海西期、印支期碰撞环境岩浆热液型金矿,印支期碰撞环境陆相火山岩型金矿。

第三节 西秦岭成矿省

西秦岭成矿省北以宗务隆山-青海南山断裂(F8)与祁连成矿省为界,西以土尔根达坂-宗务隆山南缘断裂(F9)、苦海-赛什塘断裂(F11)与柴周缘成矿省相邻,南以昆南断裂(F18)为界,东延出省。北界西起大柴旦镇北,向东经德令哈市北的宗务隆山、黑马河、倒淌河至尖扎县以南的能科;南界主要包括兴海县北东的尕马羊曲、赛什塘、冬给措纳湖以东的那尔扎、阿尼玛卿山北坡玛沁、赛尔龙,长210～630km,宽3～210km。区内自然条件相对省内其他地区较好,具大陆型高原气候。(北)京-(西)藏(G6)高速及多条省级、县乡公路、简易公路多,交通较为便利。

成矿省内主体为西秦岭造山带(Ⅰ-3)、中南祁连造山带(Ⅰ-3)。西秦岭造山带分为Ⅰ-8-1泽库复合型前陆盆地(T)、Ⅰ-8-2西倾山-南秦岭被动陆缘($Pz_2 Mz$)。中南祁连造山带包含Ⅰ-3-4宗务隆山陆缘裂谷带(CP_2)。共发现金矿床(点)49处,其中岩金43处,砂金6处,集中分布于泽库复合型前陆盆地,主要的成矿类型有含矿流体作用浅成中低温热液型,岩浆作用接触交代型、岩浆热液型,其次为陆相火山岩型。成矿时代以三叠纪为主,其次为石炭纪、二叠纪、第四纪。共求得上表岩金资源储量38 342kg(表2-11、表2-12)。根据金矿床(点)的空间分布、矿产特征,结合大地构造环境、成矿作用,划分为西秦岭金成矿带(Pz_1、Cz)1个三级成矿带。

表2-11 西秦岭成矿省金矿床(点)特征一览表

序号	矿产地	矿种	矿床类型	规模	成矿时代	含矿地层/岩体	资源储量(kg)	平均品位(g/t)	成矿单元	构造单元	地区
1	鄂尔嘎斯	金铜	热液型	矿点	T	$T_{1-2}m$			Ⅳ12	Ⅰ-8-2	河南县
2	同日则	金铅锌	热液型	矿点	T	T_2g			Ⅳ12	Ⅰ-8-1	泽库县
3	关拉沟	金	热液型	矿点	T	T_2g			Ⅳ12	Ⅰ-8-1	泽库县
4	官秀寺	金	热液型	矿点	T	T_2g			Ⅳ12	Ⅰ-8-1	泽库县
5	上龙沟	金铜	接触交代型	矿点	T	T_2g、$T_3\gamma\delta$			Ⅳ12	Ⅰ-8-1	泽库县
6	官秀寺	金	热液型	矿点	T	T_2g			Ⅳ12	Ⅰ-8-1	泽库县
7	赛尔龙	金	热液型	矿点	T	$T_{1-2}m$			Ⅳ12	Ⅰ-8-2	河南县
8	卡加地区	金铜	岩浆热液型	矿点	T	$P_{1-2}dg$			Ⅳ12	Ⅰ-8-1	同仁县
9	龙德岗西	金铜	接触交代型	矿点	T	$T_{1-2}l$、$T_3\delta o$			Ⅳ12	Ⅰ-8-1	同仁县
10	双朋西	金铜	接触交代型	小型	T	$P_{1-2}dg$、$T_2\pi\eta\gamma$	438	7.11	Ⅳ12	Ⅰ-8-1	同仁县
11	铁吾西	金铜	接触交代型	小型	T	$P_{1-2}dg$、$T_2\gamma\delta$	537	9.29	Ⅳ12	Ⅰ-8-1	同仁县
12	德合隆洼	金铜	接触交代型	矿点	T	$T_{1-2}l$、$T_2\gamma\delta$			Ⅳ12	Ⅰ-8-1	同仁县
13	谢坑	铜金	接触交代型	小型	T	$P_{1-2}dg$、$T_2\gamma\delta$	3415	2.71	Ⅳ12	Ⅰ-8-1	循化县
14	红旗卡	金铜	接触交代型	矿点	T	$T_{1-2}l$、$T_2\gamma\delta$			Ⅳ12	Ⅰ-8-1	循化县
15	红石沟	金	岩浆热液型	小型	T	$T_{1-2}xd$、$T_3\gamma\delta$	142	2.73	Ⅳ12	Ⅱ-2-1	格尔木市
16	赛日-京根	金	岩浆热液型	矿点	P	CP_2Z			Ⅳ13	Ⅰ-7-4	德令哈市
17	玛尼特	金	岩浆热液型	矿点	P	$Pt_1J.$			Ⅳ13	Ⅰ-3-4	德令哈市
18	握玛沟	金铜	岩浆热液型	矿点	T	$T_{1-2}l$			Ⅳ13	Ⅰ-8-1	兴海县
19	二十五道班	金	岩浆热液型	矿点	C	$T_{1-2}l$			Ⅳ13	Ⅰ-8-1	共和县
20	秀退	金	岩浆热液型	矿点	T	$T_{1-2}l$、$T_2\gamma\delta$			Ⅳ13	Ⅰ-8-1	共和县
21	哈蒙	金铜	接触交代型	矿点	T	T_2g、$T_3\gamma\delta o$			Ⅳ12	Ⅰ-8-1	兴海县
22	拿东北	金砷银	热液型	矿点	T				Ⅳ13	Ⅰ-8-1	兴海县
23	浪贝	金锑	热液型	小型	T	T_2g			Ⅳ13	Ⅰ-8-1	兴海县
24	显龙沟	金	热液型	小型	T	$T_{1-2}l$	429	4.6	Ⅳ13	Ⅰ-8-1	同德县
25	加吾	金锑	热液型	小型	T	$T_{1-2}l$	1691	3.3	Ⅳ13	Ⅰ-8-1	同德县
26	马日当	金	热液型	矿点	T	$T_{1-2}l$			Ⅳ13	Ⅰ-8-1	同德县
27	阿尔干龙洼	金	热液型	小型	T	$T_{1-2}l$	1200	3.56	Ⅳ13	Ⅰ-8-1	同德县
28	牧羊沟	金	热液型	小型	T	$T_{1-2}l$	4185	4.21	Ⅳ13	Ⅰ-8-1	同德县
29	多嗖朗日	金	岩浆热液型	矿点	T	$T_{1-2}l$			Ⅳ13	Ⅰ-8-1	玛沁县
30	西哈垄	金	热液型	矿点	T	T_2g			Ⅳ13	Ⅰ-8-1	玛沁县
31	赛欠狼麻	金钨锑	岩浆热液型	小型	T	T_2g			Ⅳ13	Ⅰ-8-1	同德县
32	石藏寺	金锑	热液型	大型	T	$T_{1-2}l$	6773	4.74	Ⅳ13	Ⅰ-8-1	同德县

续表 2-11

序号	矿产地	矿种	矿床类型	规模	成矿时代	含矿地层/岩体	资源储量(kg)	平均品位(g/t)	成矿单元	构造单元	地区
33	龙曲那	金	岩浆热液型	矿点	T				Ⅳ13	Ⅰ-8-1	泽库县
34	直亥买贡玛	金	岩浆热液型	小型	T	T_2g	213	3.5	Ⅳ13	Ⅰ-8-1	同德县
35	加仓	金	岩浆热液型	小型	T	T_2g、$T_3\gamma o$	290		Ⅳ13	Ⅰ-8-1	泽库县
36	拉依沟	金	岩浆热液型	矿点	T	T_2g			Ⅳ13	Ⅰ-8-1	泽库县
37	和日	金	岩浆热液型	矿点	T				Ⅳ13	Ⅰ-8-1	泽库县
38	夺确壳	金砷	岩浆热液型	小型	T	T_2g、$T_3\gamma\delta$	422	2.94	Ⅳ13	Ⅰ-8-1	泽库县
39	西尕克日	金	岩浆热液型	矿点	T	T_2g			Ⅳ13	Ⅰ-8-1	泽库县
40	吉地	金	岩浆热液型	矿点	T	T_2g、$T_3\gamma\delta$			Ⅳ13	Ⅰ-8-1	泽库县
41	夏德日	金锑	岩浆热液型	矿点	T	$T_{1-2}l$、$T_3\gamma\delta$			Ⅳ13	Ⅰ-8-1	泽库县
42	瓦尔沟	金	岩浆热液型	矿点	T	$T_{1-2}l$			Ⅳ13	Ⅰ-8-1	泽库县
43	瓦勒根	金	岩浆热液型	中型	T	$T_{1-2}l$、$T_3\gamma\delta$	18 607	2.87	Ⅳ13	Ⅰ-8-1	泽库县
44	雪山乡	金	砂矿型	矿点	Q	Q			Ⅳ13	Ⅰ-8-1	玛沁县
45	唐乃亥	金	砂矿型	矿点	Q	Q			Ⅳ13	Ⅰ-8-1	兴海县
46	上、下治地	金	砂矿型	矿点	Q	Q			Ⅳ13	Ⅰ-8-1	同德县
47	纳木加	金	砂矿型	矿点	Q	Q			Ⅳ13	Ⅰ-8-1	泽库县
48	沙冬河	金	砂矿型	矿点	Q	Q			Ⅳ13	Ⅰ-8-1	泽库县
49	麻日	金	砂矿型	矿点	Q	Q			Ⅳ13	Ⅰ-8-1	循化县
	合计(上表岩金资源储量)						38 342				

表 2-12 西秦岭成矿省典型矿床特征一览表

矿产地	矿体基本特征	地质基本特征
哈蒙	金铜矿体10个,长度17～50m,厚度0.3～1.3m。平均品位:Au品位1.43～9.37g/t,Cu品位0.4%～2%。主要矿化有孔雀石化、黄铜矿化、硅化、黄铁矿化	位于尕科合向斜南翼,出露中三叠统古浪堤组灰黑色中细粒变质含砾杂砂岩夹粉砂质板岩,石英闪长岩、花岗斑岩、石英斑岩、闪长玢岩等岩浆活动强烈
拿东北	金矿体1个,长度26m,厚度1.8m,平均品位:Au 1.3～4.35g/t,As 10.83%～16.75%,Ag 114.5～192.3g/t。矿石矿物有毒砂、黄铁矿、磁铁矿、磁黄铁矿、砷铁矿、锡石、自然金、黄铜矿,压碎结构,土状、胶状、角砾状、皮壳状构造。围岩蚀变为褐铁矿化、硅化	出露中下三叠统池塘组灰白色厚层大理岩。有一条走向120°方向断层及一走向70°方向的分支断裂。晚三叠世蚀变石英闪长岩侵入
显龙沟	金多金属矿体42个,长度14～180m,厚度0.4～10m,平均品位:Au 1.0～23.6g/t,Sb 0.94%,Ag 57～200g/t,WO_3 0.08%～0.65%,As 19.3%,Sn 0.6%,Cu 0.63%。金属矿物有自然金、辉锑矿、黄铁矿、毒砂、自然银、铜蓝、孔雀石、辉铋矿等,他形粒状结构,脉状、网脉状、稀疏浸染状、斑杂状、块状等构造。围岩蚀变为硅化、黄铁矿化、褐铁矿化、绢云母化、碳酸盐化	主要出露三叠系两个岩组,1岩组是金矿体的赋存地层,岩性主要为深灰—黑色页岩,含碳质千枚状板岩夹灰—灰黑色变长石石英砂岩。2岩组岩性主要为灰—灰白色变长石砂岩,杂砂岩夹深灰色黑灰色板岩,是钨及多金属矿体赋存层位。北西—南北向、北东向、东西向断裂发育,花岗闪长岩分布面积较大

续表 2-12

矿产地	矿体基本特征	地质基本特征
马日当	金矿体18个，长度50～320m，厚度0.3～2.81m，平均品位1.11～5.65g/t。矿石矿物有毒砂、臭葱石、方铅矿、辉铅铋银矿、斑铜矿、蓝辉铜矿、黝铜矿、蓝铜矿、自然金、黄铁矿，中—粗粒自形晶柱状结构、交代、隐晶、压碎斑状、变余结构，网脉状、条带状、角砾状、块状、细脉状、浸染状构造。围岩蚀变为硅化、碳酸盐化	出露中三叠世硬砂质长石质—泥质细碎屑岩组的板岩夹变质砂岩段、变质砂岩夹板岩段两个岩性段。断裂以北北西向、东西向压扭性为主，柔沟花岗闪长岩体、花岗斑岩脉等发育
牧羊沟	金矿体34个，长度53～374m，厚度0.27～3.06m，平均品位5.77g/t。矿石矿物有黄铁矿、毒砂、菱铁矿、辉锑矿，自形—半自形粒状—他形粒状、交代、碎裂结构，条带状、角砾状、碎块状、脉状、浸染状、变余层理构造。围岩蚀变为硅化、褐铁矿化、绿泥石化、黄铁矿化、绢云母化	出露中三叠统b岩组第一岩性段杂砂岩夹铁质粉砂质板岩，第二岩性段粉砂质板岩夹变质长石石英砂岩，第三岩性段粉砂质板岩、黏土质板岩夹变质长石石英杂砂岩。牧羊沟背斜、下尔宗岗向斜及伴生的层间小褶曲发育。北东向断裂发育。侵入岩活动微弱，见花岗斑岩脉、花岗闪长岩脉
加仓	金矿体12个，长度31～187m，厚度0.83～21.97m，平均品位2.35g/t。矿石矿物有黄铁矿、毒砂、辉锑矿、赤铁矿、辰砂、方碲金矿。粒状、角砾状、针状、叶片状、柱状结构，星点状、浸染状、细脉浸染状、角砾状构造。围岩蚀变为碳酸盐化、黄铁绢英岩化、赤铁矿化、褐铁矿化、高岭土化、绿泥石化、角岩化	出露中三叠统古浪堤组第二岩段长石砂岩、泥质/泥钙质板岩、变粉砂岩。断裂发育，分为北西向、近南北向、北东向，北西向断裂为主要控岩控矿构造。中酸性侵入岩以斜长花岗斑岩为主，花岗闪长岩次之，另有少量闪长玢岩
和日	金矿（化）体16个，长度110～800m，厚度0.30～10.56m，平均品位1.82～9.0g/t。矿石矿物有毒砂、黄铁矿、方铅矿，自形—半自形粒状、鳞片粒状变晶结构，块状、浸染状构造。围岩蚀变为硅化、绢云母化、碳酸盐化、黄铁矿化、褐铁矿化	出露中三叠世长石石英砂岩，向近东西向压扭性断裂控制含金石英脉总体走向，北北东向、北北西向、北东向次级断裂控制矿体。见黑云母花岗闪长岩体
夺确壳	金砷铜矿体29个，主矿体长度209.2m，厚度2.05m，平均品位：As 3.37～11.48%，Ag 71～129.7g/t，Cu 0.45%～1.02%，Au 4.3～15.3g/t。矿石矿物有自然金、毒砂、黄铜矿，胶状、碎裂、半自形粒状结构，块状、蜂窝状、脉状、细脉浸染状构造。围岩蚀变为绢云母化、硅化、绿泥石化、碳酸盐化	出露中二叠世千枚状粉砂质、泥质板岩、变粉砂岩、长石石英砂岩。断裂构造发育。印支期吉地花岗闪长岩体活动强烈，脉岩有花岗伟晶岩脉、白岗岩脉、花岗斑岩脉、石英闪长岩脉及石英脉
夏德日	金（锑）矿体13个，长度100～200m，厚度0.79～1.93m。矿石矿物有黄铁矿、闪锌矿、硫锑铅矿、毒砂、自然金、白铁矿、黝锡矿、磁黄铁矿、自然铋矿、方铅矿。围岩蚀变为硅化、角岩化、黄铁矿化	出露下三叠统a岩组变中细粒长石砂岩、透辉石角岩、板岩。断裂构造以北北东向和北东东向为主，褶皱构造主要为夏德日似穹隆短轴背斜及次级褶曲。侵入岩以中生代早期酸性岩为主，岩性为花岗岩、斑状黑云母花岗岩
多隆尕日色	金砷铅银铜矿体6个，长度175～620m，厚度0.81～1.21m，平均品位：Au 1.12～3.20g/t，As 7%～18.47%，Cu 0.25%～0.36%，Ag 8.0～43.23g/t，Pb 0.45%～1.68%。矿石矿物有黄铁矿、毒砂、方铅矿、黄铜矿、铜蓝、自然金、闪锌矿、磁黄铁矿、白铁矿等	出露三叠纪长石砂岩、粉砂质板岩、长石石英砂岩。断裂构造发育，以北北东和北东向张性和张扭性为主。岩浆活动频繁，为花岗斑岩、石英斑岩

续表 2-12

矿产地	矿体基本特征	地质基本特征
瓦勒根	金矿体41个,长度615~800m,厚度0.88~11.47m,平均品位1.83~3.13g/t。矿石矿物有黄铁矿、毒砂、磁黄铁矿,自形—半自形晶粒状、压碎、交代残余结构、细脉状、浸染状、角砾状构造。围岩蚀变为硅化、黄铁矿化、毒砂矿化	出露三叠系隆务河组和古浪堤组。隆务河组为一套巨厚的浊流复理石碎屑沉积建造,是金的主要赋矿层位。区域构造线总体方向为北西-南东向,矿区近东西向占主导。印支晚期—燕山期石英闪长岩、石英斑岩、黑云母煌斑岩脉、石英脉发育
双朋西	金矿体5个,长度95~120m,厚度4.92~11.8m,平均品位6.11~8.40g/t。矿石金属矿物有磁黄铁矿、黄铁矿、黄铜矿,胶状、交代残余、骸晶、他形粒状变晶、包含、压碎结构,块状、蜂窝状、土状、脉状、角砾状构造。围岩蚀变为矽卡岩化、硅化、碳酸盐化、角岩化、褐铁矿化、绢云母化和石英-方解石化	出露二叠系甘家组碳酸盐岩,印支期花岗闪长岩发育
铁吾西	铜金矿体2个,长度200m左右,厚度3~5m,平均品位:Cu 2.96%,Au 5.35~27.57g/t。矿石矿物有磁黄铜矿、黄铁矿,填隙、交代结构,星点—团块状、脉状、网脉状构造。围岩蚀变为绿帘石化、阳起石化、绿泥石化等	出露下二叠统大关山组上岩组第四岩性段硅化大理岩,有印支期花岗闪长岩侵入
德合隆洼	金铜矿体19个,长度70~420m,厚度0.28~2.47m。矿石矿物有赤铁矿、孔雀石、蓝铜矿、自然金、黄铜矿,填隙、交代、乳滴状、放射状、骸晶结构,星点状、团块状、网脉状、揉皱构造。围岩蚀变为硅化、碳酸盐化、褐铁矿化、绢云母化	三叠系隆务河组下岩组是主要含矿地层,北西向、北东向断裂构造发育,闪长岩、花岗闪长岩、闪长玢岩、煌斑岩、细晶岩、辉长岩、辉绿岩等岩浆活动强烈
谢坑	金矿体6个,铜矿体22个,铜金矿体28个。长度45~55m,厚度3.5~7m,Au品位9.71g/t,Cu品位2.00%。矿石矿物有黄铁矿、黄铜矿,粒状结构,块状、角砾状、蜂窝状构造。围岩蚀变为矽卡岩化	出露二叠纪黑色含碳质砂岩、钙质粉砂岩夹碳质板岩、大理岩夹薄层长石石英砂岩、粉砂岩、钙质细粒长石石英砂岩、泥板岩。有北西西向性质不明断层和北北东向正断层。见燕山早期花岗闪长岩
唐乃亥	金多呈片状、鳞片状,个别为半棱角状及半滚圆状,直径一般0.1~0.5mm。伴生重矿物为锆石、赤铁矿、磁铁矿、白钨矿、铅钛矿、独居石	砂矿基底是第四纪灰黄色钙质胶结砂砾层,河流阶地及其沉积物发育,但河漫滩范围小。Ⅲ~Ⅴ级阶地见金较好,一般几粒至几十粒,其他各级次之,河漫滩见金很少
上、下治地	砂金矿体4个,长度800m,宽度85~160m,厚度0.49~15m,品位0.1222~0.6453g/m³,资源量33.86kg。砂金呈金黄色、褐黄色、片状、板状、粒状、不规则状、条状。伴生重矿物:锆石、金红石及少量黄铁矿、重晶石、白铁矿、辰砂、白钨矿	第四纪早更新世河—湖相巨厚砂砾层堆积,为开阔河套多级阶地区段。Ⅱ级阶地是主要含矿层。在底面0.5m为第一含矿层,灰—灰褐色,粗砂砾结构,为有机质、泥质、含植物根系的砂砾层。2.5~3m为第二含矿层,接近底板为第三含矿层
握玛沟	铜矿体15个,金矿体2个。铜矿体最大厚度5.94m,最高品位1.52%。金矿体最大厚度1.0m,最高品位1.91g/t。矿石矿物有黄铁矿、黄铜矿、毒砂,他形—不规则粒状、自形粒状结构,浸染状、碎裂状构造。围岩蚀变为碳酸盐化、硅化、泥化、高岭土化、绢云母化	出露三叠系隆务河组浅灰—灰色长石石英砂岩夹板岩段、变石英杂砂岩、灰紫色硅质泥质板岩段、灰紫色岩屑长石砂岩段。褶皱普遍,北东向、北西向和近东西向断裂发育,北东向断裂为主。岩浆活动较弱,仅有印支晚期二长花岗岩岩体

续表 2-12

矿产地	矿体基本特征	地质基本特征
浪贝	金锑矿体30个,长度20～60m,厚度0.7～1.6m,平均品位:Au 1～3g/t,Sb 0.5%～9.7%。矿石矿物有黄铁矿、辉锑矿、毒砂及含铜硫化物,自形—半自形粒状集合体,浸染状、致密块状、斑杂状、星点状构造。围岩蚀变为硅化、碳酸盐化、褐铁矿化	出露早中三叠世变长石石英砂岩、粉砂岩夹粉砂质黏土岩、黏土质杂砂岩、板岩、云母石英岩。褶皱为一不连续复式单斜,由对称紧闭的背、向斜,变为倒转、平卧等组成花边褶皱。断裂构造发育4条走向断层,局部断裂带见有石英闪长玢岩小岩株
石藏寺	金矿体9个,长度40～1300m,厚度0.93～5.74m,平均品位:Au 4.81g/t,Sb 2.18%。矿石矿物有自然金、辉锑矿,半自形—自形晶粒状、他形粒状、填隙结构、角砾状、浸染状构造。围岩蚀变为硅化、绢云母化、黄铁矿化	出露三叠系隆务河组千枚状板岩、粉砂质板岩、变质长石砂岩、长石砂岩、变质粉砂岩、长石石英砂岩、泥岩。北东东向、东西向、近东西向断裂发育。岩浆活动不强烈,为黑云母斜长花岗岩脉
雪山乡	混合砂厚度2.9～5.7m,品位0.149 2～0.381 2g/m³。砂金呈金黄色,直径一般0.4～0.7mm,片状、鳞片状、板状、粒状,伴生矿物有铬铁矿、铬尖晶石	含矿层为阳科河、阴科河及交汇后的切木曲河段河漫滩及阶地的灰—青灰色巨砾砂砾层和含黏土砂砾层

西秦岭金成矿带

(一)基本情况

该成矿带北西起大柴旦镇以北的鱼卡河,向东经德令哈市北的宗务隆山、黑马河、倒淌河至尖扎县以南的能科,向东延入甘肃省境内;南界西起茶卡镇以南的哇玉香卡、兴海县北东的尕马羊曲、赛什塘、冬给措纳湖以东的那尔扎,沿阿尼玛卿山北坡经玛沁、赛尔龙,向东延入甘肃碌曲县内。大柴旦镇北至茶卡镇西的察汉河较窄,宽3～20km;茶卡镇以东变宽,宽50～210km。总面积约37 690km²。

矿产资源较为丰富。已发现的矿种有铁、铜、铅、锌、钨、锡、钼、汞、锑、金、银、铬、钴、砷,及饰面用大理岩、萤石、煤、盐类、水泥灰岩、脉石英20种。金属矿产的成矿时代主要集中于石炭纪、二叠纪和三叠纪,分别占6.43%、12.87%和68.42%,能源矿产主要集中于侏罗纪,占2.64%,砂矿产主要为第四纪。成矿类型有热液型、矽卡岩型、海相火山岩型、陆相火山岩型、沉积型、变质型、破碎蚀变岩型、海相沉积型、陆相沉积型、盐湖沉积型、伟晶岩型,主要矿种有铁、铜、铅锌、金、锑、银、钨、锡、煤及盐类矿产等。具有典型代表性的为破碎蚀变岩型金矿、陆相火山岩型铅锌矿、海相火山岩型铜矿、矽卡岩型铜金矿、热液型金属矿、斑岩型铜矿。已知矿床级产地的成因类型,西南部以海相火山岩型、陆相火山岩型为主,其次为接触交代型。而南部汞矿均为渗滤交代型,并见有热液型或石英脉型金(锑、钨)砷矿(化)点。

(二)成矿地质条件

1. 含矿建造及赋矿地层

1) 上古生界与成矿

出露古生界泥盆系牦拉组(D_1gl)、当多组(D_2d)、下那吾组(D_2x)、铁山组(D_3t),石炭系益瓦沟组(C_1yw)、岷河组(C_2m)、树维门科组($P_{1-2}\hat{s}$),二叠系大关山组($P_{1-2}dg$)、迭山组(P_3ds)、甘家组(P_3gj)。牦拉组,滨浅海开阔台地相,灰—深灰色厚层状结晶灰岩、砂屑灰岩夹生物碎屑灰岩,局部出现泥灰岩、角砾状灰岩。当多组，滨浅海相，下部为含磷块岩及细碎屑岩，上部为含铁岩系，产沉积铁矿。铁山组，浅海碳酸盐岩台地相，结晶灰岩。下那吾组，滨浅海碳酸盐岩台地相，黑色、浅灰色、灰黄色中厚层状生物碎屑灰岩、结晶灰岩、砂屑灰岩夹细粒石英砂岩、长石砂岩、岩屑长石砂岩、粉砂岩。铁山组，海相（碳酸盐岩台地），以生物碎屑灰岩、砾屑灰岩为主，夹少量碎屑岩。益瓦沟组，浅海陆棚相，厚层状结晶灰岩、鲕粒灰岩夹角砾状灰岩，局部夹有浅灰红色泥灰岩及条带状钙质粉砂岩、页岩，上部粉砂岩、页岩增多。岷河组，浅海陆棚相，灰白色厚层—巨厚层状砂质灰岩、生物碎屑砂屑灰岩夹微晶灰岩。树维门科组，滨海碳酸盐岩台地生物礁相，包括2个岩段：碎屑岩段，灰色、灰紫色石英砂岩、长石砂岩、粉砂岩、板岩夹结晶灰岩，灰绿色玄武岩，灰色玄武安山岩，英安质凝灰熔岩；碳酸盐岩段，灰色、灰白色、玫瑰红色中厚层—块层状生物碎屑灰岩、生物介壳灰岩，少量礁灰岩。大关山组，浅海陆棚相，杂色泥岩夹泥灰岩、中层状细砾岩，灰—灰红色厚层状生物碎屑砂质灰岩、结晶灰岩，灰色竹叶状灰岩、灰质砾岩。

石炭-二叠纪地层出露在西倾山及谢坑地区，均为被动陆缘环境，晚石炭世以来海退，晚二叠世海侵扩大。西倾山地区下石炭统益瓦沟组碳酸盐岩建造组合，缓坡—斜坡相，鲕状灰岩、角砾状灰岩的出现，反映当时的水动力条件较强。上石炭统岷河组，开阔台地相碳酸盐岩沉积，有少量陆源碎屑岩混入。下—中二叠统大关山组，陆架泥-台缘浅滩环境，沉积了陆源碎屑岩-碳酸盐岩建造组合，竹叶状灰岩和灰质砾岩的形成显示海水水动力较强，产出铁吾西金矿床。上二叠统迭山组、甘家组，海侵扩大，沉积了开阔台地相碳酸盐岩建造组合，双朋西金矿床产于甘家组中。

2）中生界与成矿

中生界出露三叠系扎里山组（$T_1\tilde{z}$）、马热松多组（$T_{1-2}m$）、隆务河组（$T_{1-2}l$）、古浪堤组（T_2g）、郭家山组（T_2gj）、多福屯群（T_3D），白垩系麦秀群（KM）。与金矿有关的地层有三叠系、第四系。扎里山组，灰色厚层状生物碎屑泥晶灰岩、结晶灰岩夹薄层状鲕粒灰岩，底部出现薄层状铝质细砂岩、粉砂质板岩、薄层微晶灰岩。马热松多组，浅海陆棚相，灰色薄层状细粒长石石英砂岩夹薄层亮晶藻屑灰岩、粉晶灰岩、粉砂质板岩，局部夹竹叶状灰岩。隆务河组，斜坡相半深海—深海相，下部为灰色、灰绿色细砾岩、含砾粗砂岩、中细粒岩屑长石砂岩、粉砂岩；上部为灰色、浅灰色中厚层状中细粒岩屑长石砂岩、岩屑砂岩、长石、长石石英砂岩夹粉砂岩，深灰色板岩。古浪堤组，滨浅海相，下部为灰色、浅灰色、灰绿色、深灰色中厚层—厚层状中细粒岩屑砂岩、长石石英砂岩、粉砂岩夹板岩或互层，夹少量薄层灰岩；上部为灰—浅灰绿色中细粒—中粗粒长石砂岩、长石石英砂岩、岩屑砂岩夹板岩及砾岩，少量微晶灰岩。郭家山组，滨海陆棚相，灰—灰绿色薄—中厚层状细粒长石石英砂岩夹泥质板岩，灰色薄层灰岩。多福屯群，海陆交互相，分为2个组：华日组（T_3h），安山岩、英安岩、流纹岩、英安质火山角砾岩、集块岩、含火山角砾凝灰岩、凝灰岩夹灰质砂岩；日脑热组（T_3r），玄武岩、安山岩、中基性集块岩、中基性角砾岩、中基性凝灰岩夹英安岩。麦秀群，分为2个组：多禾茂组（K_1d），河湖相，块层状、杏仁状玄武岩、橄榄拉斑玄武岩；万秀组（K_1w），砂砾岩。其他组岩性特征见前述。

三叠系主要分布在泽库复合型前陆盆地。盆地南北宽度较大，完全由一套碎屑浊积岩组成。下部隆务河组为砾岩、砂岩、粉砂岩、中粗碎屑浊积岩，向上过渡到细碎屑浊积岩，表现为海水逐渐变深的海进序列，由滨海过渡到浅海—斜坡环境。上部古浪堤组由下部的细碎屑浊积岩向上过渡到中—粗碎屑浊积岩，表现出海水逐渐变浅的海退序列，由浅海—斜坡环境过渡到滨海环境，在唐干地区有火山活动。中三叠世末海水完全退出，隆升成陆，处于剥蚀区。浊积岩沉积控制了成矿带内大部分金矿床（点）的产出。

3）新生界与成矿

新生界出露贵德群、共和组（Qp_1g），岩性特征见前述。第四纪断陷盆地河流阶地是沉积型砂金主要的赋存层位，第四纪早更新世河—湖相巨厚砂砾层堆积，多形成开阔河套多级阶地区段。河流阶地及其沉积物发育，但河漫滩范围较小，灰—灰褐色粗砂砾结构含有机质、泥质、含植物根系的砂砾层，灰—青灰色巨砾砂砾层和含黏土砂砾层及河漫滩是主要的含矿层。

2. 构造与成(控)矿

苦海-赛什塘断裂(F22)、麦秀断裂(F23)、泽曲-托叶玛断裂(F24)、昆南断裂(F18)、土尔根达坂-宗务隆山南缘断裂(F9)共5条区域性断裂分布。F18、F9是成矿带南、北边界断裂。F22是东昆北造山带、东昆南俯冲增生杂岩带与西秦岭造山带分界断裂,也是鄂拉山岩浆弧、赛什塘-苦海蛇绿混杂岩带与泽库复合型前陆盆地的三级构造分区界线。F23是青海省唯一的白垩纪陆内裂谷带,沿线分布白垩系麦秀群陆相火山岩。F24为西倾山-南秦岭被动陆缘和泽库复合前陆盆地的分界,北东走向的断层形成宽50～80m的断层角砾岩,左行斜冲。矿区内主要控矿断裂形式复杂,北西—南北向、北东向、东西向、北北西向、北北东向均有,压扭性为主,张性、张扭性次之。

褶皱十分发育,受印支期、燕山期及喜马拉雅期构造运动的影响:北部青海南山复背斜、兴海-同仁复背斜,长轴均呈北西向展布,规模不大,形态宽阔,受断裂影响较小;南部复向斜、复背斜带轴向多呈东西向,以规模较大的同层挤压线型褶皱为特征。尕科合向斜、牧羊沟背斜、下尔宗岗向斜、夏德日似穹隆短轴背斜,不连续复式单斜褶皱,对称紧闭的背、向斜,变为倒转、平卧等组成花边褶皱,在矿区内均起到了控矿的作用,在两翼、核部、次级褶曲、层间小褶曲内都有矿体产出。代表性的金矿床有牧羊沟、夏德日。

3. 岩浆作用与成矿

火山喷发活动较强。宗务隆地区主要分布四堡-震旦旋回、海西旋回火山岩,发育青海省最早的陆相火山岩,形成于晚泥盆世。四堡-震旦旋回为海相喷溢相—爆发崩塌相,大陆裂谷环境,碱性玄武岩构造岩石组合,喷发时代为南华-震旦纪。海西期为陆相喷溢相,大陆伸展环境,安山岩岩石构造组合。泽库、西倾山地区火山喷发活动分布在三叠纪及早白垩世,弧后盆地、后碰撞及大陆裂谷环境。早中三叠世为海相喷发,爆溢相,安山岩构造岩石组合。晚三叠世、早白垩世为陆相喷发,喷溢相—爆溢相、喷溢相—爆发崩塌相,碱性玄武岩-玄武安山构造岩石组合。未见金矿体产于火山岩层位中,邻区东昆仑地区相似成矿环境发现了满丈岗陆相火山岩型金矿、坑得弄舍海相火山岩型金矿。

岩浆侵入活动主要为印支-燕山旋回,广泛分布。四堡-震旦旋回、加里东旋回、海西旋回集中分布在乌兰县北地区。四堡-震旦旋回侵入岩,古元古代为变质基底杂岩组合,过铝质高钾钙碱性系列。加里东旋回侵入岩仅见中奥陶世与洋俯冲有关高镁闪长岩组合,偏铝质钙碱性系列。海西旋回晚泥盆世为后造山强过铝质花岗岩组合,过铝质钙碱性系列;早二叠世为与洋俯冲有关的TTG组合,偏铝质钙碱性系列。印支-燕山旋回三叠纪为与洋俯冲有关的花岗岩组合、后碰撞构造花岗岩组合,偏铝质、过铝质钙碱性系列;侏罗纪、白垩纪为后造山过碱性花岗岩组合,碱性、过碱性系列。柔沟花岗闪长岩体、吉地花岗闪长岩体空间上与金矿床(点)的分布关系密切,矿区内出露的侵入岩以三叠纪、侏罗纪为主,早—中三叠世以酸性岩为主,燕山期石英闪长岩、石英斑岩、黑云母拉辉煌斑岩脉发育。与成矿关系密切的岩性主要还有斜长花岗斑岩、花岗闪长斑岩、花岗斑岩、闪长玢岩,脉岩有花岗伟晶岩脉、白岗岩脉。

4. 变质作用与成矿

该变质作用主要为印支期区域变质作用,由早—中三叠世浊积岩系为主体、部分晚三叠世陆相中基性、中酸性火山岩-沉积碎屑岩和少量呈条带状断块的晚二叠世滨浅海台地碳酸盐岩组成,主要变质矿物有绢云母、绿泥石、钠长石、石英、方解石、绿帘石等。另外,在布青山一带为下—中二叠统树维门科组弧前盆地台地礁灰岩建造和石炭纪—中二叠世马尔争蛇绿混杂岩。变质带内较为典型的是德尔尼铜钴(金)矿。

(三)区域成矿规律

1. 构造演化与成矿地质事件

成矿带主要对应泽库复合型前陆盆地、宗务隆山陆缘裂谷带、西倾山被动陆缘3个三级大地构造单元。主体为泽库复合型前陆盆地,是一个受两个不同方向碰撞造山带联合作用控制的复合型前陆盆地,隆务河组和古浪堤组构成前渊盆地,具有早期复理石、晚期磨拉石的典型双幕式堆积生长序列。日脑热组和华日组构成后碰撞火山盆地,形成于陆内发展(盆山转换)阶段,称火山-沉积断陷盆地。同碰撞高钾钙碱性花岗岩组合形成于后碰撞环境,为岩浆杂岩相。大体经历了中石炭世—中二叠世被动伸展裂谷形成,晚二叠世—中三叠世晚期或晚三叠世早期古特提斯残留洋发展阶段,侏罗纪—古近纪早期向南逆冲推覆,控制压陷盆地形成。成矿要素见表2-13。

表2-13 西秦岭成矿带金矿成矿要素表

区域成矿要素			描述内容
成矿地质环境	大地构造单元		西秦岭造山带泽库前陆盆地
	岩石地层单位		下二叠统果可山组、三叠系隆务河组
	侵入时代		印支期—燕山期
	接触带特征		接触界线清楚,围岩蚀变有硅化、黄铁矿化、辉锑矿化、毒砂矿化、绢云母化、碳酸盐化、青磐岩化、绿泥石化、褐铁矿化、磁铁矿化、阳起石化、绿帘石化、矽卡岩化、角岩化等
	断裂构造		区域以北西向为主,导矿、容矿;近东西向、北北西向和北东向为次级断裂,对矿体多起破坏作用
成矿地质特征	岩浆热液型金矿	矿床式	瓦勒根式金矿
		控矿构造	北西向导矿、容矿,近东西向也具容矿性质
		岩浆岩	石英闪长岩体、石英斑岩呈岩枝状侵入于三叠系隆务河组
		围岩蚀变	围岩蚀变比较普遍,硅化、黄铁矿化、辉锑矿化、毒砂矿化与金矿化关系密切
	矽卡岩型铜金矿	矿床式	双朋西式铜金矿
		岩浆岩	印支期花岗闪长岩、斑状花岗闪长岩、似斑状二长花岗岩、闪长岩
		含矿建造	下二叠统果可山组,三叠系隆务河组、古浪堤组碳酸盐岩建造
		围岩蚀变	复杂矽卡岩化、角岩化、硅化,次为褐铁矿化、磁铁矿化、阳起石化、绿帘石化、绿泥石化、黄铁矿化、碳酸盐化、绢云母化
		成矿期次	经历了早期矽卡岩期、石英-硫化物期。早期矽卡岩主要生成石榴石、透辉石、符山石,基本不含矿,经交代形成阳起石、帘石、长石;石英-硫化物期,先后有钨矿物、黄铁矿、磁黄铁矿、黄铜矿、闪锌矿等,是主要成矿期,成矿元素有Cu、Au、Pb、Zn、Ag等
	含矿流体作用热液型金矿	矿床式	石藏寺式金锑矿
		岩浆岩	印支晚期花岗斑岩、花岗闪长岩、石英闪长岩、闪长玢岩脉
		断裂构造	与成矿关系密切的断裂主要有3组,即北西向、近东西向、北东向
		成矿建造	三叠系隆务河组浊积岩
		成矿期次	经历了成矿流体的形成期、岩浆热液的硫化物富集期及表生成矿作用期
		成矿主矿种	金、锑、铅、锌、铜

海西期,被动陆缘环境,泥盆纪、石炭纪及早二叠世碳酸盐岩夹碎屑岩的岩石组合构成褶皱基底,地层中碳酸盐岩与中性—酸性侵入体接触时,常常形成矽卡岩型金多金属矿,如双朋西铜金矿床、谢坑金

铜矿床、德合隆洼金铜矿床,产于下二叠统果可山组碳酸盐岩与印支期花岗岩接触带形成的矽卡岩化带中。

印支期—燕山早期,弧后前陆盆地环境,早—中三叠世浊流复理石碎屑沉积形成浊流沉积盆地。盆地沉降、压实形成流体能,构成流体自驱动系统,由于物理、化学性质的不同,变形形态、渗透性、孔隙性及化学障在不同地层出现差异,三叠系隆务河组浊积岩系是有利岩层,具明显的矿源层控矿作用。流体介质以沉积岩中封存的同生水为主,有岩浆热液、地表水的介入,成矿流体以同生及后生断裂系统作为循环通道,在往复循环过程中水/岩交换淋虑、萃取围岩中的成矿物质,在适宜的物理化学条件下,选择泥岩、粉砂质板岩等有利岩性,尤其是岩石中富含有机碳、黄铁矿时,促进金的富集,如石藏寺金矿床。印支期中性—酸性岩浆侵入活动较强烈,侵入岩以二长花岗岩、花岗闪长岩分布较广,其次有闪长岩、斜长花岗岩等,大部分呈岩基状。燕山期零星分布,呈小岩株状,岩性为花岗闪长岩及二长花岗岩体。碰撞环境的岩浆侵入作用形成铜、钨、金矿点,如显龙沟金钨矿床、夺确壳铜金矿床,个别矿区印支-燕山期石英斑岩(脉)体、石英闪长岩体/脉本身就是容矿岩石。晚三叠世陆相火山岩,大部分为中心式喷发,邻区相同层位中有陆相火山作用金矿床产出。

新生代,受近南北向断裂影响,形成一系列断续分布的断陷盆地,产出沉积型砂金矿床。

2. Ⅳ级成矿单元

根据成矿单元的划分原则,西秦岭成矿带进一步划分为谢坑-双朋西金成矿亚带Ⅳ12、瓦勒根-石藏寺金成矿亚带Ⅳ13共2个Ⅳ级成矿亚带。

1)谢坑-双朋西金成矿亚带(Ⅳ12)

该成矿亚带分布于青海省东部,向东延入甘肃省内。北起阿什贡、刚察,经隆务河、双朋西、同仁县,过多禾茂、卢丝奴卡,南至多松、科生,东至赛尔龙。南北长约220km,东西宽10~100km。

构造环境属陆块稳定区或残存于造山带的变质基底,以石炭纪—二叠纪地层为主,少量三叠纪地层,多为碳酸盐岩建造组合,缓坡—斜坡相、开阔台地相,鲕状灰岩、角砾状灰岩、竹叶状灰岩和灰质砾岩的出现,反映当时的水动力较强,除碳酸盐岩沉积外,还有少量陆源碎屑岩沉积。碳酸盐岩建造组合与后期中酸性侵入作用,形成一系列的矽卡岩型铜金多金属矿床,是该成矿亚带最显著的特点。

金矿资源比较丰富,共发现金矿床(点)15个。规模不大、分布相对集中。成矿类型简单,以矽卡岩型为主,岩浆热液型、沉积型次之。成矿时代主要为印支晚期—燕山早期、新生代。

与金矿有关的成矿地质事件有印支晚期—燕山早期被动陆缘环境矽卡岩铜金矿床、岩浆热液型金矿,新生代裂陷盆地沉积型砂金矿。

2)瓦勒根-石藏寺金成矿亚带(Ⅳ13)

该成矿亚带西起鱼卡北,经大柴旦镇北、宗务隆、生格,进入茶卡、共和市、贵南县、同德县,东至贵德县、河南县,南至玛沁县、浪日、西科河。东西长330~750km,南北宽10~220km。

三叠纪活动型沉积广布,为巨型浊流主导的沉积盆地,有利于金富集成矿,主要出露三叠系隆务河组、昌马河组、中三叠统古浪堤组。隆务河组是金的主要矿源层,光谱似定量分析金含量普遍较高,一般在$(1.2 \sim 91.3) \times 10^{-9}$之间,最高达$300 \times 10^{-9}$,动力变质叠加后,具有黄铁矿化、毒砂矿化、辉锑矿化等矿化。少量出露下—中侏罗统羊曲组,新近系临夏组。三叠纪浊流沉积过程中,泥质岩石富含有机碳或黄铁矿,岩浆活动尤其是侵入活动发育时,在盆地边缘或早期砂砾质高密度浊流沉积地段,形成富碳质低密度浊流沉积岩,多产出金矿产地。晚三叠世花岗闪长岩和岩脉产出的黑云母斜长花岗岩脉、花岗闪长岩脉,燕山期石英斑岩体等对金成矿具有重要的控制作用,在俯冲碰撞造山作用南北向挤压应力产生的纵向(东西向)断裂、节理裂隙和北西向断裂形成的断裂-裂隙系统中叠加富集。

金矿产资源丰富,共发现金矿床(点)30个,成矿类型以浅成低温热液型为主,岩浆热液型、砂矿型次之,成矿时期为印支晚期—燕山早期、新生代。

与金矿有关的成矿地质事件有与印支晚期—燕山早期弧后前陆盆地环境浊积岩有关的浅成低温热液金矿、岩浆热液型金矿,新生代裂陷盆地沉积型砂金矿。

第四节 巴颜喀拉成矿省

巴颜喀拉成矿省主体呈北西西向夹持于昆南断裂(F18)和可可西里南缘断裂(F27)之间,东、西两端延出省外。区内自然地理条件总体较差,属典型的大陆性气候。有国道 G109、G215,省道 S303,京藏铁路,交通较为便利。

对应大地构造单元为阿尼玛卿-布青山俯冲增生杂岩带(Ⅱ-2)、巴颜喀拉地块(Ⅲ-1)。阿尼玛卿-布青山俯冲增生杂岩带分为Ⅱ-2-1马尔争蛇绿混杂岩带(CP_2),呈北西西向或近东西向沿布喀达坂峰、东西大滩、布青山一带分布,夹持于昆南断裂(F18)和布青山南缘断裂(F19)之间,向西出省。巴颜喀拉地块分为Ⅲ-1-1玛多-玛沁前陆隆起(PT_{1-2})、Ⅲ-1-2可可西里前陆盆地(T_3)2个三级构造单元,北西西向夹持于布青山南缘断裂(F19)和可可西里南缘断裂(F27)之间。

金矿(包括砂金和共生的锑矿)是成矿省主要矿种、特色矿种,共发现金矿床(点)78个,其中岩金41个,砂金37个。岩金主要集中在大场一带,其次是甘德、久治一带;砂金在各个地区均有分布,比较分散,南部规模比较大。主要的成矿类型有含矿流体作用浅成中低温热液型、砂矿型,其次为岩浆热液型。成矿时代为三叠纪、第四纪。共求得上表岩金资源储量 136 181kg,砂金资源储量 28 319kg(表 2-14、表 2-15)。根据金矿床(点)的空间分布、矿产特征,结合大地构造环境、成矿作用,划分为巴颜喀拉金-(锑-钨-铜-钴)成矿带($Pz_2 Mz$、Cz)。

表 2-14 巴颜喀拉成矿省金矿床(点)特征一览表

序号	矿产地	矿种	矿床类型	规模	成矿时代	含矿地层/岩体	资源储量(kg)	平均品位(g/t)	成矿单元	构造单元	地区
1	黑海南	金	岩浆热液型	矿点	T	$T_{1-2}c$			Ⅳ14	Ⅱ-2-1	格尔木市
2	二道沟	金	岩浆热液型	矿点	T	$P_{1-2}s$			Ⅳ14	Ⅱ-2-1	格尔木市
3	亚日何师	金	岩浆热液型	小型	T	$P_{1-2}m$	220		Ⅳ14	Ⅱ-2-1	都兰县
4	琼走	金	岩浆热液型	矿点	T	$P_{1-2}m$			Ⅳ14	Ⅱ-2-1	都兰县
5	查干热各沟	金	岩浆热液型	矿点	T	$P_{1-2}m$			Ⅳ14	Ⅱ-2-1	都兰县
6	布青山	金	岩浆热液型	矿点	T	$P_{1-2}m$、$T_3\delta o$			Ⅳ14	Ⅱ-2-1	都兰县
7	马尼特	金	岩浆热液型	矿点	P	$P_{1-2}m$、$T_3\delta o$			Ⅳ14	Ⅱ-2-1	都兰县
8	哥日卓托	金铜	岩浆热液型	矿点	P	$P_{1-2}m$、$T_3\delta o$			Ⅳ14	Ⅱ-2-1	都兰县
9	东大滩	金锑	热液型	中型	T	$T_{1-2}c$	2548	3.74	Ⅳ15	Ⅲ-1-1	格尔木市
10	黑刺沟	金锑	热液型	矿点	T	$T_{1-2}c$			Ⅳ15	Ⅲ-1-1	格尔木市
11	黑刺沟南	金	热液型	矿点	T	$T_{1-2}c$			Ⅳ15	Ⅲ-1-1	格尔木市
12	藏金沟	金	热液型	矿点	T	$T_{1-2}c$			Ⅳ15	Ⅲ-1-1	格尔木市
13	西藏大沟南	金	热液型	矿点	T	$T_{1-2}c$			Ⅳ15	Ⅲ-1-1	格尔木市
14	照大额南	金	热液型	矿点	T	$T_{1-2}c$			Ⅳ15	Ⅲ-1-2	曲麻莱县
15	照大额北	金	热液型	矿点	T	$T_{1-2}c$			Ⅳ15	Ⅲ-1-1	曲麻莱县
16	加给陇洼	金	热液型	大型	T	$T_{1-2}c$	21 844	7.08	Ⅳ15	Ⅲ-1-1	曲麻莱县
17	扎拉依陇洼	金	热液型	矿点	T	$T_{1-2}c$			Ⅳ15	Ⅲ-1-1	曲麻莱县
18	格涌尕玛考	金	热液型	矿点	T	$T_{1-2}c$			Ⅳ15	Ⅲ-1-2	曲麻莱县

续表 2-14

序号	矿产地	矿种	矿床类型	规模	成矿时代	含矿地层/岩体	资源储量(kg)	平均品位(g/t)	成矿单元	构造单元	地区
19	灭格滩	金	热液型	矿点	T	$T_{1-2}c$			Ⅳ15	Ⅲ-1-1	曲麻莱县
20	稍日哦	金	热液型	小型	T	$T_{1-2}c$；$P_{1-2}mq$	4042	3.32	Ⅳ15	Ⅲ-1-2	曲麻莱县
21	扎拉依	金	热液型	小型	T	$T_{1-2}c$	1692	3.44	Ⅳ15	Ⅲ-1-1	曲麻莱县
22	大场	金	热液型	超大型	T	$T_{1-2}c$	83 482	2.95	Ⅳ15	Ⅲ-1-2	曲麻莱县
23	旁安	金	热液型	矿点	T	$T_{1-2}c$			Ⅳ15	Ⅲ-1-1	曲麻莱县
24	大东沟	金	热液型	小型	T	$T_{1-2}c$			Ⅳ15	Ⅲ-1-2	曲麻莱县
25	旁海	金	热液型	矿点	T	$T_{1-2}c$			Ⅳ15	Ⅲ-1-1	曲麻莱县
26	扎加同哪	金	热液型	大型	T	$T_{1-2}c$	21 795	2.97	Ⅳ15	Ⅲ-1-2	曲麻莱县
27	大场东	金	热液型	小型	T	$T_{1-2}c$、$P_{1-2}mq$			Ⅳ15	Ⅲ-1-1	曲麻莱县
28	阿棚鄂一	金	热液型	矿点	T	$T_{1-2}c$、$P_{1-2}mq$			Ⅳ15	Ⅲ-1-1	曲麻莱县
29	盖寺由池	金	热液型	矿点	T	$T_{1-2}c$			Ⅳ15	Ⅲ-1-2	曲麻莱县
30	错尼	金	热液型	矿点	T	$T_{1-2}c$			Ⅳ15	Ⅲ-1-2	玛多县
31	上红科	金	岩浆热液型	矿点	T	T_3q			Ⅳ15	Ⅲ-1-2	达日县
32	都曲	金	热液型	矿点	T	T_2gd、$T_3\pi\gamma\delta$			Ⅳ15	Ⅲ-1-2	达日县
33	东乘公麻	金	岩浆热液型	小型	T	$T_{1-2}c$、$T_3\pi\eta\gamma$	558	4.98	Ⅳ15	Ⅲ-1-1	甘德县
34	达卡	金	热液型	矿点	T	T_3q			Ⅳ15	Ⅲ-1-2	班玛县
35	青珍	金	岩浆热液型	矿点	T	$P_{1-2}mq$、$T_3\gamma o\pi$			Ⅳ15	Ⅲ-1-1	甘德县
36	灯朗	金	热液型	矿点	T	$P_{1-2}mq$			Ⅳ15	Ⅲ-1-1	久治县
37	果尔那契	金	热液型	矿点	T	$T_{1-2}c$			Ⅳ15	Ⅲ-1-1	久治县
38	牙扎康赛	金	热液型	矿点	T	T_3q			Ⅳ15	Ⅲ-1-2	曲麻莱县
39	贡果亚陇	金	热液型	矿点	T	T_3q			Ⅳ15	Ⅲ-1-2	曲麻莱县
40	扎开陇巴	金	热液型	矿点	T	T_3q			Ⅳ15	Ⅲ-1-2	曲麻莱县
41	巴颜喀拉山	金	热液型	矿点	T	$T_{1-2}gd$、$T_3\gamma\delta$			Ⅳ15	Ⅲ-1-2	称多县
	合计(上表岩金资源储量)						136 181				
42	黄土岭	金	砂矿型	矿点	Q	Q			Ⅳ14	Ⅱ-2-1	治多县
43	分水岭	金	砂矿型	矿点	Q	Q			Ⅳ14	Ⅱ-2-1	格尔木市
44	加曲腾	金	砂矿型	矿点	Q	Q			Ⅳ15	Ⅲ-1-1	曲麻莱县
45	索哇日	金	砂矿型	矿点	Q	Q			Ⅳ15	Ⅲ-1-2	曲麻莱县
46	大场	金	砂矿型	中型	Q	Q	2676	0.45	Ⅳ15	Ⅲ-1-1	曲麻莱县
47	多熊沟	金	砂矿型	小型	Q	Q			Ⅳ15	Ⅲ-1-1	曲麻莱县
48	格香高奥	金	砂矿型	矿点	Q	Q			Ⅳ15	Ⅲ-1-1	曲麻莱县
49	扎血九日	金	砂矿型	矿点	Q	Q			Ⅳ15	Ⅲ-1-1	曲麻莱县
50	玛卡日埃	金	砂矿型	矿点	Q	Q			Ⅳ15	Ⅲ-1-2	曲麻莱县
51	扎木吐	金	砂矿型	矿点	Q	Q			Ⅳ15	Ⅲ-1-1	都兰县
52	多曲	金	砂矿型	矿点	Q	Q			Ⅳ15	Ⅲ-1-2	玛多县

续表 2-14

序号	矿产地	矿种	矿床类型	规模	成矿时代	含矿地层/岩体	资源储量(kg)	平均品位(g/t)	成矿单元	构造单元	地区
53	康前	金	砂矿型	矿点	Q	Q			Ⅳ15	Ⅲ-1-1	玛多县
54	赠木达	金	砂矿型	矿点	Q	Q			Ⅳ15	Ⅲ-1-1	玛多县
55	柯尔咱程	金	砂矿型	中型	Q	Q	2704	0.86	Ⅳ15	Ⅲ-1-1	玛多县
56	清水川	金	砂矿型	矿点	Q	Q			Ⅳ15	Ⅲ-1-1	玛多县
57	达洼曲	金	砂矿型	矿点	Q	Q			Ⅳ15	Ⅲ-1-1	玛多县
58	嘎玛勒曲	金	砂矿型	小型	Q	Q	106		Ⅳ15	Ⅲ-1-1	玛多县
59	康浪沟	金	砂矿型	矿点	Q	Q			Ⅳ15	Ⅲ-1-2	达日县
60	多卡	金	砂矿型	中型	Q	Q	3461	0.60	Ⅳ15	Ⅲ-1-2	玛多县
61	达卡	金	砂矿型	小型	Q	Q			Ⅳ15	Ⅲ-1-2	玛多县
62	吉卡	金	砂矿型	中型	Q	Q	3878	0.27	Ⅳ15	Ⅲ-1-2	玛多县
63	兴军山	金	砂矿型	矿点	Q	Q			Ⅳ15	Ⅲ-1-2	治多县
64	长梁下	金	砂矿型	矿点	Q	Q			Ⅳ15	Ⅲ-1-2	治多县
65	直达曲	金	砂矿型	小型	Q	Q	430		Ⅳ15	Ⅲ-1-2	曲麻莱县
66	扎日尕那曲	金	砂矿型	矿点	Q	Q			Ⅳ15	Ⅲ-1-2	曲麻莱县
67	白的口	金	砂矿型	小型	Q	Q			Ⅳ15	Ⅲ-1-2	曲麻莱县
68	野草滩	金	砂矿型	矿点	Q	Q			Ⅳ15	Ⅲ-1-2	曲麻莱县
69	拉浪情曲	金	砂矿型	小型	Q	Q	243		Ⅳ15	Ⅲ-1-2	称多县
70	折尕考	金	砂矿型	小型	Q	Q	890	0.42	Ⅳ15	Ⅲ-1-2	曲麻莱县
71	布曲	金	砂矿型	小型	Q	Q	1085	0.53	Ⅳ15	Ⅲ-1-2	曲麻莱县
72	德曲	金	砂矿型	小型	Q	Q	1102		Ⅳ15	Ⅲ-1-2	称多县
73	扎朵	金	砂矿型	大型	Q	Q	8222	0.31	Ⅳ15	Ⅲ-1-2	称多县
74	解吾曲上游	金	砂矿型	矿点	Q	Q			Ⅳ15	Ⅲ-1-2	称多县
75	多曲	金	砂矿型	中型	Q	Q	3396	0.60	Ⅳ15	Ⅲ-1-2	称多县
76	扎曲	金	砂矿型	矿点	Q	Q			Ⅳ15	Ⅲ-1-2	称多县
77	莫洼涌	金	砂矿型	小型	Q	Q	126		Ⅳ15	Ⅲ-1-2	称多县
合计（上表砂金资源储量）							28 319				

表 2-15 巴颜喀拉成矿省典型矿床基本特征一览表

矿产地	矿体特征	地质特征
马尼特	矿体13个，长度145～335m，厚度0.15～0.93m，似层状。矿石矿物有黄铁矿、磁黄铁矿、赤铁矿、钛铁矿、黄铜矿，似斑状、自形—他形晶粒结构，细脉状、浸染状、网脉状、脉状、土状构造。围岩蚀变为绢云母化、硅化、碳酸盐化、绿泥石化、黄铁矿化	出露下二叠统布青山群下岩组和中岩组，含矿岩性为下岩组黑云母堇青石角岩夹板岩、大理岩。北西向、北东向断裂发育，北西向为区域性压扭性断裂，其他次级断裂规模不大但含矿。侵入岩以海西期闪长岩、闪长玢岩等中酸性岩为主，北西向、北东向产出，见斜长花岗岩脉、花岗斑岩脉

续表 2-15

矿产地	矿体特征	地质特征
亚日何师	金矿体14个,长度80~440m,厚度1~4.14m,平均品位1.1~16.91g/t,薄层状或似板状。矿石结构呈自形—半自形—他形粒状、碎裂结构,浸染状、角砾状、斑杂状构造。矿化蚀变为褐铁矿化、黄铁矿化、孔雀石化、硅化、碳酸盐化、高岭土化、绢-白云母化、青磐岩化	出露二叠系马尔争组中段灰白色微晶灰岩、泥晶灰岩、浅灰色碎裂灰岩。北西向、北东向断裂发育,北西向断裂为控矿构造,具有多期复活特征。侵入岩不发育,以印支期为主,呈小岩株状、岩脉形式产出,主要为中—细粒花岗斑岩、粗粒花岗斑岩、花岗细晶岩,中—细粒花岗斑岩含矿
加给陇洼	金矿体39个,长度100~1290m,厚度0.35~7.93m,平均品位1~23.5g/t。矿石矿物有自然金、黄铁矿、毒砂、辉锑矿、黄铜矿、方铅矿、闪锌矿,他形粒状、鳞片状、交代结构,浸染状、脉状、角砾状构造。围岩蚀变为硅化、绢云母化、碳酸盐化	出露三叠系巴颜喀拉山群砂板岩。区域性复合逆断裂带通过,褶皱核部由二叠纪地垒状断块组成,两翼三叠系发育复杂的塑性揉皱构造。区内无岩体侵入,石英脉发育。以区域变质作用为主,局部叠加动力变质。成矿年龄(含金石英脉 Pb-Pb 年龄)187Ma(边飞,2013)
大东沟	金矿体59个,长度40~1410m,厚度0.7~6.12m,平均品位3.53g/t。矿石矿物有黄铁矿、毒砂、辉锑矿,自形—半自形—他形粒状、碎裂结构,块状、角砾状、细脉状、浸染状构造。围岩蚀变为绢云母化、硅化、碳酸盐化	出露三叠系巴颜喀拉山群中—细粒长石石英砂岩和粉砂岩,泥质板岩,沉积韵律明显,具类复理石沉积特点。主体构造呈北西西-南东东向。未见岩浆岩体出露,石英脉发育
稍日哦	金矿体34个,长度250~1600m,厚度0.96~4.70m,平均品位1.00~8.67g/t。矿石矿物有黄铁矿、毒砂、辉锑矿,柱状、半自形—他形粒状、压碎、斑状、穿插、包含结构,星点状、浸染状构造。围岩蚀变为绢云母化、硅化、碳酸盐化	出露三叠系巴颜喀拉山群昌马河组和二叠系马尔争组,侵入岩不发育,火山岩少量分布。变质程度较低
扎拉依	金矿体17个,长度100~1180m,厚度0.39~10.19m,平均品位1.08~21.45g/t。矿石矿物有黄铁矿、毒砂、辉锑矿,柱状、半自形—他形粒状、压碎、斑状、穿插、包含结构,星点状、浸染状构造。围岩蚀变为绢云母化、硅化、碳酸盐化	出露三叠系巴颜喀拉山群昌马河组、二叠系马尔争组,侵入岩不发育,火山岩少量分布。变质程度较低
东大滩	金锑矿体9个,金矿体12个。长度50~200m,厚度0.80~11.21m,平均品位:Au 1.67~11.47g/t,Sb 2.59%~23.60%。矿石矿物有黄铁矿、毒砂、辉锑矿,鳞片变晶、碎裂、交代结构,浸染状、千枚状、片状构造。围岩蚀变为绢云母化、硅化、碳酸盐化、泥化	出露三叠系巴颜喀拉山群砂岩板岩组和砂岩组。层间破碎带控矿,带内石英脉发育。褶皱,规模较小,表现为紧闭线性褶曲。岩浆活动微弱,仅见有规模极小的少量花岗斑岩脉、石英斑岩脉等
东乘公麻	金矿体18个,主矿体长度1700m,厚度10.98m,平均品位3.54g/t。矿石矿物有黄铁矿、毒砂、辉锑矿,半自形—自形—他形粒状、胶状结构,浸染状、星点状、细脉状构造。围岩蚀变为角岩化、硅化、碳酸盐化、绢云母化	出露中元古界、下二叠统布青山群、三叠系。北西向区域性断裂和复式褶皱发育,伴生次级构造。印支-燕山期似斑状黑云母石英二长岩、二长花岗岩发育
柯尔咱程	砂金矿体3个,主矿体长度407.4m,宽度218m,厚度4.12m,平均品位1.929 5g/m³。砂金呈亮金黄色、浅黄色,表面有擦痕,见金包石英、含金石英脉。伴生金属矿物为赤铁矿、磁铁矿	出露三叠系巴颜喀拉山群、中生代中酸性侵入岩、第四纪晚更新世洪积冲积黏土砂砾石层及全新世洪积、冲积砂砾层。砂金分布于河流东、西两岸阶地及现代河床河漫滩中

续表 2-15

矿产地	矿体特征	地质特征
清水川	砂金矿体6个,主矿体长度330m,宽度20m,厚度1.2m,平均品位2.505g/m³。砂金呈金黄色,片状、条状、粒状、棒状、饼状。金粒最大2.2mm×1.3mm。金成色较好,平均992.8‰。伴生矿物有磁铁矿、石榴石、黄铁矿、金红石	处于河谷上游开阔区,中游收缩变窄,形成漏斗状汇水域之细颈段,第四纪松散堆积物有自更新统至全新统及人工堆积物。河漫滩与河床混然一体,沉积物以冲积为主,河床两侧Ⅰ级、Ⅱ级阶地为砂金的主要赋存部位
大场	金矿体57个,主矿体长度1826m,厚度4.18m,平均品位3.10g/t。矿石矿物有黄铁矿、毒砂、辉锑矿,角砾状、碎裂、变余砂状/泥质、显微鳞片变晶结构,块状、角砾状、细脉状、浸染状构造。围岩蚀变为绢云母化、硅化、碳酸岩盐化	出露三叠系巴颜喀拉山群昌马河组类复理石建造的浊流相沉积岩系,沉积韵律较明显。甘德-玛多区域性深大断裂通过矿区并发育含矿次级断裂、层间破碎带。背斜两翼次级褶曲发育。火山岩呈夹层赋存于二叠系马尔争组。成矿年龄(221.1±4.0)锆石U-Pb(边飞,2019)
格涌尕玛考	金矿(化)体8个,资源量1.97t。矿石矿物有黄铁矿、毒砂、辉锑矿,自形—半自形—他形粒状、碎裂结构,块状、角砾状、细脉状、浸染状构造。围岩蚀变主要有为绢云母化、硅化、碳酸盐化	出露二叠系马尔争组、巴颜喀拉山群昌马河组岩屑长石砂岩、长石石英砂岩夹泥质板岩、千枚岩。北西向、北北西向断裂发育,次级断裂、节理、裂隙普遍。发育北西向次级断裂。火山岩以中基性熔岩为主,局部少量火山碎屑岩
扎家同哪	金矿体139个,长度44～1135m,厚度0.79～9.19m,平均品位3.20g/t。矿石矿物有自然金、黄铁矿和毒砂,柱状、半自形—他形粒状、交代结构,浸染状、细脉状构造。围岩蚀变为硅化、绢云母化、碳酸盐化	出露三叠系巴颜喀拉山群昌马河组浊积岩。受甘德-玛多区域性深大断裂影响,发育两组次级断裂。常见小褶曲。火山岩夹层或残留体分布在二叠系布青山群马尔争组中
多卡	砂金矿体13个,主矿体长度11 050m,宽度105m,厚度6.05m,平均品位0.508g/m³,砂金呈片状、板状、粒状、棒状。粒径平均1.15mm,以0.25～2mm为主。砂金成色920‰	砂金赋存于河谷第四纪河漫滩冲积砂砾层底部及河谷两侧阶地
达卡	砂金矿体10个,长度300～11 050m,宽度20～127.24m,厚度0.2～0.8m,平均品位0.3～4.10g/m³。砂金呈片状、板状、粒状、棒状	砂金分布在主河谷冲积层及两岸低级阶地上,以冲积河谷砂矿(河漫滩型)最重要
吉卡	砂金矿体7个,长度143～13 764m,宽度20～96.34m,厚度2.21～14.64m,平均品位0.238 8～1.271 2g/m³。砂金呈片状、粒状、板状、条状、棒状、块状	第四系十分发育,有中更新世冰碛层或冰水堆积层、晚更新世洪冲积层和全新世冲积层、洪积层和残坡积层。河谷两侧台坡发有Ⅰ～Ⅵ级阶地,河漫滩为主要含金层,Ⅰ级阶地含金较好
拉浪情曲	砂金矿体2个,长度600～8180m,宽度30～53.55m,厚度1.2～2.17m,平均品位0.201 4～0.364 9g/m³。金粒呈片板状,粒径0.5～2mm居多。金成色较高,平均973.9‰	出露三叠系巴颜喀拉山群、新近系、第四系。第四系为冲积、洪积、冰积和冰水碛。砂金产于拉浪情曲河谷河床、河漫滩中,各级阶地未见
多曲	砂金矿体7个,长度600m,宽度31m,厚度1.1m,平均品位0.063～3.55g/m³。自然金呈片状、条状、板状、粒状。粒径0.25～1mm,成色较高	砂金产于现代河床、河漫滩冲积层中,主要赋存于冲积物含黏土砂砾层的底部和基岩面上部的残积层中,有较稳定的含金层位

续表 2-15

矿产地	矿体特征	地质特征
马兰山	金矿体1个,长度80m,厚度1m,平均品位:Au 2.26g/t,Ag 3.03g/t,Sb 0.16%。矿石矿物有辉锑矿、黄铁矿。矿化蚀变为硅化、高岭土化、黄铁矿化、黄钾铁矾化	出露三叠系巴颜喀拉山群砂板岩、板岩。北东东向断裂通过,北西向挤压断裂为主要控矿构造。岩浆岩有黑云母花岗岩、二长花岗斑岩,基性、中性及中酸性岩脉。成矿年龄(192.4±6.27)Ma/Rb-Sr(边千韬,1994)
上红科	金矿体25个,长度54~240m,厚度1~4.62m,Au品位1.54~5.06g/t。矿石矿物有钛铁矿、毒砂、黄铁矿,碎裂、糜棱结构,角砾状、团块状构造,矿化蚀变为黄铁矿化、绢云母化、绿泥石化、硅化	出露三叠系巴颜喀拉山群碎屑岩。褶皱、断裂十分发育,对中酸性岩浆侵入活动、变质作用、成矿作用控制明显。印支期—燕山期岩浆活动较弱,见中酸性侵入岩体
直达曲	主矿体长度6965m,宽度140m,厚度3m,品位0.070 5~2.327 9g/m³。砂金呈片状、板状,中—细粒,成色900‰	出露第四纪全新世洪坡积、洪积、湖积及冲积。砂金分布于直达曲中游地段,赋存于现代河床、河漫滩及Ⅰ级阶地堆积物中
白的口	砂金矿体长度15 915m,宽度114m,厚度8.5m,平均品位0.212 6g/m³。自然金呈片状、板状、粒状、条状,纯度高,成色在900‰以上	第四纪沉积类型有冲积、洪积和洪坡积,冲积物可分为Ⅰ级阶地冲积和河漫滩冲积。砂金赋存于现代河床、河漫滩下部冲积物
折尕考	砂金矿体8个,长度2900~4960m,宽度55.58~88.77m,厚度2.88~4.47m,平均品位0.412 9~0.424 8g/m³	地处通天河中游中大起伏高山河谷区,第四纪冲积、洪积发育,砂金赋存于河漫滩冲积层
扎朵	砂金矿体5个,长度435~14 482m,宽度27.47~80.38m,厚度6.2~9.53m,平均品位0.127 4~0.560 1g/m³。自然金以片板状为主。成色高于900‰	地处通天河高山河谷区,发育晚更新世—全新世冲积物。上更新统构成上游Ⅵ级阶地,全新统构成Ⅰ~Ⅲ级阶地及河漫滩。砂金赋存于主沟谷地第四纪冲积层下部,部分呈透镜状产于中部
布曲	砂金矿体3个,长度800~8160m,宽度24.47~40m,厚度3.95~8.95m,平均品位0.236 9~0.861 0g/m³。砂金呈片状、棒条状、粒状。粒径0.99mm。成色987.279‰	出露三叠系巴颜喀拉山群清水河组,上覆新近纪紫红色砂岩、砂砾岩,地貌上山势高耸,沟谷纵横,树枝状水系发育。河谷中第四纪冲积、洪积发育,砂金赋存于河漫滩冲积层中

巴颜喀拉金-(锑-钨-铜-铅)成矿带

(一)基本情况

西从青新边界布喀达坂峰、巍雪山、长蛇岭,北以昆南断裂为界,经分水岭、黑山、唐格乌拉山、布青山,至阿尼玛卿山德尔尼一带;南以可可西里南缘断裂为界,经可可西里山、勒玛曲、治多、歇武;向东延入甘肃省境内。长1200km,宽110~270km。

矿产资源丰富,但类型比较单一。已发现的金属矿产有金、锑、铁以及稀有金属锂、铌钽等;非金属矿产有盐矿、水晶、石榴石、电气石、白云母和石膏;岩石(土)类非金属矿产有泥炭、黏土;水气矿产有地下水和矿泉水；能源矿产以地下热水为主。累计发现各类矿产地 217 个，其中超大型矿床 1 个，大型矿床 5 个，中型矿床 7 个，小型矿床 44 个，矿点 164 个。重要矿床类型有海相火山岩型、岩浆热液型、浅成中—低温热液型，主要类型有生物化学沉积型，其余为接触交代型、岩浆型、受变质型、砂矿型、化学沉积型、蒸发沉积型、云英岩型、伟晶岩型、陆相火山岩型。海西期—喜马拉雅期均有成矿，主要是海西期、印支期、喜马拉雅期。

（二）成矿地质条件

1. 含矿建造及赋矿地层

元古宇出露宁多岩群（$Pt_1^2N.$），未见金矿化线索。宁多岩群，浅海相沉积，岩性为白云母石英片麻岩、白云母斜长片麻岩、二云斜长片麻岩、黑云石英片麻岩、二云石英片岩、绿泥石英片岩、黑云斜长片麻岩，少量辉石变粒岩等。

1）上古生界与成矿

上古生界出露二叠系树维门科组（$P_{1-2}\hat{s}$）、格曲组（P_3g），岩性特征见前述。石炭纪—中二叠世经历了裂陷活动型沉积、海底火山喷发和基性、超基性岩体侵位，进入晚二叠世，形成海西晚期褶皱带（含同褶皱期花岗岩类岩浆侵入活动）。阿尼玛卿地区有以断块形式出现的古元古代变质岩系（Pt_1）云母质、角闪质、长英质等组分的片岩、片麻岩夹石英岩、大理岩。石炭系在德尔尼一带出露，由槽型海相沉积的砂岩、灰岩、火山岩组成。二叠系分布最广，主要由碎屑岩夹灰岩、火山岩组成，广泛分布蛇绿岩，镁铁—超镁铁质岩以及玄武岩的产出非常广泛，均呈构造岩块产于复理石基质中，典型亏损型洋中脊的特点说明晚古生代洋盆经历了比较充分的扩张，容易形成海相火山岩型铜钴金矿床。

2）中生界与成矿

中生界出露三叠系巴颜喀拉山群（$T_3B.$）、下大武组（$T_{1-2}xd$），侏罗系年宝组（J_1n）、羊曲组（$J_{1-2}yq$）（图 2-10）。巴颜喀拉山群，浅海—半深海相，分为 3 个组：昌马河组（$T_{1-2}\hat{c}$），灰色、灰绿色、黄褐色中粒岩屑长石砂岩、长石石英砂岩、岩屑石英砂岩和深灰—灰黑色粉砂岩质板岩、泥质板岩，薄层灰岩、含砾砂岩、细砾岩、中酸性火山岩和沉凝灰岩等。甘德组（T_2gd），灰色、灰绿色、黄褐色中层状中细粒石英砂岩、长石石英砂岩、岩屑砂岩、岩屑石英砂岩夹深灰—灰黑色粉砂岩质板岩、泥钙质板岩、粉砂岩，偶夹中薄层灰岩、含砾砂岩、细砾岩、火山岩；清水河组（T_3q），灰色、灰绿色、灰黄褐色长石砂岩、岩屑砂岩、石英砂岩、深灰色、灰黑色粉砂岩质板岩、泥钙质板岩，偶夹薄层灰岩、含砾砂岩、细砾岩、安山岩透镜体。下大武组，潮坪—台地相，包括 3 个岩段：砂砾岩段，灰色、灰绿色砾岩、岩屑长石石英砂岩夹板岩；火山岩段，灰色、灰绿色安山玄武岩、玄武岩、酸性熔岩、中酸性凝灰岩、流纹质角砾熔岩、糜棱岩夹砂岩、板岩、砾岩；砂岩页岩段，灰色中粒长石砂岩夹灰岩、粉砂岩、粉砂质板岩、复成分砾岩、凝灰岩。年宝组，湖泊相，灰色、浅灰色含砾岩屑石英砂岩、岩屑石英砂岩及复成分砾岩夹可采煤层，向下过渡为浅灰黄色、灰绿色、灰紫色安山岩、流纹岩、酸性凝灰熔岩，褐色角砾状碎裂酸性熔岩，深灰色变酸性火山角砾熔岩，浅灰色、灰白色酸性火山角砾岩，灰色、深灰色、灰紫色孔雀石化、黄铁矿化酸性含火山角砾玻屑熔岩、凝灰岩夹含煤碎屑岩，底部为火山角砾岩。

三叠纪为周缘前陆盆地环境，火山-沉积岩系原应为被动陆缘环境，后经吕梁-晋宁期动力热变质作用，形成一套以低角闪岩相为主的中低级变质杂岩，局部可能为受后期伸展作用控制的变质核杂岩。稳定型陆棚浅海相盖层沉积，出露巴颜喀拉山群昌马河组、清水河组，主要由类复理石火山岩夹碳酸盐岩组成，经历了区域变质作用和动力变质作用，水部分来自大气降水，部分来自变质水（地层脱水），金锑成矿元素背景含量高。

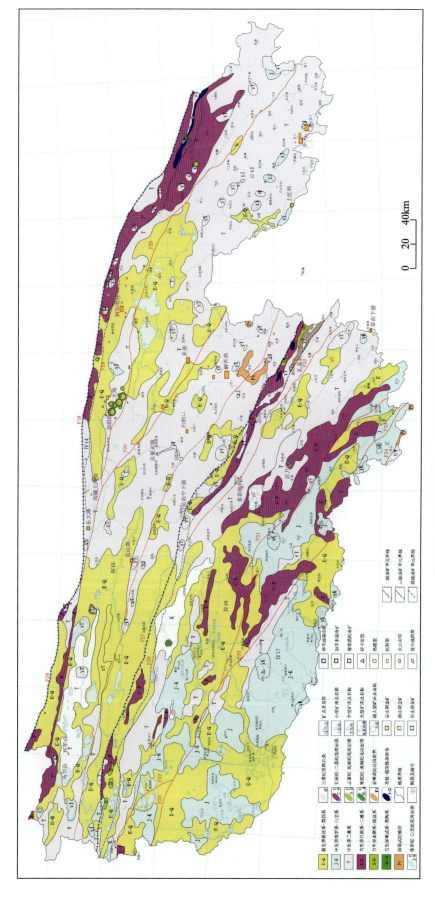

图 2-10 巴颜喀拉成矿省、三江成矿省成矿单元划分图

3) 新生界与成矿

新生界出露沱沱河组（$E_{1-2}t$）、雅西措组（E_3N_1y）、五道梁组（N_1w）、查保马组（N_1c）、湖东梁组（$N_{1-2}h$）、曲果组（N_2q）、羌塘组（Qp_1qt）。湖东梁组，河湖相，灰色流纹英安岩、灰色、浅肉色流纹岩，浅灰绿色霏细岩、流纹质（隐爆）角砾熔岩、次流纹岩、次粗面英安岩。羌塘组，河—湖泊相，下部为灰色、浅橘红色砾岩、含砾中粗粒砂岩夹泥质条带，上部为灰色、橘黄色泥岩、细砂岩、粉砂、亚黏土、亚砂土夹砾岩、铁质结核、石膏及砂砾岩。其他组岩性特征见前述。

白垩纪断陷盆地和新近纪走滑拉分盆地内广泛发育第四系，主要为晚更新世—全新世冰水、冲洪积、湖相化学沉积，众多的流域中均能发现砂金矿床（点）。

2. 构造与成（控）矿

昆南断裂（F18）、布青山南缘断裂（F19）、昆仑山口-甘德断裂（F25）、卡巴纽尔多-鲜水河断裂（F26）、可可西里南缘断裂（F27）共5条区域性断裂呈北西西向展布。F18、F27为成矿带的边界断裂。F19控制了马尔争组基性和超基性岩、蛇绿混杂岩成带分布，产出海相火山岩型金矿，以德尔尼铜钴金矿床为代表。F25夹持有马尔争组呈断块产出，断裂及其派生的北西西向和北东向为主的次级断裂组成就了大场金矿田。F26形成于印支期，现今仍在活动，早期深层次韧性剪切向后期浅层次脆性破裂转变过程中发生右行逆冲及走滑，两侧地层被牵引变形，与上层次级滑脱面一起组成一个上陡下缓的浅层次逆冲滑脱带，形成成群、成束的次级容矿断裂。F27展布方向上有蛇绿岩、蛇绿混杂岩及基性、超基性岩成群成带分布，分布有少量岩浆热液型金矿点。金矿体主要分布于北西向次级断裂破碎带中，严格受断层破碎带的控制，断裂破碎带的出露范围基本框定了矿化带的范围，说明北西向断裂构造破碎带不仅为矿物质的活动、沉淀提供了最有利的空间和位置，同时也是成矿最重要的容矿构造。

褶皱以背斜为基础，同褶皱期走向断裂发育，构造线与边界断裂斜交，在交会部位常有同造山期和期后的花岗岩体产出，形成了成矿和聚矿的有利环境。

3. 岩浆作用与成矿

火山喷发活动从元古宙一直到新生代均有分布，经历了四堡、加里东、海西-印支、燕山-喜马拉雅4个旋回。四堡旋回、加里东旋回及海西-印支旋回以海相喷发为主，喷溢相、爆溢相、爆发崩塌相、爆发空落相、俯冲、弧前增生楔、洋岛、陆缘裂谷环境等均发育。海西-印支旋回表现为陆内裂谷环境裂隙式喷发，岩性为一套基性喷出岩，含有磁铁矿、黄铁矿、黄铜矿、方铅矿、毒砂等副矿物，石英碎斑包裹体测定，含矿流体 $H_2O-NaCl-CO_2$ 主要与岩浆热液有关，金矿石中铂的存在，说明岩浆活动来自深源。印支期—喜马拉雅期以陆相喷发为主，喷溢相、潜火山相、爆溢相、爆发空落相，构造环境为前陆盆地、后碰撞、大陆伸展、稳定陆块。

岩浆侵入活动分布在四堡-震旦旋回、加里东旋回、海西旋回、印支旋回、燕山旋回5个旋回中。四堡-震旦旋回侵入岩，蓟县纪为稳定陆块、洋俯冲环境，超基性杂岩组合、SSZ型蛇绿岩组合，拉斑玄武岩系列；青白口纪为同碰撞环境，强过铝质花岗岩组合，过铝质钙碱性系列。加里东旋回，为同碰撞、洋俯冲环境，高钾、钙碱性、强过铝质、TTG花岗岩组合，钙碱性系列。海西旋回，洋俯冲、大洋、后造山、后碰撞环境，TTG、G_1G_2、钙碱性、过铝质高钾、强过铝质花岗岩组合及MORS型蛇绿岩组合。印支旋回，洋俯冲、后碰撞环境，G_1G_2、TTG、高钾钙碱性花岗岩组合。喜马拉雅旋回，后碰撞、后造山高钾钙碱性、过铝质高钾、过碱性—钙碱性花岗岩组合。

金矿床（点）主要分布在东段，尤其是蛇绿混杂岩内，与金成矿有关的As、Sb、Hg等元素背景值较高。基性、超基性、中性—酸性岩浆侵入活动、火山喷发活动都有。基性、超基性岩二者紧密伴生，断续集中成群分布，以超基性岩为主，侵位于石炭系、三叠系，岩体展布与区域构造线方向一致；中性—酸性侵入岩有印支期花岗闪长岩、斜长花岗岩、闪长岩，分布零散，规模小，呈岩株产出，主要侵位于二叠系，个别侵位于石炭系，岩体展布总体北西向。岩浆活动提供了有利的热（液）源条件，岩浆岩本身也是金的携带者。

4. 变质作用与成矿

印支期为最晚的一期区域变质作用，中元古代为高绿片岩相区域动力热流变质作用和低绿片岩相区域低温动力变质作用的分界，共形成了11个变质岩岩石构造组合类型。古元古代—中元古代早期为区域动力热流变质作用，角闪岩相—高绿片岩相、中低压相系变质。中元古代—印支期为区域低温动力变质作用，低绿片岩相、低压相系变质为主，晚古生代中晚期为中高压相系变质。青海省特色的含矿流体作用成矿过程中，该期变质作用很重要。

（三）区域成矿规律

1. 构造演化与成矿地质事件

元古宙变质岩系、中—上奥陶统等以基底残块形式出现。

晚古生代，特提斯洋演化进入衰退期。二叠纪弧火山岩等标志着弧盆系开始。中晚二叠世进入碰撞构造期。

三叠纪，周缘前陆盆地环境，继承于被动陆缘环境，吕梁-晋宁期动力热变质作用形成火山-沉积岩系。成矿作用始于海西-印支早期，印支晚期达到高峰，是主要成矿期。早中三叠世古特提斯洋衰退进入残留洋演化时期，残留洋盆大规模的俯冲消减持续到晚三叠世早期，发育俯冲期花岗岩组合，岛弧、陆缘弧、岩浆弧环境。晚三叠世主体进入碰撞构造期，很有可能延续到白垩纪，使青海省主体由大洋岩石圈转变为大陆岩石圈构造体制，主洋域南移至班公湖-怒江和雅鲁藏布江特拉斯。该期幔源岩浆活动上侵带来丰富的成矿流体，发生了规模巨大的成矿作用，大量的岩浆热液与围岩发生萃取，在断层破碎带等有利空间形成金、锑矿体（如大场金矿床、东大滩锑金矿床），与碳酸盐岩接触形成矽卡岩型矿床，含矿热液在特定地段分异形成热液型矿床。

新生代阶段，青藏高原构造格架基本形成，尤其是喜马拉雅运动的第三幕——青藏运动（李吉均等，2001，2013，2015），使青藏高原整体性和阶段性强烈崛起，造山带复活再生并向盆地方向推覆成盆，盆山耦合，在高原北缘发展壮大形成了一系列走滑拉分盆地，在高原的南部伴有中—上新世钾玄质—高钾钙碱性后造山火山喷发。第四纪随着地壳的运动抬升、风化、侵蚀，流水、冰川等剥蚀作用，在河谷中发育晚更新世—全新世冰水、冲洪积、湖相化学沉积等，砂金富集成矿。

巴颜喀拉成矿带成矿要素见表 2-16。

表 2-16 巴颜喀拉成矿带金成矿要素表

区域成矿要素		描述内容
成矿地质环境	大地构造位置	阿尼玛卿-布青山俯冲增生杂岩带、巴颜喀拉地块
	主要控矿构造	北西向区域性断裂控制矿床（点分布），与次级断裂带交会部位成矿最有利
	含矿建造	二叠系布青山群马尔争组浅海相火山岩-碎屑岩建造。三叠系隆务河组浅海相浊积岩建造
	控矿侵入岩	加里东期和印支期蛇纹岩、蛇纹石化橄榄岩、纯橄榄岩、角闪辉石岩，印支期花岗岩
	区域变质作用及建造	区域变质程度较低，属低绿片岩相变质建造，岩体接触带局部发育低角闪岩相

续表 2-16

区域成矿要素		描述内容
成矿地质特征	海相火山岩型	
	矿床式	德尔尼式铜钴(金)矿
	含矿建造	二叠系布青山群马尔争组($P_{1-2}m$)浅海相火山岩-碎屑岩建造
	控矿构造	昆南逆冲走滑构造带及次级断裂带
	矿石建造	黄铁矿、磁黄铁矿、黄铜矿、闪锌矿、磁铁矿、镍钴黄铁矿等
	围岩蚀变	蛇纹石化、碳酸盐化为主,绿泥石化、绿帘石化、金云母化、滑石化、钠闪石化、硅化次之
	含矿流体作用热液型	
	矿床式	大场式金矿、东大滩式金锑矿
	含矿建造	三叠系巴颜喀拉山群昌马河组和甘德组砂岩、板岩建造
	控矿构造	昆仑山口-甘德断裂及次级断裂
	矿石建造	自然金-辉锑矿等
	围岩蚀变	硅化、绿泥石化、碳酸盐化、褐铁矿化
	岩浆热液型	
	矿床式	东乘贡玛式金矿
	控矿构造	北西向及次级断裂形成的破碎蚀变带
	岩浆岩	印支期花岗岩
	围岩蚀变	黄铁矿化、硅化、绢云母化、辉锑矿化

2. Ⅳ级成矿单元

根据成矿单元的划分原则,巴颜喀拉成矿带进一步划分为阿尼玛卿金-(铜-钴)成矿亚带(Ⅳ14)、巴颜喀拉金成矿亚带(Ⅳ15)共2个Ⅳ级成矿亚带。

1)阿尼玛卿金-(铜-钴)成矿亚带(Pz_2、Cz)(Ⅳ14)

该成矿亚带西从青海—新疆边界,向东经布喀达坂、秀沟(野牛沟)南,布青山至阿尼玛卿山以东延入甘肃省境内。在东经93°26′22″—94°30′20″间,由于断裂破坏而间断,分成东、西两段:西段由青海—新疆边界至秀沟(野牛沟)源头,黑海以东、博卡雷克塔格东端,长约215km,宽约20km,面积约7036km^2。东段西起纳赤台以南的布青山主脊,沿阿尼玛卿山延入甘肃境内,长约600km,宽约15km,面积约10 517km^2。

对应马尔争蛇绿混杂岩。主要出露下—中二叠统树维门科组,二叠系马尔争组、格曲组,三叠系下大武组,侏罗系羊曲组及新生代地层。区域变质作用主要发生在印支期,低绿片岩相、低压相系变质。火山喷发活动有海西-印支旋回、燕山-喜马拉雅旋回2个旋回。海西-印支旋回以海相喷发为主,喷溢相、爆溢相、爆发崩塌相、爆发空落相,俯冲、弧前增生楔、洋岛、陆缘裂谷环境等均发育。印支期—喜马拉雅期以陆相喷发为主,喷溢相、潜火山相、爆溢相、爆发空落相,构造环境为前陆盆地、后碰撞、大陆伸展、稳定陆块。岩浆侵入活动发生在印支旋回、喜马拉雅旋回中。印支旋回,洋俯冲、后碰撞环境,G_1G_2、TTG、高钾钙碱性花岗岩组合。喜马拉雅旋回,后碰撞、后造山高钾钙碱性、过铝质高钾、过碱性—钙碱性花岗岩组合。

金矿资源较少,共发现金矿床(点)5个,矿床规模小、成矿类型简单。成矿时代为海西期—印支早期、印支晚期、新生代。

与金矿有关的成矿地质事件有晚古生代俯冲增生杂岩环境海相火山岩型金矿、印支晚期—燕山早期与俯冲增生杂岩环境浊积岩有关的浅成低温热液金矿、岩浆热液型金矿,新生代裂陷盆地沉积型砂金矿。

2)巴颜喀拉金成矿亚带(Mz、Cz)(Ⅳ15)

该成矿亚带南北夹持于布青山南缘断裂与可可西里南缘断裂之间,从青海—新疆边界布喀达坂峰、巍雪山、长蛇岭,东经昆仑山口、不冻泉北、扎陵湖、鄂陵湖、玛多、甘德、班玛,向东延伸进入四川省阿坝地区,长约1200km,宽100~250km。

出露元古宇宁多岩群,中生界三叠系巴颜喀拉山群、侏罗系年宝组,新生界沱沱河组、雅西措组、五道梁组、查保马组、湖东梁组、曲果组、羌塘组。最早的变质岩为元古宇宁多岩群变质岩,区域动力热流变质作用,高绿片岩相、中低压相系变质。晚古生代、中生代为区域低温动力变质作用,低绿片岩相、低压相系变质,变砂岩-板岩-千枚岩-结晶灰岩-变火山岩-变质白云岩组合。火山喷发活动发生在三叠纪、早侏罗世及新近纪,三叠纪为陆缘裂谷、碰撞、后碰撞环境,海相喷溢相,流纹岩-英安岩-安山岩-玄武岩构造岩石组合;早侏罗世、新近纪,为大陆伸展及大陆裂谷环境,早侏罗世为喷溢相—爆发崩塌相,新近纪为陆相喷溢相—爆溢相、陆相爆发相—潜火山相。岩浆侵入活动从中晚三叠世持续到新近纪早期。中晚三叠世为与洋俯冲有关的花岗岩组合,钙碱性系列;早侏罗世为与同碰撞有关的高钾花岗岩组合,钙碱性系列;中侏罗世—早白垩世为与后碰撞环境有关的高钾花岗岩组合,钙碱性系列;古近纪、新近纪为与后造山环境有关的碱性花岗岩组合,碱性系列。

金矿资源比较丰富,发现金矿床(点)74个,规模大,分布集中,成因类型简单,是青海省"金腰带"的重要组成部分。成矿时代为海西期—印支早期、印支晚期、新生代。

与金矿有关的成矿地质事件有印支晚期—燕山早期与弧后前陆盆地环境浊积岩有关的浅成低温热液金矿、岩浆热液型金矿,新生代裂陷盆地沉积型砂金矿。

第五节 三江成矿省

三江成矿省呈北西西向展布于三江北部地区,北以可可西里南缘断裂(F27)为界,西部、南部、东部延伸出省。长约800km,宽140~220km。区内自然经济地理条件极差,水系发育,是国内知名的"三江源",还是中国可可西里国家级自然保护区的重要组成部分。交通不便,有青藏铁路,青藏公路,国道G214、G109,及省级交通干线、简易公路,但广大山区交通主要靠牲畜运输。

对应大地构造单元为三江造山带(Ⅲ-2)和北羌塘造山带(Ⅲ-3)。三江造山带呈北西西向展布于可可西里、通天河及上游沱沱河和澜沧江上游扎曲一带,北以可可西里南缘断裂(F27)为界与巴颜喀拉地块毗邻,南界延伸至省外,分为Ⅲ-2-1 歇武(甘孜-理塘)蛇绿混杂岩带(T_{2-3})、Ⅲ-2-2 结古-义敦岛弧带(T_3)、Ⅲ-2-3 通天河(西金乌兰-玉树)蛇绿混杂岩带(CP_2)、Ⅲ-2-4 巴塘陆缘弧带(T_3)、Ⅲ-2-5 沱沱河-昌都弧后前陆盆地(Mz)、Ⅲ-2-6 开心岭-杂多陆缘弧带($P_{1-2}T$)、Ⅲ-2-7 乌兰乌拉湖蛇绿混杂岩带(T_{2-3})7个三级大地构造单元。北羌塘造山带,以乌兰乌拉湖南缘-巴青断裂(F32)为界,北与三江造山带毗邻,南西均延入西藏,分为Ⅲ-3-1 雁石坪弧后前陆盆地(T_3J)、Ⅲ-3-2 北羌塘微地块(CT)2个三级大地构造单元。

共发现金矿床(点)13处,零星地分布于通天河(西金乌兰-玉树)蛇绿混杂岩带、沱沱河-昌都弧后前陆盆地,其中岩金5处,砂金8处。成矿类型有岩浆热液型、砂矿型。成矿时代应为三叠纪、侏罗纪、第四纪。共求得上表砂金资源储量1312kg(表2-17、表2-18),工作程度非常低。根据金矿床(点)的空间分布、矿产特征,结合大地构造环境、成矿作用,划分为三江金成矿带(Mz、Cz)。

表 2-17 三江成矿省金矿床(点)特征一览表

序号	矿产地	矿种	矿床类型	规模	成矿时代	含矿地层/岩体	资源储量(kg)	平均品位(g/t)	成矿单元	构造单元	地区
1	口前曲	金	砂矿型	小型	Q	Q	920	0.21	Ⅳ16	Ⅲ-2-3	治多县
2	查基将龙	金	砂矿型	矿点	Q	Q			Ⅳ16	Ⅲ-2-3	治多县
3	松莫茸	金	砂矿型	小型	Q	Q	70		Ⅳ16	Ⅲ-2-4	治多县
4	尕何	金	砂矿型	矿点	Q	Q			Ⅳ16	Ⅲ-2-3	治多县
5	可涌	金	砂矿型	矿点	Q	Q			Ⅳ16	Ⅲ-2-3	玉树市
6	扎喜科	金	砂矿型	小型	Q	Q	322		Ⅳ16	Ⅲ-2-3	玉树市
7	电协陇巴	金	砂矿型	矿点	Q	Q			Ⅳ16	Ⅲ-2-3	玉树市
8	草曲下游	金	砂矿型	小型	Q	Q			Ⅳ16	Ⅲ-2-5	玉树市
9	多彩地玛	金铜	热液型	矿点	T	T_3j			Ⅳ17	Ⅲ-2-5	治多县
10	君乃涌	金银	热液型	矿点	T	T_3j			Ⅳ17	Ⅲ-2-6	杂多县
11	格吉沟上游	金铜	热液型	矿点	T	$P_{1-2}n$、$\gamma\delta$			Ⅳ17	Ⅲ-2-6	杂多县
12	南龙西支沟	金	热液型	矿点	T	$P_{1-2}n$			Ⅳ17	Ⅲ-2-6	杂多县
13	加布陇贡玛	金银	热液型	矿点	J				Ⅳ17	Ⅲ-3-1	格尔木市
合计(上表岩金资源储量)							1312				

表 2-18 三江成矿省典型矿床特征一览表

矿产地	矿体基本特征	地质基本特征
口前曲中下游	砂金矿体3个,长度870～11 638m,宽度20.74～95.28m,厚度2.28～7.10m,平均品位0.076～1.910 8g/m³。砂金呈片状、板状、粒状、棒状和条状等。砂金粒度以0.5～1.0mm为主。矿石类型以非冻结的松散矿为主	地处松潘-甘孜印支褶皱体系,通天河裂陷盆地。主要出露三叠系巴颜喀拉山群,发育云英闪长岩、花岗闪长岩、正长花岗岩。河谷中分布第四纪河床和河漫滩冲积物,其次是坡积、洪积物堆积,是砂金赋存的主要场所
查基将龙	砂金品位0.82～2.61g/m³,片状金为主,一般为(0.2m×0.3m×0.1m)～(3m×2m×0.5m)。伴生矿物有铬尖晶石、金红石、板钛矿、钛铁矿	地处唐古拉准地台。主要出露三叠系柯南群、新近系和第四系。第四系以冲洪积为主,发育Ⅰ级、Ⅱ级基座阶地。砂金赋存于Ⅰ级基座阶地侵蚀面之上砂砾层中
尕何	砂金矿体3个,长度300～2700m,宽度39.5～56m,厚度4.6～9.85m,平均品位0.080 3～0.701 7g/m³	地处唐古拉准地台。第四纪冲积、洪积、坡积、冰积、湖积发育。砂金富集于河床、河漫滩冲积砂砾层之底部
可涌	砂金矿体2个,宽度40m,厚度3.95m,平均品位0.697 3g/m³	属唐古拉准地台,巴塘台缘褶带。金沙江深大断裂带形成隆宝滩-可涌坳陷。砂金产于河漫滩砂砾层,一般富集于砂砾层底部
扎喜科	砂金矿体2个,长度800～1775m,宽度29.5～144.77m,厚度6.15～8.4m,平均品位0.116 2～1.558 8g/m³。金以粒状、片状、板状为主,最大粒径4.6m×3.9m×0.5m	属唐古拉准地台,巴塘台缘褶带。主要出露三叠系柯南群中、下岩组及巴塘群中、上岩组,有石英闪长岩侵入。河谷发育有Ⅰ级、Ⅱ级阶地,河漫滩底部黄褐色黏土质砂砾层为主要含金层
君乃涌	金、银(银、锌)矿体11个,平均品位:Ag 50.8g/t,Au 4.65g/t,Pb 1.5%,Zn 0.6%	赋存于三叠纪灰岩、长石石英砂中

续表 2-18

矿产地	矿体基本特征	地质基本特征
格吉沟上游西	矿(化)体 4 个，长度 100～150m，厚度 1.2～3.5m，平均品位：Ag 137.5～575g/t，Au 65g/t，Zn 1.1～1.2%，Pb 1.5%，矿石呈稀疏浸染、团块状，围岩蚀变为硅化、角岩化	赋存于早二叠世碎裂灰岩、角岩化长石石英砂岩，角岩化黄铁矿化矽卡岩化长石石英砂岩节理裂隙中
南龙西支沟	金矿体 2 个，长度 30m，厚度 0.8～1m，品位 Au 3.62～3.9g/t，矿化蚀变为黄铁矿、硅化、铅锌矿化、黄铜矿化，矿石呈细脉浸染状、星点状构造	矿体赋存于灰白色硅化、黄铁矿化大理岩中

三江金成矿带

(一)基本情况

成矿带呈北西西向展布于三江北部地区，北以可可西里南缘断裂为界，西起黑熊山，经祖儿肯乌拉山，南至唐古拉山进入西藏自治区，往东经五道梁、沱沱河、雁石坪、过杂多、治多，沿至四川省境内。长约 800km，宽 140～220km。

矿产资源较为丰富。发现各类矿产地共计 111 处，其中金属矿产共计有 71 处，非金属矿产 34 处，能源矿产地 5 处，水气矿产地 1 处。主要成矿类型有海相火山岩型、陆相火山岩型、浅成中—低温热液型、砂矿型、化学沉积型、接触交代型、岩浆热液型、机械沉积型、生物化学沉积型、蒸发沉积型、斑岩型。成矿时代自印支期、燕山期、喜马拉雅期均有，金属矿产主要集中在二叠纪、三叠纪和石炭纪，非金属矿产主要集中在第四纪，第三纪也有零星成矿，尤其砂金、盐类。

(二)成矿地质条件

1.含矿建造及赋矿地层

1)元古宙、古生代地层与成矿

元古宇出露宁多岩群($Pt_1^1N.$)、吉塘群酉西组(Pt_2^1y)、草曲组(Pt_3^1c)，下古生界青泥洞组(O_1q)，上古生界泥盆系雅西尔组(D_1y)、桑知阿考组(D_2s)、拉竹龙组($D_{2-3}l$)、泅钦组($D_{2-3}x$)，石炭系杂多群(C_1Z)、加麦弄群(C_2J)、西金乌兰群(CP_2X)、开心岭群(C_2P_2K)，二叠系乌丽群(P_3W)，未见金矿化线索。吉塘群酉西组，滨浅海相，褐灰色、灰白色白云石英片岩、钠长片岩、二云石英片岩夹大理岩透镜体夹灰色条带状、眼球状黑云斜长片麻岩、斜长角闪片岩、含石榴黑云斜长片麻岩。草曲组，滨海潮汐三角洲相，变砾岩、绢云石英片岩、变含砾石英砂岩、含砾绿泥片岩、绢云绿泥石英片岩、板岩夹变质橄榄玄武岩、结晶灰岩、千枚岩、变长石石英砂岩。原岩为砂砾岩，砂页岩，基性火山岩和灰岩。青尼洞组，砂岩、板岩夹灰岩。雅西尔组，滨浅海相，灰色、灰白色、灰绿色中—厚层状中细粒石英砂岩、长石石英砂岩，夹少量灰色、灰黑色粉砂岩、碳质板岩及凝灰岩、硅质岩，少量灰色亮晶内碎屑灰岩。桑知阿考组，滨浅海相，灰紫色、灰绿色安山岩夹砾岩组成，桑知阿考地区底部有灰色底砾岩。拉竹龙组，碳酸盐岩台地相，灰白色大理岩化块状灰岩、含石英大理岩化灰岩。泅钦组，滨浅海相，下部为灰色、灰绿色砾岩、细粒石英砂岩、泥质板岩，上部为灰黄色泥晶白云岩、深灰色中厚层状灰岩。卡贡群，深海相，分为 3 个组：玛均弄组(C_1m)，板岩、变质砂岩、结晶灰岩；日阿则弄组(C_1r)，变质玄武岩、板岩、变质砂岩；艾那朗组(C_1ab)，变质砾岩、变质砂岩、千枚岩。加麦弄群，海陆交互相，分为 2 个岩组：碎屑岩组，灰绿色、深灰色、紫红色粉砂岩、粉砂质板岩、厚层状石英砂岩夹铁质灰岩、薄层灰岩，局部夹煤层；碳酸盐岩组，灰色、浅灰色厚层状生物碎屑灰岩、鲕粒灰岩为主，夹灰色、紫红色粉砂岩、板岩、石英砂岩、泥灰岩及少量白云质灰岩。杂多群，海陆交互相河口湾亚相，分为2个组：碎屑岩组，灰色、深灰色、灰紫色中厚层状岩屑长石砂岩、石英砂岩、泥岩、粉砂岩、板岩夹少量灰岩、海绿石硅质岩，偶夹砾岩、玄武岩、英安质凝灰岩、石膏；碳酸盐岩组，灰色、深灰色厚—块层状生物碎屑灰岩、角砾状灰岩、鲕粒灰岩、介壳灰岩夹少量白云岩、泥质灰岩，局部可见极少的粉砂岩、板岩。西金乌兰群，深海洋盆，分为3个组：下部碎屑岩组和上部碎屑岩组，灰色、深灰色中厚层状中细粒长石石英砂岩、岩屑砂岩、粉砂岩、千枚岩、板岩夹少量硅质岩、砾岩、灰岩透镜体；中部火山岩-碳酸盐岩组，包括3个岩段：碱性火山岩段，灰—灰绿色玄武岩、杏仁状玄武岩、中基性火山碎屑岩夹少量灰白色中—细粒岩屑长石砂岩、石英砂岩、钙质板岩、灰色生物屑灰岩；钙碱性火山岩段，灰绿色片理化变安山岩、安山质凝灰熔岩、流纹岩、玄武岩、火山角砾岩、凝灰岩、硅质岩；碳酸盐岩段，灰色、灰白色巨厚层状结晶灰岩、燧石条带灰岩、角砾状灰岩、大理岩、含鲕粒灰岩、豆粒灰岩等，局部地段夹灰色中厚层状岩屑长石砂岩。开心岭群，滨浅海相，分为3个组：扎日根组（C_2P_1z），灰色、深灰色、灰白色厚层—巨厚层状粉晶生物碎屑灰岩、生物泥晶灰岩、亮晶砂屑灰岩夹少量灰绿色中薄层细粒岩屑砂岩、红色硅质泥岩；诺日巴尕日保组（$P_{1-2}n$），灰色、黄绿色厚层状细粒岩屑砂岩、岩屑长石砂岩、长石砂岩夹长石石英砂岩、蚀变杏仁状玄武岩、玄武安山岩、角砾状凝灰岩、粉晶灰岩、泥晶灰岩夹复成分砾岩；九十道班组（P_2j），深灰色、灰白色厚层粉晶粒屑灰岩、生物碎屑灰岩、灰色内碎屑灰岩、珊瑚礁灰岩，夹少量灰色、紫红色中层状长石石英砂岩、岩屑石英砂岩、粉砂岩、泥灰岩，个别地方夹深灰色玄武岩。乌丽群，海陆交互相，分为2个组：那益雄组（P_3n），灰绿色、灰黄色细粒岩屑石英砂岩、岩屑长石石英砂岩、含砾粗粒石英砂岩、粉砂岩，夹灰黑色碳质泥岩、页岩、黏土岩，深灰色厚层生物碎屑灰岩及少量沉凝灰岩、复成分砾岩及煤层，有的地方上部出现灰绿色蚀变微晶玄武岩、蚀变安山玄武岩、蚀变辉石玄武岩、蚀变橄榄玄武岩、蚀变安山粗面岩。拉卜扎日组（P_3l），灰色、浅灰色、深灰色中厚层状粉砂质黏土岩、灰黑色粉砂岩及钙质细粒长石岩屑砂岩，有时碎屑岩集中出现于下部，并有砾岩。其他组岩性特征见前述。

2）中生界与成矿

中生界出露三叠系马拉松多组（T_1m）、结隆组（T_2j）、俄让组（T_2e）、柯南群（$T_{2-3}K$）、南营尔组（T_3n）、若拉岗日群（$T_{2-3}R$）、巴塘群（T_3B）、苟鲁山克措组（T_3gl）、结扎群（T_3J）、鄂尔陇巴组（T_3er）、竹卡群（T_3Z），侏罗系那底岗日组（J_1nd）、雁石坪群（$J_{2-3}Y$）、旦荣组（J_3K_1d），白垩系风火山群（KF），未见金矿化线索。马拉松多组，湖泊三角洲前渊相，灰绿色、灰紫色蚀变杏仁橄榄玄武岩夹杏仁状安山岩，基性岩屑凝灰岩、流纹质玻屑凝灰岩，底部为紫红色复成分砾岩、长石石英砂岩、沉凝灰岩。结隆组，陆源碎屑滨浅海相，包括2个岩段：砂板岩段，灰色、灰绿色中厚层状中细粒长石石英砂岩、长石岩屑砂岩、长石砂岩、岩屑石英砂岩、粉砂岩夹灰色粉砂质泥晶灰岩、深灰色中厚层状含生物屑砂屑灰岩、英安质岩屑晶屑凝灰岩、粉砂质板岩，底部为紫红色砾岩、含砾不等粒砂岩；灰岩段，灰色、深灰色厚—块层状含生物屑泥晶、亮晶灰岩、含燧石条带灰岩、泥灰岩夹灰色钙质粉砂岩、灰质白云岩。俄让组，滨浅海陆源碎屑-碳酸盐岩沉积，可能为弧前盆地沉积环境，以碎屑岩为主，下部为灰色、深灰色细粒石英砂岩、粉砂岩、粉砂质板岩互层；上部以灰色、浅灰色石英杂砂岩、岩屑长石砂岩、绢云板岩为主。柯南群，蛇绿混杂岩。南营尔组，湖泊相，灰绿色、灰色细粒岩屑长石砂岩、长石石英砂岩、粉砂岩、黏土岩夹砂质灰岩及煤线，局部见暗红色细粒砂岩。结隆组，下部夹石英质细砾岩，中上部夹砾屑白云岩、含生物碎屑泥晶灰岩、条带状生物碎屑灰岩、砂屑灰岩。若拉岗日群，半深海相，大理岩、白云质大理岩、滑石大理岩夹片岩、火山角砾岩、凝灰岩板岩及变质砂岩、玄武岩。巴塘群，滨浅海碳酸盐岩台地相，分为3个组：下碎屑岩组，包括2个岩段：砂板岩段，灰色、灰紫色中厚层状中细粒长石石英砂岩、石英砂岩、长石砂岩、长石英粉砂岩夹泥钙质板岩、生物灰岩、岩屑晶屑凝灰岩，个别地段变质程度稍强，变成千枚状钙质滑石片岩、绢云石英微晶片岩、云母石英微晶片岩、千枚岩、二云母片岩、白云石英片岩；混杂岩段，灰色中厚层状泥质板岩、钙质板岩、浅紫红色含砾中粗粒长石石英砂岩、石英砂岩夹灰红色粉砂岩、页岩、千枚岩及火山岩，含超基性岩、辉长岩、辉绿岩及灰岩等岩块。火山岩-碳酸盐岩组，分为2个岩段：火山岩段，灰色、灰绿色块层状玄武岩、安山岩、安山玄武岩、玄武安山岩、英安岩、流纹岩、中酸性—中基性凝灰熔岩、角砾熔岩、晶屑凝灰岩、火山角砾岩、凝灰岩夹中厚层状中细粒长石石英砂岩、石英砂岩、长石砂岩、放射虫硅质岩、泥晶灰岩、含生物屑灰岩、白云质灰岩、板岩、绢云石英片岩、大理岩；碳酸盐岩段，灰色、灰黑、灰白色中厚—块层状泥晶灰岩、泥晶灰岩、微晶灰岩、结晶灰岩、硅质条带状灰岩、角砾状灰岩，少量碎裂灰岩。上碎屑岩段，灰色中薄层状中细粒长石石英砂岩，灰黄色长石岩屑砂岩、粉砂岩与灰黑色粉砂质板岩、黏土质粉砂岩、板岩互层。苟鲁山克措组，海陆交互相，包括2个岩段：下岩段，灰色、青灰色中厚层不等粒、中细粒长石岩屑砂岩、石英砂岩、岩屑石英砂岩、变质凝灰质长石岩屑砂岩夹泥碳质粉砂岩、粉砂岩，深灰色砂质板岩，灰黑色薄层碳质页岩；上岩段，灰色复成分砾岩，中薄层状含砾岩屑砂岩，黄褐色中厚层状中粗粒—不等粒长石石英砂岩、岩屑石英砂岩、长石砂岩、含海绿石砂岩夹含海绿石粉砂岩，青灰色粉砂质泥岩，底部灰色、深灰色粉砂质板岩、薄层状粉砂岩，夹煤层、煤线。结扎群，滨浅海相，分为3个组：甲丕拉组(T_3j)，包括2个岩段，下岩段，灰色、深灰色、灰绿色、灰紫色中厚—厚层状中细粒岩屑长石砂岩、长石石英砂岩、岩屑石英砂岩、复成分砾岩、含砾岩夹泥质粉砂岩、泥岩、泥灰岩，少量灰岩，局部地段夹灰绿色、灰紫色玄武岩、安山岩、玄武安山岩及中基性火山碎屑岩；上岩段，浅灰绿色块状安山岩、蚀变玄武岩、玄武安山岩、火山集块岩。波里拉组(T_3b)，灰黑色、深灰色、灰黄色薄—中层状生物屑泥岩、白云质生物灰岩、灰质白云岩及钙质泥岩、泥灰岩、岩屑石英砂岩、岩屑长石砂岩；巴贡组(T_3bg)，包括2个岩段：下岩段，灰色、深灰色、灰黑色、灰绿色薄—厚层状细粒—中粒岩屑长石砂岩、长石石英砂岩、岩屑石英砂岩与泥钙质粉砂岩、碳质页岩、黑色板岩、泥岩互层(或呈夹层)，夹灰岩煤层、煤线及玄武岩、安山岩、中酸性火山碎屑岩；上岩段，下部为紫红色中厚层状细—粗砾岩、含砾石英粗砂岩、粉砂岩，深灰色薄层状含碳质粉砂质泥岩，中部为灰绿色块层状粒斑玄武岩、中酸性火山角砾岩、中薄层状酸性—基性凝灰岩，绿泥石化、钠奥长石化、碳酸盐化等蚀变强烈，上部为灰色中厚层状微晶灰岩夹薄层状砂岩、泥灰岩，向北变为灰白色块层状灰岩。鄂尔陇巴组，滨浅海相，灰紫色、灰绿色玄武岩、粒斑玄武岩、安山岩、流纹岩、玄武质火山角砾岩、安山质凝灰岩、流纹质玻屑凝灰岩。竹卡群，滨浅海相，分为2个组：巴钦组(T_3bq)，紫灰色块状英安岩、浅紫灰色熔结凝灰岩、英安质熔结角砾岩、岩屑凝灰岩、沉火山角砾岩；结玛组(T_3jm)，变质粉砂岩、变质泥岩、结晶灰岩、变质砂岩。那底岗日组，滨浅海相沉积-喷发环境，下部为紫红色厚层状复成分中细粒砾岩夹砂砾岩、岩屑砂岩，上部为暗紫色块状安山岩、玄武安山岩。雁石坪群，滨浅海碎屑岩-碳酸盐岩台地沉积，分为5个组：雀莫错组(J_2q)，下部为暗紫红色、灰紫色厚—巨厚层状复成分中粗砾岩、角砾岩夹暗紫红色泥钙质细—巨粒—不等粒长石岩屑砂岩，灰色泥晶灰岩，局部夹石膏，上部为暗紫红灰色、深灰色中厚层状细粒岩屑石英砂岩、石英砂岩、粉砂岩、泥岩为主夹含铁钙质粉砂岩、含铁泥质细砂岩、含粉砂质生物屑泥晶灰岩、石膏层、含赤铁矿砂岩，偶夹油页岩；布曲组(J_2b)，下部为灰色、深灰色、灰黑色中厚—厚层状生物屑灰岩、微晶灰岩、介壳灰岩、泥晶灰岩，灰色中厚层状亮晶鲕粒灰岩夹灰黄色中厚层状细砂岩、岩屑石英砂岩、泥钙质粉砂岩、粉砂质泥岩、泥灰岩偶夹石膏，上部为灰色、深灰色薄—中厚层状含生物屑微晶灰岩、泥晶灰岩夹深灰色中层状生物屑灰岩、介壳灰岩、鲕粒灰岩，灰黄色、紫红色泥钙质粉砂岩、长石石英砂岩、泥灰岩、钙质泥岩；夏里组(J_2x)，紫红色、灰绿色中薄—中厚层状泥质粉砂岩、粉砂质泥岩、泥岩呈不等厚互层夹薄层状双壳类生物介壳岩、岩屑石英细砂岩、石英粉砂岩、薄层灰岩，深灰色中厚层状生物屑泥晶灰岩、泥晶灰岩及不稳定石膏层；索瓦组(J_3s)，下部为灰色、深灰色、灰黑色中厚—巨厚层状生物屑泥晶灰岩、微晶灰岩、泥晶灰岩、泥晶砂屑灰岩、泥质岩，夹灰色、灰绿色薄层状细—粉砂岩、钙质泥岩、粉砂质泥岩、泥岩、细粒岩屑石英砂岩或呈互层状，夹深灰色厚层状生物礁灰岩、介壳灰岩、粉—细粒石英砂岩及不稳定石膏层，上部为灰绿色、紫红色中薄层状微—细粒岩屑石英砂岩，长石石英砂岩与泥质粉砂岩、钙质泥岩互层并夹有多层灰黑色中薄层状亮晶鲕粒灰岩，灰色、深灰色中厚层状亮晶鲕粒灰岩、粉晶砂质灰岩。雪山组(J_3xs)，灰绿色、灰紫色、紫灰色中薄—中厚层细粒钙铁硅质石英砂岩、岩屑石英砂岩、长石石英砂岩、泥质粉砂岩、细—中粒硅质石英砂岩夹暗色中厚层状泥砾岩、砾岩、含砾粗砂岩、粉砂质泥岩、含生物屑砂质灰岩、泥灰岩，局部夹泥页岩及煤线。且荣组，深灰色气孔状安山玄武岩，灰色中层状岩屑砂岩，灰色蚀变石英辉长闪长玢岩、蚀变辉长玢岩,夹暗紫色硅质岩段及球粒流纹岩。风火山群,河湖相,分为3个组:错居日组(K_1c),紫红色、灰紫色中厚—块层状复成分中细—粗砾岩、含砾粗砂岩,紫红色、灰绿色不等粒岩屑石英砂岩、长石岩屑砂岩,灰绿色、黄灰色中厚层状中细粒石英砂岩夹泥质粉砂岩、中薄层状粉砂质泥岩,偶夹浅灰黄色泥灰岩、泥岩及灰岩。洛力卡组(K_2l),灰紫色、紫红色中厚层状钙铁质粉砂岩,含细粒粉砂岩、长石岩屑粉砂岩,夹青灰色、灰绿色、浅灰白色含铜砂岩,灰紫色中细粒岩屑石英砂岩,灰色、青灰色、土黄色薄层状泥灰岩、灰岩。桑恰山组(K_2s),下部为紫红色细粒岩屑石英砂岩、长石岩屑砂岩、长石岩屑粉砂岩、含砾岩屑石英砂岩为主夹砾岩、含砾粗砂;上部为紫红色、暗紫红色中厚层状复成分中细砾岩、中细粒含砾岩屑石英砂岩、长石石英砂岩夹少量中薄层状粉砂岩、泥质粉砂岩、粉砂质泥岩。

3)新生界与成矿

新生界出露沱沱河组($E_{1-2}t$)、雅西措组(E_3N_1y)、五道梁组(N_1w)、查保马组($N_1\hat{c}$)、曲果组(N_2q)、羌塘组(Qp_1qt)。查保马组,河湖相,下部为流纹斑岩,上部为灰白色流纹岩,深灰色、紫红色粗面岩。其他组岩性同前述。

新生界除沱沱河组上部、雅西措组和查保马组为受断陷盆地控制的碱性火山岩组合外,其余皆为处于走滑拉分盆地环境的河湖相碎屑岩沉积。断陷盆地和走滑拉分盆地广泛发育第四纪晚更新世—全新世等冰水、冲洪积、湖相化学沉积,产出砂金矿床(点)。

2. 构造与成(控)矿

可可西里南缘断裂(F27)、当江-直门达断裂(F28)、西金乌兰胡北-玉树断裂(F29)、巴木曲-格拉断裂(F30)、乌丽-囊谦断裂(F31)、乌兰乌拉湖北缘-结多断裂(F32)、乌兰乌拉湖南缘断裂(F33)、唐古拉山南缘断裂(F34)、尖扎滩-甘加断裂(F35)等区域性断裂整体呈北西向展布,分别为通天河蛇绿混杂岩带、沱沱河-昌都弧后前陆盆地、巴塘陆缘弧带、若拉岗日-乌兰乌拉蛇绿混杂岩带、雁石坪弧后前陆盆地、北羌塘微地块的分界断裂。印支晚期—燕山期地壳活动活跃,省内造山构造活动频繁,以大型构造带为主,形成一系列断层破碎带,大量的含矿岩浆岩、热液沿着破碎带灌入围岩,与围岩发生萃取,形成破碎蚀变岩型金、锑矿床,形成的这些金锑矿床在后期构造运动中进行多次改造,部分随着地壳的运动抬升,沿断裂带形成一系列北西向展布的新近纪沉积盆地,风化、侵蚀裸露于地表,被流水、冰川等剥蚀,在下游再次富集形成砂金矿床。

3. 岩浆作用与成矿

火山喷发活动从元古宙一直到新生代均有分布,经历了四堡-震旦旋回、海西-印支旋回、燕山-喜马拉雅旋回3个旋回。四堡-震旦旋回为陆缘裂谷环境,碱性火山岩构造岩石组合。海西-印支旋回,陆缘弧、岛弧、洋岛、陆缘裂谷、大陆裂谷环境,海相爆发崩塌相、喷溢相、爆溢相、爆发空落相。燕山-喜马拉雅旋回,燕山期为海相喷溢相,喜马拉雅期为陆相喷溢相、爆溢相、爆发崩塌相,大陆伸展环境。

岩浆侵入活动分布在海西、印支、燕山、喜马拉雅4个旋回中。海西旋回,SSZ型蛇绿岩组合、与大洋有关的洋岛拉斑玄武质辉长岩组合、与洋俯冲有关的花岗岩组合、后造山伸展环境辉绿岩墙组合、后造山有关的钙碱性花岗岩组合,钙碱性系列、拉斑玄武岩系列。印支旋回,与洋俯冲有关的G_1G_2和TTG花岗岩组合、与大洋有关的洋岛拉斑玄武质辉长岩组合、洋岛辉长岩组合、与洋俯冲有关的SSZ型蛇绿岩组合,钙碱性系列。燕山旋回、喜马拉雅旋回,同碰撞、后碰撞、后造山环境,钙碱性系列为主,过碱性、碱性系列次之。

4. 变质作用与成矿

印支期为最晚的一期区域变质作用,中元古代为高绿片岩相区域动力热流变质作用和低绿片岩相区域低温动力变质作用的分界,共形成了10个变质岩岩石构造组合类型。古元古代—中元古代早期为区域动力热流变质作用,高绿片岩相,中—低压相系变质;中元古代晚期—印支期为区域低温动力变质作用,低绿片岩相、低压相系变质。受工作程度制约,变质作用与金的成矿关系还不清楚。

(三)区域成矿规律

1. 构造演化与成矿地质事件

晚古生代为古特提斯演化阶段,主体为泥盆纪—中三叠世。古特提斯裂解位于昆南-北羌塘广大地区,形成了石炭纪—中二叠世系列多岛洋。早中三叠世为古特提斯洋衰退进入残留洋演化时期,或古特提斯洋后期演化阶段,洋盆俯冲消减作用仍然存在,洋壳以构造岩片或岩块的形式残留于碰撞造山带中。印支运动使省内主体由大洋岩石圈构造体制转变为大陆岩石圈构造体制,主洋域南移至班公湖-怒江和雅鲁藏布特拉斯部位。

中生代阶段属现代板块体制,时限为晚三叠世—白垩纪,是特提斯洋或新特提斯洋演化阶段。古特提斯残留洋收缩、消亡、造山的同时,特提斯洋或新特提斯洋开始打开,在三叠纪—侏罗纪期间南羌塘、唐古拉-左贡、冈底斯等地块向北漂移近2500km(高延林等,1993)。中三叠世—早侏罗世班公湖-怒江洋和雅鲁藏布洋发育成熟。青海大部分已进入陆内造山阶段,三江受远程影响,局部有伸展性岩浆活动。

新生代阶段,由于印度洋的强烈扩张,始新世以后青藏高原大陆构造格架基本形成,尤其喜马拉雅运动的第三幕——青藏运动(李吉均等,2001,2013,2015),更使青藏高原整体性和阶段性强烈崛起,高原的南部伴有中—上新世钾玄质—高钾钙碱性后造山火山喷发及后碰撞-后造山高钾花岗岩组合-过碱性花岗岩组合广泛发育。后期构造运动中多次改造,部分随着地壳的运动抬升,风化、侵蚀裸露于地表,被流水、冰川等剥蚀,在河床中富集形成砂金矿床。

2. Ⅳ级成矿单元

根据成矿单元的划分原则,三江成矿带进一步划分为西金乌兰金成矿亚带(Ⅳ16)、乌拉乌兰金成矿亚带(Ⅳ17)共2个Ⅳ级成矿亚带。

1)西金乌兰金成矿亚带(Ⅳ16)

条带状贯穿于青海省中南部,西端延伸进入新疆港扎日山一带,自西向东经过马鞍湖、西金乌兰湖、特拉什湖、巴木曲、多采、结隆,在玉树以东出省,进入金沙江。长约800km,宽20~70km。

出露元古宇宁多岩群、草曲组,下古生界青尼洞组,泥盆系雅西尔组、桑知阿考组、拉竹龙组、泅钦组,石炭系杂多群、加麦弄群、西金乌兰群、开心岭群,二叠系乌丽群,三叠系马拉松多组、结隆组、若拉岗日群、巴塘群、苟鲁山克措组、结扎群、鄂尔陇巴组,侏罗系那底岗日组、雁石坪群、旦荣组,白垩系风火山群,新生界沱沱河组、雅西措组、五道梁组、查保马组、曲果组、羌塘组。古元古代—中元古代早期为区域动力热流变质作用,高绿片岩相,中—低压相系变质;中元古代晚期—印支期为区域低温动力变质作用,低绿片岩相、低压相系变质。海西-印支旋回、燕山-喜马拉雅旋回岩浆活动对金的富集成矿关系密切。

金矿资源少、类型单一,共发现金矿床(点)6个。成矿时代主要为第四纪,与岩浆作用有关的其他矿种丰富,且具备金成矿的地质环境,应予关注。

与金矿有关的成矿地质事件为新生代裂陷盆地沉积型砂金矿。

2)乌拉乌兰金成矿亚带(Ⅳ17)

该成矿亚带西起玛章错钦湖,向东包括沱沱河、扎曲、吉曲流域的大部分,在囊谦以南出省,长约500km,宽50~130km。

出露吉塘群酉西组、下石炭统卡贡群、三叠系竹卡群、古近系沱沱河组。最早的变质岩为吉塘群酉西组角闪钠长片岩-石英片岩-钠长浅粒岩-大理岩组合,区域动力热流变质作用,高绿片岩相、中低压相系变质。晚古生代、中生代为区域低温动力变质作用,低绿片岩相、低压相系变质。海西-印支旋回、燕山-喜马拉雅旋回岩浆活动对金的富集成矿关系切。

金矿资源较少,共发现金矿床(点)3个,矿床规模小、成矿类型简单。

与金矿有关的成矿地质事件为新生代裂陷盆地沉积型砂金矿。

第三章　青海省金矿典型矿床

第一节　前寒武纪金矿典型矿床

一、大柴旦镇滩间山（青龙沟、金龙沟）沉积-热液叠加改造金矿床

（一）区域地质特征

矿床地处柴北缘造山带之滩间山岩浆弧，位于柴周缘成矿省柴北缘成矿带滩间山金矿田（图3-1），矿田内已发现的金矿床（点）自北而南有青龙沟大型金矿床、金红沟金矿点、红灯沟金矿点、胜利沟金矿点、红柳沟小型金矿床、绝壁沟金矿点、金龙沟大型金矿床、细晶沟金矿床等，沿北西向赛什腾山-旺尕秀断裂集中分布。该矿田于2014年设立为国家级整装勘查区，目前金资源量达到70余吨，以金龙沟金矿床（1990年发现，最早称"滩间山金矿床"）、青龙沟金矿床最具代表性。

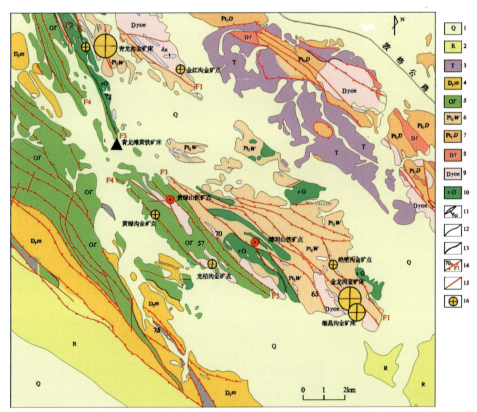

1.第四纪风成砂、砾石；2.第三纪砂岩、粉砂岩；3.三叠纪石英砂岩、大理岩；4.牦牛山组砂岩、砾岩；5.滩间山群变安山岩、砂岩；6.万洞沟群碳质绢云千枚岩；7.达肯大坂群片麻岩、石英片岩；8.花岗岩；9.斜长花岗斑岩；10.辉长岩；11.闪长玢岩脉；12.实测地质界线；13.实测逆断层及编号；15.实测性质不明断层；16.矿床（点）

图3-1　青海省滩间山地区区域地质图（据青海省第一地质矿产勘查院，2015修改）

区内出露地层主要有达肯大坂群(Pt_1D)、万洞沟群(Pt_2W)、滩间山群(OT),总体呈北西-南东向条带状展布。达肯大坂群为角闪岩相深变质岩系;万洞沟群由一套泥质—硅质—镁质碳酸盐岩经区域变质形成绿片岩相浅变质岩系组成;滩间山群由一套典型海相火山-沉积岩系组成。岩浆活动强烈,侵入岩与喷出岩均较发育。岩浆岩的分布明显受地层、褶皱和断裂构造的控制,构成北西-南东向岩浆岩带。赛什腾山-旺尕秀断裂是深层切割的大型构造(如F3),经历了伸展、挤压、推覆和左行走滑等多期、多阶段活动,基本控制了自北东往南西、由老而新组成的叠瓦状构造层(带)及滩间山-万洞沟北西向展布的复式向斜褶皱-断裂构造系统。区域上发育滩间山复式背斜及次一级青龙沟复向斜和金龙沟复向斜,褶皱内岩石韧性变形强烈,褶皱翼部因层间相对滑动而产生顺层或斜交层理的片理岩化带,转折端产生密集的轴面劈理,为热液活动提供了透入性的微裂隙空间。

(二)矿区地质特征

出露中元古界万洞沟群,陆缘裂谷环境,按岩性组合分为两个岩组:a岩组为白云质大理岩、绢云石英片岩等,统称为万洞沟群大理岩组;b岩组以斑点状千枚岩、碳质绢云千枚岩、钙质白云母片岩为主,统称为万洞沟群千枚岩-片岩组。其中b岩组是金矿体的主要含矿层位或围岩(图3-2)。

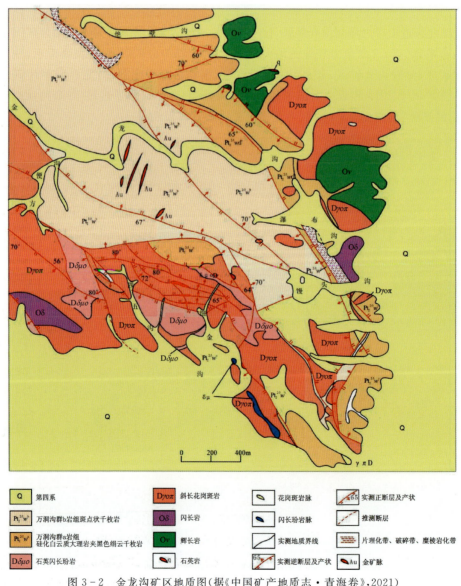

图3-2 金龙沟矿区地质图(据《中国矿产地质志·青海卷》,2021)

岩浆岩主要以海西期中酸性侵入岩为主，喷出岩不发育。岩性有斜长花岗斑岩、花岗斑岩、花岗细晶岩、斜长细晶岩、闪长玢岩、闪长细晶岩、云煌岩。岩脉状斜长花岗斑岩与金矿关系最密切，是滩间山斜长花岗斑岩体在矿区出露的部分。早期花岗闪长斑岩成岩年龄为(384±6.0)Ma(李世金，2011)，斜长花岗斑岩成岩年龄为(350.4±3.2)Ma(贾群子等，2013)，花岗斑岩成岩年龄为(356.4±2.8)Ma(张延军等，2016)，大多发生蚀变、矿化，形成脉岩型金矿体。

构造线总体为北西-南东向，褶皱和断裂十分复杂。大多数金矿体分布于层间褶皱的翼部及其转折端附近，矿体形态、产状明显受褶皱控制，在翼部片理化带及层间断裂带矿化最佳(图3-3)。金龙沟向斜呈北西-南东向，走向长度约12km，轴向305°，轴面倾向南东，核部由万洞沟群b岩组组成，两翼由万洞沟群a岩组组成，局部因断裂破坏和斜长花岗斑岩的侵位出露零星。金龙沟向斜控制着金龙沟金矿床和细晶沟金矿床的就位。

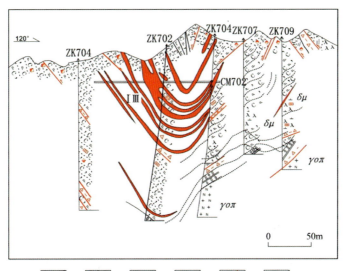

1.碳质绢云千枚岩；2.白云石大理石；3.斜长花岗斑岩；4.闪长玢岩；
5.碎裂岩；6.褐铁矿化；7.黄铁矿化；8.碳酸盐化；9.断层；10.平硐
位置及编号；11.钻孔位置及编号；12.金矿体及编号

图3-3　金龙沟矿区1136N勘探线剖面图

（三）矿体特征

矿体均赋存于万洞沟群碳质千枚岩片岩段内，严格受北北东向、北西向褶皱内片理化带和层间走滑断裂破碎带的控制(图3-3、图3-4)。主矿体沿30°方向成群产出，呈脉状、似板状、向斜状、透镜状，沿走向和倾向有分支复合、尖灭再现的现象，与围岩无明显界线，呈渐变过渡关系。共圈定金矿体31个，平均品位4.29～8.20g/t，主矿体为M3、M1、M2、M6、M7、P7、P30，长20～430m，厚0.6～62.38m。金矿体主要分布于金龙沟向斜的两翼和核部，其中北西翼中矿体较为集中。矿区还有一些小矿体分布于北北东向、北西向断裂带中。

（四）矿石特征

1. 矿石矿物

矿石矿物含量占3%～25%，以黄铁矿为主(占矿石矿物的95%)，少量毒砂，微量自然金、银金矿、闪锌矿、方铅矿、黄铜矿、磁黄铁矿、自然铋、锡石和辉砷镍矿。脉石矿物主要由绢云母、石英和少量碳酸盐矿物(以铁白云石为主)、高岭石、石墨和电气石组成。矿石中自然金的嵌布形式可分为裂隙间隙金和

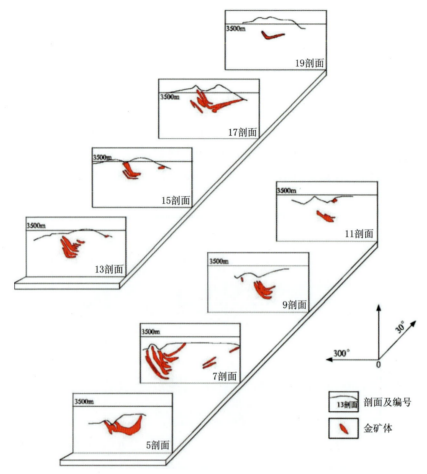

图 3-4 金龙沟矿区联合剖面图(据青海省第一地质勘查院,2018)

包裹体金两大类,以前者为主。组合分析结果显示银含量 1.2~35.7g/t,平均含量 5.19g/t;其他金属含量甚低,无综合利用价值。

2. 矿石结构

矿石结构有填隙结构、包含结构、骸晶结构、交代结构等。

填隙结构:自然金等沿黄铁矿微裂隙中充填产出。

包含结构:主要是呈微细粒的含银自然金、自然金等包裹于黄铁矿及石英中呈此结构。

骸晶结构:黄铁矿具较完整的晶形,呈自形、半自形,但晶体内部为脉石所占据,其只保留晶体的外形轮廓。

交代结构:铜蓝沿黄铜矿边缘、褐铁矿和赤铁矿沿黄铁矿边缘进行交代。

3. 矿石构造

矿石构造有稀疏浸染状构造、脉状构造、团块状构造、结核状构造、环斑状构造和揉皱状构造等。

稀疏浸染状构造:他形、自形和半自形细粒黄铁矿、毒砂和贱金属硫化物主要沿面理、劈理呈浸染状分布,黄铁矿-石英、黄铁矿-石英-铁白云石和黄铁矿-碳酸盐细脉和(或)网脉穿切面理及浸染状硫化物集合体。

脉状构造:黄铁矿等金属矿物集合体呈短脉状顺层分布,脉宽一般为 0.1~1mm。

团块状构造:局部的黄铁矿、毒砂集合体呈团块状分布。

结核状构造:黄铁矿矿物集合体呈球粒状结核的外壳产出,其内充填脉石矿物,结核粒径多在 5mm 左右。

环斑状构造:矿石中有的黄铁矿呈大小不等的环斑状构造。

揉皱状构造：黄铁矿等金属矿物集合体细脉呈弯曲的皱纹状产出于矿石中。

4. 矿石类型

依据赋矿围岩特征可分为蚀变碳质糜棱片岩型金矿石和蚀变脉岩型(闪长玢岩型、细晶岩型及花岗斑岩型)金矿石2种类型，其中以碳质糜棱片岩型矿石为主。

(五)围岩蚀变

矿体围岩主要为中元古界万洞沟群碳质千枚岩、片岩，围岩蚀变强烈，与金矿化关系密切的蚀变主要有硅化、黄铁矿化、绢云母化，碳酸盐化、高岭土化等局部显示。矿体向围岩方向，黄铁矿化急剧减弱，碳酸盐化增强。地表氧化带中常见黄钾铁矾化、褐铁矿化、石膏化。

(六)资源储量

查明金资源储量48t，矿床平均品位6.52g/t。

(七)矿化阶段

滩间山金矿田主要含青龙沟、金龙沟2个大型矿床，研究程度相对较高，矿化阶段的划分认识不尽相同。国家辉(1998)划分为沉积变质初步富集期、变形变质矿化富集期、岩浆热液矿化富集期。呼格吉勒等(2018)认为成矿经历了早期黑色含金岩系沉积期、加里东期为变质作用岩浆作用初步富集期、海西期为主动力变质作用矿化富集期、海西晚期为岩浆作用叠加富集期。结合矿区野外地质特征、矿物组合及前人资料，本次研究认为成矿过程可划分为沉积变质初步富集期、变质变形主成矿期、岩浆热液主成矿期。

沉积变质初步富集期：蓟县纪柴北缘陆缘裂谷形成，万洞沟群由早期边缘带碎屑岩沉积到晚期中央带碳酸盐岩沉积，形成一套黑色岩系，矿体产于其中。青龙沟矿区、金龙沟矿区均是片岩型矿石占主体，脉岩型基本未形成规模性矿体，说明矿床具明显的层控性，这与万洞沟群特殊的沉积环境、热水沉积区域变质作用、动力热变质作用特殊过程有着密切的联系。元古宙受基底断裂控制的断陷盆地，在还原环境沉积了潟湖或海湾相含碳质较高的泥质及富镁的碳酸盐岩台地型沉积建造，矿田内形成了微晶或粗晶电气石，地层建造水流体活动具有深源活动特征，有利于含金成矿热液活动，形成初始矿源层，乃至矿体。

变质变形主成矿期：万洞沟群元古宙开始褶皱，受元古宙、早古生代两期区域变质变形影响，在地层褶曲和破裂部位，变质作用驱动地层建造水发生循环迁移，同时萃取了部分成矿物质。褶皱作用及低绿片岩相变质作用生成变质黄铁矿，成为Au元素富集的载体，先成矿体品位进一步提高。同沉积变质期，变形变质期的成矿流体水同为变质热液水。

热液主成矿期：随造山作用演化，构造-岩浆活动加强，脆性变形劈理置换了前期剪切层理，渗透性增强，促使岩浆、变质热液携带成矿物质驱动地层建造水发生循环，萃取围岩成矿物质，在褶皱核部、两翼层间破碎带等有利部位富集金和硫化物。可划分为两个阶段：石英硫化物成矿阶段，为热液成矿期的前期阶段，矿化石英脉充填于断裂破碎带的岩石裂隙中，金属矿物主要有黄铁矿、磁黄铁矿、毒砂等，生成大量石英和绢云母；方解石硫化物成矿阶段，属于热液成矿期的后期阶段，方解石脉、石英脉穿切早期石英脉，早期形成的黄铁矿、闪锌矿被方铅矿交代，金属矿物以方铅矿、闪锌矿、黄铜矿为主，脉石矿物以形成方解石为特征。本期成矿作用较弱，仅在局部发育。

(八)成矿物理化学条件

据国家辉(1998)研究：沉积变质期Na/K值分别为10、19.6，远远大于2，属于热卤水范围；而Na/(Ca+Mg)值分别为50、245，远远大于4，显示岩浆热液特征，说明流体主要为原生建造水。片岩型矿石硫同位素组成与Буряк统计的世界前寒武纪碳质岩层中金矿床黄铁矿硫同位素组成基本一致，可佐证其中的硫来源于中元古界万洞沟群碳质岩层,碳同位素也基本上继承了原岩特征(国家辉和陈树旺,1998)。

变形变质成矿期第一期热液成矿流体为 $H_2O-CO_2-CH_4-NaCl$ 体系,温度 186～250℃,盐度 1.4%～7.9%,成矿深度 16～6km,属变质流体,形成时间为 425～401Ma(Ar-Ar 法)。第二期矿化叠加于早期矿化之上,成矿深度 7～3.5km,流体温度 274～289℃,盐度 1.8%～7.9%,显示有较高的热梯度,应属岩浆成因流体,是主要的一期金成矿作用(张德全等,2007;崔艳合等,2000)。

岩浆热液期 Na/K 值大于 2,Na/(Ca+Mg)值远远大于 4,既反映岩浆热液特征,又反映层控热液及热卤水特征,说明岩浆热液期成矿热液虽来自岩浆期后热液,但在运移中受到变质水的混染(国家辉和陈树旺,1998)。

(九) 矿床类型

一致的认识认为矿床的形成主要与黑色岩系、变质变形和后期热液叠加作用有关。万洞沟群沉积前北东向基底断裂控制裂陷盆地的形成,地层建造水流体与金矿关系密切,至少形成矿源层,乃至矿体;元古宙末,万洞沟群开始褶皱,并在元古宙、古生代区域变质作用的影响下,初始矿源层、矿体品位提高。随造山作用演化,泥盆纪构造-岩浆活动影响,在构造有利部位 Au 元素进一步富集。综上所述,矿床在元古宙已经存在具一定规模的矿体,晚志留世—早中泥盆世叠加富集,故矿床类型为沉积-热液叠加矿床,成矿时代归属前寒武纪。

(十) 成矿模式

元古宙为基底断裂控制的坳陷沉积盆地时期,发育中元古界万洞沟群 b 岩组一套来源于同生热水沉积的黑色沉积岩系,岩系中富含 Au、As、S 等成矿元素(图 3-5)。基底断裂活动为地层建造水的运移提供了动力,同时使黑色岩系中 Au 元素活化迁移,由于有机碳的吸附障效应和还原障效应,流体中的金沉淀富集,黄铁矿同样也起到使金沉淀的还原障作用,在同生沉积阶段致金富集成矿,形成了初始矿层或矿源层。中元古代由高绿片岩相区域动力热流变质作用转变为低绿片岩相区域低温动力变质作

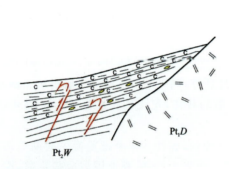
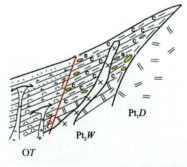
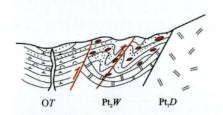
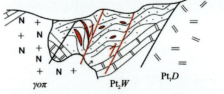

图 3-5 滩间山金矿田成矿演化示意图(据国家辉,1998)

用,万洞沟群在经历了广泛的绿片岩相热变质,在柴北缘裂陷拼合演化中形成的以脆性为主的区域性脆-韧性剪切带和褶皱构造中,变形变质作用使产于黑色岩系的 Au 元素活化迁移、富集,形成了第二次成矿。海西期,泥盆纪碰撞造山活动逐步进入伸展阶段,强烈的中酸性岩浆侵入活动,形成了造山带花岗岩,具火山弧花岗岩特征,不仅再次促使碳质岩系中的 Au 元素活化迁移,还直接带来部分 Au 元素。造山带内强烈变形作用,原岩层包括矿层发生强烈的褶曲及一系列的韧-脆性剪切变形,在褶皱层间滑脱带和韧性剪切带第三次富集成矿,海西期也是矿床形成过程中比较重要的一次矿化富集成矿活动期。

(十一)找矿模型

根据现有成果资料及对成矿地质背景、控矿因素、找矿标志等方面的认识,总结滩间山金矿田综合找矿模型(表 3-1)。

表 3-1 滩间山金矿田找矿模型简表

成矿要素		描述内容
成矿地质背景	构造环境	陆缘裂谷环境(Pt);柴北缘造山带滩间山岩浆弧泥盆纪、三叠纪碰撞造山环境
	成矿构造	区域构造的次级引张断裂带、褶皱两翼的层间虚脱滑动带
	含矿建造	万洞沟群浅变质岩系(黑色岩系)
	岩浆岩	海西期斜长花岗斑岩、斜长细晶岩、闪长玢岩脉
	围岩蚀变	围岩蚀变主要为黄铁矿化、硅化、绢云母化,其中黄铁矿化、硅化强烈者矿石品位相应较高
地球化学信息	地球化学测量	1:20 万水系沉积物测量 Au、As、Sb 元素浓集区反映矿田的大体位置;1:5 万水系沉积物测量 Au、As、Sb 元素综合异常反映矿床范围;1:2.5 万水系沉积物测量、1:1 万岩石测量、1:1 万土壤测量 Au 元素综合异常圈定矿(化)体位置,尤其是浓集中心多与矿体有关,是有效的指示元素

二、都兰县果洛龙洼沉积-热液叠加改造金矿床

(一)区域地质特征

矿床地处东昆北造山带之昆北复合岩浆弧,介于昆中和昆南两条深断裂之间,位于东昆仑成矿带沟里国家级整装勘查区(2010 年设立)。区内先后发现了果洛龙洼、坑得弄舍大型金矿床及瓦勒尕、按纳格、达里吉格塘、阿斯哈等中小型金矿床(图 3-6),金资源量超过 100t。

区域地层出露齐全,按形成时代由老到新依次为元古宇、奥陶系—中新元古界、石炭系—下二叠统、上二叠统、三叠系、第三系—第四系。与金矿关系密切的地层主要有金水口岩群、万保沟群,金水口岩群包括白沙河组和小庙组,岩性以片岩、大理岩、斜长角闪岩和片麻岩为主;万保沟群岩性主要为大理岩、英云片岩(张纪田等,2021)。金矿床基本上产于元古宙地层中。

区内既有元古宙基底,又经历了古生代、中生代多旋回构造作用,内部结构极其复杂。侵入岩有加里东期、海西期、印支期、燕山期的基性—超基性岩和中酸性岩,与成矿有关的海西期、印支期中酸性侵入岩出露广泛,岩性主要为花岗闪长岩和正长花岗岩(张纪田等,2021)。构造以断裂为主,其中横跨金矿田的昆中和昆南断裂控制了区内基本构造格架和金矿床的分布。

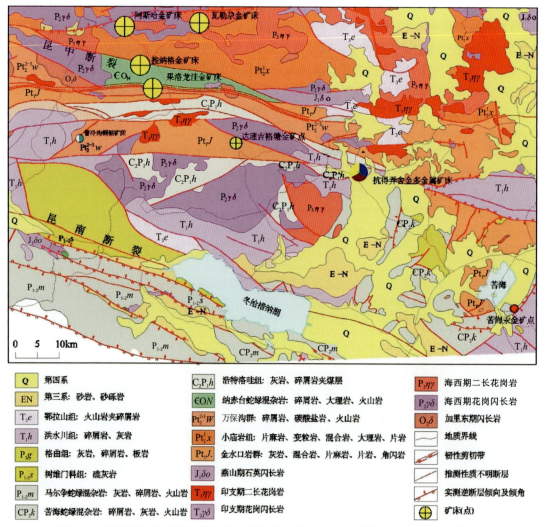

图3-6 都兰县沟里地区区域地质矿产图(据青海省有色地质勘查局八队,2015修改)

(二)矿区地质特征

矿区地层近东西向展布,明显受区域构造的控制(图3-7),除第四纪砂砾石层外,其他岩性主要有绿泥石英千枚岩、千糜岩、灰绿色片岩、硅质板岩、含碳绢云石英千枚岩、绢云母绿泥石千枚岩和砾岩,但时代归属较有争议,最早归属为古元古界金水口岩群,后多倾向于下古生界纳赤台群蛇绿混杂岩,本次采用储量报告评审登记所用的中新元古界万保沟群。断裂发育近东西向、北东向、北北西向和近南北向4组。其中,近东西向断裂规模最大,分布于矿区中部和北部,几乎横穿整个矿区,长度大于4km,被北北西向断裂切割。岩浆岩主要有超基性岩(辉石岩)和中酸性岩(闪长岩)。辉石岩分布于矿区中南部,岩体面积约为0.28km²,岩体被近东西向断裂所切割。闪长岩分布于矿区中偏北部,整体呈灰白色,部分岩石钾长石含量较高,呈肉红色,具有不等粒结构,块状构造。

(三)矿体特征

矿区共圈出6条矿化带,分别为AuⅠ、AuⅡ、AuⅢ、AuⅣ、AuⅤ、AuⅥ。长度1080～1440m,宽度0.68～40m,最大宽度70m;延深80～250m,最大延深560m。具分支复合、膨大收缩现象(图3-8)。走向近东西,倾向南,倾角较陡,一般在55°～75°之间。局部受北西向断层影响错动,错距不大,一般在5～15m之间。带内圈定金矿体88条,主要矿体为AuⅠ-1、AuⅣ-1、AuⅥ-1。

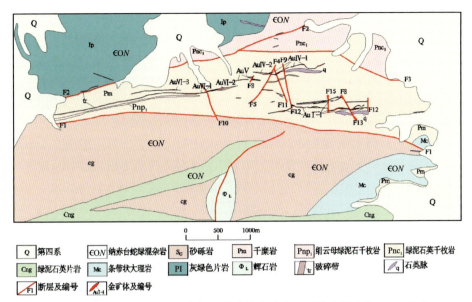

图3-7 果洛龙洼金矿区地质草图(据青海省有色地质勘查局八队,2015修改)

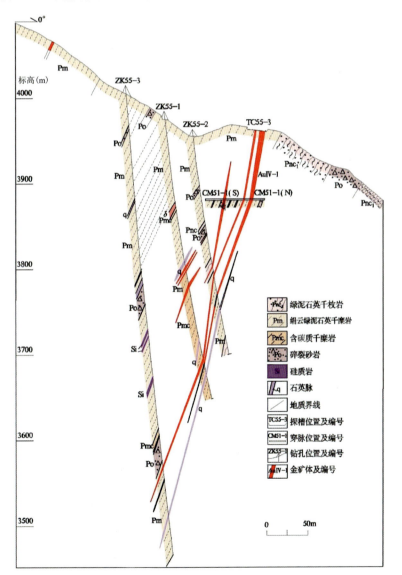

图3-8 果洛龙洼金矿床55号勘探线剖面图(据青海省有色地质矿产勘查局八队,2015修改)

AuⅠ-1 长度 1340m,最大延深 470m;厚度 0.68~4.77m,平均厚度 2.07m,最厚 8.74m。Au 品位一般 1.55~17.24g/t,平均品位 7.23g/t,单样最高 182.0g/t,浅部氧化矿局部见明金。矿体呈东西走向,倾向南,倾角 60°~80°,沿走向、倾向均有膨胀收缩和分支复合特征。

AuⅣ-1 形态简单,呈薄脉状。长度 1200m,最大延深 450m;厚度 0.46~3.67m,平均 1.73m。Au 品位 1.00~17.4g/t,平均品位 3.86g/t,单样最高 51.20g/t。矿体呈东西走向,倾向南,倾角 50°~70°,沿倾向具有膨大收缩、分支复合特征。局部受平移断层影响,有错动现象。

AuⅥ-1 长度 1120m,最大深度 210m;厚度 0.82~4.0m,最厚 5.3m,平均 2.44m,Au 品位一般 2.32~42.92g/t,平均品位 7.41g/t,单样最高 274.0g/t。矿体走向近东西,倾向南,倾角 55°~75°,矿体有分支复合、膨大收缩特征,局部受北西向断层影响有错动现象,错距小于 10m。

(四)矿石特征

1. 矿石矿物

矿石矿物主要有银金矿、自然金、黄铜矿、黄铁矿、磁铁矿、赤铁矿、方铅矿、闪锌矿、孔雀石、褐铁矿等;脉石矿物主要为石英,少量绢云母及方解石。银金矿及自然金大多呈中、细粒(0.010~0.074mm)嵌生在石英及其他脉石矿物的裂隙处或晶粒间,自然金约占金矿物总量的 10%,其余 90% 全部为银金矿。

硅化比较普遍,主要在岩体内外接触部位呈带状产出。以充填作用为主,常与其他硫化矿物一起形成含金硫化物石英脉。

绢云母化也较普遍,呈显微鳞片状变晶,有的具斜长石假像,有的见石英钠长石亮边,石英早于和晚于绢云母的均有。

绿泥石化呈脉状、似脉状产于构造带中,常伴生有方解石脉和黄铁矿细脉,是主要的近矿围岩。受强烈的构造挤压作用,绿泥石定向排列,形成绿泥石千糜岩,局部有小揉皱现象。

黄铁矿化,呈自形—半自形晶、他形晶结构、碎裂结构,与石英、绿泥石、绿帘石及其他硫化物(黄铜矿、方铅矿)一起呈脉状产出,有时也呈粗粒巨晶、块状,也有呈粉末状、浸染状,是最主要的载金矿物。

2. 矿石结构

矿石结构有半自形—他形粒状结构、他形粒状结构、碎裂结构、交代结构、糜棱结构、填隙结构、反应边结构、脉状结构等。

他形粒状结构:黄铁矿呈他形粒状分布于他形方铅矿中。

半自形—他形粒状结构:黄铁矿呈自形—半自形粒状,粒径一般在 1~2mm 之间,不均匀分布在岩石裂隙中。

碎裂结构:半自形—他形黄铁矿被压碎呈网状,其中可见脉石矿物和方铅矿充填,黄铁矿被压碎呈网状。

交代残余结构:闪锌矿交代方铅矿,残余方铅矿呈脉状分布于闪锌矿中;方铅矿交代黄铁矿。

交代港湾状结构:黄铜矿交代方铅矿,方铅矿边缘呈参差不齐的港湾状。

脉状结构:黄铁矿集合体呈脉状穿插于脉石矿物中。

镶边结构:铜蓝交代黄铜矿,在黄铜矿边缘分布。

包裹结构:银金矿被方铅矿包裹。自然金被褐铁矿、石英包裹。

3. 矿石构造

矿石构造有脉状或网脉状构造、斑杂状构造、细脉浸染状构造、块状构造、晶洞状构造、皮壳状构造。

网脉状构造:后期石英细脉和黄铁矿、银金矿、黄铜矿等呈网脉状充填于先期石英脉中,含量在 10%~20%。局部可见到星散状构造、脉状构造。

斑杂状构造:黄铜矿、黄铁矿、方铅矿等杂乱无章分布于脉石中。

细脉浸染状构造:银金矿、黄铜矿、黄铁矿等沿裂隙呈细脉状、薄膜状分布,含量 5%~10%。

块状构造：主要是黄铁矿富集成块状，含量1%～10%。

晶洞状构造：银金矿、黄铁矿等呈他形晶，自形—半自形晶存在于脉石的晶洞中，为后期热液蚀变形成，含量1%～5%。

皮壳状构造：褐铁矿呈皮壳状分布于石英脉中。

4. 矿石类型

根据容矿岩石不同可分为破碎蚀变岩型、石英脉型两类。以石英脉型为主，约占矿石总量的90%以上。硫化物大多呈条带状穿插于白色石英脉中，与硫化物胶结于一体的石英主要呈烟灰色，与早期石英脉有明显区别。

（五）围岩蚀变

矿体围岩主要为绿泥石英千枚岩、千糜岩、片岩、硅质板岩、含碳绢云石英千枚岩、绢云母绿泥石千枚岩、砾岩，蚀变发育，主要有硅化、黄铁矿化、绢云母化、绿泥石化、碳酸盐化、高岭土化、纤闪石化，局部见黄铜矿化、孔雀石化。与金矿密切相关的是硅化、黄铁矿化、绢云母化、绿泥石化。靠近矿体围岩蚀变以强硅化、黄铁矿化为主，向外逐渐过渡为绢云母化和绿泥石化，分带较为明显。

（六）资源储量

查明金资源储量17.63t，矿床平均品位8.296g/t。

（七）矿化阶段

根据矿物组合、矿石结构及矿脉穿插关系，结合区域构造演化过程，主要有沉积-变质期、热液成矿期2期。

沉积变质期，至少提供了矿质来源。沉积盆地早期，发生强烈火山活动，并伴有泥砂质及硅质岩沉积，混入较多的基性、超基性岩组成的蛇绿岩组分。沉积盆地晚期，发育海山碳酸盐岩，夹有砂岩和泥页岩，形成海山碳酸盐岩。总体上，元古宙形成的热水沉积建造，为成矿提供了丰富的物质来源，省内外不乏海相火山岩成矿实例。元古宙以来，区域变质作用、动力热流变质作用，使Au元素进一步富集形成矿体。

热液成矿期，特征明显，可划分为3个成矿阶段。石英脉-粗粒自形黄铁矿阶段：石英脉呈乳白色，多产于千枚岩和铁锰硅化带中，少量产于地层与闪长岩体接触带上。石英脉中金属硫化物以黄铁矿为主，黄铁矿颗粒较粗，呈立方体和自形晶。这一阶段金矿化较弱。含金细粒黄铁矿阶段：以发育细粒黄铁矿细脉和活化石英细脉为特征，脉宽不等，石英呈洁净的微细粒自形柱状晶。多金属硫化物阶段：石英脉中金属硫化物呈团块状、浸染状和细脉—网脉状，硫化物包括石英、黄铁矿、闪锌矿、方铅矿和黄铜矿等，金品位升高。

（八）成矿物理化学条件

赖健清等（2016）研究认为：矿床成矿作用分为变质热液期和岩浆热液期（图3-9）。前者包括乳白色石英脉阶段（A）和含金石英黄铁矿阶段（B），为主成矿期；后者对应石英硫化物再富集阶段（C），起叠加改造作用。B、C阶段发育3种包裹体：Ⅰ型水溶液包裹体、Ⅱ型水溶液-CO_2包裹体、Ⅲ型纯CO_2包裹体，Ⅰ型、Ⅱ型包裹体盐度分别为10.70%～22.69%和3.52%～12.42%，温度集中于260～360℃，流体可能来源于变质热液，属变质热液期。C阶段发育Ⅰ型包裹体及少量Ⅱ型包裹体，温度集中于160～320℃，盐度分别为15.90%～23.32%和10.62%～13.57%，成矿热液可能主要来源于岩浆热液，为岩浆热液期。刘新开等（2013）借助电感耦合等离子体质谱（ICP-MS）对不同类型矿石进行稀土元素含量分析，结果显示全部样品的轻、重稀土元素分异特征明显（LREE/HREE=4.52～16.82），轻稀土元素和重稀土元素内部分异不显著，为典型的轻稀土富集型，具有Eu负异常（Eu/Eu*=0.56～1.00）和Ce正异常($Ce/Ce^* = 0.95 \sim 1.61$)特征，表明成矿流体本身亏损 Eu 或来源于亏损 Eu 的源区，且成矿时处于还原环境，成矿流体中的稀土元素主要继承于围岩，并具有由石英脉型向蚀变岩型，再向千枚岩型演化的特征。

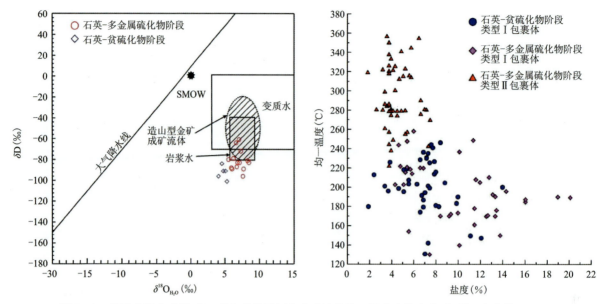

图 3-9 果洛龙洼金矿床 $\delta D - \delta^{18} O$ 相关图解和成矿流体均一温度和盐度关系（据丁青峰等，2013）

（九）矿床类型

矿区赋矿地层时代为元古宙，局部麻粒岩相变质是青海省元古宙特有的变质程度，早期频繁的基性火山活动，在北祁连地区发现了青海省最早的海相火山岩型金矿，至少具备矿源层的作用。元古宙区域变质作用、动力热流变质作用叠加富集成矿。至少有志留纪—泥盆纪、三叠纪两期碰撞造山环境岩浆侵入作用叠加改造富集，三叠系尤其明显。张德全等（2005，2007）认为东昆仑地区金矿的成矿年龄有一组为海西晚期—印支期（284~218Ma），时限应为晚三叠世。这一期的成矿作用主要与碰撞造山环境花岗质岩浆侵入作用关系密切。印支晚期花岗闪长岩同时也是重要的赋矿围岩，如区域上阿斯哈金矿床、色日金矿床均有矿体产于其中的破碎带中。印支期花岗岩成矿作用比较重要，但应是后期叠加成矿作用之一。故矿床具多大地构造阶段、多控矿因素、多成矿物质来源、多成矿作用及多成因类型，属沉积-热液叠加改造矿床。成矿时代为元古宙。

（十）成矿模式

沟里金矿田位于东昆仑造山带东侧，邻近昆中断裂，经历了新元古代—早古生代洋陆转化阶段、晚古生代洋陆转化阶段、晚二叠世—中三叠世洋陆转化阶段等复杂构造演化。矿田内果洛龙洼等金矿床（点）分布区与金水口岩群分布区吻合。

元古宙为陆缘盆地环境，中基性火山活动频繁，形成一套巨厚的火山-沉积建造（图 3-10），地层中 Au 元素含量普遍较高，多为地壳克拉克值的几倍或几十倍，构成了高背景场源，随着陆缘盆地的消亡，原始沉积形成的矿源层，发生变质变形，形成的变质流体，促进了 Au 元素的活化、迁移并富集成矿。中新元古代区域变质作用有从低变质绿片岩相至角闪岩相，甚至局部达到麻粒岩相特征，对原始矿源层或矿层中 Au 元素进一步活化富集。

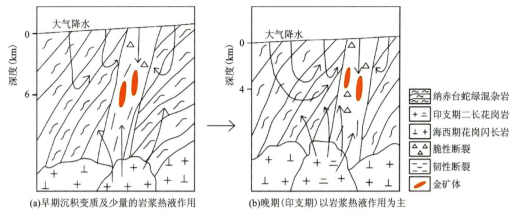

图 3-10 果洛龙洼金矿成矿模式图(据谢智勇等,2015 改编)

晚古生代洋陆转化阶段、晚二叠世—中三叠世洋陆转化阶段造山过程造就了矿区内北西向深大断裂,为岩浆活动带来地幔物质提供了通道。岩浆作用形成的花岗质岩石类型复杂,是地壳加厚部分熔融形成的 C 型埃达克岩,同时具有 S 型花岗岩、喜马拉雅型花岗岩的化学成分特征,岩性以花岗闪长岩、二长花岗岩和正长花岗岩为主,强烈的岩浆活动为金成矿提供热源、物源,深部岩浆热液与变质热液的混合使得流体盐度发生突变,部分来源于深部的成矿物质流体,在围岩裂隙和孔隙内运移、反应,萃取成矿物质,对金成矿进一步叠加改造,在近东西向区域性断裂带内成矿流体运移、沉淀,选择脆性构造和韧性剪切构造成矿,矿化在剪切带变形最强烈的中心部位最富集。区域性断裂直接控制着岩浆岩和矿体的空间分布、形态及产状,而矿区发育的北西向、北东向和近南北向次级断裂分布于东西向主干断裂两侧,一般规模不大,对矿体、矿化带具有破坏作用,形成成矿期后断裂。

(十一)找矿模型

根据现有成果资料及对成矿地质背景、控矿因素、找矿标志等方面的认识,总结果洛龙洼金矿床综合找矿模型(表 3-2)。

表 3-2 果洛龙洼金矿床找矿模型简表

成矿要素		描述内容
成矿地质背景	构造环境	被动陆缘环境(Pt_{2-3});东昆北造山带昆北复合岩浆弧(Pt_3、SO、PT),泥盆纪碰撞造山环境
	成矿构造	剪切带变形最强烈的中心部位最富集。北西向、北东向和近南北向次级断裂分布于东西向主干断裂两侧,一般规模不大,对矿体、矿化带具有破坏作用,多为成矿期后断裂
	含矿建造	万保沟群绿片岩相变质岩系(黑色岩系)
	含矿地质体	变质岩中含黄铁矿的石英脉、构造蚀变带含矿
	围岩蚀变	与金矿密切相关的是硅化、黄铁矿化、绢云母化、绿泥石化
地球化学信息	地球化学测量	1:20 万水系沉积物测量异常较弱;1:5 万水系沉积物异常为一个以金为主,伴有 Cu、Ag、Co、Ni、Bi、Zn 的甲类综合异常,与万保沟群基性火山岩背景吻合。1:1 万土壤测量金异常区与矿体基本吻合

第二节 早古生代金矿典型矿床

一、乌兰县赛坝沟岩浆热液型金矿床

(一)区域地质特征

矿床地处柴北缘造山带之滩间山岩浆弧,位于柴北缘成矿带赛坝沟金矿田(图3-11),由西向东依次分布嘎顺、拓新沟、赛坝沟、乌达热呼、阿里根诺等金矿床(点)。主要出露古元古界达肯大坂群和奥陶系滩间山群,北西-南东走向。加里东期、海西期和印支期岩浆活动强烈,各类脉岩发育,以加里东期为主,超基性岩—基性岩—中性岩—中酸性岩—酸性岩岩浆演化系列完整,以中酸性岩为主,总体上受区域北西-南东向深大断裂控制。奥陶纪火山岩构成滩间山群变火山岩的主体。

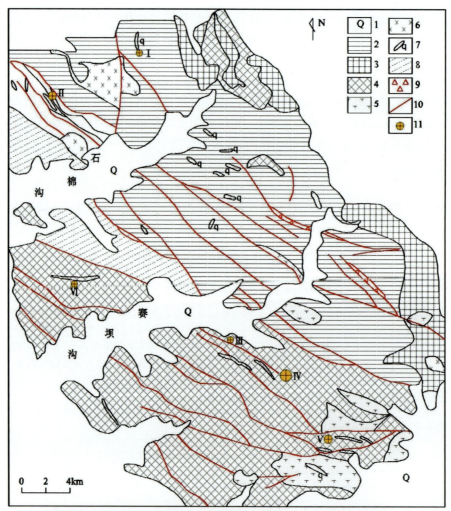

1.第四系;2.滩间山群火山变质岩;3.海西期钾长花岗岩;4.加里东期斜长花岗岩;
5.闪长岩;6.基性岩;7.石英脉;8.剪切带;9.破碎带;10.断层;11.金矿床(点)。
Ⅰ.嘎顺金矿点;Ⅱ.拓新沟金矿床;Ⅲ.赛坝沟外围金矿床;Ⅳ.赛坝沟金矿床;
Ⅴ.乌达热呼金矿床;Ⅵ.阿里根诺金矿点

图3-11 青海省乌兰县赛坝沟地区地质略图(据青海省第六地质队,1998修编)

(二) 矿区地质特征

奥陶系滩间山群是矿区地层的主体,呈北西-南东走向(图3-12),为一套海相喷发沉积的中性—基性火山岩或火山碎屑岩类,主要岩石类型有蚀变火山熔岩类、变质火山岩类。侵入岩以加里东期为主,岩性有斜长花岗岩、石英闪长岩,斜长花岗岩是赛坝沟金矿的主要围岩。后期岩脉极为发育,主要有花岗斑岩脉、石英脉、闪长岩脉、闪长玢岩脉、花岗岩脉、钾长花岗岩脉。

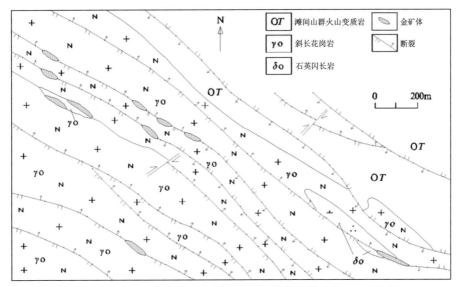

图3-12 赛坝沟金矿床地质略图(据青海省第六地质队,1998修编)

断裂构造按其展布方向大致分为北西向断裂组和北东向断裂组。北西向断裂组是含矿构造,形成于加里东晚期—海西期阶段,为一逆冲断层,长度从几十米至几十千米,宽度从几米至几百米,倾向多北东-北北东,断面呈舒缓波状。发育破碎带,带内岩石主要有碎裂岩、构造角砾岩及断层泥。北东向断裂组形成于印支-燕山期,为逆冲兼走滑和平移两种类型,倾向南东或北西,断带发育碎裂岩、构造角砾岩及断层泥,对北西向断裂起破坏作用,为成矿期后断裂。

(三) 矿体特征

矿区共圈出5条含矿断裂破碎带(Ⅰ~Ⅴ),均产于浅灰—灰色中粒斜长花岗岩体中。Ⅳ号带最具规模,长度1080m,宽度3~20m,总体走向300°,倾向北东,倾角60°~86°,倾向延伸最大240m,平面和剖面上呈舒缓波状延伸,具分支复合、膨胀夹缩现象,带内岩石以云英片岩为主,次为绢英岩质超糜棱岩、石英脉、糜棱岩、绢英岩化碎裂岩等,具黄铁矿化、硅化、绢云母化等,上、下盘围岩以角闪斜长花岗岩为主。

含矿断裂破碎带内共圈出11条矿体,其中工业矿体9条,低品位矿体2条。Ⅳ-3为主矿体,长度302.23m,厚度1.5m,最大深度223.58m,呈脉状,具分支复合、膨胀夹缩和无矿天窗等特征。矿体严格受构造控制,产状与构造面产状基本一致,沿走向呈舒缓波状延伸,总体走向291°,倾向北东,局部倾向近南北,倾角较陡,一般在60°~86°之间变化(图3-13)。

(四) 矿石特征

矿石矿物主要有自然金、银金矿、黄铁矿、磁铁矿及少量黄铜矿等;脉石矿物主要有石英、绢云母、绿泥石、长石及碳酸盐矿物等,表生矿物极少量,主要为赤铁矿、褐铁矿及孔雀石等。有益元素为Au,其他元素无综合利用价值。矿石结构主要为碎裂结构、粒状变晶结构、鳞片结构、糜棱结构为主;其次为交代结构、交代残留结构、包含结构。矿石构造主要有稀疏浸染状构造、斑点状构造、条纹状构造、片状构造

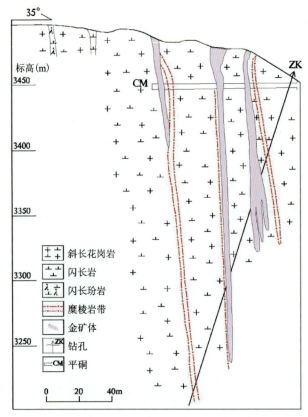

图 3-13 赛坝沟金矿床Ⅱ号带 A0 勘探线剖面图
(据青海省第六地质队,1998 修编)

及假流动构造等。矿石类型主要有石英脉型和蚀变岩型,以前者为主,在空间上共生,并有分带性。石英脉型金矿石品位相对较高。

(五)围岩蚀变

围岩岩性主要有角闪斜长花岗岩,围岩蚀变发育,主要蚀变类型有黄铁绢英岩化、黄铁矿化、硅化、钠黝帘石化、绿泥石化、高岭土化、碳酸盐化等。其中硅化、黄铁绢英岩化、黄铁矿化与金矿化关系最为密切。热液蚀变分带较明显,在石英脉矿体的两侧发育由强硅化、黄铁矿化和绢云母化构成的黄铁绢英岩化蚀变带,一般带宽 0.2m 左右。往外依次为碳酸盐化和绿泥石化。

(六)资源储量

查明金资源储量 3.576t,矿床平均品位 10.09g/t。

(七)矿化阶段

成矿阶段大体可分为 3 个主要成矿阶段。早期阶段形成矿源层,加里东期斜长花岗岩体的侵入,在同期断裂系统的影响下,使滩间山群火山岩层中的金活化迁移,形成含金热液,在岩体中发育的断裂破碎带内初步富集;中期阶段随着深大断裂的继承性发展,多次活动形成次级北西向构造破碎带,在长期的动力、区域热变质过程中,变质热液使金进一步富集,围岩蚀变进一步加强。晚期阶段为海西期钾长花岗岩的侵入,岩浆期后热液使金进一步富集、迁移,在脆性、压扭性断裂扩容条件下充填形成脉型矿体,是金矿化形成的最主要阶段。

(八)成矿物理化学条件

矿床成矿黄铁矿的δ^{34}S值为2.44‰~3.93‰,分布集中,而区域矿床中δ^{34}S值为0.50‰~3.93‰,区域矿床围岩及成矿后石英脉的δ^{34}S值为3.7‰~4.0‰,认为赛坝沟金矿中的硫除来自围岩外,更多来自深部的幔源流体。矿石铅同位素样品集中分布在地幔铅和下地壳铅之间,而围岩铅同位素样品在上地壳铅演化线左右分布。由此推断赛坝沟金矿床矿石铅主要来源于深部地幔与下地壳铅混合,也有少量上地壳铅的参与,而围岩铅主要来源于上地壳(唐名鹰,2021)。

(九)矿床类型

赛坝沟地区的绝大多数金矿床(点),分布在水系化探金异常内,金高背景值对应奥陶纪岩浆岩,尤其与岩浆岩内部韧性剪切带展布方向一致,总体呈北西向带状分布。赛坝沟金矿床所有矿体均产于剪切带内,具韧-脆性构造转换作用控矿特征,表明控矿的主导因素为断裂构造,其成因类型属受剪切带控制的岩浆热液型金矿,工业类型为石英脉型和破碎蚀变岩型。

(十)成矿模式

赛坝沟金矿田地处欧龙布鲁克早古生代残余岛弧(花岗变质杂岩带)与赛什腾山-阿尔茨托山早古生代消减带的结合部位,奥陶纪俯冲环境在矿田内形成北西—北西西向区域大型韧-脆性剪切带,剪切带既有明显的韧性变形特征(如鞘褶皱、S-C组构等),又有明显的脆性特征,具有韧-脆性转换及叠加性,是一条非常典型的韧-脆性剪切带(张栓宏等,2001)。在漫长的地质历史时期多次活动,剪切带不仅控制着岩浆的活动、侵位分布,同时也派生出多期次及多方向的次级断裂,为深部含矿热液活动、成矿元素的迁移和富集提供了有利通道和储矿空间,控制了矿田(床)的产出,其形成的次级断裂破碎带、脆性断裂和裂隙则控制着矿体或矿化体的产出(图3-14)。

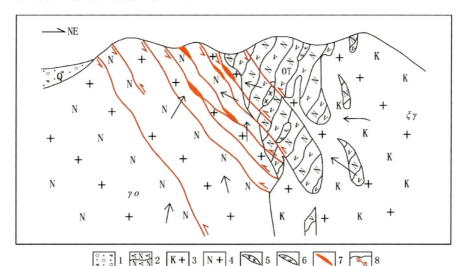

1.冲积、洪积砂砾;2.滩间山群斜长角闪片岩;3.海西期钾长花岗岩;4.加里东期斜长花岗岩;5.辉长岩脉;6.蛇纹岩脉;7.金矿化部位;8.压扭性断裂

图3-14 赛坝沟金矿成矿模式示意图(据青海金矿,2005)

金矿床虽赋存于海西期斜长花岗岩体内的北西向构造破碎蚀变带中,但矿床的北侧分布有大面积的滩间山群火山岩系,拓新沟矿床直接位于滩间山群火山岩系中。滩间山群金含量较高,平均11.65×10^{-9},为克拉克值的2倍多,且经历了低绿片岩相变质岩,形成对金成矿有利的环境,是矿田金矿化的矿源层之一。碰撞伸展作用形成强烈的岩浆活动,沿断裂带产出斜长花岗岩、石英闪长岩等赛坝沟矿田的直接围岩。印支期碰撞环境钾长花岗岩应为金矿化最后一期规模较大的构造岩浆热事件。综上所述,矿床

成矿阶段分为早期矿源层形成阶段、中期变质热液富集成矿阶段、奥陶纪岩浆侵入作用成矿阶段及印支期岩浆期后热液改造富集阶段。造山过程中的花岗岩侵位等提供的建造水在逐步升高的地热温度影响下沿韧性剪切带长距离地迁移、活化并萃取围岩的成矿元素,形成中等温度、低盐度体系成矿流体,成矿流体从运移势高值区流向运移势低值区,在韧-脆性转换部位及断裂带由韧性剪切变形向脆性变形转变的部位沉淀富集。

（十一）找矿模型

根据现有成果资料及对成矿地质背景、控矿因素、找矿标志等方面的认识,总结赛坝沟金矿床综合找矿模型(表3-3)。

表3-3 赛坝沟金矿床找矿模型简表

成矿要素		描述内容
成矿地质背景	构造环境	柴北缘造山带滩间山岩浆弧(O),碰撞造山环境(D)
	成矿构造	断裂构造十分发育,在地表往往表现为线型地貌特征,矿体严格受北西向逆冲断层控制,是主要控矿构造
	含矿建造和围岩	加里东中晚期岩浆岩,主要岩石类型为中粗粒花岗闪长岩、英云闪长岩,含金蚀变带产于岩体中。岩浆岩及其构造岩既为含矿岩性也构成围岩
	石英脉	黄褐色石英脉是主要的含金岩性,是直接的找矿标志
	围岩蚀变	与金矿密切相关的是黄铁绢英岩化
地球化学信息	地球化学测量	水系沉积物测量Au、Ag、Cu、W等元素的组合异常,是金矿化的最佳地段

二、门源县松树南沟海相火山岩型金矿床

（一）区域地质特征

该矿床地处北祁连造山带之达坂山-玉石沟蛇绿混杂岩带,位于北祁连成矿带,区域上主要为贵金属矿产和有色金属矿产。矿床成因类型以海相火山岩型为主,岩浆热液型次之。海相火山岩型矿床主要有阴凹槽、红沟、松树南沟、中多拉等(图3-15)。岩浆热液型矿床主要有红川、陇孔等。矿床规模主要为小型。

区域地层主要为古元古界托莱南山群,古生界奥陶系、志留系、二叠系,少量中生界三叠系、侏罗系、新近系和第四系。奥陶系分布最为广泛,处于古生代火山洼地中,火山洼地呈北西向狭条状,四周被断裂限定,为褶皱基底断块下沉而形成负向构造洼地,其内被晚奥陶世中性—酸性火山岩依次充填,现为一南倾的单斜构造,沿四周断裂发育有闪长岩、花岗闪长岩等,闪长岩与细碧岩相伴出现,火山喷发中心在松树南沟以西8km地区。火山洼地残存于达坂山北北西复式向斜构造内,夹持在达坂山深大断裂与红沟-巴尔哈图大断裂之间。

（二）矿区地质特征

矿区地层主体为上奥陶统扣门子组,岩石系列属海相火山沉积的细碧角斑岩系列,岩性主要为细碧玢岩(部分受动力变质改造成石英绢云母片岩和绢云母绿泥片岩等构造片岩)、石英角斑凝灰岩、细碧质凝灰熔岩、角斑凝灰岩、石英角斑岩等,其中细碧玢岩是主要的含矿建造。在矿区北部出露有三叠纪紫红色、灰白色砂岩、页岩,南部出露有古元古界托莱南山群片麻岩、斜长角闪岩,为中深变质岩。扣门子

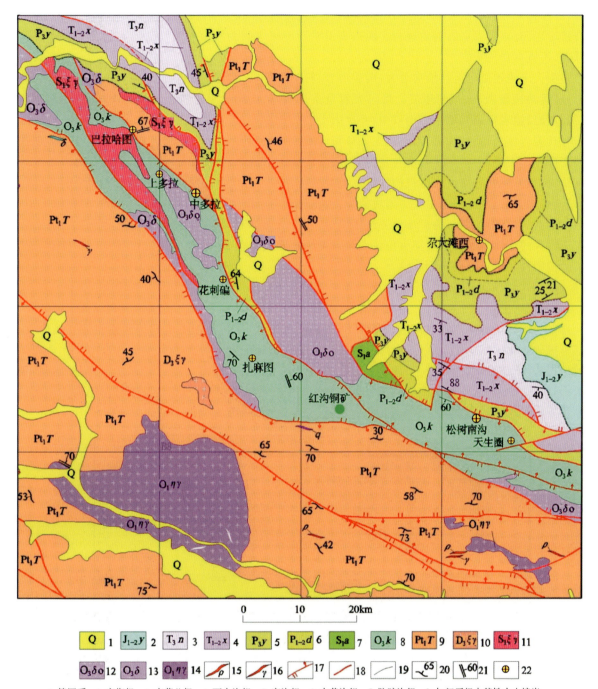

1. 第四系；2. 窑街组；3. 南营儿组；4. 西大沟组；5. 窑沟组；6. 大黄沟组；7. 肮脏沟组；8. 扣门子组中基性火山熔岩和中酸性火山碎屑岩；9. 托莱岩群片岩、片麻岩；10. 晚泥盆世正长花岗岩；11. 早志留世正长花岗岩；12. 晚奥陶世石英闪长岩；13. 晚奥陶世闪长岩；14. 早奥陶世二长花岗岩；15. 伟晶岩脉；16. 花岗岩脉；17. 逆断层；18. 平移断层；19. 地质界线；20. 片麻理产状；21. 片理产状；22. 矿床(点)

图 3-15　门源县松树南沟地区区域地质矿产图(据青海冶金地勘公司，1994 修改)

组火山岩呈北西向展布，形成向北东陡倾的紧密褶皱；断裂构造发育，以走向断裂为主，尤其上奥陶统中的走向断裂带、韧性剪切带、层间破碎带控制着侵入岩体和矿体的形成与分布。岩浆活动强烈，中性—酸性侵入岩发育，其中加里东晚期以中基性侵入岩为主，岩性为闪长岩类，海西晚期—印支期以中酸性侵入岩为主，岩性为花岗闪长斑岩类，另外亦有超浅成相的次火山岩类，主要为石英钠长斑岩。

松树南沟金矿产于北西向火山洼地中，火山喷发环境为浅海与滨海相间歇性喷发。依据火山物质及分布特征，具两次喷发旋回。第一喷发旋回：下部为灰绿色细碧玢岩；中部为角斑凝灰岩、石英角斑凝灰岩；上部为紫红色角斑岩夹绿色角斑岩。第二喷发旋回：下部为细碧玢岩、凝灰熔岩夹细碧玢岩；上部为细碧玢岩、凝灰熔岩夹石英角斑岩。两次火山喷发旋回之间为滨海相沉积岩组，主要为沉凝灰岩、沉积砾岩、钙质页岩夹灰岩。

整个火山洼地由南至北依次分为：细碧玢岩、石英角斑岩-火山质砾岩、凝灰岩-花岗闪长岩-角斑凝灰岩-石英角斑凝灰岩、细碧玢岩。形态大致呈条带状，从火山岩组合特征看具火山口、火山通道相特征。凝灰岩、熔岩角砾充填于火山口中，而次火山岩相斑状花岗闪长岩构成火山通道侵入体。此外，脉岩相有长英岩脉、石英钠长斑岩脉等，主要分布于岩体第二喷发旋回的凝灰熔岩中，它们经历多期次热液蚀变矿化作用，成为矿床重要的含金围岩，部分矿体产于其中。

从火山岩产状、岩性及火山机构的时空关系分析，区内火山岩可分为下列3种岩相：①火山通道相，出露于矿区北部，岩性复杂，主要为集块岩、石英角斑岩等；②喷溢相，分布广泛，主要为细碧岩，岩石遭受不同程度的碱性长石化，为矿床重要组成部分；③次火山岩相，斑状花岗闪长岩脉，侵位于细碧岩中，为矿床赋存的主体。断裂是贯穿火山活动全过程的重要构造前提，对火山构造产状、结构，特别是改造破坏的控制作用也十分明显。

(三) 矿体特征

含矿的细碧玢岩蚀变较强，岩石破碎、揉皱、片理化强烈，片理化带中定向排列的构造透镜体发育，局部形成的硅化碳酸盐化石英绢云母片岩、硅化碳酸盐化绿泥绢云母片岩具构造片岩特征。含矿的花岗闪长斑岩体(脉)内蚀变强烈，局部成碎裂岩或挤压破碎带。含矿的石英方解石呈脉状、细脉状、细网脉状，其中脉状石英方解石被挤压碎裂。整体显示出强烈的动力挤压变形、变质改造作用和多期次造山活动特点。松树南沟金矿床分为东、西2个矿段，相距1.6km(图3-16)。

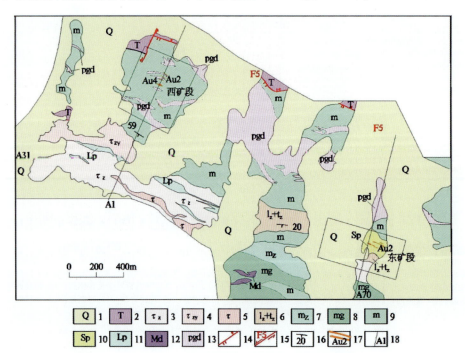

1. 第四系；2. 三叠系；3. 角斑凝灰岩；4. 含砾角斑凝灰岩；5. 角斑岩；6. 石英角斑凝灰岩夹角斑凝灰岩；7. 细碧质凝灰岩；8. 细碧玢岩凝灰熔岩；9. 细碧玢岩；10. 石英绢云母片岩；11. 娟云母绿泥片岩；12. 蚀变闪长岩；13. 斑状花岗闪长岩；14. 逆断层级编号；15. 平移断层；16. 岩层产状；17. 金矿体及编号；18. 剖面线及编号

图3-16 松树南沟金矿区地质略图（据青海冶金地勘公司，1994修改）

西矿段圈出28条金矿体，长50~250m，倾斜延伸12~385m，厚度0.57~62.96m，单样品位1~10g/t，最高达30.50g/t，平均品位2.18~6.51g/t，矿段平均品位3.16g/t。走向285°~310°，倾向南西，

倾角 40°～75°,属较陡倾斜矿体。矿体形态较复杂,平面上多呈不规则透镜状、脉状,剖面上呈现上小下大的楔形、不规则透镜状,纵剖面矿体分布具有向东侧伏的迹象,且矿体沿走向和倾斜方向均具有膨胀收缩、分支复合等特点(图 3-17)。东矿段共圈出金矿体 18 条,长 25～102m,倾斜延伸 25～100m,厚度 0.69～3.13m,单样品位一般为 1～15g/t,高者达 71～104g/t,最高可达 500g/t 以上,平均品位 5.25～16.79g/t,矿段平均品位 10.42g/t,品位变化大,变化系数为 303%～349%。走向 280°～300°,倾向 190°～210°,倾角 56°～65°,属陡倾斜矿体。金矿(化)体形态均受蚀变岩石中的片理化带、构造挤压带控制,单个矿体多呈脉状、透镜状、扁豆状产出,矿体之间多呈平行复脉状或侧幕状斜列式分布。

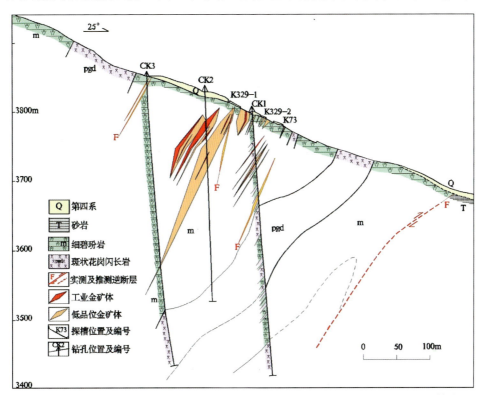

图 3-17　松树南沟金矿区西矿段 A1 号勘探线剖面图(据青海冶金地勘公司,1994 修改)

(四)矿石特征

矿石矿物有黄铁矿、磁铁矿、赤铁矿、黄铜矿、斑铜矿、辉铜矿、黝铜矿、方铅矿、闪锌矿及少量自然金、自然银、自然铋等;脉石矿物有石英、方解石、钾长石、钠长石、绢云母、绿泥石、绿帘石等。矿石呈自形—半自形—他形晶粒状、碎裂等结构,具稀疏浸染状、浸染状、细脉浸染状、热液角砾状、角砾状、块状等构造。

矿石类型有含金细碧玢岩型矿石、含金蚀变花岗闪长斑岩型矿石、含金银多金属石英方解石矿石及含金构造片岩型矿石。

(五)围岩蚀变

矿体主要赋存于细碧玢岩中,西、东两矿段的围岩蚀变略有不同。

西矿段近矿围岩蚀变强烈,蚀变范围广,蚀变组合复杂,根据围岩蚀变与金矿化关系,大致可分为钾-硅化、绢云母-绿泥石化、青磐岩化 3 个蚀变带。其中钾-硅化蚀变带和绢云母-绿泥石化蚀变带与金(铜)矿化关系密切,Au 品位一般在 2g/t 以上,Cu 品位 0.1% 左右;青磐岩化蚀变带中蚀变较强部位,多形成大面积矿化,Au 品位可达 1g/t 以上。

东矿段近矿围岩蚀变以硅化、绢云母化、绿泥化最为强烈,其次有方解石化、黄铁矿化等,其中硅化、方解石化作用促使形成了富含金的多金属石英方解石脉。

(六)资源储量

查明金资源储量14.772t,矿床平均品位3.2g/t。

(七)矿化阶段

依据矿床中各矿石类型分布特征、矿物共生组合、矿物形成先后及成矿温度、载金矿物和自然金赋存状态,将矿床矿化阶段划分为火山喷发期及气成-热液期两个成矿阶段。火山喷发期,使金及其他元素在火山机构的不同部位相对富集;气成-热液期,沿火山通道侵位于细碧岩,并充填于火山通道内,为金的原生成矿富集期。随后区域变质作用、地表氧化淋滤作用,原生金矿石经风化、淋滤作用使金元素被褐铁矿、孔雀石吸附堆积而富集成氧化矿石。

(八)成矿物理化学条件

矿区细碧岩金含量高于背景值10～100倍,说明细碧岩中Au元素背景含量较高。中基性—基性岩浆在上涌—喷发过程中,因受到硅铝壳层的混染,同时也淋滤了部分地壳物质,使围岩中富重硫($\delta^{34}S$>7‰)。同位素示踪表明硫同位素具有火山成因的硫同位素值,硫主要来源于火山岩,具有深源硫与地壳硫混合的特征。铅为典型的造山带铅,具有地幔-地壳相互作用形成的混合铅特征。H-O同位素反映松树南沟金矿成矿流体主要为岩浆水,晚期有大气降水的加入(白云,2018)。普遍发育气液两相包裹体及单液相包裹体。气液两相包裹体由液相水(L_{H_2O})和气相水(V_{H_2O})组成。矿床成矿流体具浅成、中温及中—低盐度特征,成矿温度260～300℃,成矿盐度2.3%～12.4%,成矿压力19.5～26.6MPa,矿床深度2.0～2.64km(王檬,2017)。

(九)矿床类型

矿体产于上奥陶统扣门子组双峰式火山岩套之基性火山岩中,严格受细碧岩、细碧玢岩等火山沉积岩系控制,有一定层位性,矿体产状与围岩产状基本一致。富含金的细碧岩、细碧玢岩等火山沉积岩系富重硫,同位素显示成矿元素来源于此,锆石LA-MC-ICP-MS U-Pb测年,获得西矿段矿化玄武安山岩成岩年龄为(450±2)Ma,东矿段围岩绢云母绿泥片岩成岩年龄为(450±1)Ma,属晚奥陶世(王檬,2017)。因而确定为海相火山岩型矿床。

(十)成矿模式

加里东北祁连地区中寒武世早期火山活动强烈,有玄武岩、安山岩等中基性火山喷发(图3-18),拉斑玄武质熔浆自地壳深部岩浆房在深大断裂坳陷处上侵至地表溢出,形成海相喷溢相—爆发相玄武岩-安山岩-英安岩构造岩石组合,地表表现为有一定排列方向的火山机构,在断块沉陷区堆积的大量火山喷发物,受温压迅速降低影响,其后续岩浆受阻发生爆发、喷溢,使已冷凝的玄武质岩石形成火山碎屑岩,热交换形成矿源层及矿层,南祁连大量金矿点产于该阶段。奥陶纪发生大规模的俯冲消减,出现了岛弧火山岩组合,矿区阴沟群形成,晚奥陶世中基性—基性火山熔岩和火山碎屑岩在区域上呈北西-南东向带状展布,是北祁连重要的含矿层位,也是松树南沟金矿床的赋矿层位。基性—中基性火山岩SiO_2含量在43.66%～53.95%之间,平均48.52%,大部分为拉斑玄武岩系列。后期酸性火山岩SiO_2含量在65.73%～69.76%之间,平均67.5%,均为钙碱性系列。喷发时Au元素随幔源物质发生逆向迁移,金在细碧玢岩(细碧玢岩Au元素含量平均值为$42×10^{-9}$,局部可达$430×10^{-9}$,是地壳平均值的10倍至百倍)和石英角斑凝灰岩中富集成矿。海西-印支运动,岩浆上侵沿火山通道及断裂坳陷地带,侵位于流溢相细碧岩及火山通道内,通过物质交换,先期形成矿层再度叠加,岩浆气液活动逐渐变弱,形成规模较大的矿体,沿导矿通道(断层或裂隙带)形成细脉—浸染状矿石。达坂山北缘深大断裂的多次复活,逐渐控制了矿体现今的形态,表现为断裂构造控矿特征,矿体分布形态、产状随断裂带的变化而变化,受北西向片理化带和层间破碎带制约,走向上具尖灭再现、膨胀闭合等表面现象。

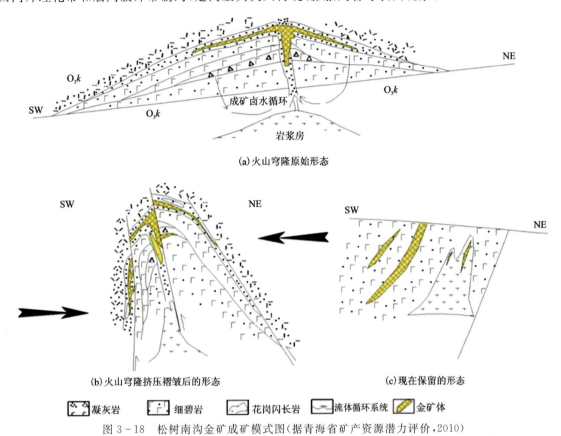

图 3-18 松树南沟金矿成矿模式图(据青海省矿产资源潜力评价,2010)

(十一)找矿模型

根据现有成果资料及对成矿地质背景、控矿因素、找矿标志等方面的认识,总结松树南沟金矿床综合找矿模型(表 3-4)。

表 3-4 松树南沟金矿床找矿模型简表

成矿要素		描述内容
成矿地质背景	构造环境	北祁连造山带
	地层	下奥陶统阴沟群海相火山-沉积岩系
	构造	达坂山北缘深大断裂
	含矿建造	阴沟群细碧岩
	岩浆岩	海西-印支期中酸性花岗闪长斑岩
	围岩蚀变	钾-硅化、绢云母-绿泥石化、青磐岩化
地球物理信息	地磁测量	利用磁化强度圈定火山岩,矿化相对强的地段磁化强度相对较高
地球化学信息	地球化学测量	Au 与 Cu 呈正相关,与海相火山岩型矿产吻合

第三节 晚古生代—早中生代金矿典型矿床

一、泽库县瓦勒根岩浆热液型金矿床

(一)区域地质特征

该矿床地处西秦岭造山带之泽库复合型弧后盆地,位于西秦岭成矿带。区内已发现的金(铜、铅、锌、砷)矿床(点)类型有接触交代型、岩浆热液型、火山岩型,以瓦勒根金矿床较为典型。区内出露地层以三叠系隆务河组、古浪堤组及鄂拉山组为主(图3-19)。隆务河组为一套巨厚的浊流复理石碎屑沉积建造,经印支造山运动的改造,普遍发生了低绿片岩相区域变质作用,是主要赋矿层位。区域性断裂构造有东西向、南北向、北西向及北东向4组,东西向断裂最早活动,断面北倾,挤压逆冲断层,被后期南北向、北西向及北东向断裂改造,有北盘向东移动的趋势。岩浆侵入和火山喷发活动都比较强烈,且明显受区域构造控制,总体以北西-南东向为主带状分布。

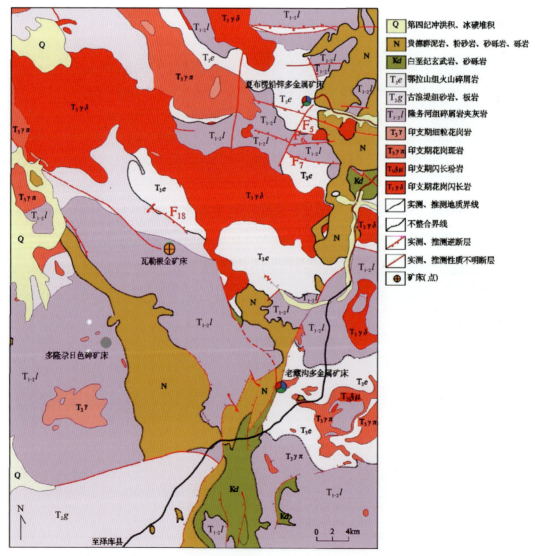

图3-19 青海省泽库县瓦勒根地区区域地质矿产图(据青海省第一地质矿产勘查院,2015修改)

(二)矿区地质特征

出露地层为三叠系隆务河组、古浪堤组(图3-20)。隆务河组是主要赋矿层位,为一套巨厚的浊流复理石碎屑沉积建造,厚度大、岩性单调(主要以浅变质砂板岩韵律互层组成)、浊流特征清晰,普遍发生了低绿片岩相区域变质作用,岩性为中—薄层状中细粒长石杂砂岩与深灰色绢云板岩互层,夹中—薄层状结晶灰岩。断裂构造有东西向、南北向、北西向3组,矿体与东西向断裂关系密切,其次为北西向。石英斑岩脉沿东西向断裂分布,多被压碎,表明区内断裂活动具多期性。岩浆侵入和火山喷发活动较强,受区域构造控制,总体呈北西-南东向带状展布。侵入岩属印支晚期—燕山期,岩性主要有花岗闪长岩类($T_3\gamma\delta$)、花岗斑岩类($T_3\gamma\pi$)和细粒花岗岩($T_3\gamma$),石英闪长岩体呈小岩株、岩枝状,石英斑岩体呈小岩株、岩脉,另见有少量煌斑岩脉、石英脉。石英斑岩脉最发育,与围岩界线清楚,普遍具黄铁矿化、硅化、绢云母化,与金矿化关系密切。

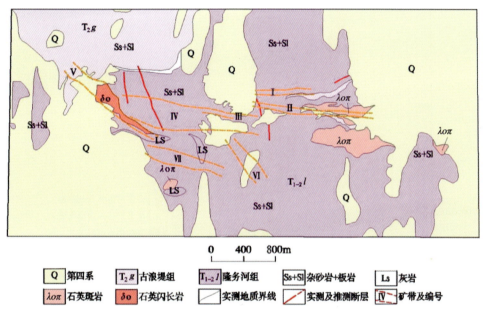

图3-20 瓦勒根金矿区地质略图(据青海省第一地质矿产勘查院,2015修改)

(三)矿体特征

该矿体划分为近东西向和北西向两组金矿化带。其中近东西向金矿化带又进一步划分出Ⅰ号、Ⅱ号、Ⅳ号、Ⅶ号4个金矿化带;北西向金矿化带进一步划分出Ⅴ号、Ⅵ号2个金矿化带。Ⅳ号矿带规模最大,长度800m,厚度1.31~11.47m,平均厚度6.36m,一般控制深度160m,最大控制斜深510m,平均品位3.13g/t。走向70°~100°,倾向北,倾角65°~85°,具向西侧伏的特征,含矿岩性为石英斑岩及外接触带砂板岩,普遍具硅化、黄铁矿化和毒砂矿化(图3-21)。

(四)矿石特征

1. 矿石矿物

矿石矿物以黄铁矿和毒砂为主,其次是磁黄铁矿和褐铁矿,其他矿物(辉锑矿、方铅矿、闪锌矿、黄铜矿、臭葱石等)含量少,自然金和银金矿微量。脉石矿物主要有石英、长石,其次是方解石、白云石、绢云母等。

2. 矿石结构

矿石结构主要有自形—半自形晶粒状结构、压碎结构、交代残余结构。

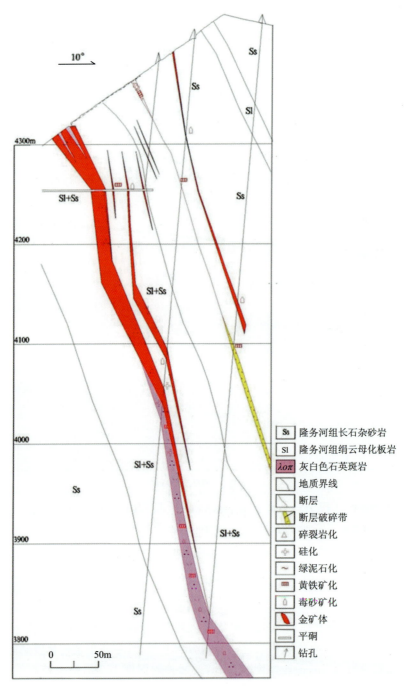

图 3-21 瓦勒根金矿区 0 号勘探线剖面图
(据青海省第一地质矿产勘查院,2015 修改)

粒状结构:黄铁矿、黄铜矿、磁黄铁矿、毒砂、石英等呈不等粒的他形—半自形—自形晶粒状。

压碎结构:因受动力变质作用,黄铁矿等被碎成大小不等的碎块。

交代残余结构:黄铁矿被褐铁矿交代,黄铁矿残余体保留在褐铁矿中,但保留黄铁矿自形或半自形粒状外形。

3. 矿石构造

矿石构造主要为细脉状构造、浸染状构造、角砾状构造。

细脉状构造:黄铁矿、褐铁矿、辉锑矿等金属矿物集合体呈细脉状沿脉石裂隙或顺层分布。

浸染状构造:黄铁矿、毒砂等金属矿物集合体或单晶呈星散状或均匀浸染状分布于矿石中。

角砾状构造：黄铁矿被碎成大小不等的碎块和碎粒状，分布在角砾状脉石英组成的碎块及角砾间的胶结物中。

4. 矿石类型

工业类型为破碎蚀变砂板岩型金矿石、蚀变石英斑岩型金矿石2种。

（五）围岩蚀变

围岩蚀变比较普遍，蚀变的规模和强度主要取决于构造活动的强弱。蚀变类型包括硅化、黄铁矿化、辉锑矿化、毒砂矿化、碳酸盐化。

硅化可分为两期：早期主要表现为"面型"硅化，呈不规则集合体及细脉状分布于砂、板岩及石英斑岩中，使硅化岩石变得致密坚硬；晚期主要表现为"线型"硅化，石英粒度较大，在岩石中以细脉状或小透镜状产出，伴生有方解石、黄铁矿、辉锑矿、黄铜矿等，对金矿化的富集作用明显。

黄铁矿化可分为两期：早期（可能是同生黄铁矿）黄铁矿晶体较大（1~2mm），多呈立方体自形晶，各类岩石中均能见到；晚期黄铁矿多呈浸染状，粒度细小（0.01~0.7mm），呈半自形—他形晶，常与辉锑矿伴生。

辉锑矿化发育在断裂破碎带及石英斑岩脉中，呈他形—半自形柱状、针状晶体和束状、放射状集合体分布在岩石中，局部富集成致密块状辉锑矿体（亦是金矿体）。与金矿化关系最密切。

毒砂矿化发育在断裂破碎带及石英斑岩脉中，常与硅化、黄铁矿化、辉锑矿化同时出现。表现为自形菱形晶粒状毒砂均匀散布在岩石中，粒晶在0.005~0.5mm之间。

碳酸盐化主要表现为方解石、白云石沿构造裂隙充填，是区内开始较早、结束较晚的蚀变类型，与金矿化的关系不明显。

（六）资源储量

查明金资源储量18.607t，矿床平均品位2.87g/t。

（七）矿化阶段

成矿期次划分为黄铁绢英岩化金矿化阶段、硅化毒砂化金矿化阶段、石英黄铁矿化金矿化阶段、辉锑矿化金矿化-碳酸盐化阶段、表生氧化阶段5个阶段。

（八）成矿物理化学条件

由于盆地沉降、压实作用，地层建造水在断裂裂隙系统不断运移，萃取围岩物质形成成矿流体。流体介质以沉积岩中同生水为主，印支期岩浆活动形成岩浆热液，不仅提供热能，矿区花岗岩Au元素普遍具有较高含量，也提供了矿质。

（九）矿床类型

三叠系隆务河组浅变质浊积岩系为控矿层位，穿过该套地层的韧-脆性剪切带及次级破碎带为控矿构造。印支期构造运动及岩浆活动提供热动力，岩浆热液与被加热的地下水混合，活化变质岩系矿质，迁移到构造带有利部位沉淀成矿。矿床成因类型为岩浆热液型，工业类型为破碎蚀变岩型。LA-ICP-MS锆石U-Pb年龄表明，花岗斑岩形成于中三叠世（237Ma）（李德彪，2014），成矿期属印支期。

（十）成矿模式

印支晚期（晚三叠世）南北大陆俯冲碰撞造山作用强烈发生，致使特提斯洋关闭，晚三叠世陆相火山岩系角度不整合于三叠系隆务河组、古浪堤组海相碎屑岩系之上。因南北向挤压，沉积盆地内构成流体自驱动系统，盆地沉降、压实形成流体势能，不断运移成矿流体，以地层建造水为主开始循环，并萃取矿源层隆务河组中[经 1074 件岩石光谱似定量分析,金含量普遍较高,一般在 $(1.2\sim91.3)\times10^{-9}$ 之间,最高达 300×10^{-9}]的 Au 元素,在挤压应力产生的纵向(东西向)断裂、节理裂隙中叠加富集(图 3-22)。

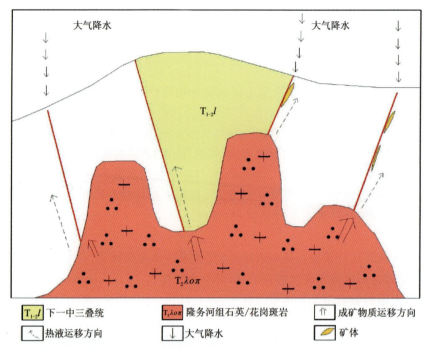

图 3-22 瓦勒根金矿成矿模式图(据中国地质矿产志·青海卷,2021)

同时,印支晚期碰撞造山活动形成的含金花岗斑岩、石英斑岩体脉[金含量普遍较高,一般在 $(4.9\sim32.6)\times10^{-9}$ 之间,最高达 300×10^{-9}]沿断裂侵入,在接触带上同化混染,局部石英斑岩脉构成了矿体的主体(如Ⅳ15 号金矿体),在往复循环过程中水/岩交换淋滤,在断裂裂隙系统中富集成矿。

(十一)找矿模型

根据现有成果资料及对成矿地质背景、控矿因素、找矿标志等方面的认识,总结瓦勒根金矿床综合找矿模型(表 3-5)。

表 3-5 瓦勒根金矿床找矿模型简表

成矿要素		描述内容
成矿地质背景	构造环境	西秦岭造山带泽库复合型前陆盆地
	地层	隆务河组浅变质碎屑岩、灰岩,具有浊流岩特征
	构造	北西向区域性控岩控矿断裂含矿
	含矿建造	浅变质碎屑岩
	岩浆岩	晚三叠世花岗斑岩
	围岩蚀变	硅化、黄铁矿化、辉锑矿化、毒砂矿化、绢云母化、碳酸盐化
地球化学信息	地球化学测量	1:20 万、1:5 万水系沉积物测量异常具有 AuSbAs 元素组合、面积大、套合好、强度高。土壤测量金异常强度 $(10\sim300)\times10^{-9}$。

二、祁连县红川岩浆热液型金矿床

(一)区域地质特征

矿床地处北祁连造山带之走廊南山蛇绿混杂岩带,位于北祁连成矿带,沿托莱南山-达坂山呈北西-南东向延伸,断面北东倾,断裂北侧有蛇绿岩、蛇绿混杂岩(体)出露及大量的基性、超基性岩分布。带内有陇孔沟金矿床、红川金矿床、巴拉哈图金矿床分布。区域地层主要有中上寒武统黑刺沟组以及下奥陶统阴沟群。其中阴沟群是主要的赋矿地层,受北西向断裂构造控制,该断裂活动时期属加里东期,后期活化,为北祁连区域性断裂的一部分。岩浆岩主要为基性、超基性岩类,呈北西-南东向条带状展布,时代为加里东中晚期。

(二)矿区地质特征

矿区主要出露下奥陶统阴沟群,寒武系、石炭系、二叠系及第四系。下奥陶统阴沟群是唯一的赋矿地层,出露面积达 60km² 以上,分为中基性火山岩组和碎屑岩组。构造以断裂为主,褶皱不发育(图 3-23)。构造线以北西向为主体,少量近东西向和北东向。北西向断裂控制了矿体的产出,共有 20 条,相互平行,并见有分支复合现象。F7 断裂呈北西-南东向横穿矿区,红土沟和川刺沟矿段在其两侧分布,断裂全长约 13km,一般倾向 210°～230°,倾角 45°～70°。该断裂形成明显的破碎带,宽 20～40m,沿断裂带可见一条呈线状排列的断层崖及沟谷负地形。矿区内岩浆岩主要为基性、超基性岩类,其分布及形态严格受断裂控制,呈北西-南东向条带状展布,时代为加里东中晚期,其次出露一些花岗岩脉。变质作用主要以区域变质为主,并伴有气-液变质、接触交代变质和动力变质。

(三)矿体特征

圈出含矿蚀变带 6 条,呈北西-南东走向,断续出露长约 10km,宽 50～300m,赋存于加里东中期超基性岩与下奥陶统阴沟群中基性火山岩组第二岩段中,蚀变岩石原岩有安山岩、绢云石英片岩、板岩、大理岩、火山角砾岩等,各类岩石中蚀变强度和蚀变类型基本一致,主要有黄铁矿化、毒砂矿化、碳酸盐化、硅化,局部地段见黄铜矿化、孔雀石化、方铅矿化、高岭土化、褐铁矿化。蚀变带内共圈定金矿体 11 条,其中红土沟矿段 8 条,川刺沟矿段 3 条,矿体呈似层状、透镜状、脉状产出,沿走向有膨胀、狭缩、转折和分支现象(图 3-24)。

红土沟矿段主要矿体为 AuⅢ。AuⅢ矿体:长度 235m,厚度 1.02～16.06m,平均厚度 4.97m,Au 品位 1.02～17.20g/t;走向 305°～350°,倾向南西,倾角 65°～80°;含矿岩性为碎裂岩、构造角砾岩、糜棱岩,其原岩为变砂岩、绢云石英片岩和部分大理岩;矿化蚀变主要有绢云母化、绿泥石化、弱硅化、碳酸盐化、褐铁矿化、黄铁矿化和毒砂矿化。

川刺沟矿段主矿体为 AuⅡ。AuⅡ矿体:长度 256m,厚度 0.76～18.49m,平均厚度 5.38m,Au 品位 1.20～6.90g/t,平均品位 3.74g/t。走向 320°～330°倾向南西,倾角 75°左右。含矿岩性为强蚀变玄武安山岩,含矿岩石大多破碎程度较高,局部形成构造角砾岩、碎裂岩、糜棱岩(少量)等构造岩。石英、碳酸盐细脉极发育,并相互穿插。

(四)矿石特征

矿石矿物主要有自然金,毒砂、黄铁矿,次为白铁矿、磁铁矿及褐铁矿,少量闪锌矿、黄铜矿,脉石矿物主要有石英、富铁碳酸盐矿物,次为绿泥石、绢云母等。矿石具自形—他形粒状结构、粒片状变晶结构、破碎结构、压碎结构。主要呈块状、片状、角砾状、浸染状等构造。矿石类型为构造蚀变岩型。

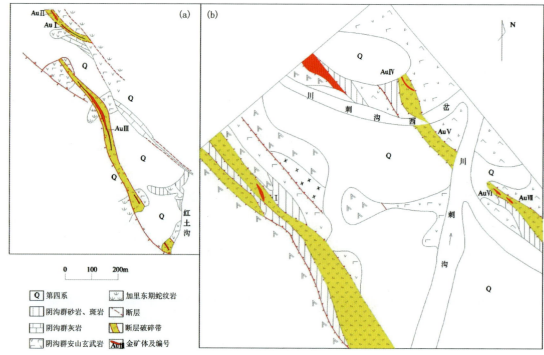

图 3-23 红土沟矿段(a)和川刺沟矿段(b)地质略图(据青海省地球物理勘查技术研究院,1997)

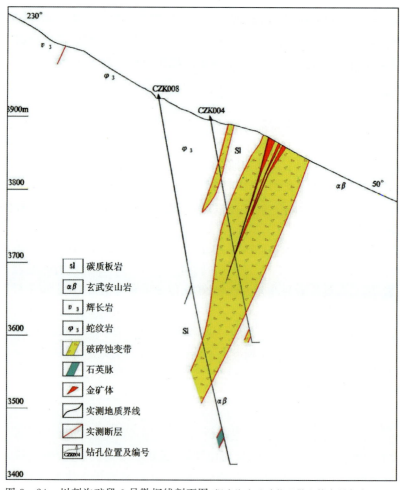

图 3-24 川刺沟矿段 0 号勘探线剖面图(据青海省地球物理勘查技术研究院,1997)

(五)围岩蚀变

矿体围岩主要为玄武安山岩、绢云石英片岩、碳质板岩、大理岩、角砾岩、变砂岩等,与含矿岩石基本一致,蚀变、矿化均较强烈,且具后期叠加现象,规模和强度取决于构造蚀变破碎带的规模、岩石的破碎程度及后期改造情况等。与金矿化有关的蚀变主要有硅化、绢云母化、碳酸盐化、绿泥石化,局部地段有高岭土化。

(六)资源储量

查明金资源储量1.731t,矿床平均品位4.13g/t。

(七)矿化阶段

该矿化阶段分为2期矿化。早期为次显微金、微粒金与毒砂、黄铁矿、石英等同期形成。晚期为可见金形式沿矿物裂隙、矿物粒间、构造角砾胶结物等部位充填。两期矿化叠加特征明显。

(八)成矿物理化学条件

青海省第二地质队(1989)对川刺沟矿段中3个样品采用爆裂法(黄铁矿)测得的成矿温度分别为181℃、273℃和262℃。李世金(2007)在川刺沟矿段的Ⅱ号主矿体上测得的成矿温度主要集中在200~240℃之间。测试物石英中包裹体液相成分主要为H_2O(47%)、CO_2(38%)、CH_4(7%)、N_2(8%),$n(CO_2)/n(H_2O)$值0.809,水盐度9.73%,水密度0.909g/m³。硫同位素($\delta^{34}S$)变化范围为−3.94‰~4.6‰,平均值为2.594‰,小于一般中温热液金矿床的硫值(3.5‰)和岩浆硫(4.0‰),可能为再循环地幔硫和地层硫混合来源。以上特征表明矿床具有中低温(181~273℃),富含挥发分和CO_2及$n(CO_2)/n(H_2O)$摩尔比较大的特点,指示矿床的成矿溶液既不同于单纯的岩浆热液(高温、高压、低盐度、富含挥发分),也不同于单纯的地下水热液(低温,高盐度,成分以Na、K、Ca、Cl为主),而是以岩浆热液为主,有海水混入的混合热液。

(九)矿床类型

下奥陶统阴沟群火山-沉积岩系地层及侵位其中的镁质超基性岩为控矿地质建造,穿切这些建造的韧-脆性剪切带为控矿构造。加里东晚期构造运动及深部中酸性岩浆活动提供热动力,岩浆热液及被加热的地水下混合,活化镁质超基性岩体及地层中矿质,沿构造破碎带沉淀成矿。矿床属岩浆热液型。成矿时代为加里东期。

(十)成矿模式

大陆裂谷基础上发展演化而成的蛇绿混杂岩带是下地壳、上地幔物质被大量转移至地壳浅表部的重要地带。矿区内基性岩中金的平均丰度为33.84×10^{-9},为地壳平均丰度值的8倍,是金矿化的主要物质来源。蛇绿混杂岩带中岩浆活动是金成矿活动深部来源和浅部就位的重要条件,但矿区内容矿岩石没有一定的专属性,火山岩、火山碎屑岩和蚀变超基性岩均为含矿岩性,岩浆活动特别是海相火山岩活动,产生的热能活化了Au元素,产生的压力加速了矿液的对流。含金蚀变带成群、成带分布,含矿岩石热动力变形、变质特征表现明显,具有多阶段、多期次活动现象。多阶段、多序次的构造活动产生的构造破碎带为金的成矿作用提供了热液导流通道和储矿空间。总体上,成矿过程至少经历了两个阶段:首先是早奥陶世洋脊扩张而发生的热水喷流为后期成矿提供了丰富的物质来源,区域上热水喷流多金属矿床中都伴生有金;随着北祁连洋的俯冲至晚奥陶世洋壳消失而发生陆陆碰撞,韧性剪切使成矿物质进一步活化迁移,在后期脆性断裂中沉淀成矿。

(十一)找矿模型

根据现有成果资料及对矿床成矿地质背景、成矿作用的认识,总结出金矿综合找矿模型。
(1)构造环境:北祁连造山带之走廊南山蛇绿混杂岩带。
(2)成矿构造:北西-南东向断裂控制了含矿火山岩。
(3)地层:下奥陶统阴沟群。含矿岩性为蚀变安山岩、绢云石英片岩、板岩、大理岩、火山角砾岩。
(4)岩浆岩:主要为基性、超基性岩,少量花岗岩脉。
(5)围岩蚀变:硅化、绢云母化、碳酸盐化、绿泥石化。
(6)化探异常:1∶20万异常、1∶5万异常金、Cu元素套合好。

三、循化县谢坑接触交代型金矿床

(一)区域地质特征

该矿床地处西秦岭造山带之泽库复合型弧后盆地,位于西秦岭成矿带,区内主要为贵金属矿产和有色金属矿产。金矿床主要有两种类型:岩浆热液型金矿主要有瓦勒根、牧羊沟、加吾等;接触交代型金(铜)矿集中分布在刚察岩体周边(图3-25),主要有谢坑、双朋西、铁吾西、德合隆洼、江格尔等。

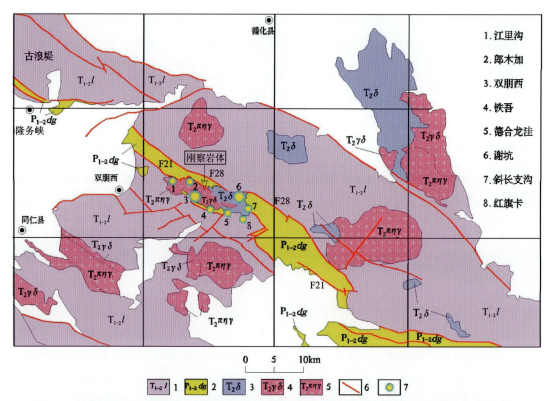

图3-25 青海省谢坑地区区域地质矿产图(据青海省冶金地质七队,1992修改)

1.隆务河组;2.大关山组;3.闪长岩;4.花岗闪长岩;5.斑状花岗岩;6.断层;7.金矿床(点)

区内主要出露二叠系和三叠系,二者之间为断层接触。岩浆活动强烈,以印支-燕山期花岗岩系列最为发育,如刚察复式岩体,岩性主要为闪长岩类、花岗闪长岩类和斑状花岗岩类,印支期中酸性到中基性岩体与金矿密切相关。火山岩也比较发育。区域构造活动主要表现为北西向逆冲断层和北东—北东东向走滑逆冲断层,谢坑铜金矿床和刚察岩体即产在两组断裂交会部位。

(二)矿区地质特征

矿区出露下—中二叠统大关山组、三叠系隆务河组(图3-26)。大关山组主要由杂色砾岩、含砾钙质砂岩和灰岩组成,为一套斜坡碎屑流加潮间带沉积组合;隆务河组主要由浅灰—黄灰色含砾粗砂岩、砂岩、钙质粉砂岩和钙质泥岩构成,局部夹安山岩和凝灰岩,发育底侵蚀面、大型板状斜层理、丘状交错层理,为一套河流-三角洲相沉积组合。空间上,大关山组和隆务河组分别构成刚察背斜的核部和两翼,刚察闪长岩、花岗闪长岩、花岗岩复式岩体及矿体分布于刚察复式背斜核部。

(三)矿体特征

矿床自北而南分为3个矿段:①北矿段,共圈定31条铜金工业矿体,总体走向北西,倾向南西,呈似层状、脉状产于刚察岩体与灰岩接触带部位,主要发育铜金矿化。②东矿段,共圈定25条铜金工业矿体,呈脉状、透镜状,大多数走向北东,倾向南东,倾角50°~70°。③南矿段,圈定8条矿体,以金和铁矿化为主,少量铜矿化,走向近东西。在南矿段三中段和四中段(图3-27),矿体与岩体和灰岩之间呈现凹凸不平接触关系,明显受岩体控制。矿体外侧灰岩围岩多为透镜状,在走向上和垂向上变化急剧。垂向上,灰岩透镜体具有向深部变薄尖灭的特征,但矿体延伸相对稳定(图3-28)。

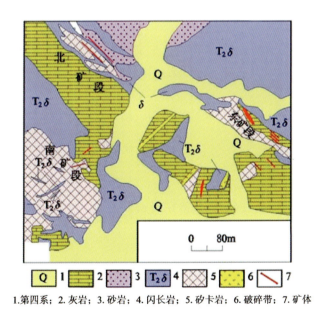

图3-26 谢坑金铜矿床地质略图
(据青海省冶金地质七队,1992修改)

1.第四系;2.灰岩;3.砂岩;4.闪长岩;5.矽卡岩;6.破碎带;7.矿体

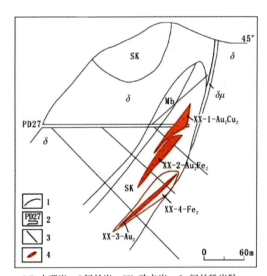

Mb.大理岩;δ.闪长岩;SK.矽卡岩;δμ.闪长玢岩脉。
1.地质界线;2.坑道及编号;3.坑内钻;4.金(铜、铁)矿体

图3-27 南矿段2线剖面示意图

矿体分布在谢坑倒转背斜核部,赋存于角闪闪长岩、闪长岩及闪长玢岩内接触带矽卡岩中,受矽卡岩带及断裂构造控制。Ⅳ-9-Au_2Cu_2主矿体,长度55m,厚度3.5~7m,控制倾斜延深65m,为铜、金复合矿体,Au平均品位9.71g/t,Cu平均品位2.00%。

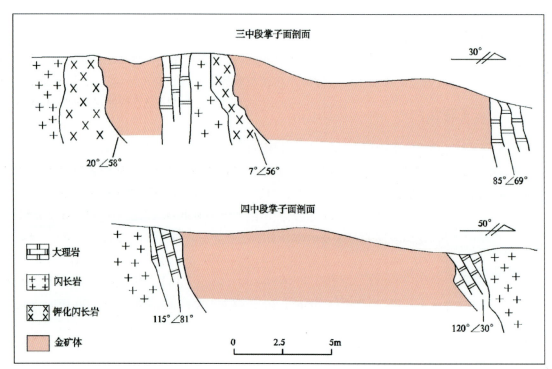

图 3-28 南矿段三、四中段掌子面剖面图(据青海省冶金地质七队,1992 修改)

(四)矿石特征

1. 矿石矿物

矿石矿物主要有磁铁矿、磁黄铁矿、黄铜矿、黄铁矿、自然金和毒砂等,次生金属矿物有孔雀石、铜蓝和褐铁矿等;脉石矿物主要有石榴石、透辉石、阳起石、绿泥石、绿帘石、石英、绢云母和方解石等。

2. 矿石结构

矿石结构以他形粒状结构、交代残余结构为主,自形、半自形粒状结构,片状、鳞片状结构,胶状结构等次之。

他形粒状结构:磁黄铁矿、黄铜矿、黄铁矿在镜下呈他形粒状。

自形、半自形粒状结构:黄铁矿在镜下呈自形、半自形粒状结构。

交代残余结构:黄铁矿、磁黄铁矿、黄铜矿被褐铁矿交代成残晶,残留在褐铁矿中,镜下可见黄铜矿交代黄铁矿、磁黄铁矿的现象。

片状、鳞片状结构:辉钼矿在镜下呈片状、鳞片状。

胶状结构:原生含铁矿物往往氧化形成三氧化铁溶液经迁移后形成胶状褐铁矿。

3. 矿石构造

矿石构造主要有斑点状—斑杂状构造、浸染—细脉浸染状构造、块状构造、网脉状构造等。

斑点状—斑杂状构造:黄铜矿、磁黄铁矿、黄铁矿等金属矿物呈细粒状—团块状不均匀分布在脉石矿物中。

浸染状—细脉浸染状构造:磁黄铁矿、黄铁矿、黄铜矿、磁铁矿等金属矿物呈细粒状、小斑点或细脉状不均匀分布在脉石中,矿物以他形为主,半自形次之。

块状构造:黄铜矿、黄铁矿、磁黄铁矿、磁铁矿等金属矿物含量一般大于 60%,脉石矿物含量少,一般小于 40%,金属矿物组成块状集合体。

网脉状构造:脉石矿物被黄铁矿呈网脉状穿插充填交代,黄铁矿呈他形。

4. 矿石类型

矿石类型主要有:①含金黄铜、黄铁矿矿石,矿石中金属矿物由黄铁矿、黄铜矿组成,脉石矿物主要为石榴石、绿帘石、透闪石、石英等;②含金黄铁黄铜磁铁矿矿石,金属矿物由磁铁矿、黄铜矿、黄铁矿组成;③含金黄铁黄铜矿矿石,金属矿物由黄铜矿、黄铁矿组成,脉石矿物有石榴石、绿帘石、透闪石等。

（五）围岩蚀变

矿床分布在岩体与围岩的接触带,近矿围岩为矽卡岩、硅化大理岩。矽卡岩化特征的围岩蚀变作用强烈,早期以矽卡岩化为主,晚期叠加热液蚀变作用。其中矽卡岩化以钙质矽卡岩为主,主要分布在闪长岩与大理岩的接触带,多形成石榴石-透辉石矽卡岩,具铁、铜、金矿化,该期矿化相对较弱,矿化体沿接触带边缘分布;晚期热液蚀变主要交代早期形成的矽卡岩,分布在泥灰岩裂隙带及闪长岩的破碎带中,局部呈团块状,蚀变类型为绿泥石化、透闪石化、阳起石化、绿帘石化、硅化、碳酸盐化等,与铁、铜、金矿化关系较为密切,往往绿帘石化、透闪石化、碳酸盐化、硅化叠加的矽卡岩形成矿化富集部位,即铜、金矿化富集阶段主要发生在矽卡岩后期的热液时期。

（六）资源储量

查明金资源储量3.415t,矿床平均品位2.71g/t。

（七）矿化阶段划分及分布

可划分4个成矿阶段(表3-6)。

表3-6 谢坑金铜矿床矿物生成顺序

矿物	矽卡岩期		石英硫化物期	
	早期矽卡岩阶段	晚期矽卡岩阶段	早期硫化物阶段	晚期硫化物阶段
石榴石	━━━━━			
透辉石	━━━━━			
阳起石		━━━━━		
透闪石		━━━━━		
绿帘石		━━━━━	━━━	
绿泥石				━━━━━
磁铁石		━━━━━	━━━━	
黄铜矿			━━━━━	━━━━
磁黄铁矿			━━━━━	
毒砂			━━━━━	
黄铁矿			━━━━━	━━━
金				
石英			━━━━━	━━━━
方解石				━━━━━

早期矽卡岩阶段，矿化不发育，主要发育以石榴石和透辉石为主的高温干矽卡岩化蚀变矿物组合，同时钾化和青磐岩化特征明显。

晚期矽卡岩阶段，是铁矿化的最主要阶段，形成大量的磁铁矿，多呈致密块状产出，同时交代早期矽卡岩矿物，形成阳起石、透闪石、绿帘石等矿物，后期发育少量的黄铜矿、磁黄铁、毒砂、黄铁矿、金。

石英硫化物早期阶段，为铜、铁、金矿化的主要阶段，除形成大量的黄铜矿、磁黄铁矿、黄铁矿、毒砂、金等金属硫化物之外，还有大量的石英、方解石、绿泥石等矿物生成。

石英硫化物晚期阶段，石英-方解石脉大量出现，并有少量的黄铜矿、黄铁矿和金生成，其中金分布于碳酸盐石英网脉中。

（八）成矿物理化学条件

薛静等（2012）对5件石英中的流体包裹体进行了测温，所有样品的均一温度变化范围为215～468℃，分布较均匀，但以340℃为峰值，其中含子矿物的流体包裹体的气液相均一温度范围为215～418℃。气液相包裹体的冰点为-9.5～-2.2℃，其相应的盐度范围为1.40%～13.40%，密度为0.55～0.85g/cm³。测得谢坑金矿床附近双朋西金铜矿床的矿石δ^{34}S值为+2.2‰～+7.0‰，峰值为+4.98‰左右，呈明显的塔式分布，表明硫为深源或者经历了高度均一化。双朋西金铜矿的硫同位素组成富集重硫。故推断区内矿石硫为岩浆硫和硫酸盐重硫的混合。另外铅同位素$n(^{206}Pb)/n(^{204}Pb)$值为18.058～18.710，平均值为18.358，极差为0.652。$n(^{207}Pb)/n(^{204}Pb)$值为15.581～15.641，平均值为15.6146，极差为0.060。$n(^{208}Pb)/n(^{204}Pb)$值为38.191～38.531，平均值为38.3354，极差为0.340。暗示矿床中矿石铅的同位素组成反映了壳源铅和与岩浆作用有关的铅混合的特点，成矿过程中受到岩浆活动的影响。

（九）矿床类型

谢坑铜金矿床产于下中二叠统大关山组灰岩与刚察岩体的接触部位，围岩蚀变具有清晰的分带特征，自岩体中心向外依次表现为钾化、青磐岩化和矽卡岩化。矿化主要发育于晚期矽卡岩阶段以及石英硫化物阶段，矿石类型表现为块状、网脉状和浸染状3种，属于矽卡岩型矿床。郭现轻等（2011）对矿区角闪安山岩和辉长闪长岩进行了锆石测年，25件角闪安山岩样品的$^{206}Pb/^{238}U$加权平均年龄为(242.1±1.2)Ma(2σ,MSWD=2.2)，代表了其形成时代。29件辉长闪长岩样品的$^{206}Pb/^{238}U$加权平均年龄为(243.8±1.0)Ma(2σ,MSWD=3.2)。与成矿密切相关的辉长闪长岩的年龄代表了成矿年龄，成矿时代为印支期。

（十）成矿模式

矿区出露下中二叠统大关山组和三叠系隆务河组，金丰度普遍较高，一般为(13～21)×10⁻⁹（张涛，2007），是地壳丰度的3～5倍，在构造片理化带及热液蚀变区金含量相应增高，是金的矿源层。断裂中蚀变较强，金的丰度值达(200～1053)×10⁻⁹（张涛，2007），并伴有Ag、Cu、Pb、Zn等较强异常，表明热液在断裂中运移。金矿床（点）均定位于北西西向大断裂附近，构成南、北两条北西西向金矿带。岩浆岩的演化序列为闪长岩-花岗闪长岩-斑状花岗岩，与各序列对应的岩体接触带附近均有金矿产出，说明金矿的形成与岩浆作用密切相关。岩体中心部位金含量平均值8.9×10⁻⁹，边缘部位随着接触带的距离变近而增高，最高可达35×10⁻⁹（张涛，2007）。综上所述，矿床理想成矿模式见图3-29。

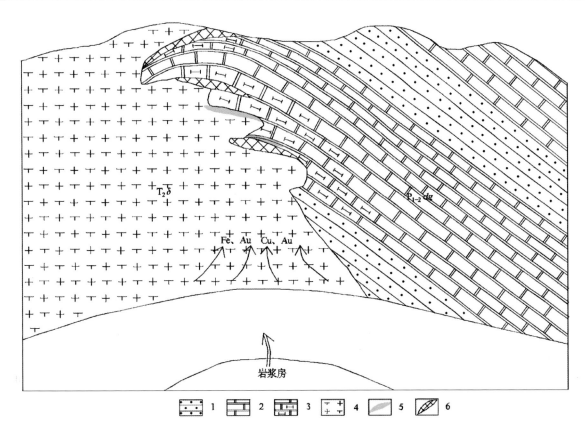

1. 中砂岩；2. 大关山组大理岩；3. 透辉石大理岩；4. 闪长岩；5. 金矿体；6. 铜矿体

图 3-29　谢坑金铜矿床成矿模式图

（十一）找矿模型

根据现有成果资料及对矿床成矿地质背景、成矿作用、矿产特征的认识，总结出金矿综合找矿模型（表 3-7）。

表 3-7　谢坑铜金矿找矿模型简表

成矿要素		描述内容
成矿地质背景	构造环境	西秦岭造山带之泽库复合型前陆盆地
	成矿构造	刚察复式背斜北东翼的次级褶皱——谢坑倒转背斜，谢坑金铜矿床位于核部。断裂构造发育，主体断裂呈北西-南东走向，是重要的控矿和容矿断裂与北东—北北东向断裂叠加地段金矿化明显富集
	含矿建造	下中二叠统大关山组碳酸盐岩建造
	岩浆岩	印支-燕山期刚察复式岩体：闪长岩、花岗闪长岩、花岗岩
	围岩蚀变	矽卡岩化、钾化、青磐岩化、硅化及碳酸盐化。其中在岩体与灰岩的内接触带辉长闪长岩发育钾化，角闪安山岩发育青磐岩化，外接触带为矽卡岩化蚀变
地球化学信息	地球化学异常	异常元素组合以 Cu、Au、Mo、Bi 为主，伴有 Ag、As 异常。由外向内有 Mo、Bi→Au、Cu 分带
地球物理信息	地球物理异常	磁异常强度 300～500nT；中等强度、弱激电异常视充率 13‰～22‰

四、曲麻莱县大场中低温热液型金矿床

(一)区域地质特征

矿床地处巴颜喀拉地块之玛多-玛沁前陆隆起,位于巴颜喀拉成矿带,带内矿产单一。金矿有岩金和砂金两种类型。大场金矿田是典型代表(图3-30),为2010年首批设置的47处国家级整装勘查区之一,于1996年由青海省第四地质队发现,随后经过多年地质勘查,矿床数量及规模不断扩大。

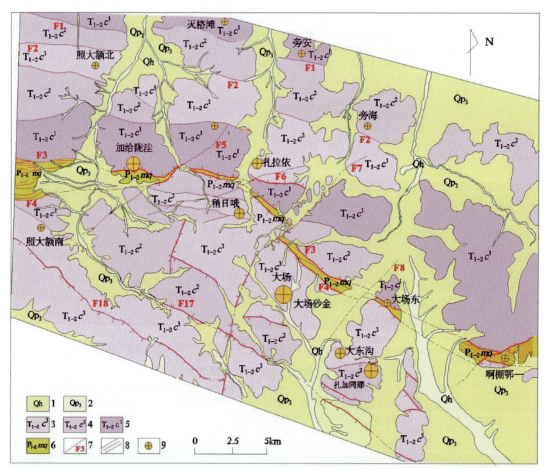

1.全新世洪冲积砂、砾石;2.晚更新世洪冲积砾石、粉砂;3.昌马河组砂板岩互层段;4.昌马河组砂岩夹板岩段;
5.昌马河组砂砾岩夹板岩段;6.玛曲组火山岩、碳酸盐岩、碎屑岩;7.断层及编号;8.糜棱岩化带;9.矿床(点)

图3-30 青海省大场地区区域地质矿产图(据青海省第五地质矿产勘查院,2010修改)

截至2015年,大场金矿田共由1处特大型金矿床、2处大型金矿床、3处中型金矿床及小型金矿床(点)若干组成,金资源总量达到220t。区域地层主要是大面积分布的三叠系巴颜喀拉山群,有少量二叠系玛曲组和第四系,玛曲组沿昆仑山口-甘德断裂呈断块状分布,岩性以中基性火山岩和碳酸盐岩为主,碎屑岩次之。断裂和褶皱构造发育,以断裂为主,褶皱次之。岩浆活动较弱,仅有少量火山岩、脉岩出露。

(二)矿区地质特征

矿区大面积出露下中三叠统昌马河组,为一套砂泥质复理石-类复理石沉积的碎屑岩,岩性简单,浅

海—深海相浊流沉积环境,是区内的主要赋矿地层(图 3-31),从下而上进一步细分为砂砾岩夹板岩段、砂岩夹板岩段和砂板岩互层段,其中砂板岩互层段矿化较为理想。

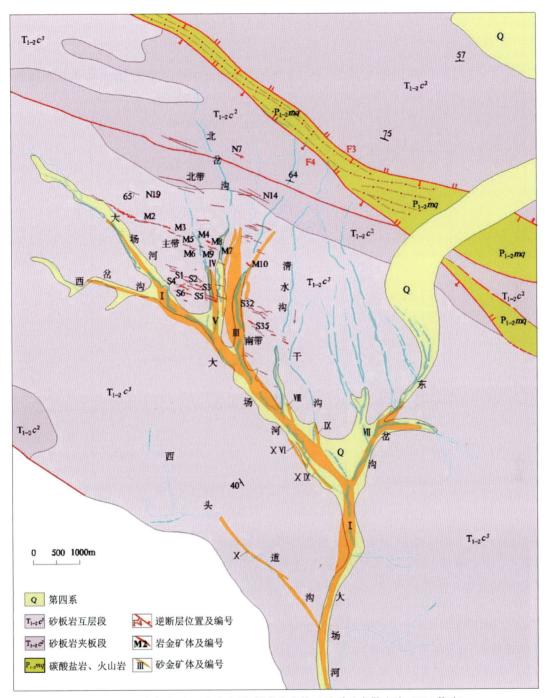

图 3-31　大场金矿区地质略图(据青海省第五地质矿产勘查院,2010 修改)

断裂构造分为两组:一组与昆仑山口-甘德深大断裂大致平行,呈北西向展布;另一组与昆仑山口-甘德深大断裂斜交,呈北东向展布。昆仑山口-白玉断裂带以夹持二叠系玛曲组火山岩、碳酸盐岩为特征(图版Ⅷ-1、图版Ⅷ-2),断裂带宽约 500m,最大宽度达 1km,矿田范围内断续延伸达 40 余千米。构造带经多期活动,各岩层边界及内部构造片理倾向沿走向很不稳定,时而北倾时而南倾,倾角 30°～60°,总体走向为北西西,在矿床密集分布的加给陇洼至扎家同哪一带走向为北西,加给陇洼以西扎家同哪以东走向近东西,控制着金矿床(点)的空间分布。主断裂两侧派生的次级断裂,呈北西-南东向展布,具成群、成束展布的特点。这些次级断裂带的长度、宽度基本圈定了金矿体的长度和宽度。次级断裂形成的含矿破碎带普遍具硅化、绢云母化、碳酸盐化、泥化及黄铁矿化、毒砂矿化、辉锑矿化，是容矿构造，为成矿物质沉淀和富集的场所。

(三) 矿体特征

矿床位于昆仑山口-甘德断裂以南 2～8km 范围内，根据地球化学特征、容矿构造和矿体分布特征划分为北带、主带、南带，各带总体走向北西-南东，剖面上呈叠瓦式等间距展布（图 3-32）。

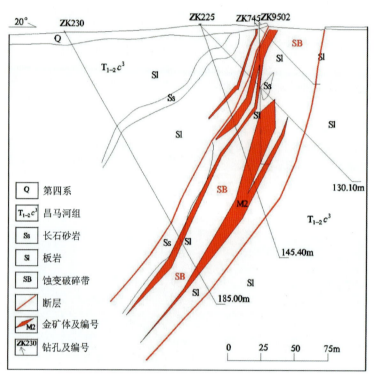

图 3-32 大场金矿床主带 95 号勘探线剖面图
（据青海省第五地质矿产勘查院，2010 修改）

主带（图版Ⅶ-2、图版Ⅷ-1、图版Ⅷ-3、图版Ⅷ-5）总体走向110°，倾向南西，长度 4580m，宽度 50～400m，赋存于矿化破碎蚀变构造岩带中。圈定主要矿体 2 个，次要矿体 14 个，小矿体 3 个，零星矿体 54 个。矿体围岩为蚀变碎裂板岩、砂岩，呈脉状，沿走向倾向均具分支复合、膨大缩小现象，长度 220～1826m，平均长度 576m，倾向延伸 89～368m，平均 210m。南带（图版Ⅶ-3、图版Ⅷ-2）与主带基本一致，长度 3000m，宽度 200m，共圈定矿体 18 个。北带（图版Ⅶ-1）长度 3000m，宽度 1800m，共圈定矿体 20 个。矿体规模小，分布零散，程度低。

M2 号矿体（大场主带），长度 1826m，平均厚度 12.4m，沿倾向延伸 350m，深部未封闭，平均品位 3.10g/t。走向 113°，倾向南，倾角 28°～80°，平均倾角 51°。矿体上陡下缓，地表局部地段陡立，向下逐渐变缓、变窄，出现分支。厚度变化系数 72%，品位变化系数 115%。

(四) 矿石特征

1. 矿石矿物

矿石中有用组分为自然金，其他矿物主要为黄铁矿（占 1.65%）和毒砂（占 0.83%），其次为金红石（0.63%）和黝铜矿（0.42%），以及微量的黄铜矿、闪锌矿、方铅矿、褐铁矿、脆硫锑铅矿等。脉石矿物主要为石英（36.46%），其次为云母（24.29%）、长石（16.31%），以及少量的菱铁矿、白云石、高岭石，此外，矿石中还含有微量的磷灰石、方解石、萤石、重晶石和锆石等矿物。

金的赋存状态：矿床中金的平均含量为 2.98g/t，含金矿物主要是自然金，以微细粒包裹体形式存在于黄铁矿和毒砂等硫物化中，分布率为 94.52%，矿石中的自然金粒径小于 0.074mm 者占 81.63%；局部石英脉中可见明金（图版Ⅷ-7、图版Ⅷ-8），以地表及浅部为主，金的成色在 930‰ 以上。

2. 矿石结构

矿石结构有角砾状结构、碎裂（碎斑）结构、变余砂状（粉砂状）结构、变余泥质结构、显微鳞片变晶结构。金属矿物结构：黄铁矿有自形粒状结构（图版Ⅸ-1、图版Ⅸ-3）、半自形—他形粒状结构（图版Ⅸ-4）、压碎结构和压碎斑状结构，与毒砂形成穿插结构（图版Ⅸ-6）和包含结构；毒砂有自形柱状结构（图版Ⅸ-2）、压碎结构（图版Ⅸ-5）。

自形粒状结构：黄铁矿呈等轴粒状自形晶，晶形多为五角十二面体。

自形柱状结构：毒砂呈长柱状自形晶散布在矿石中。

半自形—他形粒状结构：脉状产出的黄铁矿呈半自形—他形粒状。

压碎结构和压碎斑状结构：矿石受构造应力作用，黄铁矿和毒砂被压碎。脉状产出的黄铁矿粒度较粗大，在受力破碎的过程中可以保留一些较大的碎块，形成压碎斑晶。

穿插结构和包含结构：毒砂穿插黄铁矿。毒砂中包裹着细小黄铁矿。

3. 矿石构造

矿石构造：多为块状构造、定向构造、板状构造、千枚状构造、角砾状构造（图版Ⅸ-7）、浸染状构造（图版Ⅷ-6）、细脉浸染状、条带浸染状构造等。

角砾状构造：矿石遭受构造应力作用压碎成大小不等的角砾，被后期热液胶结。

浸染状构造：黄铁矿和毒砂呈浸染状散布在矿石中。

细脉状构造和细脉浸染状构造：黄铁矿沿岩石裂隙贯入，呈细脉状，当黄铁矿含量较少时则呈细脉浸染状。可有少量毒砂共生。

条带浸染状构造：浸染状黄铁矿和毒砂呈条带状相对富集。条带展布方向与岩石的原始层理方向基本一致。

4. 矿石类型

矿石类型可划分为构造岩型金矿石和蚀变岩型金矿石。构造岩型金矿石有角砾岩型金矿石、碎裂岩型金矿石、糜棱岩型金矿石等；蚀变岩型金矿石有蚀变板岩型金矿石、蚀变粉砂岩型金矿石。以碎裂岩型金矿石为主，蚀变板岩型金矿石、蚀变粉砂岩型金矿石次之，其他类型金矿石较少。

（五）围岩蚀变

矿体主要产于蚀变破碎带中，围岩主要为蚀变破碎带及灰色砂板岩。矿体与围岩为过渡关系，其界线须取样化验确定。主要围岩有绢云母千枚岩、变泥钙质粉砂岩和泥质微晶白云岩，三者互层共生，均可见到黄铁矿化和毒砂矿化。围岩蚀变规模和强度取决于构造破碎带规模、性质及强度。蚀变在空间上表现为从矿体中心向外依次是硅化、硫化物化（黄铁矿化、毒砂矿化、辉锑矿化）、绢云母化、碳酸盐化、高岭土化。特别是黄铁矿和毒砂，其含量与金品位成正比关系，又以毒砂矿化与金的关系更密切。

（六）资源储量

查明金资源储量 83.48t，矿床平均品位 2.95g/t。

（七）矿化阶段

根据石英脉、矿脉特征、矿物生成顺序、穿插关系及变形、矿物共生组合等特征，将矿床成矿过程划分为区域变质变形期、热液成矿期和表生氧化期，其中热液成矿期可划分为 3 个阶段（表 3-8）。

表3-8 大场金矿床矿物生成顺序表(据赵俊伟,2008)

主要矿物	变质变形预富集期	热液成矿期			表生氧化期
		金-硫化物-石英阶段	金-辉锑矿-石英阶段	金-碳酸盐-石英阶段	
金	━━	━━━━	━━━━	━━━	━━
毒砂		━━━━	━━		
黄铁矿		━━━━			
黄铜矿		━━			
方铅矿		━━━			
闪锌矿		━━━			
辉锑矿			━━━━		
雄黄				━━━	
雌黄				━━━	
石英	━━━━	━━━━	━━━━	━━━━	
绢云母	━━━━	━━━━	━━━━		
方解石				━━━━	
菱铁矿				━━━━	
白云石				━━━━	
孔雀石					━━━━
臭葱石					━━━━
褐铁矿					━━━━

(1)变质变形预富集期:早期由于受挤压构造影响,地层发生区域变质变形,受构造热驱动,地层建造水发生小规模循环迁移,萃取了部分成矿物质,该变质变形期为区域性成矿起到一次金的预富集作用,为成矿的前奏。

(2)热液成矿期:随造山作用演化,构造-岩浆活动加强,岩浆热液携带成矿物质驱动地层建造水并发生循环,在构造有利部位富集金、锑和硫化物,形成矿体,可划分为3个阶段。

金-硫化物-石英阶段:为成矿的早阶段,在金成矿过程中同时形成毒砂、黄铁矿,及少量黄铜矿、方铅矿化,是金矿主要成矿阶段。

金-辉锑矿-石英阶段:随成矿演化,温度降低,形成少量脉状辉锑矿及石英、绢云母等,为金矿次要成矿阶段,辉锑矿化石英脉穿插到金矿化蚀变岩矿体中。

金-碳酸盐-石英阶段:随流体演化,温度进一步降低,成矿物质沉淀结束,石英、方解石、菱铁矿、白云石形成,为成矿后期的产物,标志成矿作用的结束。

(3)表生氧化期:形成于成矿之后,随矿体的抬升,氧化程度不断提高,造成表生氧化加强,出现褐铁矿、臭葱石、锑华和少量孔雀石等,产生金的次生富集作用。

(八)成矿物理化学条件

强烈的构造变形和变质作用,导致巴颜喀拉三叠纪复理石沉积建造的改造脱水和变质脱水,为成矿系统发育提供流体(图3-33);矿物包裹体分析证实,矿床中除了有来自深部受热源加热上升的热卤水(或与深部岩浆活动有关)外,还包括层间水、地表循环水(即地面下渗水)等;成矿环境为浅成、中—低温。

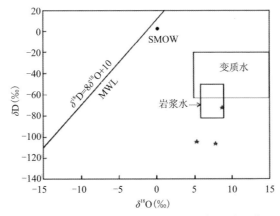

图 3-33 大场金矿床 $\delta D - \delta^{18}O$ 相关图解(据丰成友等,2002)

(九)矿床类型

大场矿田已发现的金矿床(点)多产于三叠系巴颜喀拉山群砂板岩中。巴颜喀拉山群为一套类复理石建造的浊流相沉积岩系,一般经历了低绿片岩相变质作用。浊流相沉积岩系普遍含碳质,促进 Au 元素的聚集,化探资料显示,碳质板岩含金最高达 $200×10^{-9}$,糜棱岩含金 $33.63×10^{-9}$,粉砂岩含金 $12.07×10^{-9}$,板岩含金 $9.46×10^{-9}$,砂岩含金 $3.5×10^{-9}$,碳质含量比较高的地段成矿有利。矿田内岩浆活动微弱,以东 20~30km 的扎日加花岗岩体(花岗闪长岩和二长花岗岩),是巴颜喀拉地区一个较大的岩体,锆石 U-Pb 测年结果为$(201.5±1.9)$Ma 和$(199.7±2.4)$Ma,明显晚于成矿年龄[约为$(218.6±3.2)$Ma 和$(221.5±4)$Ma],金矿的形成与这期岩浆侵位事件无明显联系(边飞,2013),但并不排除深部存在隐伏岩体及岩浆热液参与成矿的可能性(赵俊伟,2008)。但三叠系玛曲组内中基性火山岩 Au、Cu、Pb、Zn 等元素含量较高,可能会成为矿源层。矿田内断裂活动与巴颜喀拉海盆向北俯冲(韧性剪切)和东昆仑块体斜向碰撞(形成转换挤压带)有关,具有多期性,从深层次韧性剪切向浅层次脆性破裂转变的过程中,发生右行逆冲及走滑,两侧地层被牵引变形形成褶皱和成群成束的次级断裂,次级断裂带的规模基本限定了矿体的规模。

综上所述,大场金矿田是在地热驱动下,天水、深部岩层水与部分岩浆水混合,循环萃取地层中的成矿物质,形成含矿热卤水并沿深大断裂运移至次级破碎带或者褶皱两翼的层间破碎带成矿(含碳部位矿体品位更高),形成了省内独具特色的金、锑矿床,矿床成因归属为含矿流体作用矿床之浅成中—低温热液型矿床。

(十)成矿模式

早—中二叠世基底活动性洋壳因火山作用形成 Au、Sb、Cu、Pb、Zn 等的高背景值地层。早三叠世浊积沉积盆地形成,发育了厚度巨大、分布面积广泛的巴颜喀拉山群浊积岩建造,在浊积岩系的沉积过程中,基底中的有用组分也随之迁移至沉积盆地,含碳岩系或泥屑岩系中碳及泥屑进一步吸附,在巴颜喀拉山群砂板岩中形成金的高背景值。早中三叠世走滑褶皱造山使基底隆升,在复式背斜两翼形成了叠瓦逆冲断层,同时贯通基底的深大断裂复活,形成了含矿热液运移通道和容矿场所。造山过程发生强烈的构造变形和变质作用,使巴颜喀拉山群富含 Au、Sb、As、Hg 等元素的复理石沉积建造改造脱水和变质脱水,形成含金成矿流体,在复活的昆仑山口-甘德深大断裂,以金硫络合物的形式迁移,生物成因有机碳参与聚集 Au 元素。在构造体制由挤压环境转变为伸展环境过程中,伸展作用和软流圈上部的岩石圈拆沉作用,发生较强的幔源岩浆上侵,并与地壳围岩发生混熔,形成中酸性岩浆侵入活动。变质、构造、岩浆等多种作用形成的富含 H_2O、CO_3^{2-}、SiO_3^{2-}、S_2^- 的含矿流体,在应力场的转变过程中被热能驱动,引发流体沸腾、成矿物质沉淀以及断裂的愈合和破裂,在金原始富集的地层中形成大量的透镜状石英脉,金又一次富集。短时限、高强度、大规模的金成矿作用,在一系列韧性剪切带、次级断裂破碎带及褶皱两翼的层间破碎带内成矿(图3-34)。

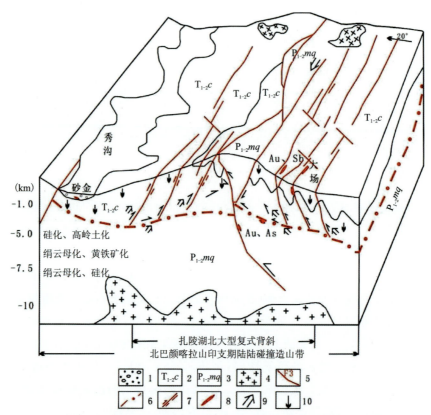

1.第四纪冲积物;2.昌马河组砂岩、板岩;3.玛曲组火山岩、碳酸盐岩、碎屑岩;4.印支期花岗岩;5.昆仑山口-白玉断裂;6.逆掩推覆构造面;7.容矿构造;8.矿体;9.成矿流体运移方向;10.大气降水运移方向

图3-34 大场金矿田成矿模式图(据青海省矿产资源潜力评价,2010)

(十一)找矿模型

根据现有成果资料及对大场金矿田成矿地质条件、控矿因素、找矿标志等方面的认识,区内金矿综合找矿模型见表3-9和图3-35。

表3-9 大场金矿田综合找矿模型简表

成矿要素		描述内容
成矿地质背景	大地构造	玛多-玛沁前陆隆起
	地层	以下中三叠统昌马河组为主,玛曲组中也有发现
	岩浆岩	区内岩浆岩不发育
	构造	与昆仑山口-甘德断裂(F3、F4)平行的北西西向次级断裂控矿,具有成群、成束的特点,与主干断裂距离8~10km成矿条件最佳
	蚀变	矿床围岩蚀变强烈,与金矿化关系密切的蚀变类型主要有硅化、碳酸盐化、褐铁矿化、黄铁矿化、辉锑矿化、毒砂矿化

续表 3-9

成矿要素		描述内容
地球物理信息	地磁测量	1∶1万、1∶2000 磁法测量异常对已知矿床(点)反应不明显
	激电测量	1∶1万激电测量视极化率异常趋势与含矿带有粗略的对应关系;视电阻率反应不明显
地球化学信息	水系沉积物测量	矿区地球化学测量是最有效最直接的找矿手段,迄今为止所发现的所有金矿床(点)无一例外均是在水系沉积物异常的基础上发现并发展起来的。从 1∶50 万、1∶20 万到 1∶5 万均有效果。面积大、峰值高、浓集中心明显、元素组合简单者优,As、Sb 为 Au 的前缘指示元素,Cu、Pb、Zn 等为近矿元素
		Au 元素滑动平均衬值异常、AuAsSb 组合滑动平均衬值异常与已知金矿床(点)对应良好,可弥补因异常下限使用值偏高、偏低以及人为勾绘异常中遗漏的一些问题
		Au 元素地球化学异常、AuAsSb 累加地球化学异常对规模小而不集中的零星异常(群)显示较好
		高温/低温元素比值地球化学图中,数值低者预示有较大的成矿可能
	土壤测量	1∶1万土壤测量以面积性施测为佳,AuAsSb 元素组合形状与含矿带方向一致,金异常三带清晰者预示金矿化强、规模大,异常位移不明显

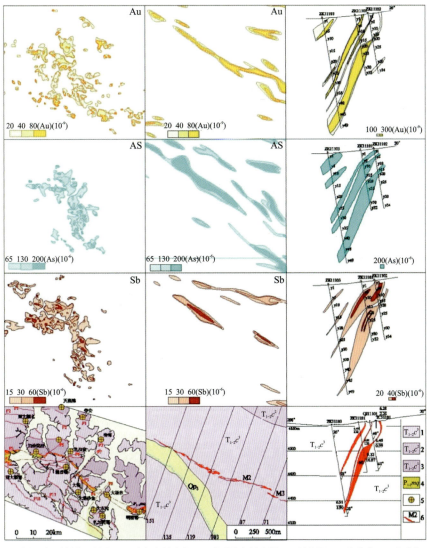

1.昌马河组砂板岩互层段;2.砂岩夹板岩段;3.砂砾岩夹板岩段;4.玛曲组;5.金矿床;6.金矿体

图 3-35　大场金矿找矿模型图(据青海省第五地质矿产勘查院,2010 修改)

五、格尔木市东大滩中低温热液型金锑矿床

(一)区域地质特征

矿床位于昆仑山脉主脊北坡,地处巴颜喀拉地块之玛多-玛沁前陆隆起,位于成矿带,夹持于布青山南缘断裂与昆仑山口-甘德断裂之间,沿断裂自西向东依次分布着东大滩、西藏大沟南、大场、盖寺由池、错尼、夺儿公玛等矿床(点),矿种单一,以金(锑)矿为主。

(二)矿区地质特征

出露地层主要为巴颜喀拉山群昌马河组(图 3-36),为中—薄层碎屑岩系砂泥质类复理石沉积,碳质少量,具活动型沉积特点,为半深海—深海浊流沉积环境,发育有断续分布的小型浊流扇韵律层,具有浊积岩特点,岩石具低绿片岩相变质。整体走向北西,倾向北东。按岩性组合可划分为两个岩性段,下部砂岩岩性段和上部板岩(千枚岩)岩性段,其中下部砂岩岩性段是金(锑)矿的重要含矿层位。

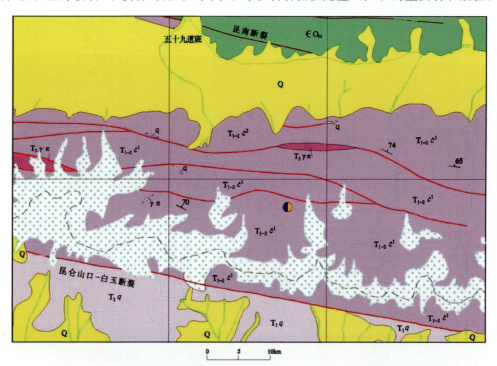

1.第四系;2.清水河组;3.昌马河组砂板岩互层段;4.昌马河组砂岩段;5.纳赤台蛇绿混杂岩;
6.花岗斑岩;7.石英脉;8.地质界线;9.断层;10.产状;11.成矿带编号;12.金锑矿床

图 3-36 青海省东大滩地区区域地质图(据青海省矿产资源潜力评价,2010)

受布青山南缘断裂和昆仑山口-甘德断裂影响,矿区产生强烈的构造变形和变质作用,主要表现为形成大规模的逆冲、走滑断层和韧-脆性剪切带及与其配套的低级构造系统,次级断裂走向北西西,断裂性质多为压扭性,断面一般倾向北,倾角较陡。海西晚期—印支期大规模的俯冲和碰撞造山形成的大型韧-脆性剪切带,直接控制着金锑矿床的产出。F1、F2 两条断裂是最重要的控矿构造,走向 290°,北北东向陡倾,宽 400 多米,延伸长度大于 8km,在地表上表现为一条明显的褐黄色构造破碎蚀变带,东大滩矿区发现的所有金锑矿(化)体均产于其中。

区域上岩浆活动较弱,仅有极少量印支晚期花岗斑岩($T_3\gamma\pi$)侵位于三叠系巴颜喀拉山群昌马河组

中,岩体受构造控制明显,发育一东西长5km、南北宽0.5km的长条状岩脉带,可见较多的花岗斑岩脉、石英斑岩脉,与矿床形成关系不大(丰成友,2004)。

(三)矿体特征

金锑矿体赋存于F1、F2两条构造破碎带中,集中分布在Ⅰ、Ⅱ、Ⅳ、Ⅴ共4个矿段内,共圈定矿体31条,其中金矿体16条,金锑矿体12条,锑矿体3条(图3-37)。

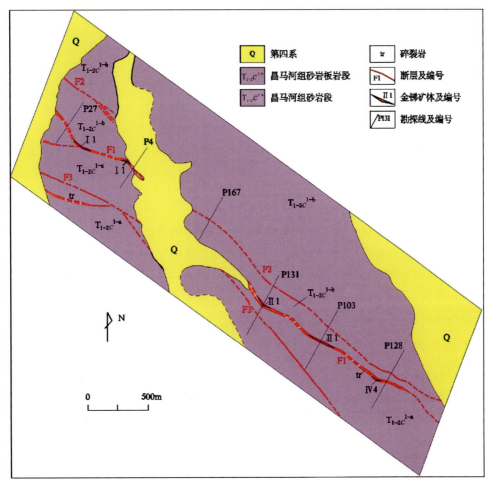

图3-37 东大滩金锑矿床地质略图(据青海省矿产资源潜力评价,2010)

F1主构造蚀变带,位于矿区中部,呈北西-南东向贯穿矿区,长度约4.8km,倾向北东,倾角50°～70°,断层上盘出露下中三叠统昌马河组砂岩板岩段,下盘出露砂岩段。呈透镜状、串珠状分布,出露宽度变化较大,在西部宽3～20m,东部宽3～10m。破碎带内角砾岩、碎裂岩、断层泥及挤压片理、构造扁豆体十分发育,角砾成分主要为变质石英岩屑砂岩、变质长石石英岩屑砂岩和绢云母千枚岩、板岩碎块。破碎带附近地层碎裂岩化较发育。产出Ⅰ1、Ⅱ1等主矿体。Ⅱ1锑金主矿体,薄层状,倾向8°～53°,倾角35°～79°,长度1160m,厚度0.33～6.09m,平均厚度1.31m,最大延深436m,平均品位:Sb 3.24%、Au 2.83g/t(图3-38)。

(四)矿石特征

矿石矿物主要有黄铁矿、毒砂、辉锑矿,少量黄铜矿、黝铜矿、锑华、菱铁矿、菱锌矿、方铅矿、辉铋矿、辰砂等,含量1%～6%;脉石矿物主要有石英、长石、绢云母、方解石和白云石等。矿石主要结构有他形—半自形粒状结构、柱状结构、片状结构、填隙结构、镶嵌结构和压碎结构等。发育浸染状构造、细脉状构造、角砾状构造、块状构造、团块状构造等。矿石类型主要有蚀变岩型锑金矿石、蚀变岩型金矿石、石英脉型锑金矿石。

（五）围岩蚀变

矿体围岩岩性单一，主要有变砂岩、板岩、千枚岩等。围岩蚀变十分发育，主要为面型蚀变，分带性不明显。强烈的矿化蚀变作用使矿体产出部位形成一条十分醒目的褐黄色构造蚀变带，成为一种重要的找矿标志。主要蚀变类型包括硅化、绢云母化、黄铁矿化、辉锑矿化、褐铁矿化、绿泥石化、碳酸盐化等，其中黄铁矿化、绢云母化、辉锑矿化、硅化强烈发育地段常常构成金锑矿体或金矿体，碳酸盐化在蚀变岩型金矿石和金锑共生矿石中强烈而广泛。

（六）资源储量

查明金资源储量 2.548t，矿床平均品位 3.74g/t。查明锑资源储量 4097t，矿床平均品位 5.96%。

（七）矿化阶段

根据野外观察和研究成果，矿床成矿过程可划分为变质变形富集期、热液成矿期和表生氧化期。

变质变形富集期：受区域变质变形影响，地层发生褶曲和破裂，构造热驱动地层建造水发生小规模循环迁移，萃取了部分成矿物质，使成矿元素初始富集。

热液成矿期：早期金-硫化物-石英阶段，形成黄铁矿、石英、绢云母及少量毒砂、辉铋矿等，是主要成矿阶段。中期金-辉锑矿-石英阶段，锑金矿体共存，沿裂隙充填，矿石矿物主要有辉锑矿、石英、绢云母，是次要成矿阶段。晚期石英-碳酸盐阶段金、锑成矿强度弱，主要形成石英、方解石、菱铁矿、白云石等。

表生氧化期：形成于成矿之后，随矿体剧烈抬升氧化程度不断提高，表生氧化加强，出现褐铁矿、臭葱石、锑华和少量孔雀石等，产生金的次生富集作用。

（八）成矿地球物理化学特征

矿床成矿流体总体为一套中低温（144～329℃）、低盐度（2.41%～8.68%）的 $H_2O-CO_2-NaCl-(CH_4 \pm N_2)$ 体系，成矿压力为 100～160MPa。成矿前热液主要来源于变质水和地层建造水（图3-39），成矿期以来大气降水不断混入并占主导地位。流体不混溶、大气降水的持续加入及水-岩交换反应是金、锑等金属物质沉淀成矿的主要因素。

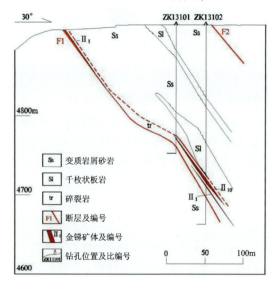

图3-38 东大滩金锑矿床P131勘探线剖面图
（据青海省矿产资源潜力评价，2010）

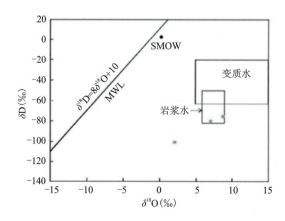

图3-39 东大滩金锑矿床 $\delta D-\delta^{18}O$
相关图解（据丰成友，2002）

(九) 矿床类型

成因类型与大场金矿一致,为含矿流体作用浅成中—低温热液型矿床,工业类型有构造蚀变岩型和石英脉型两种。

(十) 成矿模式

早三叠世,巴颜喀拉山北缘为巴颜喀拉洋的弧前盆地,发生大规模的浊流沉积形成了巴颜喀拉山群复理石沉积建造及 Au、Sb 的高背景场[金丰度值高达$(90\sim350)\times10^{-9}$],为后期的金锑成矿提供了最基本的物质基础。同时,随着板块俯冲的南北向挤压,昆仑山口-甘德深大断裂控制矿床/矿田的分布,含矿流体热液沿着该断裂上侵,发生大规模迁移,从巴颜喀拉山群复理石沉积含矿建造中萃取部分金成矿物质,同时发生广泛的天水循环交流,致 Au、Sb 成矿物质在次级断裂带等部位聚集成矿,形成东大滩金锑矿床,理想成矿模式见图 3-40。

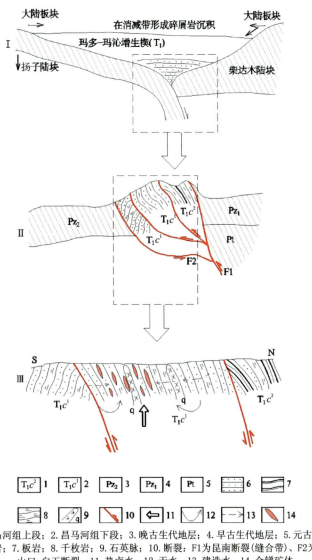

1. 昌马河组上段; 2. 昌马河组下段; 3. 晚古生代地层; 4. 早古生代地层; 5. 元古宙地层;
6. 砂岩; 7. 板岩; 8. 千枚岩; 9. 石英脉; 10. 断裂:F1 为昆南断裂(缝合带)、F2 为昆仑山口-白玉断裂; 11. 热卤水; 12. 天水; 13. 建造水; 14. 金锑矿体

图 3-40 东大滩金锑矿成矿模式图(据青海省矿产资源潜力评价,2010)

(十一)找矿模型

根据现有成果资料及对矿床成矿地质背景、成矿作用的认识,总结出金矿综合找矿模型。
(1)构造环境:阿尼玛卿-布青山结合带马尔争蛇绿混杂岩带。
(2)成矿构造:北西-南东向断裂控制的逆冲、走滑断层和韧-脆性剪切带及与其配套的低级构造系统。
(3)地层:三叠系巴颜喀拉山群昌马河组碎屑岩系砂泥质类复理石沉积。
(4)岩浆岩:极少量印支晚期花岗斑岩。
(5)围岩蚀变:黄铁矿化、绢云母化、辉锑矿化、硅化。
(6)化探异常:1∶20万异常、1∶5万异常Au、As、Sb元素套合好。地层中金丰度值高达$(90\sim350)\times10^{-9}$,为地壳克拉克值的几倍至数百倍,构成Au元素的高背景场。

第四节　晚中生代金矿典型矿床

一、都兰县五龙沟岩浆热液型金矿床

(一)区域地质特征

矿床地处东昆仑造山带昆北复合岩浆弧,介于昆北和昆中两个深断裂之间,位于东昆仑成矿带,带内已发现五龙沟(红旗沟-深水潭)、岩金沟、淡水沟、无名沟-百吨沟大中型金矿床(图3-41),共同构成了五龙沟金矿田。2010年设立为省级整装勘查区,五龙沟金矿床为典型代表,矿床类型为岩浆热液型。

区内出露地层呈北西-南东向,从老到新依次为古元古界金水口岩群、中元古界小庙岩组、新元古界丘吉东沟组和奥陶系祁漫塔格群火山岩组。受岩浆侵入活动影响,地层多断续出露,部分呈残留体形式产出。古元古代地层组成褶皱基底,总体构造线为北西向;新元古代地层构成盖层,表现为走向北西西、倾向北的单斜。断裂构造十分发育,是东昆仑地区的一个构造密集分布区,总体构造线呈北西-南东向展布,以3条脆-韧性剪切带为主体,构成了五龙沟地区3个主要的控矿构造带,基本控制了含金蚀变带及金矿体的分布,如岩金沟金矿床受控于岩金沟剪切带,五龙沟金矿床、百吨沟金矿床受控于萤石沟-红旗沟剪切带,打柴沟金矿床、中支沟金矿床受控于三道梁-苦水泉剪切带。在剪切带内及其两侧,晚期脆性构造叠加明显,脆性断裂构造有80余条,比较明显的有北西向、近南北向、北东向和近东西向4组。北西向断裂多叠加于上述韧性剪切带之上,具多期活动的特点,沿走向有分支复合、侧列及"S"形扭转现象,分布具群集和等距规律,平面间距一般800~1000m,沿剪切带内侧及上盘密集产出,而远离剪切带则稀疏,形成了以3条韧性剪切带为主体的3个集中分布带,由北而南分别为岩金沟断裂构造集中分布带、萤石沟-红旗沟断裂构造集中分布带、打柴沟-苦水泉断裂构造集中分布带。

(二)矿区地质特征

矿区主要出露古元古界金水口岩群、新元古界丘吉东沟组,中元古界长城系小庙岩组(Chx)次之,沟谷和山前有大面积第四纪覆盖层分布(图3-42)。构造发育,处于萤石沟-红旗沟脆-韧性剪切带及断裂构造集中带的中东段。脆-韧性剪切带分布于水闸东沟—红旗沟—三窝水沟一线,延展长度约7km,宽300~500m,总体走向为北西-南东,倾向北—北东。岩浆活动强烈,具期次多、规模大的特征,活动形式主要以岩浆侵入为主,次为火山喷发。主要有古元古代、泥盆纪、二叠纪及三叠纪的不同规模岩浆侵入,岩体出露面积占矿区侵入岩总面积的60%以上,主要分布于新元古界丘吉东沟组的南西侧,呈岩基、岩株状产出,地层一侧多呈岩脉状产出。

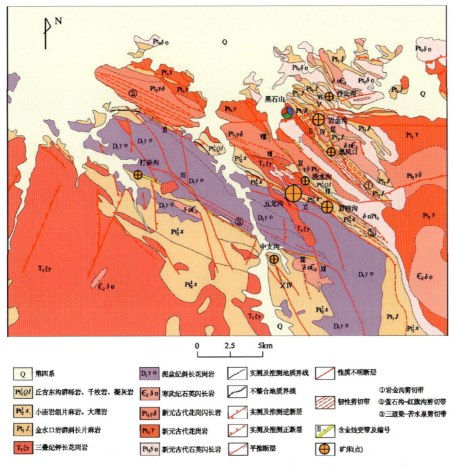

图 3-41 青海省五龙沟地区区域地质图(据青海省第一地质勘查院,2018修改)

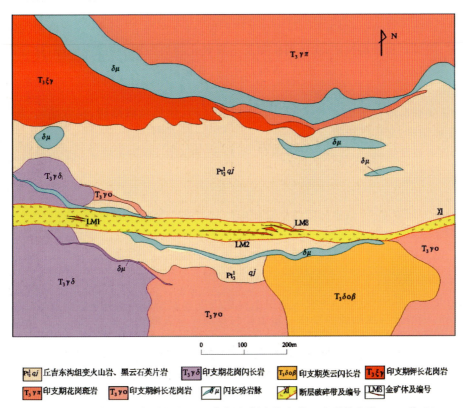

图 3-42 红旗沟-深水潭金矿区地质略图(据青海省第一地质勘查院,2018修改)

（三）矿体特征

矿床圈出含矿构造蚀变带14条，其中Ⅺ号规模最大，呈北西西向条带状分布于红旗沟—黄龙沟—水闸东沟一带，为矿区主干断裂构造或脆-韧性剪切带的主裂面，产于泥盆纪二长花岗岩、斜长花岗岩、超基性岩与新元古界丘吉东沟组、祁漫塔格群火山岩组接触带。北西段水闸东沟一带切入中元古界小庙岩组，南东段插入新元古界丘吉东沟组。断裂带长度大于7km，宽30～100m，倾向北东，倾角50°～85°，深部产状变陡。带内岩石以碎裂岩、糜棱岩为主，还有少量硅化凝灰质板岩、硅质板岩、碎裂状蚀变闪长岩、斜长花岗岩。蚀变类型主要为硅化、碳酸盐化、绢云母化、黄铁矿化和褐铁矿化，局部具孔雀石化。沿走向含矿破碎蚀变带具膨大缩小及分支复合现象（图3-43）。根据矿体分段集中分布的特点，矿床自北西向南东分水闸东沟、黄龙沟、黑石沟和红旗沟4个矿段。

黄龙沟矿段共圈定金矿体90条，主矿体为LM8、LM11、LM18、LM23等。LM8规模最大，长760m，平均厚度11.08m，控制最大斜深718m，平均品位4.49g/t；倾向9°～33°，倾角64°～83°；厚度变化系数75.95%，品位变化系数116.70%；呈大透镜状，具膨大狭缩、分支复合、尖灭再现的特征（图3-44）。红旗沟矿段共圈定金矿体57条，主矿体为QM3、QM4、QM7、QM10。其中QM4矿体长477m，厚0.84～4.77m，平均品位6.74g/t，倾向北，倾角40°～74°。黑石沟矿段共圈定矿体19条，SM2为主矿体，长590m，厚度0.85～18.16m，平均品位3.13g/t，倾向33°～65°，倾角57°～68°，呈连续的条带状或脉状，具波状弯曲和分支特点，且向深部矿体产状有变陡的趋势。水闸东沟矿段共圈定矿体26条，主矿体为ZM2、ZM3、ZM5。ZM2矿体长560m，厚度0.83～14.16m，控制最大斜深430m，平均品位6.59g/t，倾向10°～52°，倾角56°～83°。

（四）矿石特征

1. 矿石矿物

矿石矿物组成主要是黄铁矿和毒砂，其他金属硫化物和次生氧化物含量很少。金矿石属少硫化物微细粒浸染型金矿石，自然金在矿石中嵌布粒度极其细小，大多呈显微或超显微分散状态包裹于毒砂和黄铁矿中。金属矿物以自然金（图版Ⅱ-5～图版Ⅱ-7）、银金矿（图版Ⅱ-8）为主，黄铁矿、毒砂次之，少量黄铜矿、方铅矿、闪锌矿和磁黄铁矿，次生铜矿物及金属氧化物为斑铜矿、褐铁矿等，脉石矿物主要有石英、长石、辉石、角闪石、绿泥石、云母、锆石、碳酸盐矿物、有机碳等。

2. 矿石结构

矿石结构主要有自形粒状结构、半自形—自形粒状结构、他形粒状结构、包含结构、压碎结构、乳滴状结构、鳞片变晶结构、交代结构等。

自形—半自形粒状结构：多数毒砂呈菱面体、长柱状、楔形体，少量黄铁矿呈立方体或五角十二面体产出（图版Ⅲ-1、图版Ⅲ-2）。

他形—半自形粒状结构：浸染状产出的磁黄铁矿呈他形—半自形粒状散布于脉石中。

他形粒状结构：黄铜矿、方铅矿和闪锌矿呈他形粒状散布于脉石中。形状受存在空间的制约（图版Ⅲ-3）。

包含结构：闪锌矿中包裹着方铅矿、黄铁矿，黄铁矿中包裹着毒砂，黄铁矿、毒砂、方铅矿中包裹着银金矿（图版Ⅲ-4、图版Ⅲ-5）。

压碎结构：早期形成的黄铁矿、毒砂受构造应力作用挤压形成碎粒（图版Ⅲ-6）。

乳滴状结构：固溶体分离而成的微粒—超微粒的黄铜矿呈乳滴状包裹在闪锌矿晶粒内（图版Ⅲ-5）。

交代结构及交代残余结构：褐铁矿交代黄铁矿和磁黄铁矿。磁黄铁矿交代黄铁矿。当交代作用较强烈时，黄铁矿呈残晶包于其中。

3. 矿石构造

矿石构造主要以浸染状构造为主，其次为细脉状、网脉状、角砾状构造和条带状构造。

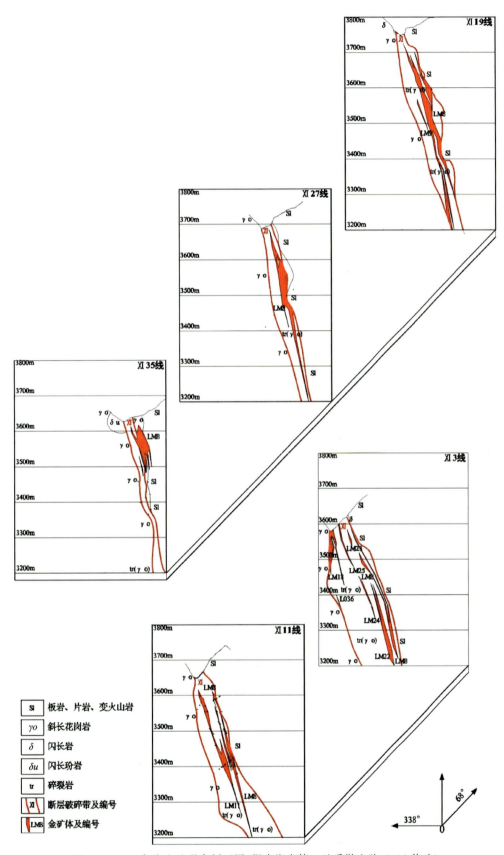

图 3-43 五龙沟金矿联合剖面图(据青海省第一地质勘查院,2018 修改)

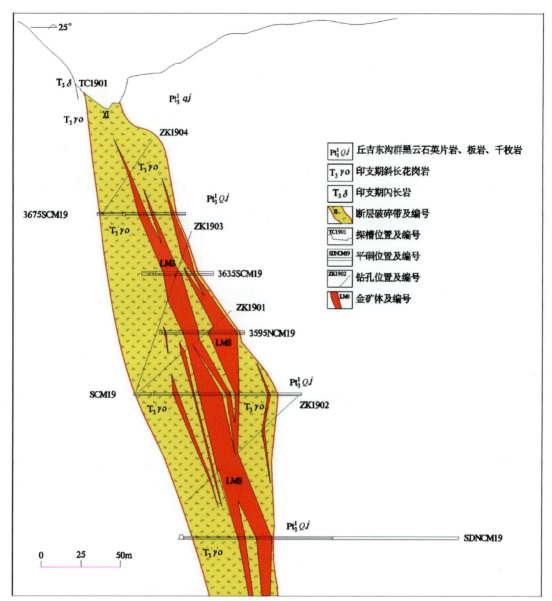

图 3-44　五龙沟矿段 19 勘探线剖面图（据青海省第一地质勘查院，2018 修改）

浸染状构造：黄铁矿、磁黄铁矿、毒砂、黄铜矿、方铅矿和闪锌矿等呈浸染状零散分布于矿石中（图版Ⅲ-1、图版Ⅲ-7）。

细脉浸染状构造：黄铁矿呈浸染状细脉穿插于岩石裂隙内，与细脉状构造相似，但脉的宽度大一些，黄铁矿含量低一些，粒度粗一些，并伴有石英等热液脉石矿物。

细脉状构造：黄铁矿沿岩石的细微裂隙充填交代呈细脉状（图版Ⅲ-8）。

网脉状构造：方铅矿、黄铜矿、闪锌矿沿黄铁矿、毒砂粒间和裂隙内贯入，呈网脉状（图版Ⅳ-1）。

角砾状构造：含矿岩石（矿石）、含有细粒毒砂集合体的脉体，被构造作用压碎成大小不等的角砾，或有位移，或基本停留在原地，被后期热液矿物或风化淋滤矿物胶结（图版Ⅳ-2）。

条带状构造：细粒他形黄铁矿聚晶外围被半自形—自形毒砂聚晶包围，呈透镜状聚合体，聚合体呈条带状沿脉石大致平行的微裂隙分布，并具定向排列。

4. 矿石类型

矿石类型可划分为构造岩类型金矿石和蚀变岩类型金矿石。构造岩类型金矿石有糜棱岩型金矿石、角砾岩型金矿石、碎裂岩型金矿石（图版Ⅳ-3～图版Ⅳ-6）和构造片岩型金矿石（黄铁矿化绢云母石英片岩)。蚀变岩类型金矿石有蚀变斜长花岗岩型金矿石、黄铁矿化硅化大理岩型金矿石、蚀变辉石岩型金矿石和硅化凝灰质板岩型金矿石。以糜棱岩型金矿石为主,糜棱岩化斜长花岗岩和碎裂蚀变斜长花岗岩型金矿石次之。

(五)围岩蚀变

矿体的围岩岩性复杂,主要有斜长花岗岩、黑云石英片岩和凝灰质板岩。凝灰质板岩一般为矿体的顶板,黑云石英片岩一般为矿体的底板,斜长花岗岩既为某些矿体的顶板岩性,也为底板岩性。矿体赋矿岩性往往又构成矿体的顶、底板,有时夹在矿体中间成为夹石。金矿石继承了围岩的基本物质组成特点,与围岩为过渡关系,其界线须取样化验确定。靠近矿体(尤其是顶板)围岩蚀变极强,主要有硅化、绢云母化、高岭土化、黄铁矿化和毒砂化,局部有辉锑矿化、黄铜矿化和铅锌矿化,与金矿化关系密切的主要是硅化、绢云母化、高岭土化(图版Ⅳ-7)、黄铁矿化、辉锑矿化及毒砂矿化。黄铁矿、毒砂是主要的载金矿物,是最主要的矿化蚀变类型和矿化强弱的判别标志,也是最重要的找矿标志。

硅化有充填石英细脉—网脉式和渗透扩散交代式2种形式。石英细脉、网脉呈透镜状、串珠状或弯曲脉状顺构造裂隙、片理、片麻理方向产出,脉体两侧围岩多发生烘烤退色蚀变现象;石英脉旁多发育交代式硅化形成的浅色蚀变岩。石英细脉及网脉越发育,金的矿化强度就越大。

绢云母多为区域变质及动力变质作用的产物,在赋矿地层、糜棱岩和脉岩中广泛发育。与金矿化关系密切的绢云母化仅局限于硅化发育的部位。

高岭土化为赋矿岩石和近矿围岩热液蚀变的产物,与硅化、绢云母化伴生。

(六)资源储量

查明资源储量36.20t,矿床平均品位3.47g/t。

(七)矿化阶段

五龙沟金矿床的矿化期次从早到晚可分为伴生金多金属矿化热液期、金矿化热液期、表生氧化期3个矿化阶段。其中金矿化热液期又分为5个阶段(表3-10)。

表3-10 五龙沟金矿区主要矿化期次及特征

矿化期次	矿化阶段	矿物组合	矿化蚀变	Au品位(g/t)
伴生金多金属矿化热液期	主要为多金属矿化阶段	石英+黄铜矿+磁黄铁矿;方铅矿;黄铁矿+方铅矿+黄铁矿±闪锌矿±毒砂	矽卡岩化	0.175~0.53
金矿化热液期	黄铁绢英岩化金矿化阶段	绢云母+石英+黄铁矿+磁黄铁矿	黄铁矿化、绢英岩化	0.02~17.8 (3.80)
	硅化毒砂化金矿化阶段	石英+毒砂±黄铁矿±绢云母	硅化、绢云母化、毒砂化	3.57~171.04 (46.69)
	辉(铁)锑矿化金矿化阶段	辉锑矿+辉铁矿+石英±铁碳酸盐	硅化、辉锑矿化	16.54~99.08 (54.04)
	石英黄铁矿化金矿化阶段	石英+黄铁矿	硅化、黄铁矿化	0.108~5.49 (1.32)
	碳酸盐化阶段	方解石+石英等	碳酸盐化	0.152~1.85 (0.8)
表生氧化期	金的淋蚀聚合阶段,明金形成	金+褐铁矿±铜蓝	褐铁矿化、高岭土化	见明金,次生富集明显

1. 伴生金多金属矿化热液期

形成矽卡岩型、脉型多金属矿化,伴生 Au 0.175~0.53g/t。典型矿物组合为磁黄铁矿+黄铜矿(外滩铜矿点);黄铜矿+方铅矿+黄铁矿±闪锌矿±毒砂(东支沟铜铅矿点);方铅矿。矿石呈块状、稠密浸染状、条带状,矿物颗粒粗大。

2. 金矿化热液期

金矿化热液期为金的主要矿化期。扫描电镜分析该期黄铁矿中有较多方铅矿、黄铜矿包裹体,表明晚于伴生金多金属矿化热液期。据矿化蚀变特征可进一步划分为 5 个阶段。

黄铁绢英岩化金矿化阶段:黄铁绢英岩化强烈,绢云母、石英主要为构造岩中斜长石、黑云母等矿物受热液蚀变而成,显示斜长石和黑云母的晶形、解理或环带、双晶构造假象,黄铁矿以细粒他形浸染状沿原暗色矿物的解理及边部分布。扫描电镜分析黄铁矿中有金红石包裹体,表明其继承了原黑云母中的 Ti、Fe。典型矿物组合为绢云母+石英+黄铁矿+磁黄铁矿,Au 0.02~17.80g/t,平均 3.80g/t。

硅化毒砂化金矿化阶段:细粒硅质交代明显,毒砂化发育,并有较强绢云母化参与。硅化以石英细脉、网脉或交代硅化岩形式出现,石英呈细—微粒自形晶;毒砂呈极细小矛状、长条状自形晶均匀浸染、交代;磁黄铁矿、黄铁矿、毒砂及被毒砂交代的黄铁矿中均包有金红石。典型矿物组合为石英+毒砂±黄铁矿±绢云母,Au 3.57~171.04g/t,平均 46.69g/t。

辉(铁)锑矿化金矿化阶段:代表产物是辉锑矿和辉铁锑矿。辉锑矿呈他形粗晶产于脉石英的裂隙中,发生变形呈变形丝带、应力聚片双晶及细粒化颗粒;辉铁锑矿比辉锑矿形成晚,呈毛发状产于活化石英细脉或铁碳酸盐细脉中,或呈重结晶的细粒自形辉铁锑矿交代细粒化辉锑矿。典型矿物组合为辉锑矿+辉铁锑矿+石英±铁碳酸盐,Au 16.54~99.08g/t,平均 54.04g/t。电子探针及矿物微量元素分析辉锑矿中含金不高而辉铁锑矿含金很高,表明金主要赋存于辉铁锑矿中,金成矿流体中铁含量高。

石英黄铁矿化金矿化阶段:以黄铁矿细脉、活化石英细脉发育为特征。脉宽数毫米,脉中黄铁矿呈细粒立方体自形晶,石英呈洁净的微细粒自形棒状晶,系硅质活化产物,明显晚于绢云母化、毒砂化及微细粒硅化。金矿化弱,Au 0.108~5.49g/t,平均 1.32g/t。

碳酸盐化阶段:以沿张性裂隙充填的方解石细网脉为特征,切穿了毒砂黄铁矿脉。含 Au 0.152~1.85g/t,平均 0.80g/t,表明金矿化已近尾声。

3. 表生氧化期

为金的淋蚀聚合阶段,原生矿石中的微细粒金被淋蚀聚合,在氧化带中形成明金,是明金的主要形成期。

(八)成矿物理化学条件

五龙沟矿田的研究所获得相关硫同位素测定资料表明,成矿热液水主要为岩浆水(图 3-45)。五龙沟 3 条金矿体锆石和磷灰石裂变径迹法年龄为 197.4~235.0Ma 和 244.0Ma(袁万明等,2000);韧性剪切带内黄铁绢云岩化金矿石的绢云母 ^{40}Ar-^{39}Ar 法年龄为 (236.5±0.5)Ma(张德全等,2005)。

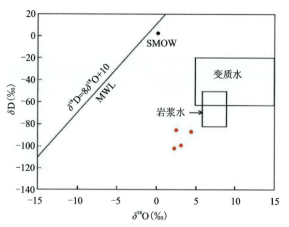

图 3-45 五龙沟金矿床 δD-$\delta^{18}O$ 相关图解

(据丰成友等,2002)

（九）矿床类型

矿床研究程度较高，自 20 世纪 90 年代发现以来，专家学者对成因认识主要可归纳为韧性剪切带型、构造蚀变岩型、造山型、岩浆热液型。对照《中国矿产地质志》，可以统一归为岩浆热液型。矿源为古元古界金水口岩群，志留纪—泥盆纪、二叠纪碰撞伸展构造运动，深源岩浆作用在早期或同期形成的区域性大断裂、大型剪切带及次一级的褶皱、层间破碎带内富集成矿。总体上五龙沟金矿田的形成与印支期构造-岩浆活动关系更为明显，应为受脆-韧性剪切带控制的岩浆热液型金矿。

（十）成矿模式

前南华纪基底演化阶段至奥陶纪原特提斯洋俯冲阶段，古元古界金水口岩群、新元古界丘吉东沟组和奥陶系祁漫塔格群，尤其是祁漫塔格群变火山岩提供了丰富的物源，形成了矿源层。除中元古界小庙岩组变质碎屑沉积岩的金含量平均仅 2.55×10^{-9}，低于地壳克拉克值 4×10^{-9}（Taylor，1986）外，其他地层金含量平均值达 14.614×10^{-9}，为泰勒值的 3.5 倍，其中的中基性火山岩、变角闪安山岩等更高达 91.42×10^{-9} 和 31.0×10^{-9}，为泰勒值的 8～25 倍。丘吉东沟组浅变质岩系的硅质岩、砂泥质板岩及石英片岩等，金含量平均值为 9.20×10^{-9}，为泰勒值的 2.3 倍。金水口岩群的各类片麻岩、碳酸盐岩的金含量平均值为 6.99×10^{-9}，为泰勒值的 1.75 倍。

志留纪—泥盆纪、二叠纪两期洋（盆）俯冲、弧陆-陆陆碰撞造山过程中，经历了 2 个阶段、3 个期次的构造运动，分别为第一阶段加里东晚期逆冲兼左行走滑剪切作用，第二阶段第一期海西晚期—印支期的逆冲兼右行走滑剪切作用，第二阶段第二期印支晚期—燕山早期脆性—脆-韧性左行走滑剪切作用。中下地壳收缩阶段形成韧性逆冲型韧性剪切带，后造山伸展阶段形成伸展性韧-脆性剪切带（或脆性断裂）（许志琴等，1996），在矿区内形成了三大韧脆性剪切带控矿，控制了所有矿体的分布。加里东晚期的逆冲兼左行走滑剪切作用形成向南东侧伏的空间，海西晚期—印支期的逆冲兼右行走滑剪切作用形成向北西侧伏的空间，印支晚期—燕山早期脆性—脆-韧性左行走滑剪切作用及伸展作用主要形成张性脆性断裂，成为后期主要的储矿空间。

岩浆活动时期有新元古代、泥盆纪及二叠纪，新元古代花岗闪长岩金平均含量为 12.16×10^{-9}，印支期二长花岗岩、斜长花岗岩金平均含量 9.16×10^{-9}，石英脉金平均含量为 11.5×10^{-9}，全部高于地壳金丰度值，说明各时代岩浆侵入体也是物质来源。尤其是印支期碰撞造山环境，成矿特征尤其明显，部分金矿（化）体直接产于岩体或岩脉一侧。

综上所述，五龙沟金矿的形成是多种地质因素耦合的产物，元古宙—早古生代地层及岩浆活动提供了物源，尤其是其中的中性—基性火山岩可提供壳源金；志留纪—泥盆纪、二叠纪两期的基性—酸性岩浆活动，尤其是印支期岩浆-热活动，为成矿提供了深源含矿流体，这些含矿流体沿韧性剪切带上升至浅表层次形成的脆性断裂构造，在具有糜棱岩屏蔽的张性、剪张性构造空间中形成工业矿体（图 3-46）。

（十一）找矿模型

根据现有成果资料及对矿床成矿地质背景、矿产特征的认识，总结出五龙沟金矿综合找矿模型（表 3-11）。

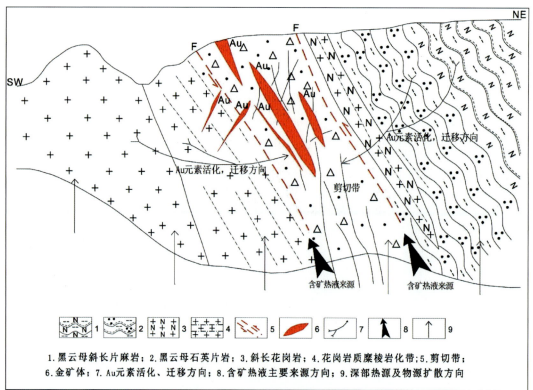

图 3-46 五龙沟金矿成矿模式图

1. 黑云母斜长片麻岩；2. 黑云母石英片岩；3. 斜长花岗岩；4. 花岗岩质糜棱岩化带；5. 剪切带；
6. 金矿体；7. Au元素活化、迁移方向；8. 含矿热液主要来源方向；9. 深部热源及物源扩散方向

表 3-11 五龙沟金矿找矿模型简表

成矿要素		描述内容
成矿地质背景	构造环境	东昆北造山带之昆北复合岩浆弧
	成矿构造	张剪性脆性断裂含矿。主要表现为北西西向、北西向、北北西向破碎蚀变带
	含矿建造	岩石类型(组合)为金水口岩群一套中深变质岩系和丘吉东沟组、祁漫塔格群一套中浅变质岩系及火山岩
	岩浆岩	泥盆纪、二叠纪中酸性岩浆岩
	围岩蚀变	硅化、绢云母化、黄铁矿化、毒砂矿化、辉锑矿化。
	氧化带	褐铁矿、臭葱石、黄钾铁矾等
地球化学信息	地球化学测量	1:50万、1:5万、1:2.5万水系沉积物测量均有良好的异常显示，Au、Ag、Cu、Pb、Zn 等元素区域上为高背景含量，从 Au、Ag、As、Sb 等元素组合异常随着比例尺的变大，逐渐由矿田向矿体定位

二、兴海县满丈岗陆相火山岩型金矿床

（一）区域地质特征

该矿床地处塔里木板块东昆仑造山带鄂拉山岩浆弧，毗邻西秦岭造山带，位于东昆仑成矿带。区内主要为贵金属矿产和有色金属矿产，矿床类型以火山岩型为主。陆相火山岩型以满丈岗、鄂拉山口为代表，海相火山岩型以索拉沟为代表。区内西侧为哇洪山-温泉断裂，东南侧为温泉-祁家断裂限制，东北侧为土尔根达坂-宗务隆山南缘断裂限制，以北西向、北西西向断裂最为发育，控制着地层、岩体的展布（图 3-47）。出露地层主要为二叠纪，局部出露新近系。印支期岩浆活动强烈。

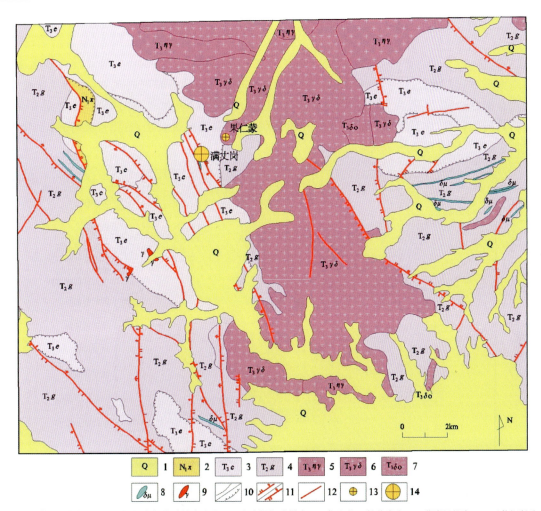

1. 第四系；2. 咸水河组；3. 鄂拉山组中酸性火山岩；4. 古浪堤组碎屑岩；5. 似斑状二长花岗岩；6. 花岗闪长岩；7. 石英闪长岩；8. 闪长玢岩脉；9. 花岗岩脉；10. 实测地质界线/不整合界线；11. 正断层/逆断层；12. 性质不明断层；13. 金矿点；14. 金矿床

图 3-47 青海省满丈岗地区区域地质图（据兴海县源发矿业有限公司，2014）

(二) 矿区地质特征

该矿区主要出露新近系咸水河组和上三叠统鄂拉山组。鄂拉山组，为一套陆相火山喷发的中基性—中酸性火山熔岩夹火山碎屑岩，主要岩性有玄武安山岩、安山岩、石英安山岩夹安山质集块岩、安山质角砾熔岩、流纹质凝灰岩、玻晶屑凝灰岩。根据岩性特征及火山喷发旋回，可分为上、中、下 3 个岩性段，矿床内仅见中部火山熔岩-火山碎屑岩段和上部火山碎屑-火山熔岩段，以玻屑晶屑凝灰岩为主，次为晶屑凝灰岩、流纹质凝灰岩，是主要赋矿层位。

断裂构造具有多期活动的特点，呈北西向、北北西—近南北向，长度 140～1100m，形成破碎带宽 0.3～10m，压扭性，有闪长（玢）岩脉、花岗闪长斑岩脉侵入。断层切割鄂拉山火山岩组及印支晚期侵入岩，在断裂附近的闪长玢岩、酸性火山岩接触带见黄铁矿化，发现了金矿化线索。

印支期侵入岩大致呈北北西向展布，岩体中黄铁矿化常见，局部见磁黄铁矿化、褐铁矿化、黄铜矿化、方铅矿化和微弱的孔雀石化等，接触带附近发育轻微的钾长石化、绿泥石化。脉岩主要为浅灰色蚀变花岗闪长斑岩脉、浅灰—灰白色花岗斑岩脉、花岗闪长玢岩脉、蚀变闪长玢岩脉等。脉岩规模较小，一般长 10～200m，宽 2～30m，多集中分布在 F1、F2 断裂构造带内，与地层走向基本一致。

鄂拉山造山带在印支晚期发生了较大规模的火山喷发活动。喷发形式以爆发为主，形成早期爆发相火山碎屑岩；中期以熔岩溢出为主，形成喷溢相的流纹岩；晚期火山再次活动，形成了火山喷发沉积相产物，构成一个完整的火山喷发韵律。

(三) 矿体特征

矿床分为南、北两个含矿带(图3-48)。南矿带长1500m,宽100～200m,呈北北西或近南北向展布,倾向南西或西,倾角较陡,一般60°～89°,围岩为灰白色、灰色晶屑玻屑凝灰岩,普遍具硅化、黄铁矿化,共圈出金矿(化)体30条。北矿带长约2000m,宽200～800m,呈北北西向展布,围岩主要为玻屑晶屑凝灰岩,具较强硅化、黄铁矿化、褐铁矿化,有弱碳酸盐化,局部孔雀石化、方铅矿化、高岭土化、毒砂矿化等,发现矿(化)体24条。

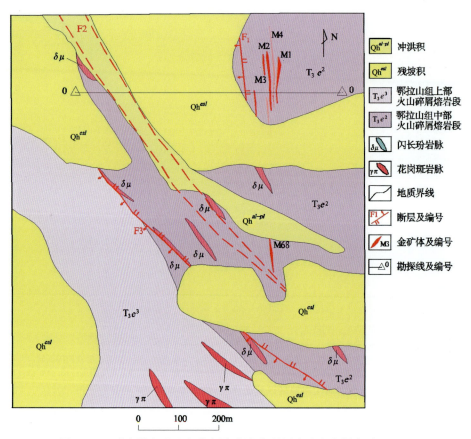

图3-48 满丈岗金矿区地质略图(据兴海县源发矿业有限公司,2014)

矿体赋存于上三叠统鄂拉山组第二岩性段蚀变凝灰岩中(图3-49),呈脉状、透镜状、似层状,总体走向与地层基本一致,倾向西(230°～280°),倾角较陡(48°～81°)。矿体长14.00～530.00m,厚度0.96～4.07m,Au品位1.24～10.59g/t,单样品位最高达286.00g/t。含矿岩性为灰白色、灰色晶屑岩屑凝灰岩,普遍具硅化、黄铁矿化。

M10主矿体,在北部、中部近南北向展布,南部北北西向展布,似层状产出,有明显的分支复合、膨缩现象。矿体长度500m,倾向最大延伸500m,平均厚度4.11m,最大厚度17.55m,平均品位4.50g/t,为石英复脉型金矿体,石英脉长一般30～50m,厚0.5～8cm,脉密集处矿体厚度较大,金品位高,稀疏处金品位低,石英脉中明金常见。产状230°～274°∠54°～76°。含矿岩性为石英脉、蚀变凝灰岩,围岩为晶屑凝灰岩,黄铁矿化、硅化、绢云母化蚀变强。

M44金矿体,长度212m,平均厚度3.68m,平均品位为5.34g/t。呈似层状近北北西和南北向分布,走向270°～320°,倾角60°～81°。含矿岩性为构造碎裂岩-断层角砾岩、断层泥等,碎裂岩原岩为熔结凝灰岩。矿化稳定,品位变化不大,顶底板岩性为构造碎裂岩,硅化、碳酸盐化强烈,有细脉状、网脉状石英脉和方解石脉分布。

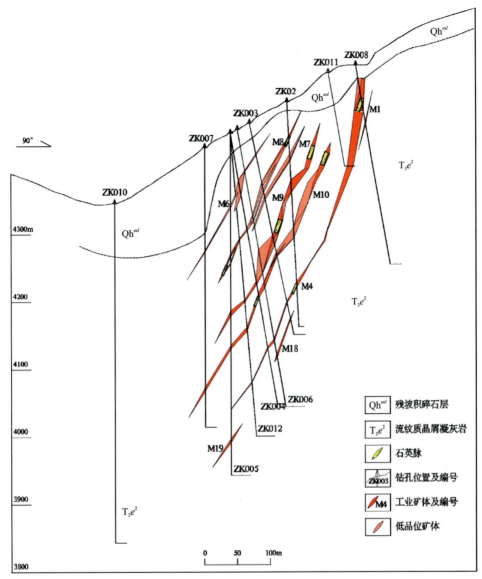

图 3-49 满丈岗金矿区 0 号勘探线剖面图（据兴海县源发矿业有限公司，2014）

（四）矿石特征

1. 矿石矿物

矿石矿物有毒砂、黄铁矿、钛铁矿（图版Ⅵ-1），次要矿石矿物为黄铜矿、磁铁矿、褐铁矿，微量及偶见矿石矿物有自然金、蹄金矿、磁黄铁矿、自然铋、方铅矿、闪锌矿、白铁矿、斑铜矿、辉锑矿、白钨矿、辰砂、孔雀石。矿石矿物约占矿石总量的 2%；脉石矿物主要成分有石英、长石、绢云母，次要成分为电气石、重晶石、方解石，微量或偶见有磷灰石、锆石、石榴石、独居石、角闪石、辉石、刚玉、萤石、褐帘石、泡铋矿。方解石脉和石英脉见图版Ⅴ-3。

2. 矿石结构

矿石结构主要有自形—半自形结构（图版Ⅵ-3）、他形结构（图版Ⅵ-6、图版Ⅵ-7）、粒状结构（图版Ⅴ-4～图版Ⅴ-8）、斑状结构、碎裂结构和交代结构（图版Ⅵ-2、图版Ⅵ-4、图版Ⅵ-5）。

自形—半自形结构：矿石中部分长石结晶较好，晶形完整，构成自形—半自形结构。
他形粒状结构：黄铁矿等矿物晶形较差，呈他形粒状结构。
斑状结构：矿石中矿物分为粗、细两群，细粒矿物分布在粗粒矿物周围，构成斑状结构。
碎裂结构：部分矿石中矿物碎裂明显，构成碎裂结构。

3. 矿石构造

矿石构造主要有浸染状构造、脉状构造（图版Ⅵ-8）、泥状构造、角砾状构造、块状构造。
浸染状构造：矿石中黄铁矿等矿物呈浸染状分布，构成浸染状构造。
块状构造：部分矿石中矿物呈无定向性和分层性，构成块状构造。

4. 矿石类型

矿石类型可分为石英脉型金矿石、蚀变凝灰岩型金矿石，局部见构造蚀变岩型金矿石。矿石中的金主要以裸露的自然金形式存在（图版Ⅴ-4～图版Ⅴ-6），分布率88.28%，少量银金矿（图版Ⅴ-7、图版Ⅴ-8），其他形式存在的金含量较低。

（五）围岩蚀变

围岩主要为晶屑凝灰岩、花岗闪长岩和变质粉砂岩。硅化晶屑玻屑凝灰岩金矿体，矿化厚度相对较大，矿体与围岩界线肉眼难以确定，需要系统采样分析才能划分。矿体与围岩的岩石类型基本一致，普遍具黄铁矿化、磁黄铁矿化、毒砂矿化，并遭受硅化、碳酸盐化、绢云母化等热液蚀变。

（六）资源储量

查明金资源储量17.171t，矿床平均品位4.57g/t。

（七）矿化阶段

矿化阶段分为岩浆期后高温热液阶段、中低温阶段。成矿热液在岩浆期后高温热液阶段，流体对围岩的交代作用以碱交代作用为主，形成钾长石化、黄铁绢英岩化、绢云母化、黄铁矿化、磁黄铁矿化等，蚀变金属矿物主要为黄铁矿化和辉钼矿化。中低温阶段主要形成硅化、碳酸盐化、黄铁矿化、黄铜矿化、绢云母化、辰砂矿化、毒砂矿化等，蚀变金属矿物主要为黄铁矿化和黄铜矿化，特别是岩体的内外接触带和脉岩附近矿化最强烈。

（八）矿床类型

矿床受陆相火山岩地层层位控制，并与特定的岩性（凝灰岩）关系密切，成因属陆相火山岩中—低温热液型金矿床，工业类型有石英脉型、蚀变岩型两种。据同位素测年资料，矿体赋矿围岩全岩K-Ar法同位素年龄为(227±3.32)Ma，花岗闪长斑岩K-Ar法年龄为(196.84±3.37)Ma（刘增铁等，2005）。金矿化主要时期为印支晚期。

（九）成矿模式

早中三叠世浅海陆棚裂陷和走滑拉分形成区域陆内火山盆地，晚三叠世海水消退，发生强烈的火山岩浆活动，地壳的部分熔融和地幔物质产生中酸性岩浆，在岩浆房中长时间脉动侵入形成花岗闪长岩体。在这个过程中Au元素在地核的收缩和膨胀、地幔热柱的作用下被带入岩浆房，喷发形成陆相火山岩（图3-50），火山喷发沉积的火山碎屑岩建造，金含量$[(9.5\sim74)\times10^{-9}]$高出地壳克拉克值4～15倍，形成了矿源层，大量高丰度值凝灰岩中Au元素含量远远高于其他地质体，局部形成矿体。

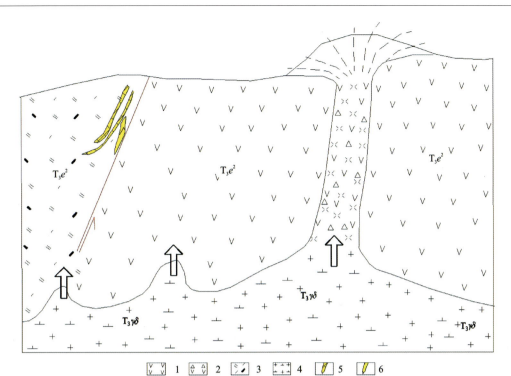

1. 安山岩；2. 安山岩及凝灰岩、凝灰角砾岩(火山通道)；3. 晶屑凝灰岩；4. 印支期花岗闪长岩；
5. 晶屑凝灰岩型金矿石；6. 石英脉型金矿石

图3-50 满丈岗金矿成矿模式图(据青海省矿产资源潜力评价，2010)

(十)找矿模型

根据现有成果资料及对矿床成矿地质背景、成矿作用的认识，总结出金矿综合找矿模型。
(1)构造环境：西秦岭造山带之泽库复合型前陆盆地。
(2)成矿构造：北西-南东向断裂控制了含矿火山岩。
(3)地层：上三叠统鄂拉山组第二岩性段蚀变凝灰岩。
(4)侵入岩：蚀变花岗闪长斑岩脉、花岗斑岩脉、花岗闪长玢岩脉。
(5)围岩蚀变：绢云母化、硅化、碳酸盐化、黄铁矿化、高岭土化。
(6)化探异常：1∶20万水系、1∶5万水系Au、Cu、Ag等异常。

第五节 新生代金矿典型矿床

一、祁连县天朋河沉积型砂金矿床

(一)区域地质特征

矿床大地构造单元属秦祁昆造山系北祁连造山带之蛇绿混杂岩带，位于北祁连成矿带内。受区域性深大断裂控制，新构造运动的间歇性震荡上升是砂金富集的有利构造条件。

(二)矿区地质特征

矿床位于祁连县南东约43km的八宝河与天朋河交汇处的南侧，北距祁连-俄博公路约1.5km。发育第四纪晚更新世的冲洪积阶地(图3-51)，八宝河和天朋河均为开阔的U型河谷，发育Ⅲ～Ⅴ级阶地,分别高出河漫滩 8m、18m、23m,呈北西-南东的条带状分布,长度分别为 4300m、3400m、2700m,宽度分别为 100～600m、200～500m、200m,构成向北东倾斜的斜面,阶地南出露向北东倾斜的白垩纪紫红色砾岩,砂砾岩层。砂矿层主要赋存于Ⅳ级阶地的冲洪积砾石层中的下部,有两个含矿层。

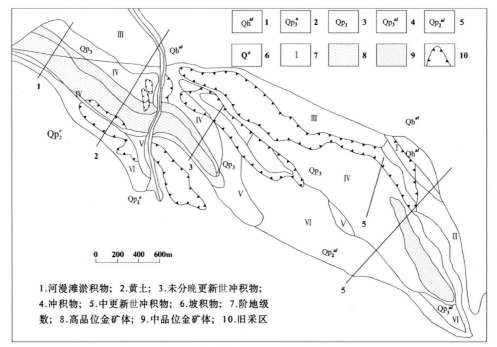

图 3-51　祁连县天朋河砂金矿床地质图(据青海省区域矿产总结,1990)

(三)矿体特征

矿体均呈北西-南东向分布,与阶地延伸方向一致,矿体埋深 14～30m(图 3-52)。呈水平层状、似层状。上含金层(Ⅰ号、Ⅳ号矿体)为青灰色砂砾层,厚度稳定,一般厚 0.5m,个别地段可达 1m(上部的泥灰层中亦含微量金)。下含金层(Ⅱ号、Ⅲ号矿体)为黄色黏土碎砾石层,厚度亦稳定,厚约 0.5m,由北西的小红沟至天朋河间约 4.8km 的长度内,共有 4 个矿体,均呈北西-南东向分布,与阶地延伸方向一致。Ⅰ矿体长 2400m,宽 300m,厚 0.7m,长条带状,平均品位 1.11g/m³。Ⅱ矿体长 2400m,宽 200m,厚 0.5m,长条带状,平均品位 10.71g/m³(小红沟以东为 0.42g/m³)。Ⅲ矿体长 800m,宽 80m,厚 0.5m,条带状,平均品位 0.44g/m³。Ⅳ矿体长 1100m,宽 100m,厚 0.5m,条带状,平均品位 0.73g/m³。上含金层Ⅰ号、Ⅳ号矿体以片金为主,偶见粒状或针状、棒状、树枝状的残型金,大小 1mm 左右,最大达 5mm,一般以 0.5mm 以下者居多,金片浑圆,成色一般。下层Ⅱ号、Ⅲ号矿体以粒金为主,片金很少,粒径 2～5mm,最大 7～8mm,呈浑圆状,金粒中常有石英嵌入,成色较上部含金层略差。矿体埋深 22～30m。

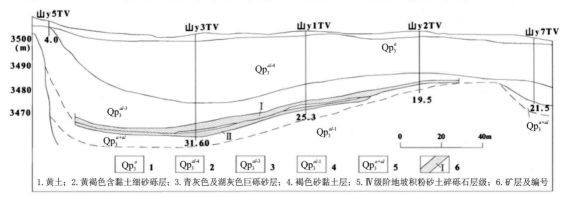

图 3-52　天朋河砂金矿 2—2′线储量计算剖面图(据青海省区域矿产总结,1990)

依据天朋河砂金矿沉积的环境和部位分类,各矿体成因可细分为:Ⅰ号矿体产于河曲内侧,属淤积河岸砂矿;Ⅱ号、Ⅲ号矿体产于古河道注入河谷变宽处,属河流砂矿;Ⅳ号矿体产于峡谷之下,属峡口砂矿。

上部含金情况:Ⅲ级阶地长几十千米,宽100~500m,最大宽度1200m,前缘河拔9m左右,冲积层厚20m以上。底部灰黄—黄褐色含黏土砂砾层,分布稳定,厚度大于11.20m,该层普遍含金,品位一般0.002~0.005g/m³,最高0.042~0.053g/m³;中部灰黄—黄褐色砂砾层,平均厚7.3m,最厚10.80m,含Au品位0.002~0.003g/m³,最高0.012~0.056g/m³;上部为黑灰—灰褐色淤泥质黏土层,橘黄色黏土砂与砂质黏土互层,厚0.3~1.60m,含微量金。

从含金层的重砂矿物共生组合判断,含金岩类应为花岗岩类;重砂矿物的磨圆度极好,表明了漫长的远距离搬运,推断不小于15~20km。

(四)矿石特征

矿石自然类型为砂金。矿物组合为自然金、赤铁矿、磁铁矿、褐铁矿、锆石、金红石、石榴石、白钛石、磷灰石及白钨矿等,说明与原生金有密切关系的应该是酸性岩类(花岗岩类)。

(五)资源储量

累计查明的资源储量为金2638kg;Ⅰ号矿体平均品位1.11g/m³,Ⅱ号矿体平均品位10.71g/m³,Ⅲ号矿体平均品位0.44g/m³,Ⅳ号矿体平均品位0.73g/m³。

(六)矿化阶段

洪-冲积砂金矿床的形成大致可归纳成5个阶段:第一阶段,地面上升,形成河谷雏形;第二阶段,继续抬升,从来源区搬运来的大量风化产物,在谷底反复搬运和分选,重组分相对富集;第三阶段,上升速度减缓,相对稳定,河流以侧向侵蚀为主,形成宽阔的河漫滩,在谷底形成厚度不大的洪、冲积层,并在底部富集了砂金,形成早期的砂金矿;第四阶段,流域再次上升,已形成的河漫滩砂金矿再次遭受破坏和改造,形成新的河漫滩和阶地砂金矿;第五阶段,相对稳定阶段,已形成的砂金矿被埋藏保存。

(七)矿床类型

以第四纪冲洪积沉积作用为主,矿床类型为砂矿型矿床。成矿时代为第四纪。

(八)成矿模式

新生代青藏高原隆升,形成了一系列裂陷盆地,第四纪广泛沉积了冲洪积物。在赋存砂金矿床的汇水盆地范围内,砂金物源在上升为主的新构造运动作用下,暴露到表生作用带,遭受物理的、化学的及生物化学等风化作用,使物源中的自然金解离或游离出来,首先赋存在矿床氧化带或残积层中,再经多次搬运和分选带到谷底,最后形成砂金矿(图3-53)。

(九)找矿模型

根据现有成果资料及对矿床成矿地质背景、成矿作用的认识,总结出金矿综合找矿模型。

(1)构造环境:北祁连造山带之走廊南山蛇绿混杂岩带。
(2)成矿构造:北西-南东向区域性断裂控制区域矿床(点)的分布。
(3)地层:开阔的U型谷。河床、河漫滩和阶地不整合面的底砾岩层。
(4)化探异常:自然重砂金异常。

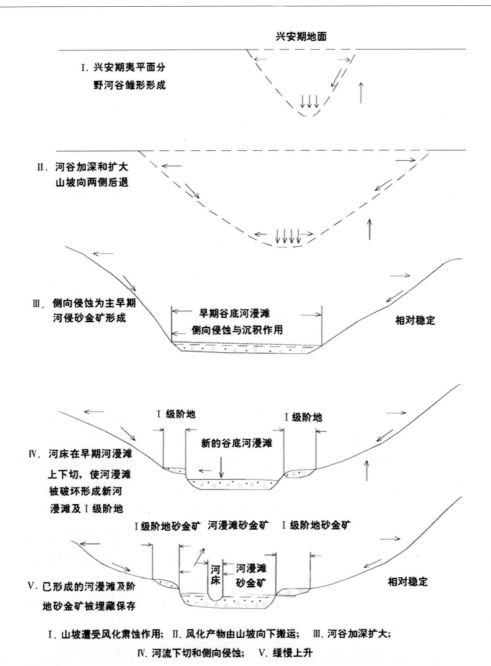

图 3-53 第四纪洪冲积砂金矿成矿模式图（据青海省区域矿产总结，1990）

二、称多县扎朵沉积型砂金矿床

（一）区域地质特征

矿床地处巴颜喀拉地块可可西里前陆盆地的中段，位于巴颜喀拉成矿带。出露地层为二叠系巴颜喀拉山群清水河组浅变质海相碎屑岩，上覆第三纪陆相碎屑岩和第四纪松散堆积物。第三系分布零星，为新生代早期的断陷盆地沉积。区域构造线、地层的走向与山脉延伸方向近乎一致，均呈北西-南东向展布。褶皱、断裂发育。侵入岩仅见规模较小的石英闪长玢岩体、伟晶岩体、花岗伟晶岩脉（图 3-54）。

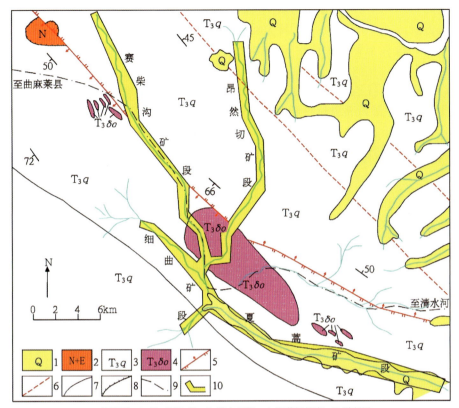

1. 第四系；2. 第三系红层；3. 清水河组；4. 石英闪长岩；5. 逆断层；
6. 推测断层；7. 地质界线；8. 不整合界线；9. 公路；10. 矿段范围

图 3-54　扎朵砂金矿区地质略图（据青海省第四地质队，1993 修编）

（二）矿区地质特征

矿区处于通天河大中起伏高山河谷区，第四系以河流冲积、冲洪积、洪积为主，次为残坡积、融冻蠕流堆积，时代属晚更新世与全新世。晚更新世—全新世冲积物，存在于上游Ⅳ级、Ⅴ级阶地，分布零星。全新世冲积物构成Ⅰ～Ⅲ级阶地及现代河漫滩沉积物。河谷较弯曲，宽窄相间，"关门嘴""迎门山"地貌常见。多呈不对称平底谷，局部为 U 型谷，河谷内以河漫滩为主。构造运动以总体抬升为主，间歇性上升形成Ⅰ～Ⅴ级阶地。

（三）矿体特征

该矿体分赛柴沟、昂然切、细曲、夏蒿 4 个矿段，矿段内共圈出 7 个砂金矿体，其中赛柴沟为Ⅰ号、Ⅱ号矿体，昂然切矿段为Ⅲ号、Ⅳ号矿体，细曲矿段为Ⅵ号、Ⅷ号矿体，夏蒿矿段为Ⅸ号矿体，其中工业矿体 5 个（Ⅰ、Ⅲ、Ⅵ、Ⅷ、Ⅸ）。矿体严格受河谷控制，呈狭长带状延伸。除昂然切矿段的Ⅳ号矿体为阶地砂金矿外，其余诸矿体均产于现代河床和河漫滩冲积层中。砂金主要赋存于冲积物黏土质砂砾层的底部及残积层的上部，河床的枯水位以下。规模大者长度近 30 000m，宽度 20～180m，厚度 1.5～11.2m，呈层状、似层状、透镜状，有时具分支现象，其产状较平缓，有时波状起伏。

赛柴沟矿段Ⅰ号矿体规模最大，分布于赛柴沟主沟谷地，与河床延伸方向一致，平面上呈带状，局部有膨大及分支复合现象，剖面上含金层主要呈水平似层状产于第四纪冲积层下部，部分呈透镜状产于中部。矿体长 28 844m，平均宽 75.5m，平均厚 5.48m，Au 平均品位 0.391 9g/m³。

昂然切矿段Ⅲ号矿体分布于昂然切主沟谷底，与河谷延伸方向一致，平面上呈带状，局部有分支复合现象，剖面上含金层主要呈水平似层状产于冲积层底部，部分呈透镜状赋存于砂砾层中部。由 4 个不连续的小矿体组成,其中Ⅲ₄号分布于昂然切中下游段,长4811m,平均宽67.58m,平均厚3.96m,Au平均品位0.310 7g/m³。

细曲矿段Ⅵ号矿体分布于细曲上游主河谷谷底,矿体分两段,断续长10 625m,其中Ⅵ₁号矿体长5892m,平均宽80.38m,平均厚9.53m,Au平均品位0.560 1g/m³。Ⅷ号矿体分布于细曲主谷与曼宗曲交汇处,矿体自然延伸与Ⅵ号矿体斜交,长435m,平均宽27.47m,平均厚10.67m,Au平均品位1.052 7g/m³。

夏蒿矿段Ⅸ号矿体分布于夏蒿河谷谷地,断续长25 815m,平均宽59.58m,平均厚6.95m,Au平均品位0.230 9g/m³。分为5段,长600~14 482m,平均宽28.31~65.85m,平均厚6.2~8.67m,Au平均品位0.127 4~0.252g/m³。矿体平面上呈细长带状,分布不连续,有膨缩和分支复合现象,与河谷延伸方向一致。剖面上呈水平似层状产于冲积层的下部及残积层上部,局部呈透镜状赋存于冲积层中上部。

(四)矿石特征

矿石自然类型单一,均为非冻结的松散矿石,主要由砾石、砂和黏土组成。砾石占62%~68%,砂占27%~31%,黏土占4%~5.5%。砂金以单体自然金为主,偶与石英呈连生体。砂金以片板状为主,占90%以上;砂金磨圆程度中等—较好;金粒较大;金的成色较高,平均950‰。

重砂矿物种类达数十种,主要有磁铁矿、磁赤铁矿、褐铁矿、钛铁矿、锆石、重晶石、石榴石、金红石、白铁矿、板钛矿、绿帘石、角闪石等,个别样品中有毒砂、独居石及辰砂。

石榴石、角闪石、绿帘石、钛铁矿等矿物在各矿段内下游比上游明显增多。

(五)资源储量

共提交砂金资源储量8222kg,矿床平均品位0.313g/m³。

(六)矿化阶段

主要经历了河谷形成砂金富集阶段、新构造运动成型阶段。

河谷形成砂金富集阶段:白垩纪以来,走滑断裂形成裂陷盆地、拉分盆地,古近纪、新近纪开始沉积,河流上升速度减缓,以侧向侵蚀为主,形成宽阔的河漫滩,并在底部富集了砂金,形成早期的砂金矿。

新构造运动成型阶段:青藏高原的碰撞隆升,已形成的河漫滩砂金矿遭受破坏和改造形成新的河漫滩和阶地,砂金矿再一次富集成矿。

(七)矿床类型

矿床类型为机械沉积砂矿型。成矿时代为第四纪。

(八)成矿机制

1. 金的物质来源

在矿区汇水域范围内未发现原生金矿化体,各类岩石含金丰度普遍低于地壳的克拉克值(3.5×10^{-9}),仅有少部分岩石高于其克拉克值。各类中酸性侵入岩及脉岩平均含金丰度在$(2.0~8.9) \times 10^{-9}$之间,石英脉最高可达100×10^{-9}。区内石英脉分布广泛,经对其含金性进行测试表明,中酸性岩体附近的石英脉平均含金量为285.55×10^{-9},最高可达450×10^{-9};地层中的石英脉平均含金量为62.51×10^{-9},最高可达180×10^{-9};区内尚未发现具有工业价值的石英脉型金矿床,但含金石英脉数量多,分布广,是区域上砂金矿形成的雄厚的物质基础。另外,区内分布的构造破碎带、硅化构造角砾岩、岩体内蚀变带及铁帽等,人工重砂样中见到自然金,也都是砂金矿床形成的物源供给体。此外,区内几乎所有的砂金矿区都分布有第三纪红层,说明第三纪红层对砂金矿的形成具有控制作用。矿区内第三纪红层绝大部分被剥蚀,仅局部地段有零星分布,这对扎朵砂金矿体的富集成矿极为有利。区域内第三纪红层含金性测试资料表明,中新世紫红色砂砾岩为含金地质体,平均含金量为 $148×10^{-9}$,最高可达 $665×10^{-9}$,高于地壳克拉克值 40 余倍,并在人工重砂中也见到自然金粒。上述含金地质体由于固结程度较差,在外营力的作用下金容易脱落,为各级水系直接提供了砂金补给,所以该含金地质体实际上是砂金过渡源。由于区内新构造运动的影响,区域性逆断层上盘第三纪含金红层上升并被剥蚀无存,这可能是区域内各级水系均有砂金产出的主要原因。砂金的次生侧向补给源条件良好。矿区内发育有Ⅰ~Ⅵ级阶地,经工程验证,均有不同程度的砂金富集,如Ⅰ~Ⅲ级阶地的底部砂砾层中单样砂金品位最高达 0.3~1.11g/m³。由于新构造运动的影响和更新世以来多次气候的变迁,河谷扩展、下切、侧蚀,早期形成的各类含金堆积物遭受剥蚀、侵蚀,其金粒随之转移到现代河谷中,再次被河流搬运、分选和富集,为现代河漫滩砂金矿提供物质来源。区内砂金矿形成的供源系统中从初始源至冲积砂金矿的形成,过渡源、次生源均是主要的供给源。

2. 准平原化和红土化作用

本区准平原化和红土化作用较强。晚更新世晚期由于进一步剥蚀夷平,本区过渡到准平原化程度,形成了辽阔的准平原区,代表这个准平原区的是赛柴沟、昂然切、曼宗曲和夏蒿等沟源头分水岭 4500~4700m 高度的二级夷平面。准平原化作用往往导致广阔和深度较大的风化壳的形成,在这一过程中进行了彻底的风化作用,使金在地表自然条件下可以通过溶解和沉积而富集起来。区内准平原化时期主要为新近纪末,当时为炎热、潮湿的气候环境,具备了化学风化为主的红土化作用的基本条件。红土化作用的发育有利于金的表生化学增生。因此,化学风化发育程度和时间长短,对砂金矿的形成和提供分选金粒的多少及粒度具有重要意义。

3. 新构造运动对砂金矿的控制作用

新构造运动在区内反映十分强烈,对砂金矿的控制主要表现为:①河谷两侧山前残留有Ⅰ~Ⅵ级堆积或基座阶地,较大的支沟口有叠式洪积锥,Ⅰ级与Ⅱ级阶地阶面高差 3.7~4.1m,Ⅲ级与Ⅵ级阶地阶面高差 9~30.5m,说明Ⅲ~Ⅵ级阶地形成时期地壳上升较强烈,而Ⅰ级阶地上升速度缓慢,早期对次生源的侵蚀有利,提供砂金来源,后期在相对稳定的环境中有利于砂金的再次分配、聚集;②矿区内主干断层发育于晚三叠世末,延续至今,为一继承性新构造,河谷大部地段都是沿主干断层带发育的,断层带内河谷两侧岩石破碎,河谷基底有裂点,有利于自然金粒从含金地质体内脱离出来,也利于砂金的分选和沉积,故沿主干断层带内河谷段砂金矿体品位较高,连续性较好。

4. 河谷地貌对砂金矿的控制

该区属大起伏高山河谷地貌区,其直接控制着砂金的分布位置和聚集程度。Ⅰ~Ⅵ级阶地直接控制着早期形成的冲积砂矿,也是现代河床、河漫滩砂金矿的次生源。河床、河漫滩砂金矿的富集地段除受新构造运动形成的裂点控制外,还受河谷形态即流水地貌的控制,如河谷宽窄相间、钳形山、迎门山等地貌,其势必引起物质搬运介质和搬运能力的改变,对砂金的富集起着明显的控制作用,因此河谷内由宽变窄地段、钳形山、迎门山的上下方,多出现砂金的富集,形成砂金品位高峰值区。

5. 基底岩性构造对砂金矿的控制

矿区内赋矿水系多为横切地层走向的横向河,区内基底岩性软硬差异较大,由变砂岩与板岩相间产出,导致风化程度差别较大,使河床基底易形成凹凸不平的搓板状谷底,对金等重砂矿物的沉积、分选、富集起到了天然溜槽的作用,所以在同一矿体内有分段富集的形象。由于新构造运动的影响,谷底坡度变异和地表河床变迁等也都为砂金矿的形成提供了优越的地质、地貌条件。

6. 各级水系对砂金矿的控制

矿区内各级主支流均属长江上游通天河下段北侧横切或斜切地层走向的树枝状水系,砂金从供源到富集成矿受各级支流流域的控制。五至六级支流多为间歇性水流,一般长 1.5~5km,河谷坡度大,达 30‰~40‰,水流速度快,不利于砂金沉积,为输矿水系。四级支流长度大于 5km,多为常年流水,因坡降较大(20‰~30‰),流速快,亦不利于砂金沉积,为导矿水系,但在近沟口坡度变缓的地段,可形成规模较小的砂金矿体。一、二、三级水系为矿区主要水系,河谷多拐折,宽窄变化频繁,坡降较小(10‰~16‰),利于砂金沉积,为主要赋矿水系。

(九)找矿模型

根据现有成果资料及对矿床成矿地质背景、成矿作用的认识,总结出金矿综合找矿模型。

(1)构造环境:巴颜喀拉地块。

(2)成矿构造:北西-南东向区域性断裂控制区域矿床(点)的分布。

(3)地层:矿区汇水域范围地层岩石含金丰度普遍低于地壳的克拉克值($3.5×10^{-9}$)。

(4)岩浆岩:区域上中酸性侵入岩及脉岩平均含金丰度在$(2.0~8.9)×10^{-9}$之间,石英脉含金最高可达$100×10^{-9}$,矿区内中酸性岩体附近的石英脉平均含金量为$285.55×10^{-9}$,最高可达$450×10^{-9}$。

(5)重砂矿物:磁铁矿、磁赤铁矿、褐铁矿、钛铁矿、锆石、重晶石、石榴石、金红石、白铁矿、板钛矿、绿帘石、角闪石等。

(6)化探异常:1∶20万异常、1∶5万异常Au、Cu元素套合好。

第四章　青海省金矿成矿规律

青海省金矿产地分布广泛，岩金矿产地相对集中分布在祁连成矿带、柴北缘成矿带、东昆仑成矿带、西秦岭成矿带、北巴颜喀拉-马尔康成矿带，砂金矿产地遍布全省，集中分布于北巴颜喀拉成矿带、南巴颜喀拉成矿带及北祁连成矿带。成矿时代从元古宙一直到新生代，各时期矿产地规模、数量均有一定规律性。成矿作用比较复杂，完全受大地构造演化规律控制，不同的大地构造环境控制了不同成矿地质环境，产生不同的成矿地质作用。

成矿规律是指矿床（矿体）形成和在时空上的不均匀分布与集中分布规律，及其物质共生组合关系和内在的成因联系等，是对矿床形成和分布的空间、时间、物质来源及共生关系诸方面的高度概括与总结。区域成矿地质条件是区域成矿规律研究的重要基础。成矿地质条件控制和影响着各类矿产的形成、分布及变化，沉积作用、火山喷发、岩浆侵入、区域变质和大型变形构造等地质条件是形成矿床的前提和必要条件（叶天竺等，2013）。青海省综合性区域成矿地质条件研究起始于1975年，进入21世纪研究程度大幅度提高。2001—2003年，青海省地质矿产勘查开发局开展的"青海省第三轮成矿远景区划与找矿靶区预测"工作，覆盖了青海省主要矿产资源，对青海的矿产情况进行了系统总结，首次尝试性运用成矿系列的理论，划分了成矿系列和成矿谱系。2005年青海省地质调查院完成了《青海省板块构造编图》，编制了青海省1∶100万大地构造图、地质图及说明书，比较系统地应用大陆动力学原理，对省内构造单元进行了厘定，为应用现代成矿理论进行成矿规律研究奠定了基础。同年刘增铁和任家琪等在《青海金矿》中总结了青海省金矿成因类型、成矿条件、控矿因素与分布规律，对金矿资源潜力作出了分析，将青海省岩金矿床成因类型分为岩浆热液型金矿床、火山及次火山-热液金矿床、沉积-变质金矿床、变质-热液金矿床和地下（卤）水热液金矿床5个成因类型，工业类型主要有构造蚀变岩型、石英脉型、矽卡岩型、微细浸染型等。强调了岩金矿形成过程中热源对成矿的主导作用，同时也注意到金矿建造在分类中的地位，还从矿床经济价值角度侧重于对矿床的工业类型进行划分。2006年，潘彤在《青海省金属矿产成矿规律及成矿预测》中总结了金属矿产区域成矿规律，并以成矿系统理论为指导进行了矿产预测。2007—2013年，青海省地质矿产勘查开发局开展了青海省矿产资源潜力评价工作，编制了1∶100万大地构造相图及说明书，为青海省重要成矿区（带）地质找矿突破及矿床成因分析研究提供了翔实的资料基础。2014—2019年，青海省地质调查院编制了《中国区域地质志·青海志》及系列地质图件，全面总结了近20年来青海省地质调查、矿产勘查及专题研究的最新成果，为"十三五"期间地质矿产勘查项目的开展和《青海省矿产地质志》的成矿地质背景研究提供了扎实的地质事实与理论依据。以上成绩的取得，极大地丰富了青海省地质矿产的研究成果，大大提高了地质研究程度，为本次区域成矿地质条件的研究提供了翔实的基础资料。2012年，青海省地质矿产勘查开发局编制完成了《青海省金矿资源潜力评价成果报告》，详细划分了青海省大地构造单元、成矿区（带），针对省内岩金矿，划分为接触交代型（矽卡岩型金矿）、海相火山岩型（海相火山金矿）、沉积型变质型（砂金矿）、热液型、风化壳型（风化淋滤型金矿）、破碎蚀变岩型金矿床6个类型，其中，最主要的是海相火山岩型、破碎蚀变岩型2个类型。对比研究了7处典型矿床，建立了预测要素，划分了9处金矿预测区，共2个预测成因类型，其中8处为破碎蚀变岩型预测类型，1处为海相火山岩型预测类型，全省预测金资源总量1346t。此外，众多学者对省内金矿床类型等方面的研究尚有不同认识，如岩浆热液型、卡林型、层控-改造型、石英脉型、多成因复成矿床、韧性剪切带型、构造蚀变岩型、造山型金矿床等多种观点。

第一节 青海省金矿基本特征

一、矿产地及资源储量

截至2018年底,青海省共发现金矿产地361处(相较《青海省矿产地质志》统计数据增加2处),上表金资源储量531 559kg,其中砂金资源储量36 087kg,岩金资源储量495 472kg(表4-1)。超大型、大型矿产地资源储量占65.53%,其中:超大型矿产地1个,资源储量83 482kg,占岩金资源储量的16.85%;大型矿产地11个,资源储量241 178kg,占岩金资源储量的48.68%;中型矿产地17个(上表16个),资源储量102 276kg,占岩金资源储量的20.64%;小型矿产地77个(上表72个),资源储量68 536kg,占岩金资源储量的13.83%。

表4-1 青海省上表矿产地资源量统计表

序号	演化阶段	成矿时代	超大型矿产地 数量(个)	超大型矿产地 资源量(kg)	大型矿产地 数量(个)	大型矿产地 资源量(kg)	中型矿产地 数量(个)	中型矿产地 资源量(kg)	小型矿产地 数量(个)	小型矿产地 资源量(kg)	矿产地 总计(个)	矿产地 比例(%)	资源量 总计(kg)	资源量 比例(%)
1	高原隆升	Q			1	8222	7	21 558	15	6307	100	27.70	36 087	
2		N									0	0.00	0	0.00
3		E									0	0.00	0	0.00
4	新特提斯洋演化	K									0	0.00	0	0.00
5		J									1	0.28	0	0.00
6	古特提斯洋演化	T	1	83 482	8	169 709	6	52 450	36	40 062	144	39.89	345 703	69.77
7		P									11	3.05	0	0.00
8		C									1	0.28	0	0.00
9	原特提斯洋演化	D							1	568	11	3.05	568	0.11
10		S							5	10 179	13	3.60	10 179	2.05
11		O					2	21 790	10	7838	41	11.36	29 628	5.98
12		∈							5	3076	16	4.43	3076	0.62
13	基底演化	Pt			2	71 469	2	28 036	5	6813	23	6.37	106 318	21.46
合计	砂金					8222		21 558		6307			36 087	
合计	岩金		1	83 482	11	241 178	17	102 276	77	68 536	361		495 472	

根据青海省大地构造演化的5个阶段划分,除新特提斯洋演化阶段仅发现1个矿点外,其他演化阶段均发现了多处重要的矿床。其中,基底演化阶段发现矿床(点)23个,资源储量106 318kg,占岩金资源量的21.46%;原特提斯洋演化阶段发现矿床(点)81个,资源储量43 451kg,占岩金资源储量的8.77%;古特提斯洋演化阶段发现矿床(点)156个,资源储量345 703kg,占岩金资源储量的69.77%。

按照成矿时代分:元古宙发现矿床(点)23个,资源储量106 318kg,占岩金资源储量的21.46%;寒武纪发现矿床(点)16个,资源储量3076kg,占岩金资源储量的0.62%;奥陶纪发现矿床(点)41个,资源储量 29 628kg,占岩金资源储量的 5.98%;志留纪发现矿床(点)13 个,资源储量 10 179kg,占岩金资源储量的 2.05%;泥盆纪发现矿床(点)11 个,资源储量 568kg,占岩金资源储量的 0.11%;三叠纪发现矿床(点)144 个,资源储量 345 703kg,占岩金资源储量的 69.77%;石炭纪、二叠纪、侏罗纪各发现金矿床(点)1 个、11 个、1 个,未求得资源储量;白垩纪、古近纪、新近纪未发现金矿床(点)。

二、矿床类型划分

按照《中国矿产地质志》的分类,在 361 处矿床中,共发现岩浆作用、含矿流体作用、沉积作用和叠加(复合/改造)4 种二级矿床,岩浆热液型、接触交代型、海相火山岩型、陆相火山岩型、浅成中—低温热液型、机械沉积型、砂矿型 8 种三级矿床(表 4-2)。其中又以浅成中—低温热液型、砂矿型最为重要,也是青海省金矿特色的矿床类型;其次为岩浆热液型、海相火山岩型、接触交代型、陆相火山岩型、机械沉积型矿床比较少。总体上,祁连成矿省矿床类型以海相火山岩型为主,岩浆热液型、接触交代型为辅;到柴周缘成矿省以岩浆热液型为主,海相火山岩型为辅;西秦岭成矿省开始出现含矿流体作用成矿,海相火山岩型、岩浆热液型、接触交代型并重;至巴颜喀拉成矿省,含矿流体作用成矿普遍,岩浆热液型、海相火山岩型次之。

表 4-2 青海省金矿床类型(成因/工业)划分表

矿床类型			矿化组合	矿床实例	矿床规模	成矿带	成矿时代
一级	二级	三级					
内生矿床	岩浆作用矿床	岩浆热液型矿床	Au(Sb)	五龙沟、岩金沟、无名沟-百吨沟、陇孔沟、红川、赛坝沟、巴隆、开荒北、瓦勒根	大、中、小	Ⅲ1、Ⅲ2、Ⅲ3、Ⅲ4、Ⅲ5、Ⅲ6、Ⅲ7	加里东期、海西期、印支期、燕山期
		接触交代型矿床	Au、Cu、Pb、Zn、Mo、Ag、Fe、Co	谢坑、双朋西、铁吾西、哈西亚图、肯德可克、它温查汉西	中、小	Ⅲ4、Ⅲ5	印支期、海西期
		海相火山岩型矿床	Au、Cu、Pb、Zn、Ag、Co	松树南沟、中多拉、(锡铁山、铜峪沟、赛什塘、德尔尼)	(大、中)	Ⅲ1、(Ⅲ-3、Ⅲ6)	加里东期、(海西期)
		陆相火山岩型矿床	Au(Ag)	满丈岗、(索拉沟)	(大、中)	Ⅲ5	印支期
	含矿流体作用矿床	浅成中—低温热液型矿床	Au(Sb)	大场、加给陇洼、扎家同哪、东大滩	大、中、小	Ⅲ5、Ⅲ6、Ⅲ7	印支期
外生矿床	沉积作用矿床	机械沉积型矿床	Au	尕日力根	小	Ⅲ2	海西期
		砂矿型矿床	Au(Pt)	扎朵、大场、多卡、天朋河、洪水梁、高庙、中坝	大、中、小	Ⅲ1、Ⅲ2、Ⅲ4、Ⅲ5、Ⅲ6、Ⅲ7	喜马拉雅期
叠加(复合/改造)矿床			Au	青龙沟、果洛龙洼、西山梁	大、中、小	Ⅲ3、Ⅲ4	吕梁-震旦期

第二节 青海省金矿时间分布规律

青海省以昆南断裂为界分成北部秦祁昆成矿域和南部特提斯成矿域两大成矿域。秦祁昆成矿域经历了前南华纪基底演化阶段、南华纪—泥盆纪原特提斯洋演化阶段、石炭纪—二叠纪古特提斯洋演化阶段、侏罗纪—白垩纪陆内造山阶段、新生代青藏高原隆升阶段，对应 5 个成矿时间段（表 4-3）。特提斯成矿域经历了石炭纪—二叠纪古特提斯洋演化阶段、侏罗纪—新近纪新特提斯洋演化阶段、第四纪青藏高原隆升阶段，对应 3 个成矿时间段。不同地质历史时期、不同成矿地质背景的构造-岩浆-成矿旋回，在不同阶段也形成了不同类型的矿产（李荣社，2008）。总体上，前南华纪、南华纪—泥盆纪成矿作用发生在秦祁昆成矿域。其中祁连成矿带以寒武纪、奥陶纪两期海相火山作用成矿为主；柴北缘成矿带、东昆仑成矿带，在志留纪—泥盆纪为碰撞造山环境，岩浆侵入作用对矿体明显叠加富集，甚至形成独立的矿体，如赛坝沟金矿床。石炭纪—二叠纪金矿产地在东昆仑成矿带、西秦岭成矿带、巴颜喀拉成矿带分布最广，其他地区成矿很弱。东昆仑祁漫塔格一带石炭纪与二叠纪花岗岩接触交代形成矽卡岩型多金属（金）矿床；阿尼玛卿一带二叠系马尔争组发现了德尔尼铜钴（金）矿床。二叠纪金矿成矿作用强烈，东昆仑地区五龙沟金矿田与其关系密切，鄂拉山一带发现有海相/陆相火山岩型金矿，西秦岭地区岩浆热液型和接触交代型金矿床（点）数量多、规模较大，巴颜喀拉地区二叠纪含矿流体作用成矿十分独特。侏罗纪—白垩纪，成矿作用很弱，但巴颜喀拉地区、三江地区受工作程度限制，需要加强研究。古近纪—第四纪，尤其是第四纪，广泛形成沉积砂岩型金矿。

一、前南华纪金矿分布规律

陈毓川等（2007）研究认为，前寒武纪是地史上十分重要的成矿期[青海省在南华纪、震旦纪未发现金矿床（点）]，也是大规模矿床的形成时期，包括金矿资源在内的几十种矿产均可以形成大型、超大型规模矿床。前寒武纪在约占地球年龄 7/8 的期间，金矿占世界总产量的 73%，矿床类型主要有绿岩带型、砾岩型、铁建造型和浅变质碎屑岩型 4 类，有利的成矿环境有陆核边缘岛弧构造带、裂谷构造、裂谷中的同生断层构造、块体边缘古岛弧带内侧盆地 4 种。青海省可追溯的最老金矿床为秦祁昆成矿域祁连地区西山梁小型金矿、东昆仑地区果洛龙洼大型金矿、柴北缘地区青龙沟大型金矿，特提斯成矿域未见前寒武纪金矿床（点）（表 4-3）。共发现金矿床（点）23 个，其中，大型 2 个，中型 2 个，小型 6 个，矿点 13 个。成矿时代为中新元古代，最早成矿环境为陆缘裂谷环境（表 4-4），陆核经区域动力热流变质作用主成矿，多数矿床（点）经历了泥盆纪、二叠纪碰撞造山环境岩浆热液叠加作用成矿。成因类型有两类：复合叠加改造型，以青龙沟矿床为代表；海相火山岩型，以西山梁金矿为代表（表 4-5）。

青海省元古宙变质岩系在秦祁昆成矿域东昆仑、柴北缘、祁连地区广泛分布。古元古代，由裂陷槽转化为坳陷海盆，形成达肯大坂岩群、金水口岩群等巨厚的火山-沉积岩系，伴随着吕梁运动，区域动力热流变质作用广泛，地层褶皱成型，褶皱形态基本控制了矿体形态。中元古代，柴周缘成矿省主要是被动大陆边缘环境，以碎屑岩和碳酸盐岩为主，大地构造运动相对宁静，基底断裂控制的盆地以地层水建造为主，形成以浅变质碎屑岩（具有黑色岩型特征，原岩可能为中性—中酸性火山岩）含矿的矿体，如滩间山金矿田青龙沟矿床早期矿体。祁连地区在中元古代早期以伸展构造体制为主，强烈的岩浆活动形成一套裂谷环境海相火山-沉积岩系，产出西山梁金矿。新元古代突发了许多强烈的热构造事件，晚期裂谷盆地广泛发育，弧火山活动强烈。海相火山-沉积岩系造就金矿床。

表 4-3 各地质历史时期金矿产地分布特征表

成矿时代	代表性矿床	矿种	矿床类型	含矿地质体	资源储量平均品位	成矿单元	构造单元	地区	其他矿床点（数量）
前南华纪	西山梁	Au	海相火山岩型	Pt_3Z		IV 1		祁连县	
	青龙沟	Au	复合叠加改造	$Pt_2^{2-3}W$、Pt_1D_1、$D_3\delta o$、$O\Sigma$	$\dfrac{81\,915}{3.88\sim 6.52}$	IV 7	I-5-1 I-5-2 I-4-1	大柴旦镇	金红沟、青山金、绝壁沟、滩间山、龙柏沟、细晶沟、南泉、东山(8)
	果洛龙洼	Au(Pb/Ag)		Pt_1J_1、$Pt_2^{2-3}W$、$T_2\gamma\delta$、$T_3\gamma\delta$、$O_2\delta$、$O_2\gamma\delta$、$T_1\eta\gamma$、$S_{2-3}\gamma\delta$	$\dfrac{24\,403}{7.06\sim 11.61}$	IV 10	I-7-3 II-1-1	都兰县	园以、哈玛禾地区、瓦勒尕、达里吉格塘、叶陇沟、尕之麻地区、夏拉可特力、三岔口地区、阿斯哈、按纳格、大高山地区、也日更地区(12)
合计（上表岩金资源储量）					106 318				
南华纪—泥盆纪	松树南沟	Au(Cu/Pt)	海相火山岩型	$\in_{2-3}h$、O_1Y、O_3k、$\in\Sigma$、$O\Sigma$、$O_1\delta o$	$\dfrac{25\,139}{2.55\sim 4.13}$	IV 1 IV 2	I-2-1 I-2-3 I-2-4	祁连县 门源县	五道班-童子坝、陇孔沟、黑刺沟、玉石沟地区、红川、野鹿台、泉儿沟、拴羊沟、马粪沟西岔西侧、黑泉河、骆驼河、天朋河、无名沟、上多拉、中多拉、扎麻图、铜厂沟、下佃沟(18)
	南天重峡	Au		$\in_{3-4}l$、$O_3\delta o$、$\in O\Sigma$、$\in O\Sigma$、$O_2\delta o$	$\dfrac{2144}{2.82\sim 10.48}$	IV 4	I-3-1 I-3-2	化隆县 乐都区 民和县	尔尕昂地区、松南垭豁、西沟、大麦沟脑、横山、槽子沟、四台、当郎沟、大冰沟、碾门、折合山(11)
	哈拉郭勒	Au(Cu、Fe)		OSN、OQ、$O_3\gamma$	$\dfrac{1108}{2.1\sim 7.4}$	IV 9 IV 11	II-1-1 I-7-1 I-7-2	都兰县 茫崖市 格尔木市	东沟、十字沟西岔、小盆地南、菜园子沟西(4)
	巴拉哈图	Au		Pt_2^2q、Pt_3^1G、Pt_2^2t、Pt_3^3t、$\in_{2-3}h$、O_3k、$O_2\gamma\delta$、$O\delta$、$S_1\eta\gamma$	$\dfrac{4209}{2.03\sim 6.44}$	IV 1 IV 2 IV 4 IV 5	I-2-1 I-2-2 I-2-3 I-2-4 I-2-5	祁连县 门源县 天峻县 湟源县 德令哈市	中铁目勒、大坂沟、金子沟-大坡沟、朱固寺、深沟、马场台地区、牙玛台、玄二湾、熊掌、维日可琼西、夏格曲(11)
	赛坝沟	Au	岩浆热液型	Pt_1J_1、Pt_1D、Pt_2^1x、Pt_3^1qj、Pt_2W_2、OT、$T_{1-2}n$、$O_2\gamma\delta$、$O_3\gamma\delta$、$O_3\gamma\delta o$、$O_3\nu$、$S_2\gamma\delta o$、$S_2\gamma\delta$、$S_3\xi\gamma$、$T_2\eta\gamma$	$\dfrac{8931}{1.92\sim 10.09}$	IV 6 IV 7 IV 8 IV 9 IV 10 IV 11	I-4-1 I-5-1 I-5-2 II-1-1 I-7-3 I-7-1	茫崖市 大柴旦镇 德令哈市 乌兰县 格尔木市 都兰县	柴水沟西、柴水沟、采石沟、小赛什腾、千枚岭、三角顶、红柳泉北、红灯沟、胜利沟、红柳沟、二旦沟、万洞沟、塔塔楞河、求绿特、沙柳泉、土莫尔日特、南戈滩、嘎顺、巴润可万、赛坝沟外围5号、拓新沟、乌达热呼、阿里根刀若、小干沟、打柴沟、水闸西沟、中支沟、五龙沟东、五龙沟东南支沟、跃进山、鑫拓(31)
	泥旦沟	Au	接触交代型	$\in_{3-4}l$、$O_3\gamma\delta$	$\dfrac{1920}{10.66}$	IV 4	I-3-2	化隆县	
合计（上表岩金资源储量）					43 451				

续表 4-3

成矿时代	代表性矿床	矿种	矿床类型	含矿地质体	资源储量 平均品位	成矿单元	构造单元	地区	其他矿床点（数量）
石炭纪—三叠纪	尕日力根	Au	机械沉积型	$P_{1-2}l$、$S_1\pi\eta\gamma$		Ⅳ5	Ⅰ-3-3	大柴旦镇	
	坑得弄舍	Au PbZn	海相火山岩型	T_1h	$\dfrac{29\,439}{2.62}$	Ⅳ11	Ⅰ-7-5	玛多县	
	满丈岗	Au	陆相火山岩型	T_3e、$T_3\gamma\delta$	$\dfrac{17\,171}{4.57}$	Ⅳ10	Ⅰ-7-4	兴海县	
	哈西亚图	FeAu	接触交代型	Pt_1J_1、OQ、$T_{1-2}n$、$T_2\delta o$、$T_2\gamma\delta$、$T_3\xi\gamma$、$T_3\gamma\delta$	$\dfrac{23\,097}{2.76\sim 7.42}$	Ⅳ9 Ⅳ10 Ⅳ11	Ⅰ-7-3 Ⅱ-1-1	格尔木市 都兰县	肯德可克、尕林格、它温查汉西、拉陵灶火中游、洪水河、伊和哈让贵(6)
	谢坑	CuAu		$P_{1-2}dg$、T_2g、$T_{1-2}l$、$T_2\pi\eta\gamma$、$T_3\gamma\delta$、$T_3\delta o$、$T_3\gamma\delta o$	$\dfrac{4390}{2.71\sim 9.29}$	Ⅳ12	Ⅰ-8-1	泽库县 同仁县 循化县 兴海县	上龙沟、龙德岗西、双朋西、铁吾西、德合隆洼、红旗卡、哈蒙(7)
				Pt_1D_2、OT、$P_2\eta\gamma$、$P_1\gamma\delta$	$\dfrac{3196}{4.08}$	Ⅳ8	Ⅰ-5-1 Ⅰ-5-2	茫崖市 乌兰县 都兰县	野骆驼泉西、阿母内可山、沙柳河西Ⅳ号、灰狼沟(4)
	红旗沟-深水潭	Au (Cu、Sb、Pb、Zn)	岩浆热液型	Pt_1J_1、$Pt_2^{2-3}q$、Pt_2^1x、Pt_3^1qj、OSN、D_1x、C_2d、C_2P_1h、P_2q、T_1h、$T_{1-2}n$、T_2x、$T_{1-2}l$、$T_1\eta\gamma$、$T_2\delta o$、$T_2\gamma\delta o$、$T_3\xi\gamma$、$T_3\gamma\delta$、$T_3\delta o$	$\dfrac{97\,670}{1.74\sim 9.16}$	Ⅳ9 Ⅳ10 Ⅳ11	Ⅰ-7-3 Ⅰ-7-4 Ⅰ-7-5 Ⅱ-1-1	格尔木市 都兰县 玛多县 共和县 兴海县	野马泉、黑海北、拉陵灶火、苏海图河上游、向阳沟、加祖它士东、大灶火-黑刺沟、黑刺沟、小红山北、纳赤台、南沟西、南沟东、驼路沟东部、大干沟、白日其利、大格勒沟脑、大水沟沟口、大格勒沟东支沟、三道梁、红石山南、小垭口、黄铁矿沟、五龙沟中游、戈壁滩、石灰沟、沙丘沟口北、岩金沟、苦水泉、黑风口、沙丘沟、无名沟沟口、无名沟-百吨沟、哈西哇、开荒北、诺木洪郭勒、洪水河口、卜郭勒、杨树沟、巴隆瑙木浑、巴隆、色日、达热尔地区、德龙、哈茨谱山北、达里吉格塘、陇通、约尔根、果仁蒙地区、西岭秋喝、阿尕泽、日干山(51)

续表 4-3

成矿时代	代表性矿床	矿种	矿床类型	含矿地质体	资源储量平均品位	成矿单元	构造单元	地区	其他矿床点（数量）
石炭纪—三叠纪	瓦勒根	Au（WSb、Cu）	岩浆热液型	Pt_1J、CP_2Z、$P_{1-2}dg$、$T_{1-2}l$、$T_{1-2}xd$、T_2g、$T_2\gamma\delta$、$T_3\gamma o$、$T_3\gamma\delta$	$\dfrac{19\,674}{2.73\sim3.5}$	Ⅳ12 Ⅳ13	Ⅰ-7-4 Ⅰ-8-1 Ⅱ-2-1	德令哈市 兴海县 共和县 玛沁县 同德县 泽库县 同仁县 格尔木市	赛日-京根郭勒、玛尼特、握玛沟、二十五道班、秀退、多嗖朗日、赛欠狼麻、龙曲那-东格日那、直亥买贡玛、加仓、拉依沟、和日、夺确壳、西尕克日、吉地、夏德日、瓦尔沟、卡加地区、红石沟(19)
	东乘公麻	Au		$P_{1-2}mq$、$P_{1-2}m$、$P_{1-2}s$、$P_{1-2}c$、T_3q、$T_3\delta o$、$T_3\pi\eta\gamma$、$T_3\gamma o\pi$	$\dfrac{778}{4.98}$	Ⅳ14 Ⅳ15	Ⅱ-2-1 Ⅲ-1-1 Ⅲ-1-2	格尔木市 都兰县 达日县 甘德县	黑海南、二道沟-红路沟、亚日何师、琼走、查干热各沟、布青山、马尼特、哥日卓托、上红科、青珍(10)
		Au	含矿流体作用热液型	$\in_{3-4}l$、T_3a、$S_1\gamma\pi$、$S_1\gamma\delta$	$\dfrac{610}{3.48\sim4.79}$	Ⅳ4	Ⅰ-3-3	刚察县	采特、静龙沟(2)
	石藏寺	AuSb		T_2g、$T_{1-2}l$、$T_{1-2}m$	$\dfrac{14\,278}{3.3\sim4.74}$	Ⅳ12 Ⅳ13	Ⅰ-8-1 Ⅰ-8-2	兴海县 同德县 玛沁县 河南县 泽库县	拿东北、浪贝、显龙沟、加吾、马日当、阿尔干龙洼、牧羊沟、西哈垄、鄂尔嘎斯、同日则、关拉song、官秀寺西南、官秀寺、赛尔龙(14)
	大场	AuSb		$P_{1-2}mq$、$T_{1-2}c$、T_2gd、T_3q、$T_3\gamma\delta\pi$、$T_3\gamma\delta$	$\dfrac{135\,403}{2.95\sim7.08}$	Ⅳ15	Ⅲ-1-1 Ⅲ-1-2	格尔木市 曲麻莱县 玛多县 达日县 班玛县 久治县 称多县	东大滩、黑刺沟、黑刺沟南、藏金沟、西藏大沟南、照大额南、照大额北、加给陇洼、扎拉依陇洼、格涌尔玛考上游、灭格滩、稍日哦、扎拉依、旁安、大东沟、旁海、扎加同哪、大场东、阿棚鄂一、盖寺由池、错尼、都曲、达卡、灯朗、果尔那契、牙扎康赛、贡果亚陇、扎开陇巴、巴颜喀拉山口(29)
		Au		$P_{1-2}n$、T_3j、$\gamma\delta$		Ⅳ17	Ⅲ-2-5 Ⅲ-2-6	治多县 杂多县	多彩地玛、君乃涌、格吉沟上游、南龙西支沟(4)
合计（上表岩金资源储量）					345 706				

续表 4-3

成矿时代	代表性矿床	矿种	矿床类型	含矿地质体	资源储量平均品位	成矿单元	构造单元	地区	其他矿床点(数量)
侏罗纪—白垩纪		Au	含矿流体作用热液型	J		Ⅳ17	Ⅲ-3-1	格尔木市	加布陇贡玛(1)
古近纪—第四纪	天朋河	AuPt	砂矿型	Q	$\frac{6423}{0.197\sim0.249}$	Ⅳ1 Ⅳ2 Ⅳ3 Ⅳ4 Ⅳ5	Ⅰ-2-3 Ⅰ-2-4 Ⅰ-3-1 Ⅰ-3-2 Ⅰ-3-3	祁连县门源县乐都区民和县德令哈市尖扎县循化县化隆县	洪水梁、上轱辘沟、白沙沟、小野牛沟、黑河上游、大清水沟、大野牛沟、小沙龙沟、红土沟、川刺沟、黑河主沟、二龙台、下察汗河、扎麻什克、祁连河上游、巴拉哈图、莱日图河、大梁、永安河、初麻院、朱固寺、岗沟、中坝、高庙、享堂、卡克图、雅沙图、默沟、伊克拉、李家峡水电站、俄家台、建设堂、古什群、文都、孟达山水库、加入、科阳沟、科哇、清水水文站、阿麻叉、孟达(41)
		Au		Q	$\frac{33}{-}$	Ⅳ11	Ⅱ-1-1 Ⅰ-7-3 Ⅰ-7-5	格尔木市玛多县兴海县	额尔滚赛埃图中游、阿勒坦郭勒、托素湖北查卡曲、龙通沟、金矿沟、水塔拉、切毛龙洼(7)
		Au		Q		Ⅳ13	Ⅰ-8-1	玛沁县兴海县同德县泽库县循化县	雪山乡,唐乃亥,上、下治地,纳木加,沙冬河,麻日(6)
	扎朵	Au		Q	$\frac{28319}{0.269\sim0.856}$	Ⅳ14 Ⅳ15	Ⅱ-2-1 Ⅲ-1-1 Ⅲ-1-2	治多县格尔木市曲麻莱县都兰县玛多县达日县称多县	黄土岭、分水岭、加曲腾、索唯日鄂曲、大场、多熊沟、格香高奥、扎血九日、玛卡日埃、扎木吐、多曲、康前、赠木达加洋玛、赠木达、柯尔咱程、清水川、达洼曲、嘎玛勒曲、康浪沟、多卡、达卡、吉卡、兴军山、长梁下、直达曲、扎日尕那曲、白的口、野草滩、拉浪情曲、折尕考、布曲、德曲-解吾曲、解吾曲上游、多曲、扎曲、莫洼涌(36)
	扎喜科	Au		Q	$\frac{1312}{0.2113}$	Ⅳ16	Ⅲ-2-3	治多县玉树市	口前曲、查基将龙、松莫茸、尕何、可涌、电协陇巴、草曲下游(7)
合计(上表砂金资源储量)					36 087				

表 4-4 元古宙构造环境、矿产地及含矿建造特征表

时代		地层	大地构造环境	矿产地	建造
新元古代	南华纪—震旦纪	全吉群	陆内裂谷	马场台金矿点	碎屑岩+碳酸盐岩(+中基性火山岩)
	青白口纪	丘吉东沟组	陆表海	赛坝沟金矿床	碎屑岩
		龚岔群	陆棚	巴拉哈图金矿床	碎屑岩+碳酸盐岩
中新元古代		草曲组			碎屑岩+碳酸盐岩
		万保沟群	大陆边缘	果洛龙洼金矿床	玄武岩硅质岩+碳酸盐岩
中元古代	蓟县纪	狼牙山组	陆表海		碎屑岩+碳酸盐岩
		万洞沟群	陆缘裂谷	滩间山金矿田	碳酸盐岩+碎屑岩
		花儿地组、花石山群	陆棚		碎屑岩+碳酸盐岩
	长城纪	托莱南山群、湟中群	陆棚、浅海相		碎屑岩
		朱龙关群	陆缘裂谷环境	西山梁金矿	早期碎屑岩+碳酸盐岩,晚期中基性火山岩建造(含矿)
古元古代		达肯大坂岩群、金水口岩群、托莱南山群、湟源岩群	裂谷	五龙沟金矿田	碎屑岩+中基性火山岩,高变质

表 4-5 青海省海相火山作用金矿基本特征表

成矿环境	矿床式	矿种	地层	岩性组合	沉积环境、沉积相
弧后前陆盆地	坑得弄舍式	AuPbZn	T_1h	含火山角砾流纹质岩屑晶屑凝灰岩、浅灰绿色流纹质岩屑晶屑凝灰岩、浅绿灰色霏细岩、灰—浅灰色沉凝灰岩、火山角砾岩、白云岩、重晶石岩	滨海冲积扇—三角洲环境
俯冲增生杂岩楔	德尔尼式	CuCo(Au)	Pm	碎屑岩夹灰岩、火山岩,广泛分布蛇绿岩,镁铁—超镁铁质岩以及玄武岩	深海相
弧后盆地	松树南沟式	Au	O_3Y	以砂岩、粉砂岩、泥岩等细碎屑岩为主,夹少量安山岩、安山质火山角砾岩	潮坪相
陆缘裂谷	驼路沟式	Co(Au)	OSN	玄武岩、细碧岩、中性—酸性火山岩夹细碎屑岩、灰岩、硅质岩	浅海相
	哈拉郭勒式	Au(Cu、Fe)	OQ	碎屑岩、碎屑浊积岩建造组合含深水硅质岩,有大量基性、超基性岩组成的蛇绿岩碎块	半深海斜坡沟谷相
弧前盆地	中多拉式	Au	O_3k	砂泥岩-砾岩夹火山岩组合	半深海盆地
洋内弧	南天重峡式	Au	$\epsilon_{3-4}l, \epsilon_{2-3}h$	拉斑玄武岩组合,火山岩中夹大量陆源碎屑及硅质岩,有大量基性、超基性岩等蛇绿岩侵位	深水斜坡沟谷相、潮坪相
陆缘裂谷	西山梁式	Au	Pt_3Z	细碎屑岩、镁质钙质碳酸盐岩、细碧岩、玄武岩、页岩、硅质岩	半深海

二、南华纪—泥盆纪金矿分布规律

青海省在南华纪、震旦纪地层中仅有极个别金矿点(马场台金矿点)产出,寒武纪—泥盆纪各时代均有金的成矿,共发现金矿床(点)81个,其中,中型2个,小型21个,矿点58个。成矿时代主要为奥陶纪,矿床(点)44个,个数占比54.32%;其次是寒武纪、志留纪、泥盆纪,矿床(点)分别为13个、13个、11个,个数占比分别为16.05%、16.05%、13.58%。成因类型有3类。

(一)海相火山岩型

青海省海相火山岩中金矿床(点)发现比较多,寒武纪—奥陶纪成矿主要为陆缘裂谷环境、洋内弧环境、弧后盆地环境、弧前盆地环境(表4-5),有两期:①寒武纪海相火山作用,洋内弧环境,金矿床(点)赋存于祁连地区寒武系黑刺沟组(铜厂沟铜金矿);②奥陶纪海相火山作用,赋存于阴沟群(陇孔沟金矿、松树南沟金矿)、弧后盆地环境,扣门子组(中多拉金矿)、弧前盆地环境,祁漫塔格群(东沟铜金矿)、弧后盆地环境,纳赤台群(驼路沟钴金矿)、陆缘裂谷环境。

(二)岩浆热液型

从现有资料或现阶段勘查研究进展看,寒武纪开始出现与岩浆侵入作用有关的金矿,成矿环境有俯冲环境、碰撞造山环境,南华纪—泥盆纪阶段岩浆热液型金矿主要有寒武纪、志留纪、泥盆纪3期,以志留纪、泥盆纪为主。

寒武纪岩浆热液型矿床分布在北祁连成矿带,较为典型的是朱固寺金矿床,与洋俯冲有关的SSZ型蛇绿岩组合关系比较密切,但由于研究程度较低,成因尚待确定。该蛇绿岩带内发育海相火山岩型矿床,朱固寺成矿特征也与其相近。

志留纪岩浆热液型矿床分布在北祁连成矿带、柴北缘成矿带。北祁连为与花岗闪长岩有关的中铁目勒金矿点,柴北缘以赛坝沟矿田(床)为典型代表,矿床产于奥陶纪花岗岩体中构造蚀变破碎带内,与志留纪后造山环境双峰式花岗岩关系密切。柴北缘阿尔金一带,发现了柴水沟金矿点、采石沟金矿床等,出露奥陶系滩间山群,侵入岩为中志留世花岗闪长岩,矿体产于断裂破碎带内。

泥盆纪岩浆热液型矿床分布在柴北缘成矿带,与碰撞造山环境岩浆作用密切相关,以青龙沟金矿该期岩浆活动叠加作用为典型代表,外围也有独立矿点,如三角顶金矿点。柴北缘成矿带新发现的青山金(铅锌)矿床,东昆仑成矿带五龙沟金矿田,也有该期成矿作用叠加。

(三)接触交代型

与中晚奥陶世造山带弧盆系环境接触交代作用成矿有关,以尼旦沟金矿为代表,分布于南祁连拉脊山地区,该地区也以海相火山岩型矿床为主,尼旦沟金矿床内矿体主要赋存于寒武纪地层与奥陶纪花岗岩接触带(矽卡岩)内,奥陶纪成矿特征明显,但矿床(点)数量少。

三、石炭纪—二叠纪金矿分布规律

石炭纪—二叠纪各时代均有金成矿,共发现金矿床(点)156个,其中超大型1个,大型7个,中型6个,小型35个,矿点107个(表4-5)。成矿时代主要为二叠纪,也是东昆仑成矿带十分重要的贵金属、有色金属成矿期,矿床(点)144个,占该时期比例92.31%;其次是石炭纪、二叠纪,矿床(点)分别为1个、11个,占比分别为0.64%、7.05%。成因类型有6类:①含矿流体作用成矿,是青海省最具特色的成矿类型,发生在三叠纪。矿床类型为浅成中低温热液型,活动陆缘环境,受二叠纪浊积岩沉积控制,以巴颜喀拉成矿带大场金矿田为代表,西秦岭成矿带也有相当数量和规模的矿床(点)。②岩浆热液型,在石炭纪、二叠纪、三叠纪均有成矿,中晚三叠世碰撞造山环境成矿作用最强,以东昆仑成矿带五龙沟金矿为典型代表,另外巴颜喀拉成矿带东乘贡玛矿床也较具规模。③接触交代型,晚三叠世碰撞造山环境,以双朋西金矿、谢坑铜(金)矿、哈西亚图铁(金)矿为代表,分布在西秦岭成矿带、东昆仑成矿带祁漫塔格地区。④海相火山岩型,二叠纪俯冲增生杂岩带环境,海相火山作用成矿,以德尔尼铜钴金矿为代表,分布在巴颜喀拉成矿带阿尼玛卿地区。⑤机械沉积型,二叠纪陆表海环境,以尕日力根金矿为代表,分布在中南祁连成矿带,全省唯一一处第四纪以外机械沉积型金矿。⑥陆相火山岩型,晚三叠世后碰撞环境,分布在青海省鄂拉山地区,典型代表是满丈岗金矿床。

四、侏罗纪—白垩纪金矿分布规律

侏罗纪—白垩纪成矿作用微弱,仅在三江成矿带发现加布陇贡玛金矿点1个,成矿时代为侏罗纪,成因类型应为岩浆热液型。这一演化阶段未发现矿床,矿点极少,缘于青海南部三江地区工作程度极低,但成矿地质背景优越,找矿前景良好。侏罗纪陆内造山阶段又称陆内叠覆造山阶段,是青海省地质构造发展的重要陆内造山、成矿阶段。侏罗纪—白垩纪主要为新特提斯洋演化阶段,侏罗纪新特提斯洋形成,省内伴有伸展环境下钙碱性花岗岩产出,东昆仑滩北雪峰、野马泉地区高分异花岗岩组合、景忍、野马泉-小灶火、察汗乌苏等地区侵入岩,属于偏铝—弱过铝质钙碱性—碱钙性岩系列,形成于造山后的伸展环境。中晚侏罗世—早白垩世新特提斯洋发育成熟,雁石坪群弧后前陆盆地海相沉积伴有碰撞环境下的强过铝质花岗岩组合。白垩纪青海北部进入陆相沉积,青海南部三江造山带发育白垩纪弧后前陆盆地。燕山期火山活动为海相喷溢相,喜马拉雅期为陆相喷溢相、爆溢相、爆发崩塌相,同碰撞、后碰撞、大陆伸展环境。

五、古近纪—第四纪金矿分布规律

喜马拉雅阶段第四纪成矿作用普遍,形成了青海省比较特色高原碰撞-隆升环境沉积型砂金矿,遍及全省各主要水系及27个县市。共发现砂金矿床(点)98个,其中大型1个,中型7个,小型17个,矿点73个。成矿时代为第四纪。主要分布在祁连成矿带、中祁连成矿带、巴颜喀拉成矿带,其次为东昆仑成矿带、西秦岭成矿带、三江成矿带。北祁连成矿带以砂金(铂)为主,其他成矿带以砂金为主。巴颜喀拉成矿带资源储量规模最大,占全省的78.47%。

第三节 青海省金矿空间分布规律

一、各地区/行政区金矿分布规律

青海省岩金矿主要分布在都兰县、大柴旦镇、曲麻莱县、泽库县、玛多县、祁连县、化隆县、兴海县、门源县、民和县、班玛县(砂金矿)、称多县(砂金矿)等8个州(市)和33个县(市),集中分布于海西州(140处)、海北州(25处)、玉树州(24处)。查明的岩金资源量主要分布在曲麻莱县、都兰县、大柴旦镇。全省100处独立砂金矿床(点)分布于7个州(市)和21个县(市)行政区,集中分布于玉树州(31处)、海北州

(22处)、果洛州(15处)。查明的砂金资源储量分布于5个州(市)和11个县(市),集中分布于玉树州、海北州、果洛州和称多县、班玛县、曲麻莱县、祁连县、玛多县。

青海省金矿矿产地,具有一定规模的矿床或探明有资源储量的大中型矿床,大多数位于北纬35°以北,青海南部分布很少。岩金主要分布于柴北缘、东昆仑、巴颜喀拉等地区,其次为北祁连、拉脊山地区。砂金主要分布于巴颜喀拉及北祁连等地区。伴生金主要分布于德尔尼、锡铁山、哈西亚图、赛什塘及红沟等矿区。东昆仑地区、北巴地区构成了青海省的"金腰带",北巴地区以南虽无成型岩金矿床,但砂金矿床(点)星罗棋布,有"逢沟必有砂金之说"。

北祁连地区金矿床(点)主要分布于门源县以北,行政区划属海北藏族自治州祁连县、门源县,呈北西西向带状展布。①祁连县陇孔沟至热水沟一带,有陇孔沟金矿和热水沟金矿点;②红土沟至川刺沟一带,有红土沟金矿和川刺沟金矿;③拴羊沟至西山梁一带,有拴羊沟金矿和西山梁东段金矿;④门源县中多拉至松树南沟一带,有门源县中多拉金矿和门源县松树南沟金矿床。北祁连地区金矿床(点)多而规模小,现有资料显示门源县松树南沟金矿床、门源县中多拉金矿床达到中型规模,其余为小型及矿点。北祁连地区是青海省砂金集中分布区之一,主要有祁连县天朋河砂金矿床等,多处砂金矿床内具砂铂矿化信息,明显区别于其他地区单一砂金矿。

南祁连地区金矿床(点)主要分布在化隆县以北至民和县以南,行政区划属海东地区化隆县、乐都区、民和县等,沿拉脊山呈东西向展布。①化隆县天重峡至尼旦沟一带,有天重峡金矿点和泥旦沟金矿;②乐都县横山至民和县峡门一带,有乐都区横山金矿点、槽子沟金矿点和民和县硖门金矿点。本区地质工作开展早,地质工作程度较高,金矿(化)点多,但达到矿床规模的少,"只见星星,未见月亮"。

柴北缘地区是青海省重要的有色金属聚集区,著名的锡铁山铅锌矿位居于此,也是青海省较早取得岩金找矿突破的地区。金矿主要分布在冷湖镇野骆驼泉至大柴旦镇嗷唠河一带,其次在乌兰县以南赛坝沟地区。①冷湖镇野骆驼泉至大柴旦镇嗷唠河一带,以金龙沟金矿床、青龙沟金矿床、细晶沟金矿床为代表,包括两个大型金矿床、若干中小型金矿床及金矿点,组成了"滩间山金矿整装勘查区";②赛坝沟地区,有拓新沟金矿床、赛坝沟金矿床及赛坝沟外围若干金矿点。此外,锡铁山铅锌矿伴生金资源量达到大型矿床规模,伴生金规模为青海省内首屈一指。

东昆仑地区是青海省最著名的黑色金属、有色金属和贵金属成矿带,贵金属分段集中,其中五龙沟地区和沟里地区是青海省主要的金矿矿集区。①祁漫塔格地区,主要有肯德可克铁铅锌多金属矿床、牛苦头矿区多金属矿床、它温查汉铁多金属矿床,以铁多金属矿床共(伴)生金矿为主,规模多数为中型;②昆仑河一带,分布着黑海北、拉陵灶火、加祖它东、大灶火沟、向阳沟、黑刺沟等金矿床(点),矿床规模以中小型为主,组成了"昆仑河地区金多金属矿整装勘查区";③纳赤台一带,分布着东大滩金锑矿床、纳赤台金矿床、小干沟金矿等,规模以小型及矿点为主;④五龙沟地区,主要有五龙沟金矿床、岩金沟金矿床、黑石山多金属矿床、黑风口金矿床、无名沟-百吨沟金矿床、哈西哇东金多金属矿床、鑫拓金多金属矿床等,矿床(点)集中分布,组成了"五龙沟地区金矿整装勘查区";⑤开荒北地区,分布着数处小型金矿床(点),有红石山南金矿点、开荒北金矿等;⑥沟里地区,主要有果洛龙洼金矿床、阿斯哈金矿床、按纳格金矿床、瓦勒尕金矿床、坑得弄舍金多金属矿床、那更康切尔沟银多金属矿床等,组成了"沟里地区金多金属矿整装勘查区";⑦赛什塘地区,主要有赛什塘铜矿床、铜峪沟铜矿床、日龙沟锡铅锌矿床等,伴生金资源量达到中小型。

西秦岭地区金矿床(点)主要分布在泽库县北、同仁县西北以及同德县西。主要有泽库县瓦勒根金矿床、泽库县夺确壳金砷矿床、同德县石藏寺金矿床、同德县牧羊沟金矿床、同仁县双朋西金铜矿床等。区内泽库县瓦勒根金矿床规模较大,其他金矿床(点)多数分散,规模较小。

北巴颜喀拉地区,西起昆仑山口,向东经班玛县进入四川省,青海省内长约800km,有3处金(锑)矿集区。中部集中在曲麻莱县麻多乡北加给陇注至阿棚鄂一一带,是20世纪末至21世纪初岩金找矿取得重大成果的地区之一。区内包括3处大型金矿床、4处中型金矿床、小型金矿床及大量金矿点。西部为格尔木市东大滩至西藏大沟矿集区,东部分布着甘德县东乘公麻至青珍矿集区,此外青珍金矿点以北的玛沁县德尔尼铜钴矿伴生金资源量亦达到大型规模。大场矿集区在东西长 30km、南北宽 20km 的范围内分布着大场超大型金矿床 1 处,加给陇洼、扎加同哪大型金矿床 2 处,扎拉依、稍日哦、大东沟中型金矿床 3 处,小型金矿床及金矿点若干。河谷地带多有砂金资源,分布着大场中型砂金矿床,多熊沟、加曲腾等小型砂金矿床,与岩金矿床(点)共同组成了"大场金矿整装勘查区"。

二、各成矿带金矿分布规律

秦祁昆成矿域和特提斯成矿域两大成矿域进一步划分为 5 个主要成矿省 7 个三级成矿带。全省已查明的金(包括其他矿产)矿产地,绝大部分分布在秦祁昆成矿域,成矿域内矿产地 270 个,数量占 74.72%(表 4-6、表 4-7)。成矿域内各成矿带成矿特点不尽相同,各具特色,又富有规律性。岩浆热液型较为普遍,与全省岩浆活动密切相关。北祁连成矿带以奥陶纪海相火山岩型为特色;中南祁连成矿带以寒武纪海相火山岩型为特色;柴北缘成矿带以元古宙开始成矿的叠加(复合/改造)型为主;东昆仑成矿带除元古宙开始成矿的叠加(复合/改造)型以外,岩浆热液型、接触交代型也是特色;西秦岭成矿带主要为浅成低温热液型、接触交代型,陆相火山岩型主要分布在该带;巴颜喀拉成矿带以浅成低温热液型为主;三江成矿带工作程度低、矿产地少。

表 4-6 青海省各成矿带矿产地分布一览表

序号	成矿带				矿产地数量(个)					矿产地合计(个)	百分比(%)
	Ⅰ级	Ⅱ级	Ⅲ级	Ⅳ级	超大型	大型	中型	小型	矿点		
1			Ⅲ1	Ⅳ1			2	5	26	33	9.14
2				Ⅳ2			1	3	10	14	3.88
3		Ⅱ1		Ⅳ3			1	1	4	6	1.66
4			Ⅲ2	Ⅳ4				7	23	30	8.31
5				Ⅳ5				3	4	7	1.94
6				Ⅳ6				1	3	4	1.11
7	Ⅰ1		Ⅲ3	Ⅳ7		2	1	1	8	12	3.32
8		Ⅱ2		Ⅳ8				5	16	21	5.82
9				Ⅳ9		1	2		7	10	2.77
10			Ⅲ4	Ⅳ10		3	3	10	31	47	13.02
11				Ⅳ11			1	8	28	37	10.25
12		Ⅱ3	Ⅲ5	Ⅳ12				4	12	16	4.43
13				Ⅳ13		1	1	9	22	33	9.14
14		Ⅱ4	Ⅲ6	Ⅳ14				1	9	10	2.77
15	Ⅰ2			Ⅳ15	1	3	6	15	43	68	18.84
16		Ⅱ5	Ⅲ7	Ⅳ16				4	4	8	2.22
17				Ⅳ17					5	5	1.39
	合计				1	11	17	77	255	361	

表 4-7 青海省各成矿带不同构造演化阶段统计表

序号	成矿带				矿产地数量(个)					矿产地合计(个)	百分比(%)
	Ⅰ级	Ⅱ级	Ⅲ级	Ⅳ级	Pt	∈-D	C-T	J-K	Q		
1	Ⅰ1	Ⅱ1	Ⅲ-1	Ⅳ1	1	13			19	33	9.17
2				Ⅳ2		11			3	14	3.89
3				Ⅳ3		2			4	6	1.67
4			Ⅲ-2	Ⅳ4		16	2		12	30	8.33
5				Ⅳ5		2	1		4	7	1.94
6		Ⅱ2	Ⅲ-3	Ⅳ6		4				4	1.11
7				Ⅳ7	9	3				12	3.33
8				Ⅳ8		17	4			21	5.83
9			Ⅲ-4	Ⅳ9		4	6			10	2.78
10				Ⅳ10	13	6	28			47	13.06
11				Ⅳ11		3	27		7	37	10.28
12		Ⅱ3	Ⅲ-5	Ⅳ12			16			16	4.44
13				Ⅳ13			27		6	33	9.17
14	Ⅰ2	Ⅱ4	Ⅲ-6	Ⅳ14			8		2	10	2.78
15				Ⅳ15			33		35	68	18.89
16		Ⅱ5	Ⅲ-7	Ⅳ16					8	8	2.22
17				Ⅳ17			4	1		5	1.39
合计					23	81	156	1	100	361	

(一)北祁连成矿带(Ⅲ1)

北祁连为泛华夏大陆早古生代前峰弧-盆区北部的弧后洋盆消减带,发育了较为完整的沟-弧-盆体系,基性—超基性岩出露广泛,海相火山岩系组成了地层的主体。大陆裂谷期双峰式海相火山岩在喷发的间隙发生强烈的喷气成矿作用,形成以伴生(共生)为主的多金属含金矿化。沟-弧-盆体系的发展,洋中脊型蛇绿岩套的出现为金矿的形成提供了更广泛的物质。在造山作用(俯冲消减)中构造挤压及剪切作用的联合效应使金富集形成矿床(点)。北祁连构造带是典型的含金火山岩系成矿带。经历了元古宙、寒武纪—奥陶纪陆缘裂谷环境海相火山作用成矿、志留纪—泥盆纪碰撞环境岩浆热液作用成矿和新生代青藏高原隆升环境沉积作用成矿等成矿事件,可进一步划分出西山梁-铜厂沟金-(铜)成矿亚带(Ⅳ1)、红川-松树南沟金成矿亚带(Ⅳ2)共2个四级成矿亚带。

(二)中南祁连成矿带(Ⅲ2)

中祁连,古元古界和中元古界长城系均以结晶基底的形式出现于造山带,蓟县系—青白口系以基底盖层的形式出现在造山带中。发育新元古代、奥陶纪、志留纪、泥盆纪4期侵入岩,其中奥陶纪俯冲环境、志留纪碰撞环境侵入岩分布广泛,奥陶纪侵入岩在花儿地-高庙和刚察-引胜两个地区岩石组合为 $\xi\gamma+\eta\gamma+\pi\xi\gamma+\pi\eta\gamma+\gamma\delta^*$,年龄为(460~444)Ma,侵入于元古宙地层及后期发育的断裂破碎带,形成金矿体,如马场台矿点。

---

* 注:$\xi\gamma$. 正长花岗岩;$\eta\gamma$. 二长花岗岩;$\pi\xi\gamma$. 正长花岗斑岩;$\pi\eta\gamma$. 二长花岗斑岩;$\gamma\delta$. 花岗闪长岩;δ. 闪长岩;δo. 石英闪长岩。

南祁连火山岩出露两期,分别为新元古代和奥陶纪。新元古代为天峻组,分布在塔塔楞河、天峻县以北,形成环境为大陆裂谷。奥陶纪火山岩主要分布在达肯大坂鱼卡河上游和多索曲一带,涉及的地层单位为吾力沟组和多索曲组,具陆缘弧火山岩特征。发育党河南山-拉脊山蛇绿混杂岩带,带内产出青海省比较特色的寒武纪海相火山岩型金矿,并形成矿集区。拉脊山一带寒武纪—奥陶纪侵入岩,岩石组合为 $\eta\gamma+\gamma\delta+\delta o+\gamma\delta+\delta$,为与俯冲有关的弧花岗岩,与寒武纪地层中碳酸盐岩接触时形成接触交代(矽卡岩矿床),如尼旦沟金矿,但成矿物质来源应该主要是寒武纪海相火山岩层。石炭纪—二叠纪发育一系列海相和海陆交互相陆表海沉积建造组合,是陆内发展(盆山转换)阶段的产物,形成了一系列不同规模、不同成因的盆地。勒门沟组缓坡陆源碎屑-碳酸盐岩组合砾岩层中发现了尕日力根机械沉积砾岩型金矿,实现了稳定环境下金矿的找矿突破。侏罗纪开始形成系列断陷(压陷)盆地,盆地内第四纪冲洪积层内,形成砂金矿床,如高庙地区砂金矿集区。

中南祁连成矿带内金的成矿主要经历了寒武纪洋内弧环境海相火山作用成矿、志留纪—泥盆纪碰撞环境岩浆热液作用成矿、石炭纪—二叠纪稳定环境机械沉积型金矿、新生代青藏高原隆升环境沉积型砂金(锇铱)矿。可进一步划分为高庙金成矿亚带(Ⅳ3)、熊掌-尼旦沟金成矿亚带(Ⅳ4)、尕日力根金成矿亚带(Ⅳ5)共3个四级成矿亚带。

(三)柴北缘成矿带(Ⅲ3)

元古宙地层自西至东广泛分布,原始构造古地理可能为被动陆缘火山-沉积岩系,具有角闪岩相变质、中压中低温变质特征,金成矿事实较多,滩间山金矿田多数矿床,如青龙沟,最早成矿与火山-沉积岩系及这一时期变质作用密切相关。火山岩主要为滩间山群下火山岩组和玄武安山岩组,产出海相火山岩型金矿。泥盆纪侵入岩形成于碰撞构造阶段,对已成型矿体叠加作用明显。

柴北缘成矿带是青海省金矿床(点)较为集中分布的地区,赋矿地层主体为中、新元古代—早中生代浅变质岩系及海西期花岗质杂岩体。矿化类型以破碎蚀变岩型为主,次为充填石英脉型,伴(共)生金矿化以火山喷气-沉积而成的铅锌矿床为主。主要经历了元古宙陆缘裂谷环境沉积变质、志留纪—泥盆纪碰撞环境岩浆热液叠加形成的叠加(复合/改造)作用成矿、寒武纪—奥陶纪弧后盆地环境海相火山岩作用成矿、志留纪—泥盆纪碰撞环境岩浆热液作用成矿。可进一步划分为阿尔金金成矿亚带(Ⅳ6)、青龙沟-沙柳泉金成矿亚带(Ⅳ7)、骆驼泉-赛坝沟金成矿亚带(Ⅳ8)共3个四级成矿亚带。

(四)东昆仑成矿带(Ⅲ4)

东昆仑成矿带是新太古代—古元古代含金岩系分布区,为泛华夏大陆早古生代前峰弧,也是一典型的复合造山带。已发现的金矿床(点)大多集中分布于五龙沟地区及其西侧的大水沟—希望沟、白日其利—大干沟以及诺木洪河金水口一带,赋矿地层主要为古元古界金水口岩群及中—新元古界冰沟群,海西期、印支期的中酸性侵入岩和各类岩脉,也可以作为赋矿岩石。控矿构造主要是与昆中断裂活动有关的次级韧-脆性剪切带及其旁侧的脆性断裂裂隙系统。东昆仑南坡是一个中、新元古代的小洋盆(裂陷带或昆仑洋)。中、新元古代形成的火山-沉积岩系(万保沟群)及在加里东晚期形成的火山-沉积岩系(纳赤台群)和印支期形成的下三叠统洪水川组是带内的主要含矿层,特别是洪水川组是带内的主要含金岩系。

金成矿主要经历了元古宙陆缘裂谷环境沉积变质、海西期、印支期碰撞环境岩浆热液叠加复合作用成矿,奥陶纪弧后盆地环境海相火山作用成矿,海西期、印支期碰撞环境岩浆热液型金矿、接触交代作用成矿,印支期碰撞环境陆相火山岩型金矿,印支期碰撞环境陆相火山作用成矿,新生代沉积作用成矿。可划分为昆北金成矿亚带(Ⅳ9)、昆中金成矿亚带(Ⅳ10)、昆南金成矿亚带(Ⅳ11)共3个四级成矿亚带。

（五）西秦岭成矿带（Ⅲ5）

西秦岭泽库地区和北巴颜喀拉地区是青海省三叠纪含金浊积岩最发育的地区，也是中生代火山岩系最为发育的地区。岩浆作用、含矿流体作用形成的金矿床（点）及共（伴）生金矿床（点）广泛分布。青海省内较大的矽卡岩型金多金属矿带在泽库地区分布，如双朋西、谢坑铜金矿床。满丈岗金矿也是省内唯一的陆相火山岩型金矿，在哇洪山及同仁地区分布的众多的 Au 异常，具有寻找该类型的潜力。受阿尼玛卿洋向北俯冲，在活动陆缘环境沉积的下三叠统洪水川组，在后期岩浆活动作用下，是形成金矿的有利层位。

金成矿主要经历了印支晚期—燕山早期弧后前陆盆地环境浊积岩有关的浅成低温热液成矿作用，印支期岩浆热液作用、接触交代作用成矿，新生代裂陷盆地沉积作用成矿。可分为谢坑-双朋西金成矿亚带（Ⅳ12）、瓦勒根-石藏寺金成矿亚带（Ⅳ13）共 2 个四级成矿亚带。

（六）巴颜喀拉成矿带（Ⅲ6）

巴颜喀拉成矿带是早、中三叠世浊积岩最为发育的地区，是青海省最大的金矿集区。成矿带是一个规模大、强度高的 Au-Sb 地球化学带。浊积岩地层发育区含矿流体作用形成的浅成中低温热液型金矿是新的重要的成矿类型。金成矿作用形成于印支晚期造山过程中，受层位、构造控制作用明显，发生在汇聚板块的边缘。阿尼玛卿地区为一套十分复杂的构造（蛇绿）混杂岩，与成矿关系密切的为碳酸盐岩组合、蛇绿岩组合，产出德尔尼铜钴（金）矿，伴生金资源储量可观，是青海省伴生金的主要类型之一。三叠纪中酸性侵入岩主要出露在黑山、布青山北坡、玛沁县东南等一带，为俯冲环境下的岛弧花岗岩，与金（钨、铜、锑）关系密切，如东乘贡玛金矿床等。

金成矿主要经历了石炭纪—二叠纪俯冲增生杂岩环境海相火山作用成矿，印支晚期—燕山早期与弧后前陆盆地环境浊积岩有关的浅成低温热液作用成矿，印支期弧后前陆盆地岩浆热液作用成矿，新生代裂陷盆地沉积型砂金矿。可分为阿尼玛卿金-（铜-钴）成矿亚带（Pz_2、Cz）（Ⅳ14）、巴颜喀拉金成矿亚带（Mz、Cz）（Ⅳ15）。

（七）三江成矿带（Ⅲ7）

泥盆纪—中三叠世古特提斯演化阶段，形成了石炭纪—中二叠世陆表海与陆缘裂谷相间构造格局。早中三叠世为古特提斯洋衰退进入残留洋演化时期，晚三叠世—白垩纪，是特提斯洋或新特提斯洋演化阶段。中侏罗世—白垩纪，尤其至晚白垩世，特提斯洋开始俯冲消减，一系列弧盆系形成。新生代阶段，随着地壳的运动抬升，风化、侵蚀裸露于地表，被流水、冰川等剥蚀，在河床中富集形成砂金矿床，主要在第四系内分布。进一步分为西金乌兰金成矿亚带（Ⅳ16）、乌拉乌兰金成矿亚带（Ⅳ17）共 2 个金成矿亚带。

第四节　青海省金矿成矿地质条件

一、地层控矿条件

以布青山南缘断裂为界，以北为秦祁昆地层大区，以南为青南地层大区。青海省从新太古代到新生代各时代不同类型的地层齐全，其中以三叠系最为发育，分布面积约占全省地层总面积的 1/2；石炭系、二叠系和元古宇亦占重要位置。沉积地层以海相沉积为主，元古宇、下古生界几乎全由海相地层组成；

陆相沉积也很发育,白垩纪及以后基本全为陆相地层;上古生界和中生界二者兼而有之。沉积地层的组分以不同沉积环境的碎屑岩为主,其次为海相沉积环境形成的碳酸盐岩;火山岩在地层中也占很大比重,或独立组成火山岩地层,或作为夹层赋存于沉积岩层中。多数地层与金的成矿关系十分密切(表4-8),志留纪、泥盆纪、侏罗纪、白垩纪地层内尚未发现金矿床(点),石炭纪仅发现了少量的金矿床(点)以外,其他地层内金矿床(点)数量、规模均较大。地层控矿作用明显,三级构造古地理单元有陆缘裂谷、弧后前陆盆地、周缘前陆盆地、火山沉积断陷盆地、压陷盆地、拉分盆地、俯冲增生杂岩楔、弧前盆地、弧后盆地、洋内弧、海山共11种,成矿类型有沉积-热液叠加改造、火山岩型、含矿流体作用、机械沉积型4种,沉积-热液叠加改造含矿岩系也是火山沉积岩系。元古宙、寒武纪、奥陶纪、二叠纪、三叠纪海相(三叠纪还有陆相)火山活动,均形成矿体,或作为矿源层为岩浆热液型、接触交代型、机械沉积型提供了物源。西秦岭、青海南部地区二叠纪浊流沉积岩含矿流体作用形成的浅成低温热液型矿床,是青海省特色的成矿类型。

(一)前南华纪地层与成矿

元古宇不同时期沉积环境复杂,地层类型繁多,普遍经受了区域动力热流变质作用和区域动力变质作用等不同程度的区域变质。以陆块环境的稳定型沉积地层和活动陆缘环境的次稳定型沉积地层,建立了群、组等常规地层单位。古元古代和部分中元古代早期的地层,普遍经受了中—深程度变质作用、深熔作用、中—深层次的构造变形,原生结构、构造和地层层序难以恢复,是非常规地层。太古宙—青白口纪地层主要集中在秦祁昆地层大区,青南地层大区极少见。青海省最古老的太古宙地质记录来自全吉地块的德令哈杂岩。

表4-8 青海省沉积岩构造古地理单元及典型金矿床

构造古地理单元				沉积岩建造组合	所属地层单位代号	典型金矿床
一级	二级	三级	四级	五级		
陆块	裂谷	陆缘裂谷	陆缘裂谷盆地	朱龙关陆架砂坡陆源碎屑浊积岩组合	Pt_3Z^a	西山梁金矿
				万洞沟台地潮坪碳酸盐岩组合	JxW^b	青龙沟金矿
				沙松乌拉陆源碎屑浊积岩组合	$\epsilon_1 s$	向阳沟金矿
				黑刺沟陆源碎屑浊积岩组合	$\epsilon_2 h_2$	铜厂沟铜金矿
				哈拉格勒陆源碎屑浊积岩组合	$C_1 hl_1$	哈拉郭勒金矿
	前陆盆地	弧后前陆盆地	浊积岩盆地	洪水川滨浅海砂泥岩-砾岩夹火山岩组合	$T_1 h$	坑得弄舍铅锌金矿
				隆务河半深海浊积岩(砂砾岩)组合	$T_{1-2} l$	石藏寺金锑矿
		周缘前陆盆地		纳赤台半深海浊积岩(砂砾岩)组合	OSN_1^c	驼路沟钴金矿
	陆内盆地	火山沉积断陷盆地	火山盆地	鄂拉山后碰撞安山岩-英安岩-流纹岩组合	$T_3 e$	满丈岗金矿
		压陷盆地	湖泊相—湖泊三角洲	湖泊砂砾岩-粉砂岩-泥岩组合	Qp_1	拉浪情曲砂金矿
				湖泊泥岩-粉砂岩组合	Qp_1	扎朵砂金矿
		拉分盆地	陡坡带	玉门冲积扇砂砾岩组合	$Qp_1 y$	天朋河砂金矿

续表 4-8

构造古地理单元				沉积岩建造组合	所属地层单位代号	典型金矿床
一级	二级	三级	四级	五级		
多岛洋	活动陆缘	俯冲增生杂岩楔	含蛇绿岩浊积扇	马尔争含蛇绿岩浊积岩组合	P_2m_1 P_2m_5	德尔尼铜钴（金）矿
			无蛇绿岩浊积扇	昌马河半深海浊积岩（砂板岩）-滑混岩组合	$T_{1-2}c^2$	大场金矿田
		弧前盆地	半深海盆地	扣门子滨浅海砂泥岩-砾岩夹火山岩组合	O_3k	中多拉金矿
		弧后盆地	浊积岩盆地	祁漫塔格裂谷碎屑岩硅质岩组合	OQ	东沟锌铜金矿
			半深海盆地	阴沟海岸沙丘砂岩-页岩夹硅质岩组合	O_1Y^b	松树南沟金矿
				滩间山水下河道砂砾岩组合	OT^c	锡铁山铅锌（金）矿
	洋盆	洋内弧	拉斑系列	六道沟洋内弧拉斑、碱性玄武岩组合	ϵ_3l	南天重峡金矿
		海山	海山碳酸盐岩	万保沟碳酸盐岩组合	$Pt_{2-3}W^b$	果洛龙洼金矿

古元古代记录广泛发生在省内北部祁连、柴北缘、东昆仑一带，古元古代受强大的北东向左行韧性剪切带所改造形成大陆裂谷。经过漫长的海相沉积和火山作用，沉积砂泥质岩-中基性火山岩-镁碳酸盐岩岩系，陆缘海或陆间海环境。吕梁运动区域动力热流变质作用形成以角闪岩相为主的中深变质岩，形成了托莱南山群、化隆岩群、达肯大坂岩群和金水口岩群基底变质岩系，均由一套片麻岩、片岩及大理岩为主的中—高级变质岩组成。漫长的海相沉积-火山活动及区域动力热流变质作用，应带来金的成矿物质并形成金矿体（尚无证据证明金矿体为古元古代成矿），正如寒武纪、奥陶纪等时代的海相火山沉积作用形成金矿体，秦祁昆地层大区金矿田均分布大面积的古元古代地层。

相比古元古代地层，中元古宙地层的控矿作用证据明显变多。元古宙地层产出金矿体的部位主要是构造古地理环境-大陆边缘环境下的海相沉积-火山岩系，形成了初始的矿化层，中新元古代区域变质作用进一步叠加成矿（后期泥盆纪等构造-岩浆活动还有叠加和改造），如青龙沟大型金矿床。中元古代在中祁连、柴北缘、东昆仑、三江地区发育有湟源岩群、沙柳河岩组、小庙岩组、宁多岩群、吉塘岩群等基底盖层变质岩系。湟源岩群主要是以石英、云母为主的片岩和片麻岩、大理岩；沙柳河岩组岩石类型有白云母石英片岩、含石榴二云石英片岩、含绿帘石榴白云母石英片岩，含大量白云母角闪榴辉岩、黝帘榴辉岩、蓝晶榴辉岩透镜等；小庙岩组主要为一套石英岩、石英片岩夹大理岩组合；湟中群下部为石英岩、硅质千枚岩、石英岩状石英砂岩、黑云石英岩、石英片岩等，上部为粉砂质千枚岩、泥质粉砂岩变为细砂岩、含砾砂岩、石英砂岩；花石山群下部为白云岩、白云质结晶灰岩，上部为砂质粉砂质板岩、块层状含砂质白云岩、薄层—巨厚层灰岩、白云质硅质岩等；托莱南山群下部为一套杂色石英岩、变砂岩和粉砂岩，上部含粉砂质结晶灰岩、鲕状灰岩、白云岩组成；万洞沟群下部以绢云片岩、绿泥片岩、绿泥石英片岩为主，上部以大理岩、砂质白云岩夹变石英砂岩、碳质绢云石英片岩等；狼牙山组下部有片理化岩屑杂砂岩、钙质粉砂岩、千枚岩夹结晶灰岩，中部为碎屑岩与灰岩互层，上部以白云岩为主夹碎屑岩；万保沟群下部为深水洋岛型玄武岩；吉塘岩群以片岩为主。

(二)南华纪—泥盆纪地层与成矿

新元古代出露相对较少,只产出少量金矿点。丘吉东沟组海相碎屑岩夹碳酸盐岩沉积;草曲组下部以绿泥片岩为主,上部以石英砂岩为主;龚岔群为砂质粉砂岩、含砾中粗粒长石石英砂岩、细砂岩夹少量凝灰质石英粉砂岩;龙口门组仅见互助县龙口门,由冰碛砾岩、白云岩、硅质板岩组成;天峻组分布于德令哈北山到天峻一带,主要有安山质-流纹质玻屑凝灰岩、变长石砂岩为主;全吉群为一套由陆源碎屑岩和碳酸盐岩为主组成的地层。

寒武系、奥陶系是青海省分布最广的地层之一,海相火山沉积岩系控矿作用十分明显,发现了大量金矿床,北祁连以奥陶纪成矿为主、寒武纪为辅,南祁连全部为寒武纪成矿,东昆仑以奥陶纪成矿为主、寒武纪为辅,柴北缘寒武纪火山岩内虽未发现金矿床(点),但有绿梁山铜矿床内面积巨大的高强度金异常,其他地区未发现金矿化线索。同中元古代甚至更老地层海相火山岩系控矿作用一致,不仅是金的物源层,也可以直接产出金矿体,同样接受后期构造热液叠加改造形成接触交代型金矿,如尼旦沟金矿床。

寒武纪:在祁连地区,早寒武世为欧龙布鲁克组,被动陆缘陆棚碳酸盐岩台地沉积;中寒武世晚期为黑刺沟组,半深海斜坡沟谷环境,古地理单元为陆内裂谷。在拉脊山地区为深沟组,陆缘裂谷沉积,下部以火山岩为主边缘带,上部以细碎屑岩为主中央带;上寒武统香毛山组仍以细碎屑岩为主夹碳酸盐岩,陆缘裂谷沉积;中上寒武统六道沟组早期以安山质熔岩为主,碱性玄武岩组合;晚期以玄武岩为主,拉斑玄武岩组合,火山岩中夹大量陆源碎屑,下部以砂岩为主,上部以泥页岩为主,并夹硅质岩。东昆仑地区,沙松乌拉组,滨浅海陆架沙坡相中央带,岩石组合为陆源碎屑浊积岩建造,近源碎屑沉积,向阳沟金矿点与其关系密切。

奥陶纪:在祁连地区,下奥陶统吾力沟组,古地理单元属俯冲增生杂岩相、弧后盆地,早期碎屑岩段为半深海浊积岩建造组合,中期火山岩段火山活动相当强烈,以安山质、英安质火山熔岩、火山碎屑岩为主夹砂砾岩和白云质灰岩,晚期碳酸盐岩段;中奥陶统盐池湾组为弧后盆地环境滨浅海陆源碎屑浊积岩建造组合;茶铺组以砂砾岩为主,有中基性火山岩强烈喷发。上奥陶统多索曲组有中性—酸性火山喷发,伴有砂砾岩、粉砂岩和灰岩沉积;花抱山组为海岸沙丘-后滨砂砾岩组合,弧前盆地环境;阿夷山组火山活动强烈,属构造滨海相火山盆地;药水泉组仍由安山质火山岩和碎屑岩组成,并一直伴有钙碱性火山活动,属弧前盆地沉积。全吉地区,下奥陶统多泉山组以灰岩为主,陆棚碳酸盐岩台地沉积;石灰沟组,沉积物以页岩、粉砂岩为主,夹灰岩,无障壁海岸远滨相陆棚碎屑岩浅海沉积;中奥陶统大头羊沟组,早期以砂砾岩为主,晚期以碳酸盐岩为主,陆棚碳酸盐岩台地沉积。柴北缘地区,滩间山群下碎屑岩组,古地理单元为俯冲增生杂岩楔含蛇绿岩浊积扇;下火山岩组以泥砂质为主伴有碳酸盐岩沉积和中基性—中酸性火山活动,弧前盆地沉积;砾岩组为粗碎屑沉积;上火山岩组有中基性火山活动,组成海相火山盆地玄武岩-安山岩组合;上碎屑岩组,以砂岩为主,河口湾潮间沙坪相沉积。东昆仑地区,祁漫塔格群,早期碎屑岩组,碎屑岩中含深水硅质岩,祁漫塔格地区含有大量基性、超基性岩组成的蛇绿岩碎块,被动陆缘陆棚碎屑岩浅海环境;中期火山岩组,为安山岩-英安岩和流纹岩组合夹碎屑岩和碳酸盐岩,火山岛弧环境;晚期以灰岩为主,半深海相。南昆仑地区,纳赤台群,早期为活动陆缘环境,下碎屑岩组所代表的蛇绿混杂岩以砂岩为主,具浊积岩沉积特点,火山岩组有玄武岩、细碧岩、中性—酸性火山岩夹细碎屑岩、灰岩;晚期为较稳定的周缘前陆盆地环境。

志留系、泥盆系未发现金矿床(点)。志留系仅在祁连地区少量分布,肮脏沟组和泉脑沟山组为近滨相碎屑岩沉积;巴龙贡噶尔组下部为千枚状长石岩屑砂岩、岩屑长石砂岩、绢云母千枚岩等,中部为长石岩屑砂岩、岩屑长石砂岩、含砾砂岩，上部为岩屑砂岩、岩屑长石砂岩与粉砂质板岩等。泥盆系主要集中在秦祁昆地层大区，是陆相环境的河流相碎屑岩沉积＋陆相火山喷发沉积的产物。部分为滨浅海开阔台地相碳酸盐岩-陆源碎屑岩沉积。

（三）石炭纪—三叠纪地层与成矿

石炭纪—三叠纪在省内分布广泛，遍及全省各地层区和地层分区，三叠系分布最广，沉积环境复杂，沉积类型繁多。秦祁昆地层大区石炭系基本以陆表海沉积为主，多为河流环境的辫状河相、三角洲相和台地碳酸盐岩相为主，二叠纪开始至二叠纪青海北部进入海陆交互相沉积。青南地层大区出露较少，石炭系基本以海陆交互环境和浅海相为主，直至三叠纪仍以大面积的海相沉积为主。受阿尼玛卿洋向北俯冲影响，二叠纪发育一套海相火山岩，产出比较知名的德尔尼铜钴（金）矿床，是伴生金的主要类型之一。巴颜喀拉地区、西秦岭地区，为大陆边缘环境，广布三叠系，发育一套浊积岩，是青海特色矿产——含矿流体作用金矿的主要赋存层位。

在秦岭地区早—中三叠世完全由一套碎屑浊积岩组成，下部隆务河组为砾岩、砂岩、粉砂岩、中粗碎屑浊积岩，向上过渡到以砂岩、粉砂岩、板岩细碎屑浊积岩，由滨海过渡到浅海—斜坡环境。上部古浪堤组则是由下部的细碎屑浊积岩向上过渡到中—粗碎屑浊积岩，即砂岩、板岩夹砾岩沉积，由浅海—斜坡环境过渡到滨海环境。在巴颜喀拉地层区早—中三叠世主要为半深海陆源碎屑沉积，具有浊积岩沉积特征，厚度巨大，达数千米，以砂岩、板岩为主。早期昌马河组，中期沉积了中三叠统甘德组，晚三叠世沉积了清水河组。昌马河组全部由半深海浊积岩组成，下部碎屑粒度较粗，上部粒度变细。甘德组由陆源碎屑浊积岩组成，以砂岩为主，局部夹火山岩。清水河组早期为远滨泥岩-粉砂岩夹砂岩组合；晚期为前滨-临滨砂泥岩组合，局部夹中酸性火山碎屑岩。

（四）侏罗纪—白垩纪地层与成矿

侏罗系以可可西里南缘断裂为界，以北为陆内盆地陆相含煤碎屑岩沉积，以南为前陆盆地海陆交互相碎屑岩-碳酸盐岩。白垩系全省均为陆相。未发现金矿床（点），但该阶段形成的断陷盆地、拉分盆地为新生代第四纪成矿提供了原始沉积环境。

侏罗纪：祁连地区，早期为断陷盆地缓坡带窑街组，晚期为享堂组；柴北缘地区，早期大煤沟组为河湖相含煤碎屑岩，中期为断陷盆地陡坡带湖相采石岭组砂岩-粉砂岩-泥岩夹砂砾岩组合，晚期为断陷盆地缓坡带湖相红水沟组沉积；东昆仑、西秦岭地区，为断陷盆地中央带并向缓坡带过渡河湖相羊曲组含煤碎屑岩；三江地区，年宝组为河湖相砂泥岩-火山岩夹煤层组合，那底岗日组为滨浅海砂泥岩-砾岩夹火山岩组合，雀莫错组为前滨—临滨砂泥岩组合，布曲组为潮坪相细碎屑岩沉积，夏里组为开阔台地相碳酸盐岩沉积，索瓦组、雪山组为陆相沼泽沉积，且荣组有中基性—中酸性火山活动。

白垩纪：柴达木地区，犬牙沟组为断陷盆地湖相沉积；祁连地区，河口、民和组为水下扇、湖相、河流相；祁连地区，下沟组为湖泊相砂岩-粉砂岩-泥岩组合，中沟组为砂砾岩-粉砂岩-泥岩组合；三江地区，白垩系风火山群全部为陆相沉积。

（五）古近纪—第四纪地层与成矿

青海省古近系—新近系较为发育，以紫红—红色色调碎屑岩为特征，分布范围遍及青海各地。省内古近系—新近系皆为陆相，为湖积含膏盐的红色碎屑岩系，在青南地区的可可西里、唐古拉山一带，始新世、中新世有短暂的陆相火山喷发。青海省第四系皆为陆相,具有高原沉积特色。其中早更新世沉积基本固结成岩。中更新世至全新世松散堆积物成因类型有残积-坡积、冰碛、冰水堆积、冰碛-冰水堆积、黄土、冲湖积、洪积、冲积、洪冲积、化学沉积、风积、沼泽堆积、湖积、湖沼堆积等。青海省金矿重要的类型——机械沉积型砂金矿分布于第四系中。

二、构造控矿条件

青海省作为中国大陆造山的重要研究窗口,经历了多旋回裂解离散、汇聚碰撞及陆内叠复等造山过程,地质构造极为复杂。以布青山南缘断裂和昆中断裂为界,从北至南依次为秦祁昆造山系和北羌塘-三江造山系,两条断裂中夹持康西瓦-修沟-磨子潭地壳对接带。秦祁昆造山系属青藏高原组成部分,约占全省面积的一半,北西以阿尔金断裂为界与塔里木陆块相接,北东延出省外,是由原特提斯洋、古特提斯洋在不同时期和不同位置更叠演变而成,具有多岛洋、软碰撞、多旋回造山的特点。康西瓦-修沟-磨子潭地壳是青藏高原北部乃至中国中部一条重要的巨型结合带,也是一条重要的板块对接带,是中国大陆昆仑-秦岭造山系的主要组成部分。北羌塘-三江造山系省内受古特提斯多岛洋动力学体系控制,在通天河(西金乌兰-玉树)结合带以南地区形成了一系列多岛弧、弧后扩张、洋盆错列相间的时空构造格局,经历了弧后洋盆萎缩、俯冲消亡和弧-陆碰撞、陆-陆碰撞的构造演化过程,形成一系列洋-陆构造体制和盆-山构造体制时空结构转换过程特定大地构造环境。

青海省不同时代、不同构造背景、不同边界条件下,形成了不同规模、不同方向、不同力学性质和运动学特征、不同演化历程的复杂的断裂系统,基于断裂体系的划分,青海省断裂体系分为重要断裂和一般断裂,其中重要断裂包含了三级,一级和二级断裂为岩石圈断裂或超岩石圈断裂,三级断裂为基底断裂和有特殊地质意义的其他重要断裂。这些断裂控制了沉积作用、岩浆活动、褶皱乃至变质作用,在不同构造单元不同部位形成不同的沉积-岩浆组合,进而控制了金矿产的时空分布。

古元古代,由大陆裂谷逐步演化为被动陆缘。长城纪为挤压机制,纵向构造置换强烈。蓟县纪沿先存的北西西向弱化带裂解离散,至青白口纪汇聚重组。蓟县纪昆中断裂F17(初期可能为张性断层,晚期脆性的复合断裂)等断裂活动使古元古代基底破裂解体,裂解作用沉积了万保沟群,果洛龙洼金矿等矿床(点)开始形成。基底断裂不断的活动,裂陷拉张加剧,形成万洞沟群陆缘裂谷相沉积,并形成中等紧闭的线型褶皱,随着新元古代青白口纪热流活动增强,绿片岩相、中低压相系变质发育,青龙沟式金矿床开始形成。南华纪原特提斯洋开启、扩张、裂陷,青海南部处于原特提斯大洋区,青海北部演化成为活动大陆边缘,形成规模巨大的沟-弧-盆系,至震旦纪末欧龙布鲁克运动,是一次微弱的造陆运动,成矿活动比较弱。

古生代早期是断裂的强烈活动时期,多表现为强烈挤压的逆断层(F5早期为北倾正断层),向南西方向倾斜,抬升下古生界寒武系、奥陶系,祁连地区、柴北缘地区、东昆仑地区广泛发育海相火山岩型金矿。祁连地区,冷龙岭北缘断裂F2加里东早期开始以引张为主的活动,控制了北祁连早古生代陆缘裂谷形成,寒武纪、奥陶纪海相火山活动频繁,形成了与海相火山作用有关的金成矿带。宝库河-峨堡断裂(F3)、达坂山北缘断裂(F4)、托莱河-南门峡断裂(F5)、疏勒南山-拉脊山北缘断裂(F6)、拉脊山南缘断裂(F7),在加里东早期均表现为韧性,多条断裂之间夹持的蛇绿混杂岩带内海相火山作用与金矿的关系最为密切,产出松树南沟金矿床、铜厂沟金矿床、熊掌金矿床、南天重峡金矿床等。柴北缘地区,古生代早期丁字口(全吉山)南缘-乌兰断裂(F10),在南、北两侧基底断裂控制下,控制了滩间山金矿田、赛坝沟金矿田等金矿床(点)的分布,其中,寒武纪—奥陶纪逆冲构造期,产出岛弧环境沙柳河式海相火山岩型铜金矿床,同时北西向压扭性剪切作用断裂是主要含矿构造。东昆仑地区,阿达滩-乌兰乌珠尔南缘断裂(F15)加里东期为祁漫塔格微洋盆裂谷的南界,分布寒武纪—奥陶纪蛇绿混杂岩组合,产出东沟海相环境喷流沉积型金矿。

早古生代晚期—海西早期是原特提斯洋演化后期阶段,为俯冲-碰撞-伸展-后造山环境,形成的断裂、褶皱等构造,在祁连地区、柴北缘地区、东昆仑地区控制了青海省大部分金矿床(点)的形成。祁连地区,拉脊山南缘断裂(F7)海西晚期强烈活动使早古生代海盆隆升剥蚀,在该时期形成的坳陷中沉积,形成了尕日力根砾岩型金矿。柴北缘地区,赛什腾山-旺尕秀断裂(F11)志留纪—早泥盆世弧-陆碰撞构造期(走滑构造期)控制了岩浆活动,对已形成的金矿床(如青龙沟金矿床)进行改造、叠加,晚泥盆世以来陆内发展阶段形成与大规模右行韧-脆性剪切作用有关的赛坝沟金矿。阿尔金山主脊断裂(F8)、土尔根达坂-宗务隆山南缘断裂(F9)、柴北缘-夏日哈断裂(F12)海西期,对花岗岩有着明显的控制作用,脆性断层形成的断裂带是控制柴水沟、交通社等金矿床(点)的主要因素。东昆仑地区,那棱格勒断裂(F16)形成于加里东中晚期,初为张性断层,晚泥盆世早期褶皱回返转化为压性逆断层,常形成挤压破碎带,是主要的赋矿构造,产出白日其利金矿床。

印支晚期是古特提斯洋演化后期阶段,同样为碰撞-伸展环境,形成大量断裂、褶皱等构造,在东昆仑地区、巴颜喀拉地区广泛产出金矿床(点)。东昆仑地区,阿达滩-乌兰乌珠尔南缘断裂(F15),印支期控制了大套鄂拉山组中酸性火山岩建造及花岗岩建造,已经发现了金矿化线索,是下一个重点勘查区。昆南断裂(F18)为规模巨大的韧性剪切带,主活动期为中三叠世晚期,昆仑河一带金矿床(点)主要为该期作用成矿。昆中断裂(F17)海西运动中褶皱回返形成的压性逆断层,印支期进一步改造、复活,形成的挤压断层破碎带内有望发现金矿化线索。哇洪山-温泉断裂(F20)是一条挤压逆冲兼右行走滑的断裂,印支中期活动性增强,控制了坑得弄舍海相火山岩型金矿床中的火山活动。西秦岭地区、巴颜喀拉地区、三江地区,温泉-祁家断裂(F21)常发育3~100m不等的断层破碎带及密集劈理带,带内次级断层及同斜褶皱极为发育,发现了大量金矿床(点)。布青山南缘断裂(F19)控制了蛇绿混杂岩带,产出海相火山岩型金矿,以德尔尼铜钴金矿床为代表。昆仑山口-甘德断裂(F25)、卡巴纽尔多-鲜水河断裂(F26)形成于印支期,早期深层次韧性剪切向后期浅层次脆性破裂转变过程中发生右行逆冲及走滑,两侧地层被牵引变形,与上层次级滑脱面一起组成一个上陡下缓的浅层次逆冲滑脱带,形成成群、成束的次级容矿断裂,成就了大场金矿田。可可西里南缘断裂(F27)展布方向上有蛇绿岩、蛇绿混杂岩及基性、超基性岩成群成带分布,分布有少量岩浆热液型金矿点。当江-直门达断裂(F28)、西金乌兰湖北-玉树断裂(F29)、巴木曲-格拉断裂(F30)、乌丽-囊谦断裂(F31)、乌兰乌拉湖北缘-结多断裂(F32)、乌兰乌拉湖南缘断裂(F33)、唐古拉山南缘断裂(F34)、尖扎滩-甘加断裂(F35)等断裂印支晚期—燕山期活动活跃,形成一系列断层破碎带,大量的含矿岩浆岩、热液沿着破碎带灌入围岩,与围岩发生萃取,形成破碎蚀变岩型金、锑矿床。

中生代、新生代以来,多数断裂复活,右行走滑、强烈推覆和左旋走滑形式多样,控制了裂陷盆地和拉分盆地的萌生,随着青藏高原的隆升,在盆地内开始沉积砂金(铂)矿。如冷龙岭北缘断裂(F2)喜马拉雅期复活,具走滑特征。东昆仑地区昆南断裂(F18)中新生代以来形成了东、西大滩的直线型谷地和一系列新生代红层盆地。西秦岭地区哇洪山-温泉断裂(F20)喜马拉雅期进入陆内造山阶段,活动强度十分剧烈。三江地区可可西里南缘断裂(F27)等断裂,沿断裂带形成一系列北西向展布新近纪沉积盆地,在下游再次富集形成砂金矿床。

三、岩浆岩控矿条件

青海省岩浆活动频繁,从元古宙到新近纪都有岩浆作用,各时期的规模、强度和所处构造位置以及岩浆岩特征,均有明显的差别。

(一)火山岩与成矿

青海省火山活动强烈,各类火山岩出露面积约 24 767 km^2,占全省面积的 3%,具有自北向南形成时代逐渐变新,从早到晚由海相喷发向陆相喷发演化的特点。元古宙—早古生代为海相火山岩,晚古生代—中生代早期(三叠纪)既有海相火山岩又有陆相火山岩,白垩纪以后全为陆相火山岩,海相火山作用、陆相火山作用均有金成矿,以海相火山作用为主。寒武纪—奥陶纪、石炭纪—二叠纪两期海相火山岩和泥盆纪、晚三叠世两期陆相火山岩,分布广、规模大,与青海省两次洋陆转换造山过程相吻合,成矿时代有中元古代、寒武纪—奥陶纪、二叠纪、三叠纪 4 期,以中元古代、寒武纪—奥陶纪为主(表 4-9)。

元古宙火山岩分布在祁连地区、柴北缘地区、东昆仑地区,均有重要的金矿床。古元古代火山岩已变质成斜长角闪片岩或片麻岩类,原岩为高铝玄武岩和碱性玄武岩,中—新元古代火山岩也以玄武岩为主,主体分布在东昆南一带,赋存于蓟县系万保沟群温泉沟组中,与青办食宿站组碳酸盐岩构成了洋岛-海山沉积建造;新元古代火山岩主要在祁连和全吉一带,大多为基性火山岩,其中南祁连天峻组为一套酸性流纹质火山碎屑岩类,均为陆缘(大陆)裂谷的火山岩组合。长城纪西山梁式海相火山岩型金矿,分布在北祁连成矿带朱龙关群中,陆缘裂谷火山构造岩石组合,海相喷溢相,岩性为细碧岩、玄武岩、安山岩、玄武质角砾岩、凝灰岩,古火山机构控矿。蓟县纪青龙沟式金矿,分布在柴北缘成矿带万洞沟群中,含矿岩性原岩为火山-沉积岩系。万保沟群果洛龙洼式金矿,分布在东昆仑地区,为洋岛拉斑玄武岩构造岩石组合,海相喷溢相,岩性为玄武岩夹沉凝灰岩,碱性系列。

寒武纪海相火山岩型金矿主要分布在祁连地区,柴北缘地区、东昆仑地区成矿较弱。北祁连地区黑刺沟组为大陆裂谷安山岩-英安岩-流纹岩构造岩石组合,喷溢相—爆发崩塌相,夹层状,岩性为安山岩、玄武质火山角砾岩、凝灰岩、集块岩夹角斑岩及赤铁矿层,铜厂沟、泉儿沟、拴羊沟铜金矿床(点)产于其中。南祁连拉脊山一带为深沟组陆缘裂谷安山岩-英安岩-流纹岩构造岩石组合,海相喷溢相,岩性为凝灰岩、安山岩、英安岩、玄武岩;上寒武统六道沟组为俯冲环境洋内弧拉斑玄武岩构造岩石组合玄武岩夹凝灰岩、火山角砾岩及洋岛碱性玄武岩组合,海相喷溢相,岩性为安山岩、玄武岩、凝灰岩,成矿活动普遍,矿床(点)多,南天重峡、槽子沟、大麦沟等金矿床为代表。阿尔金地区为俯冲环境玄武安山岩构造岩石组合,海相喷溢相产物,岩性为玄武安山岩、中基性熔结凝灰岩,钙碱性系列,空间上与柴水沟金矿点关系密切,工作程度不够,成因还需进一步研究。柴北缘地区,分布滩间山群俯冲环境(外弧)玄武安山岩构造岩石组合和俯冲环境洋内弧拉斑玄武岩构造岩石组合,绿梁山铜矿床分布的水系异常有金的矿化线索。东昆仑南坡为沙松乌拉组陆缘裂谷火山岩构造岩石组合,海相爆溢相,岩性为安山岩、安山质角砾熔岩,向阳沟金矿点空间上与其关系紧密。

奥陶纪火山岩型金矿主要分布在北祁连地区、东昆仑地区。祁连地区,分布北祁连地区俯冲环境玄武岩-安山岩-流纹岩-火山碎屑岩组合、北祁连地区 SSZ 蛇绿岩组合、南祁连陆缘弧安山岩构造岩石组合 3 种。北祁连地区玄武岩-安山岩-流纹岩-火山碎屑岩组合,产出松树南沟等一系列矿床(点),分布在走廊南山一带、达坂山一带，俯冲环境为主，岛弧环境次之，裂隙式海相爆发相—喷溢相产物，岩性为凝灰岩、中基性火山角砾岩、玄武岩、安山岩、英安质凝灰熔岩，钙碱性系列。东昆仑地区，祁漫塔格群俯冲环境安山岩-英安岩-流纹岩构造岩石组合，海相喷溢相—爆溢相，岩性为流纹质熔结角砾岩、凝灰岩、安山岩、英安岩、流纹岩夹玄武岩，钙碱性系列；陆缘裂谷碱性玄武岩构造岩石组合，海相喷溢相，岩性为玄武岩、基性凝灰岩，少量粗面玄武岩，产出东沟锌铜（金）矿点。东昆仑南坡驼路沟一带纳赤台群俯冲环境安山岩-英安岩构造岩石组合，海相爆溢相—爆发空落相，呈夹层状产出，岩性为酸性—中酸性凝灰熔岩、凝灰岩、安山质角砾岩、英安岩，钙碱性系列；洋岛碱性玄武岩构造岩石组合，喷溢相，透镜状，岩性为碱性玄武岩，拉斑玄武系列；陆缘裂谷火山岩构造岩石组合，海相喷溢相，呈似层状、透镜状产出，岩性为玄武岩、玄武安山岩、粗面岩，碱性系列，产出驼路沟钴（金）矿床。

二叠纪火山岩主要分布于祁连地区、东昆仑地区、巴颜喀拉地区、三江地区。仅在巴颜喀拉地区阿尼玛卿一带马尔争组中发现了德尔尼铜钴（金）矿床，为俯冲环境的玄武安山岩-安山岩构造岩石组合，海相喷溢相—爆发崩塌相，岩性为安山岩、杏仁状安山岩、安山质凝灰熔岩、中酸性火山角砾岩，钙碱性系列。另外该组还有洋岛碱性玄武岩构造岩石组合，海相喷溢相—爆发崩塌相，岩性为杏仁状玄武岩、枕状玄武岩、细碧岩夹硅质凝灰岩、玄武质火山角砾岩，碱性系列；洋岛拉斑玄武岩构造岩石组合，海相喷溢相，夹层状产出，岩性为玄武岩，钙碱性系列。

三叠纪火山岩主要分布于东昆仑地区、西秦岭地区、巴颜喀拉地区、三江地区。在东昆仑地区、西秦岭地区结合带地区东昆仑鄂拉山一带洪水川组内发现了满丈岗陆相火山岩型金矿床，为同碰撞高钾钙碱性火山岩构造岩石组合，海相爆溢相，呈夹层状产出，岩性为流纹-英安质角砾凝灰熔岩、英安质凝灰岩夹玄武岩，钙碱性系列。该组在东昆仑南坡为前陆盆地（陆缘弧）火山岩构造岩石组合，海相喷溢相—爆发空落相，岩性为流纹岩、英安岩、凝灰岩、安山质凝灰熔岩、角砾熔岩、安山玄武岩，钙碱性系列。在泽库一带隆务河组内发现了坑得弄舍海相火山岩型铅锌（金）矿床，弧后盆地安山岩构造岩石组合，海相爆溢相，为安山岩夹层，钙碱性系列。

（二）侵入岩与成矿

侵入岩从古元古代—新生代，不同的岩浆侵入活动构成了不同构造岩浆期的岩石构造组合，携带了构造演化各阶段的岩石圈动力信息。就岩浆活动的强度和岩浆形成的规模而言，中新元古代、志留纪—泥盆纪、二叠纪及晚三叠世为岩浆活动的高峰期，而石炭纪为中酸性侵入岩的平静期，侵入岩分布面积和可靠同位素分布频率均显示这一特征。就时间分布而言，晚古生代和中生代为青海省岩浆活动鼎盛时期，元古宙和新生代侵入岩出露面积较少，这与青海省构造演化相呼应。早古生代青海省进入第一次洋陆转换阶段，中生代为青海省第二次洋陆转换阶段后期，岩浆活动频繁；元古宙基本为基底演化阶段，新生代进入陆内造山阶段，岩浆活动较弱。就空间分布而言，东昆仑和祁连地区侵入岩分布面积十分广泛，柴北缘和可可西里-三江地区侵入岩出露较少。青海省已发现的金矿床（点）主要经历了志留纪—泥盆纪、晚三叠世碰撞造山环境岩浆侵入作用成矿（表4-10），青龙沟矿床及周边发现了志留纪—泥盆纪岩浆侵入作用成矿并形成了单独的矿体（产于岩体中）、五龙沟矿床及周边发现了晚三叠世碰撞造山环境岩浆侵入作用成矿并形成了单独的矿体（产于岩体中）。

元古宙侵入岩与金的成矿没有明确的关系。待建纪—青白口纪侵入岩广泛分布于祁连地区、柴北缘地区、东昆仑地区，岩石具片麻状构造，局部出现眼球状构造。南华纪侵入岩仅在祁连、柴北缘地区出露，其中北祁连地区、柴北缘地区出露的二长花岗岩和花岗闪长岩，反映具有碰撞型花岗岩特征。震旦纪在祁连地区零星出露基性岩，形成于伸展环境。

表 4-9 青海省火山岩石构造组合与金矿产地关系表

地质时代	火山岩石构造组合	火山岩相	三级构造单元	典型金矿床
新生代（Cz）	稳定陆块钾质—超钾质火山岩构造岩石组合（Nh）	陆相喷溢相—潜火山相	昆南俯冲增生杂岩带、巴颜喀拉地块	
	大陆伸展碱性粗安岩-响岩-粗面岩构造岩石组合（Nc）	陆相喷溢相—爆溢相	巴颜喀拉地块、昆南俯冲增生杂岩带、三江造山带	
	后碰撞钾质—超钾质粗面岩-流纹岩构造岩石组合（Et）	陆相喷溢相	北羌塘地块、三江造山带	
中生代（Mz）	大陆裂谷碱性玄武岩-玄武安山构造岩石组合（Kd）	陆相喷溢相—爆溢相	秦岭造山带	
	后碰撞钾质—超钾质火山岩构造岩石组合（J_1n）	陆相喷溢相—爆发崩塌相	巴颜喀拉地块、昆南俯冲增生杂岩带	
	俯冲环境 SSZ 型蛇绿岩构造岩石组合、玄武岩-安山岩-英安岩构造岩石组合（T_3B）	海相喷溢相	三江造山带	
	陆缘弧-同碰撞钙碱性火山岩构造岩石组合（T_3R、T_3bg、T_3b、T_3j、J_2q、J_1nd、J_3K_1d）	海相喷溢相—爆发空落相—爆发崩塌相	三江造山带、北羌塘地块	
	后碰撞高钾—钾玄岩质英安岩-粗面岩-流纹岩构造岩石组合（T_3bb、T_3h、T_3r）	陆相喷溢相—爆发崩塌相	昆南俯冲增生杂岩带、秦岭造山带	
	碰撞环境玄武岩-安山岩构造岩石组合（T_3q、T_3er）	海相喷溢相	巴颜喀拉地块、北羌塘地块	坑得弄舍式
	陆缘裂谷流纹岩-英安岩-玄武岩构造岩石组合（$T_{1-2}c$、T_2gd）		巴颜喀拉地块	
	前陆盆地（陆缘弧）火山岩构造岩石组合（T_1h、$T_{1-2}n$、T_2x）		昆南俯冲增生杂岩带	
	弧后盆地安山岩构造岩石组合（$T_{1-2}l$、T_3e）		秦岭造山带、东昆仑造山带	满丈岗式
	俯冲环境玄武岩-安山岩构造岩石组合（$T_{1-2}xd$）	海相喷溢相—爆溢相	昆南俯冲增生杂岩带	
	弧前增生楔火山岩构造岩石组合（$T_{1-2}c$）	海相喷发沉积相	昆南俯冲增生杂岩带	
	同碰撞高钾钙碱性火山岩构造岩石组合（T_1h）	海相爆溢相	东昆仑造山带	

续表 4-9

地质时代	火山岩石构造组合	火山岩相	三级构造单元	典型金矿床
晚古生代（Pz_2）	俯冲环境 SSZ 型蛇绿岩构造岩石组合、玄武安山岩-安山岩-英安岩构造岩石组合（P_2q）	海相喷溢相	东昆仑造山带	
	成熟岛弧-俯冲-陆缘弧玄武岩-玄武安山岩-英安岩-流纹岩构造岩石组合（$P_{1-2}n$、P_2j、P_2m、P_3n、CP_2X）	海相爆发崩塌相—喷溢相	三江造山带、昆南俯冲增生杂岩带	德尔尼式
	陆缘裂谷俯冲环境火山构造岩石组合（C_1Z、C_1r、C_2P_2s、C_2P_1t、C_2P_1h、P_1g）	海相爆发空落相—喷溢相	三江造山带、北羌塘地块、昆南俯冲增生杂岩带、中南祁连造山带	
	大陆伸展玄武岩-安山岩-英安岩-流纹岩构造岩石组合（D_3hr、D_3h、D_3m、D_3l）	陆相爆发崩塌相—爆溢相—喷溢相	柴北缘造山带、全吉地块、东昆仑造山带、中南祁连造山带	
	大陆裂谷火山岩构造岩石组合（D_2s）	海相喷溢相—爆发崩塌相	三江造山带	
早古生代（Pz_1）	同碰撞高钾和钾玄岩质玄武岩-安山组合（S_1a、Sb）	海相喷溢相—爆溢相	北祁连造山带、中南祁连造山带	
	陆缘裂谷-洋岛-俯冲环境玄武岩-安山岩-英安岩构造岩石组合（OSN）	海相爆溢相—爆发空落相—喷溢相	昆南俯冲增生杂岩带	驼路沟式
	陆缘弧-俯冲环境火山熔岩-火山碎屑岩组合（O_3k、O_2d）	海相喷溢相—爆溢相	中南祁连造山带	
	岛弧环境 SSZ 蛇绿岩组合、玄武岩-安山岩-英安岩-流纹岩组合（O_1Y）		北祁连造山带	松树南沟式
	俯冲环境玄武安山岩-安山岩构造岩组合（O_4a、O_1w、O_1h、O_3c、$O_3y\delta$、OQ）	海相喷溢相—爆发崩塌相	中南祁连造山带、东昆仑造山带	哈拉郭勒式
	陆缘弧-俯冲环境玄武岩-安山岩-英安岩-流纹岩构造岩石组合（OT）		柴北缘造山带、阿尔金造山带	
	陆缘裂谷-俯冲环境玄武岩-安山岩-英安岩-流纹岩构造岩石组合（ϵ_2s、ϵ_2h、ϵ_3l）	海相喷溢相	中南祁连造山带、昆南俯冲增生杂岩带	南天重峡式
元古宙（Pt）	大陆裂谷碱性玄武岩构造岩石组合（NhZ、Pt_3c）	海相喷溢相—爆发崩塌相	全吉地块、三江造山带	
	洋岛拉斑玄武岩构造岩石组合（$Pt_{2-3}W$）	海相喷溢相	昆南俯冲增生杂岩带	青龙沟式
	陆缘裂谷火山岩构造岩石组合（Pt_3Z）		北祁连造山带	西山梁式

表 4-10 青海省主要侵入岩特征与典型金矿产地表

地质时代		岩石构造组合	岩石组合	岩石系列	三级构造单元	典型金矿床
新生代		后造山、后碰撞花岗岩组合(E、N)	$\chi\xi+\xi\pi+\eta\pi+\tau\alpha+\tau+\beta+\tau\pi+\beta\mu+\delta\mu+\eta\gamma(+\nu+\sigma)+(\delta\eta\rho\mu+\delta o\mu)$	碱性、碱性系列	三江造山带、巴颜喀拉地块、羌塘造山带	
中生代	白垩纪(K)	后碰撞花岗岩组合	$\pi\eta\gamma+\gamma\delta+\eta\rho+\delta\eta\rho+\gamma\pi+\gamma\delta\pi+\xi\gamma+\eta\gamma(+\beta\upsilon+\upsilon)+\beta\mu+\eta$	过铝质—偏铝质高钾钙碱性系列	羌塘造山带、三江造山带、巴颜喀拉地块	
	侏罗纪(J)	后造山花岗岩组合(J)	$\chi\rho\gamma+\xi\gamma\pi+\xi\gamma+\pi\eta\gamma+\pi\eta\delta+\gamma\delta+\gamma\pi+\eta\rho+\delta\eta\rho+\xi\pi+\xi+\eta\gamma$	碱性、钙碱性系列	中南祁连造山带、柴北缘造山带、秦岭造山带、昆南俯冲增生杂岩带	
		同碰撞花岗岩组合(J)	$(\chi\rho\gamma)+\xi+\gamma\pi+\xi\gamma+\eta\gamma+\nu\delta+\beta\mu+\nu\beta+\delta o$	偏铝—弱过铝质高钾钙碱性系列	全吉地块、三江造山带、巴颜喀拉地块	
	三叠纪(T)	碰撞花岗岩组合($T_{2,3}$)	$\xi\gamma+\pi\eta\gamma+\eta\gamma+\gamma\delta+\nu+\delta o+\delta+\gamma\pi+\delta\eta\rho+\xi\gamma\pi+\gamma\delta\pi$	偏铝质钙碱性系列、过铝质碱性系列	全吉地块、柴北缘造山带、中南祁连造山带、昆南俯冲增生杂岩带、东昆仑造山带	东乘贡玛、瓦勒根、谢坑、他温查汗、五龙沟
		与洋俯冲有关的花岗岩组合(T)	$\eta\gamma+\pi\eta\gamma+\gamma\delta+\gamma\delta o+\delta o+\beta\mu+\sigma+\nu+\xi\gamma$	偏铝质中低钾钙、过铝质钙碱性系列	中南祁连造山带、柴北缘造山带、全吉地块、东昆仑造山带、三江造山带	
晚古生代	二叠纪(P)	与洋俯冲有关的花岗岩组合(P_{1-3})	$\gamma\delta\pi+\eta\gamma+\delta o+\delta+\pi\eta\gamma+\gamma\delta+\xi\gamma+\delta\pi\eta\gamma+\delta\eta\rho+\pi\xi\gamma$	偏铝质、弱过铝质、过铝质)(高钾)钙碱性系列	中南祁连造山带、柴北缘造山带、羌塘造山带、昆南俯冲增生杂岩带、全吉地块、东昆仑造山带	石灰沟、哥日卓托
		后造山花岗岩组合(P_1)	$\pi\eta\gamma+\eta\gamma+\gamma\delta$	偏铝—弱过铝质钙碱性系列	柴北缘造山带	
		与洋俯冲有关的SSZ型蛇绿岩组合(P_1)	$\beta\mu+\nu+\psi+\Sigma+\nu+\sigma$	拉斑玄武岩系列	三江造山带、东昆仑造山带、中南祁连造山带	

续表 4-10

地质时代		岩石构造组合	岩石组合	岩石系列	三级构造单元	典型金矿床
晚古生代	石炭纪（C）	大洋环境 MORS 型蛇绿岩组合（CP_2）	$\Gamma\delta,\beta\mu+\gamma o+\nu+\Sigma+\varphi\omega$	过铝质、拉斑玄武-钙碱性系列	三江造山带、昆南俯冲增生杂岩带	
		与洋俯冲有关的 SSZ 型蛇绿岩组合（C_1）	$\beta\mu+\nu+\sigma+\Sigma$	拉斑玄武系列	中南祁连造山带	
		与俯冲有关的花岗岩组合（C_2）	$\eta\gamma+\gamma\delta+\gamma\delta o(+\delta\eta o+\delta o+\delta)$	偏铝质钙碱性系列	东昆仑造山带	二十五道班矿点
		后造山花岗岩组合（C_1）	$\xi\gamma+\pi\eta\gamma+\eta\gamma+\gamma\delta+\delta o$	偏铝—弱过铝质中钾钙碱性系列	东昆仑造山带、柴北缘造山带、昆南俯冲增生杂岩带	
	泥盆纪（D）	后造山花岗岩组合（$D_{2,3}$）	$\lambda\pi+\eta\gamma+(\lambda\pi+\delta\mu+)+\delta o+\delta+\nu+\gamma\delta$	过铝质、偏铝—弱过铝质钙碱性系列	全吉地块、柴北缘造山带、东昆仑造山带	
		后碰撞花岗岩组合（$D_{1,3}$）	$\xi\gamma+\pi\eta\gamma+\eta\gamma+\gamma\delta$、$\eta\gamma+\gamma\delta+\delta o+\delta$	过铝质中—高钾钙碱性系列	昆南俯冲增生杂岩带、东昆仑造山带、柴北缘造山带	青龙沟矿床（叠加）、三角顶矿点
早古生代	志留纪（S）	后造山双峰式侵入岩组合（S）	$(\lambda\pi+\xi\pi+\delta\mu+)\xi\gamma+\gamma\delta+\Sigma$	碱性系列、过铝质钙碱性系列	柴北缘造山带	赛坝沟矿床
		同碰撞花岗岩组合（$S_{1,3,4}$）	$\xi\gamma+\pi\eta\gamma+\eta\gamma+\gamma\delta(+\eta o)$	偏铝质—弱过铝质、过铝质中—高钾钙碱性系列	东昆仑造山带、中南祁连造山带、北祁连造山带、阿尔金造山带	中铁牧勒矿床、采石沟矿床
	奥陶纪（O）	与洋俯冲有关的花岗岩（O_1）、高镁闪长岩（O_2）、TTG 花岗岩等组合（O_{2-3}）	$\pi\eta\gamma+\eta\gamma+\gamma\delta+\gamma\delta o+\delta o+\delta、\beta\mu+\nu+\Sigma、\pi\eta\gamma+\eta\gamma+\gamma\delta+\delta o+\delta$	偏铝—弱过铝质低钾钙碱性系列、碱性系列、拉斑玄武系列	柴北缘造山带、全吉地块、东昆仑造山带、中南祁连造山带、北祁连造山带、昆南俯冲增生杂岩带、阿尔金造山带	尼旦沟矿床、胜利沟矿床
		与洋俯冲有关的 SSZ 型蛇绿岩组合（O_{1-2}）	$\gamma o+\beta\mu+\nu+\Sigma+\sigma$	拉斑玄武系列	柴北缘造山带、东昆仑造山带、北祁连造山带	
	寒武纪（∈）	与洋俯冲有关的 SSZ 型蛇绿岩组合、MORS 型蛇绿岩组合（$∈_1$）	$\gamma o+\Sigma+\psi\iota+$深海硅质岩$+\beta\mu+\nu+\sigma+\gamma o+\upsilon+\Sigma+\varphi\omega$	拉斑玄武系列	柴北缘造山带、东昆仑造山带、中南祁连造山带、北祁连造山带	朱固寺矿床

续表 4-10

地质时代		岩石构造组合	岩石组合	岩石系列	三级构造单元	典型金矿床
新元古代	震旦纪（Z）	与大陆伸展有关的花岗岩组合	$\xi+\eta$	过碱性—碱性系列	中南祁连造山带	
	南华纪（Nh）	与同碰撞有关的花岗岩组合	$\Gamma\delta+\psi+\nu$	过铝质中低钾钙碱性系列	东昆仑造山带	
	青白口纪（Qb）	同碰撞有关的强过铝花岗岩组合	$\xi\gamma+\eta\gamma+\gamma\delta+\delta o+\gamma\delta o$	过铝质钙碱性系列	北祁连造山带、中南祁连造山带、昆南俯冲增生杂岩带	
中元古代	蓟县纪（Jx）	与洋俯冲有关的 SSZ 型蛇绿岩组合	$\beta\mu+\nu+\Sigma$	拉斑玄武岩系列	柴北缘造山带、昆南俯冲增生杂岩带	
		大陆裂谷环境岩浆岩组合	$\nu+\psi+\sigma+\Sigma$	拉斑玄武岩系列	柴北缘造山带	
		变质基底杂岩组合	$\Psi o,\eta\gamma+\gamma\delta$	偏铝质—过铝质钙碱性系列	柴北缘造山带、羌塘造山带、昆南俯冲增生杂岩带	
	长城纪（Ch）	变质基底杂岩组合	$\gamma R+\delta o,\eta\gamma$	偏铝质、过铝质钙碱性系列	柴北缘造山带、三江造山带	
古元古代（Pt$_1$）		变质基底杂岩组合	$\eta\gamma+\gamma\delta+\nu,\psi o$	过铝质高钾钙碱性系列、拉斑玄武系列	全吉地块、柴北缘造山带、东昆仑造山带	

寒武纪—奥陶纪蛇绿岩广泛分布于祁连地区、柴北缘地区、东昆仑地区，有少量金矿点产出。该时期为一系列海底裂谷进化为多岛洋，内部被冷龙岭、玉石沟-柏木峡、党和南山-拉脊山、柴北缘、十字沟等分支洋将其分割成一系列陆块，可能由一系列裂谷扩张成的有限洋盆都不是具有分割意义的大洋盆地，形成众多的 MORS 型、SSZ 型蛇绿岩，由不同规模产出的镁铁质—超镁铁质岩块、枕状熔岩以及远洋深海沉积为主体的洋壳单元（洋盆相），以复理石砂板岩、火山碎屑岩及少量熔岩为主体的俯冲复理石增生楔或弧前盆地（相）以及以中基性—中酸性火山岩、火山碎屑岩为主体的弧火山岩建造（岩浆弧相）以及它们的混合体-蛇绿混杂建造及高压变质建造组成一系列的蛇绿混杂带。奥陶纪基本以大量俯冲型花岗岩为主。

志留纪、泥盆纪以碰撞型花岗岩为主，广泛发育于祁连地区、柴北缘地区和东昆仑地区，成矿作用主要发生在柴北缘地区和东昆仑地区，祁连地区成矿作用在中铁牧勒金矿床内有显示，整体微弱。北祁连地区，为同碰撞强过铝花岗岩组合（S$_3$），岩性组合 $\xi\gamma+\eta\gamma+\gamma\delta$，过铝质高钾钙碱性系列，富钾钙—碱性花岗岩类；柴北缘地区有 4 类组合，滩间山一带为同碰撞花岗岩组合（S$_2$），岩性组合 $\eta\gamma+\gamma\delta+\delta o$，弱过铝质高钾钙碱性系列，青龙沟金矿有其叠加；绿梁山一带为后碰撞环境，岩性组合 $\eta\gamma+\gamma\delta+\delta o+\delta$（D$_1$），弱过铝—过铝质钙碱性系列；另外发育后造山双峰式侵入岩组合，岩性（$\lambda\pi+\xi\pi+\delta\mu+$）$\xi\gamma+\gamma\delta+\Sigma$，碱性系列过碱—碱性花岗岩类（PAG），过铝质钙碱性系列富钾钙—碱性花岗岩类（KCG）；幔源环境形成的超基性岩组合，硅化超基性岩，钙碱性系列。东昆仑地区，祁漫塔格一带有 2 类组合，同碰撞构造岩浆岩段（S$_4$），岩性组合为 $\xi\gamma+\pi\eta\gamma+\eta\gamma$，偏铝质—弱过铝质中高钾钙碱性系列；后碰撞钙碱性花岗岩组合（S$_4$），岩性组合为 $\xi\gamma+\pi\eta\gamma+\eta\gamma$，偏铝质—弱过铝质中高钾钙碱性岩石系列，锆石 U-Pb 年龄（419.1±2.8）Ma；东昆仑五龙沟地区有 3 类组合，同碰撞高钾钙碱性花岗岩组合（S$_1$），中细粒黑云母花岗闪长岩，偏铝质—弱过铝质中高钾钙碱性系列;同碰撞构造岩浆岩段(S_2),为中细粒辉长闪长岩,钙碱性系列;与同碰撞有关的高钾花岗岩组合(S_3),岩性组合为$\eta\gamma+\gamma\delta$,过铝质中高钾钙碱性系列,五龙沟金矿有其叠加。

石炭纪为青海省中酸性侵入岩平静期,早—中二叠世发育少量中酸性侵入岩,主要分布于祁连地区、柴北缘地区、东昆仑地区、三江地区。金的该期岩浆成矿作用比较弱,仅发现了少量矿点。

二叠纪侵入岩主要分布于祁连地区、柴北缘地区、东昆仑地区、西秦岭地区、巴颜喀拉地区、三江地区,东昆仑地区及以南与金的成矿关系十分密切。祁连地区为同碰撞高钾花岗岩组合(T_2)、后造山钙碱性花岗岩组合(T_3)、后碰撞高钾钙碱性花岗岩组合(T_3)。柴北缘地区,为洋俯冲有关的花岗岩组合(T_1),中细粒英云闪长岩、斑状二长花岗岩+斑状花岗闪长岩,偏铝质钙碱性系列,含角闪石钙碱花岗岩类(ACG);后造山钙碱性花岗岩组合(T_2),中细粒二长花岗岩($T_2\eta\gamma$),过铝质钙碱性系列;后碰撞过铝质花岗岩(T_3)组合,岩石组合为$\pi\eta\gamma+\eta\gamma(+\nu)$;后造山钙碱性花岗岩组合($T_3$),自然岩石组合为$\xi\gamma+\eta\gamma+\gamma\delta$,弱过铝质高钾钙碱性花岗岩系列;与洋俯冲有关的花岗岩组合(T_2),斑状二长花岗岩($\pi\eta\gamma$)+中粒花岗闪长岩($\gamma\delta$)组合,偏铝中低钾钙碱性系列。东昆仑地区,祁漫塔格一带有2类,第二类与该地区解除交代型多金属(金)矿床关系密切,与洋俯冲有关的TTG组合(T_2),岩性组合为$\pi\gamma\delta+\gamma\delta+\gamma\delta o$,偏铝质低钾钙碱性系列;后碰撞钙碱性花岗岩组合($T_3$),岩石组合为$\xi\gamma+\pi\eta\gamma+\eta\gamma+\gamma\delta+\delta o$,小岩株状,花岗闪长岩类和石英闪长岩为偏铝质钙碱性系列,二长花岗岩和斑状二长花岗岩为弱过铝质高钾钙碱性系列;五龙沟一带,与洋俯冲有关的高镁闪长岩组合(T_1),为灰绿色辉绿岩($T_1\beta\mu$),钙碱性系列;与洋俯冲有关的TTG组合(T_2),岩石组合为$(\xi\gamma+\pi\eta\gamma+)\eta\gamma+\pi\gamma\delta+\gamma\delta+\gamma\delta o(+\delta o+\delta+\nu)$,岩株状,偏铝质—弱过铝质中高钾钙碱性系列,含角闪石钙—碱性花岗岩类(ACG);后碰撞钙碱性花岗岩组合(T_3),岩性组合为$\gamma R+\xi\gamma+\pi\eta\gamma+\eta\gamma+\gamma\delta+\delta$,偏铝—弱过铝质中高钾钙碱性系列,富钾钙—碱性花岗岩类(KCG),五龙沟金矿形成于该期岩浆作用。鄂拉山地区,与洋俯冲有关的G_1G_2组合(T_1),岩性组合为$\pi\eta\gamma+\gamma\delta+\gamma\delta o+\delta o$,偏铝质中低钾钙碱性系列;与洋俯冲有关的花岗岩组合(T_2),岩性组合为$\eta\gamma+\gamma\delta$,偏铝质中低钾钙碱性系列,花岗闪长岩年龄锆石U-Pb(238.4 ± 7.2)Ma;后碰撞花岗岩组合(T_3),岩性组合为$(\gamma\pi+)\xi\gamma+\pi\eta\gamma+\eta\gamma+\gamma\delta(+\delta\eta o+\delta o+\delta+\nu)$,偏铝质钙碱性系列。赛什塘—兴海一带,与洋俯冲有关的TTG组合(T_2),岩性为$\gamma\delta+\gamma\delta o$,偏铝质中低钾钙碱性系列;后碰撞钙碱性花岗岩组合(T_3),岩性组合$\gamma\delta(+\gamma\delta o)+\delta o$,偏铝质中高钾钙碱性系列,形成一系列伴生金矿床(点)。东昆仑南坡,与洋俯冲有关的G_1G_2组合(T_1),岩性组合为$\xi\gamma+\eta\gamma+\delta o$,偏铝—弱过铝质中高钾钙碱性系列,锆石U-Pb年龄为(245.6 ± 7.4)Ma;与洋俯冲有关的TTG组合(T_2),岩性组合为$\pi\eta\gamma+\eta\gamma+\gamma\delta+\gamma\delta o+\delta o+\delta$,偏铝—弱过铝质钙碱性系列,锆石U-Pb年龄为($241\pm11$)~($247.3\pm1.4$)Ma;后碰撞环境($T_3$),岩性为$\xi\gamma+\pi\eta\gamma+\eta\gamma+\gamma\delta+o\nu+\nu$,含微细粒闪长质包体,属过铝质高钾钙碱性系列,富钾钙—碱性花岗岩类(KCG)。西秦岭一带,同碰撞(T_3)花岗岩组合,岩性组合为$(\delta\mu+\gamma\pi+)\xi\gamma+\pi\eta\gamma+\eta\gamma+\pi\gamma\delta+\gamma\delta(+\delta o+\delta+\nu)$,偏铝—过铝质中高钾钙碱性系列,与碳酸盐岩层接触形成大量接触交代型铜金矿床(点),如谢坑、双朋西等。巴颜喀拉地区,与洋俯冲有关的TTG组合(T_2),岩性组合为$\gamma\delta+\gamma\delta o+\delta$,偏铝质中低钾钙碱性系列;后碰撞高钾花岗岩组合($T_3$),岩性组合为$\xi\gamma+\pi\eta\gamma+\eta\gamma+\pi\gamma\delta+\gamma\delta(+\delta\eta o+\delta o+\delta)$等,过铝质—偏铝质高钾钙碱性系列,东乘贡玛金矿与其有关;俯冲花岗岩组合(T_2),岩性组合为$\gamma\delta+\delta\eta o$,偏铝质钙碱性系列;俯冲花岗岩($T_3$),岩性组合为$(\gamma\pi+\delta o\pi+)\pi\eta\gamma+\eta\gamma+\pi\gamma\delta+\gamma\delta+\gamma\delta o+(\delta\eta o+\delta o+\delta)$,偏铝质—过铝质高钾钙碱性系列。三江地区有洋岛拉斑玄武质辉长岩组合(T_1)、洋岛辉长岩组合(T_1)、与洋俯冲有关的TTG组合(T_3)、SSZ型蛇绿岩组合(T)、洋俯冲有关的G_1G_2组合(T_3)、洋俯冲花岗岩组合(T_3)、同碰撞构造岩浆岩段(T_3)。

侏罗纪、白垩纪侵入岩在祁连地区、柴北缘地区、东昆仑地区、西秦岭地区、巴颜喀拉地区、三江地区等均有少量分布,尚未发现金矿床。侏罗纪祁连地区为后造山钙碱性花岗岩组合(J_2),柴北缘地区为后造山碱性正长岩+碱性花岗岩组合(J_1),东昆仑地区为后造山过碱性—钙碱性花岗岩组合(J_1),巴颜喀拉为后碰撞高钾花岗岩组合(J_1),西秦岭为秦岭构造岩浆岩带,后造山(J_1)强过铝质高钾钙碱性花岗岩组合、后碰撞高钾钙碱性花岗岩组合(J_1)同碰撞富钾钙—碱性花岗岩类(J_1),三江地区同碰撞正长花岗岩组合(J_{1-2})。白垩纪,柴北缘为后造山中细粒含白云母正长花岗岩、钙碱性花岗岩组合(K_1),巴颜喀拉地区、三江地区为后造山钙碱性花岗岩组合(K_1)、后碰撞有关的高钾花岗岩组合(K_1)。

四、蛇绿岩控矿条件

蛇绿岩是青海省的特色,主要有加里东期和海西-印支期2期蛇绿岩,其中以加里东期最为发育、规模最大,共出露7条;海西-印支期蛇绿岩出露规模均较小,海西出露4条,印支期出露2条,海相火山岩型金矿与蛇绿岩空间上紧密共生,个别矿床或矿体直接产于蛇绿岩中。加里东期纳赤台大洋(昆中洋)洋板块整体向北俯冲消减,在东昆仑以北十字沟、茫崖、柴北缘地区形成3条SSZ型有限小洋盆;达坂山-玉石沟洋盆(北祁连洋)双向俯冲形成走廊南山、党河南山-拉脊山2条SSZ型有限小洋盆。海西期MORS型马尔争大洋(布青山-阿尼玛卿洋)洋板块向北俯冲形成苦海-赛什塘SSZ型有限小洋盆和宗务隆山陆缘裂谷带。

走廊南山蛇绿岩主要出露在阿柔蛇绿岩段和冷龙岭-直河蛇绿岩段,其岩石组合为蛇纹石化辉橄岩+二辉橄榄岩+辉长岩+辉绿岩+枕状(杏仁状)玄武岩及上覆硅质岩等深海沉积物,具有与俯冲有关的SSZ型蛇绿岩特征。达坂山-玉石沟蛇绿岩主要为托莱山-玉石沟蛇绿岩段、沙柳河-热水蛇绿岩段、达坂山蛇绿岩段、柏木峡蛇绿岩段。托莱山-玉石沟段、沙柳河-热水段蛇绿岩组分出露齐全,基性火山熔岩均具有MORB特征。达坂山、柏木峡段基性熔岩显示MORB与IAT的双重特征,具有SSZ型蛇绿岩的特征。总体而言,该蛇绿岩带为扩张程度较大的与俯冲作用有关的SSZ型蛇绿岩,可能具有一定程度的双向俯冲。北祁连成矿带绝大多数金矿床(点)在空间上与蛇绿岩带紧密共生。

党河南山-拉脊山蛇绿岩中西段蛇绿岩组分出露不完整,而东段蛇绿岩组分出露基本完整。岩石化学、岩石地球化学显示,属拉斑玄武系列,整体具SSZ型蛇绿岩特征。柴北缘蛇绿岩分为鱼卡河南-绿梁山、赛坝沟-托莫尔日特及阿木尼克山3段,岩石组合为变质橄榄岩+镁铁质辉长岩+基性辉绿岩墙+蚀变玄武岩(角闪片岩相、绿片岩相)+斜长花岗岩+深海沉积物(放射虫硅质岩、硅泥质岩),具与俯冲有关的SSZ型蛇绿岩特征。中南祁连成矿带绝大多数金矿床(点)在空间上与蛇绿岩带紧密共生。

茫崖蛇绿岩主要分布在茫崖石棉矿、平顶山、阿卡吐塔格、阿尔金山主脊。呈构造块体或透镜体产出,与围岩均呈断层接触。蛇绿岩出露宽度较大、较齐全,岩石地球化学特征反映,具有与俯冲有关的SSZ型特征,其形成环境为弧后盆地。十字沟蛇绿岩呈大小不等的构造岩块、透镜体无规则分布在十字沟蛇绿混杂岩带中。蛇绿岩的岩石组合齐全,主要有变质橄榄岩、堆晶杂岩、岩墙杂岩、枕状玄武岩、块状玄武岩、硅质岩等,岩石属拉斑玄武系列,具有SSZ型蛇绿岩特征,为弧后盆地扩张产物。在其上部海相火山岩层中发现了东沟锌铜(金)矿点。

根据纳赤台蛇绿岩分布特点、形成时代及研究程度,将纳赤台蛇绿岩带划分为6个蛇绿岩段,由西向东分别为没草沟-万保沟段、诺木洪段、乌妥段、塔妥段、长石山段、得力斯坦段。其中东段、西段没草沟-万保沟段、诺木洪段、得力斯坦段蛇绿岩出露完整,为典型的MORS型蛇绿岩,发现了驼路沟钴金矿床,果洛龙洼金矿床与其空间关系紧密;中部诺木洪段、塔妥段、乌妥段蛇绿岩出露不完整,为与俯冲有关的SSZ型蛇绿岩。

宗务隆山蛇绿岩分为宗务隆山和天峻南山两个蛇绿岩段,属于陆内裂谷扩张引起的宽度不大的陆缘裂陷拉张而形成的小洋盆(多岛)环境,为陆缘裂谷型蛇绿岩(CM)。苦海-赛什塘蛇绿岩主要分布在雅日、苦海及加木龙一带。呈透镜体或构造岩片产出,与围岩呈断层接触,岩石组合为变质橄榄岩(超镁铁质岩)+镁铁质辉长岩+基性辉绿岩墙+基性熔岩(枕状/块状玄武岩)+硅泥质板岩,具有SSZ型蛇绿岩特征。

马尔争蛇绿岩自西向东分别为马尔争段、察汗热格-哈尔郭勒段、给酿段、玛积雪山段、德尔尼段5个段,其中马尔争段、察汗热格-哈尔郭勒段、玛积雪山段、德尔尼段为与俯冲有关的MORS型蛇绿岩,给酿段为马尔争洋盆(布青山-阿尼玛卿洋)向北俯冲形成的弧后盆地型蛇绿岩,为 SSZ 型蛇绿岩。德尔尼铜钴(金)矿床部分矿体直接产于蛇绿岩中。

通天河蛇绿岩由西向东划分为西金乌兰段、乌石峰段、多彩段、隆宝段 4 个段,其中西金乌兰段、乌石峰段蛇绿岩中枕状熔岩岩石地球化学特征显示具有似 MORB 特征,可能为洋内俯冲的前弧蛇绿岩,多彩段、隆宝段蛇绿岩属与俯冲有关的 SSZ 型蛇绿岩。整体来说,通天河蛇绿岩主体为与俯冲有关的 SSZ 型蛇绿岩。歇武蛇绿岩由西向东分别为查涌段、歇武段,蛇绿岩岩石组合出露齐全,岩石组合为超镁铁质岩+镁铁质(辉绿)辉长岩+席状辉绿岩墙+基性火山熔岩(枕状玄武岩、块状玄武岩)+含放射虫硅质岩,属与俯冲有关的蛇绿岩,具有 SSZ 型特征。乌兰乌拉湖蛇绿岩岩石类型较齐全,包括蛇纹岩、蛇纹石化辉石橄榄岩、碳酸盐化蛇纹岩、蛇纹片岩、蛇纹石化橄榄岩、辉石橄榄岩、辉长岩、辉绿岩等。其中以辉绿(玢)岩占多数,属与俯冲有关的 SSZ 型蛇绿岩。

五、变质岩控矿条件

青海省变质岩出露面积为 43.6 万 km^2,约占全省面积的 60%,可分为区域变质岩、动力变质岩和热接触变质岩。3 类变质岩中区域变质岩大面积分布;热接触变质岩主要产于不同时代岩浆侵入体外接触带;动力变质岩则以线状赋存于大型韧性剪切带或压扭性断裂带中,尤以东昆仑变质地块最为发育。后两类变质岩大多出现并发育在区域变质岩区。近年陆续发现了榴辉岩、蓝片岩及麻粒岩,是青海省变质地质研究的新成果。青海省变质作用共划分为区域变质作用、动力变质作用、高压—超高压及高温变质作用、热力变质作用 4 个大类型;变质期为古元古代期、中—新元古代期、加里东期、印支期 4 期;变质相主要为亚绿片岩相、绿片岩相、绿帘角闪岩相、角闪岩相 4 种相系。青海省金矿尚未有变质作用矿床类型,但变质作用在绝大部分矿床中均起到了叠加改造富集的作用,甚至在变质过程中起到了主要的成矿作用,如青龙沟矿床、果洛龙洼矿床。

区域动力热流变质作用及变质岩主要发育于东昆仑山及其以北的新太古界—古元古界—中元古界长城系中深变质结晶基底岩系中,零星见于青海南部巴颜喀拉-三江及北羌塘地块长城纪基底残块中,尤其在达肯大坂岩群、化隆岩群和金水口岩群中更为明显,广泛分布于滩间山金矿田、五龙沟金矿田、沟里金矿田内,由于热流对地壳作用的不均匀和原岩组合差异,以及经历了多期变质作用改造,除部分单元表现单相、面状变质作用外,多数单元按地域不同呈现多相型变质特点。

区域低温动力变质作用及变质岩在省内分布最为广泛,自北至南从中元古界蓟县系延续到中生界三叠纪,常形成大面积或带状分布的单相绿片岩相,伴有强烈的褶皱构造和岩浆活动,板理、千枚理、劈理发育,局部发育片理,褶皱、劈理、板理是滩间山金矿田青龙沟矿床矿体主要的赋存形式。一般无指示压力的矿物,统归中—低压型。变质岩类型主要为板岩、千枚岩、变砂岩、结晶灰岩(或白云岩)、变火山岩,部分为片岩、大理岩等。后者呈现应力变形强而变质级低的特点,如柴北缘蓟县系万洞沟群、寒武系阿斯扎群、奥陶系滩间山群及三江地区青白口系草曲组,均产有较多(绿)片岩及部分大理岩。原岩类型包括砂泥质碎屑岩类、碳酸盐岩类和基性—中酸性火山岩和基性岩类等。

动力变质岩发育于脆性断裂带及韧性剪切带中,省内历经多次构造变动,韧-脆性断裂体系发育,原岩受到不同性质应力的影响,形成了各种类型的动力变质岩。动力变质岩是以应力为主要变质作用因素施加影响而使原岩结构构造和矿物成分发生改变,形成一类结构构造上相当的变质岩。碎裂岩受碎裂变形作用而形成,岩石以碎裂结构为主,并有碎斑结构、碎粒结构和碎粉结构,个别岩石具超碎裂结构,均表现了浅部构造层次的变形岩石特征。相应的岩石类型有构造角砾岩、碎裂岩、碎斑岩、碎粒岩、碎粉岩等,其中以构造角砾岩和碎裂岩最为发育,动力变质岩是青海省内金属矿床最主要的含矿岩性,包括金矿。

榴辉岩、蓝片岩等高压—超高压变质岩石组合作为碰撞造山带的直接标志之一,青海省在北祁连九个泉-黄藏寺及野牛沟-百经寺、柴北缘绿梁山-锡铁山及都兰沙柳河地区、东昆仑夏日哈木地区的苏海图等地,不断发现了榴辉岩、榴闪岩及蓝片岩存在,构成了青海省3个典型的高压—超高压变质带。

热力变质作用通常被称为接触变质作用,可划分为热接触变质作用及接触交代变质作用两类。省内岩浆侵入活动频繁,尤以加里东期和海西期—印支期岩浆活动最活跃,不同变质地块中不同时期侵入岩与围岩接触带均见有接触变质岩分布,最突出的是祁漫塔格、宗务隆地区接触交代型多金属(金)矿产。限于岩浆活动规模、岩石类型、围岩条件等不同条件影响,形成了规模不等、类型各异的接触变质带和变质岩石,尤其是中酸性岩浆侵入活动下发生的热接触变质作用及形成的变质岩最发育。

第五节 青海省金矿主要成矿地质事件

一、蓟县纪陆缘裂谷环境沉积-热液叠加改造作用成矿

青海省古元古代阶段裂陷体制时期,原裂陷槽形成,接受托莱岩群、湟源岩群、金水口岩群等陆缘海或陆间海火山-沉积组合。中元古代—新元古代早期阶段,由裂陷体制向欧亚板块体制过渡,长城纪火山岩和同时期的滨浅海被动大陆边缘沉积形成朱龙关群、小庙岩组火山岩组合。蓟县纪裂解作用加剧发育不同程度的蛇绿岩,目前物质建造较少,万洞沟群陆缘裂谷沉积、昆仑地区同期碎屑岩-碳酸盐岩沉积,处于伸展减薄、热流值升高的地质背景。青白口纪汇聚重组阶段,省内称全吉运动,由一套以直立状背向型褶皱为主的弹塑性构造形成。南华纪—震旦纪板内变形阶段,裂谷背景。金矿床(点)分布于蓟县系万洞沟群、万保沟群。

蓟县纪伸展裂解加剧,海相火山活动强烈,热水沉积活动多发育一套黑色岩系,同时经区域变质作用,形成低角闪岩相—高绿片岩相,地层褶皱形成,板理劈理发育,含碳泥质岩石中赋含Au元素。通过对全省不同地质单元中岩石样分析测试,通过相对丰度(各地质单元与全域岩石样比值)、离散程度及相对离散程度(各地质单元原始变化系数与区域变化系数比值),分析各地质单元元素含量分布及变化特点,判断元素富集贫化与地层、岩性的关系,成果显示太古宙地层Au(相对丰度≤0.8)元素含量贫化。古元古代地层中Au(0.8≤相对丰度≤1.2)呈背景含量,但Cv达到5.76,表现出巨大的成矿潜力。长城纪地层Au元素呈背景分布,但元素变异系数最高,有局部富集成矿的可能。其他Hg、W、Bi、Sb、As元素离散程度明显,显示热液作用成矿的可能性较大。蓟县纪地层中局部Au、Hg、Bi、Sb变异系数大,表现出一定的成矿富集的可能性,尤其是托莱南山群、狼牙山组Au(相对丰度>1.2)元素相对含量较高,Cv≥1。青白口纪地层中Au元素(0.8≤相对丰度≤1.2)呈背景含量,变异系数大(Cv=1.35),震旦纪—南华纪地层中Au元素(相对丰度≤0.8)含量贫化,Cv=0.3~0.5,含矿可能性不大。青海北部地区(秦祁昆成矿域)具大型规模以上的金矿床,均赋存于一套黑色岩系中,尤其是柴周缘黑色岩系十分发育(表4-11)。黑色岩系为一套富含硫化物(以铁的硫化物为主)和有机质(C有机>1%)的暗色泥质岩-硅岩-碳酸盐岩组合,多属浅海相的沉积岩系(范德廉等,1973;叶杰等,2000),形成于缺氧的还原环境(范德廉,1973),其古地理多为陆棚或滨海、浅海、潟湖、海湾、岛弧地带,与当时发生的大规模大洋缺氧事件及海侵事件关系密切(范德廉,1998;黄艳丽等,2008)。国内与黑色岩系相关的矿产,包含金在内,多达25种(叶杰等,2000),资源的分布以湖南、贵州、四川等地区为主。广泛产出于元古宙以来许多层位内,尤其是早寒武世、晚泥盆世和早晚震旦世地层中不乏大型—超大型矿产。赋矿层位基本为含碳质的页岩-板岩及其内部层间带,或与围岩的过渡带,上部多出现硅质岩且邻近分布厚度相对较大的灰岩层作为标志层,但磷矿较为例外,主要赋存于白云岩中。黑色岩系不仅本身含矿,作为矿源层也为其

他类型金属矿床提供物质来源(王登红,1997),矿床形成过程中受海水、热水与生物有机成矿作用等多种地质作用影响,但以早期有机质形成期有用矿物的初步富集及后期成矿过程中有机质的还原作用为主(单卫国,2004 等),后期的变质和交代作用影响甚微(施春华等,2013),成矿年龄与成岩年龄基本一致。不同矿种矿床的元素组合差异明显,钒矿、磷矿、镍钼矿、铀矿等矿产综合利用元素多、附加值大(杨旭等,2013),而锰矿、重晶石矿等元素相对单一(孙泽航等,2015),有用组分呈自然金属、硫化物、氧化物、碳酸盐、硫酸盐、磷酸盐、硅酸盐、硼酸盐、吸附态等 10 余种形式产出。

表 4-11 柴周缘地区黑色岩系与金矿关系基本特征表

地质年代	岩石地层单位	黑色岩系	沉积环境	典型金矿
三叠纪	昌马河组($T_{1-2}c$)	灰色、灰绿色、黄褐色中粒岩屑长石砂岩、长石石英砂岩、岩屑石英砂岩和深灰—灰黑色粉砂岩质板岩、泥质板岩、碳质板岩、薄层灰岩、含砾砂岩、细砾岩、中酸性火山岩和沉凝灰岩等	滨海相	大场金矿田
石炭纪	大干沟组 C_1dg	灰岩、砂岩、菱铁矿层、煤层、碳质页岩、火山角砾岩、凝灰岩及砂质白云岩、硅质岩	滨海—浅海相	大干沟金矿化线索
石炭纪	土尔根达坂组 $C_2P_1t^2$	碎屑岩段:灰色、灰绿色长石石英砂岩、粉砂岩、板岩、千枚岩夹白云岩、结晶灰岩、硅质岩、砾岩	滨海—浅海相	
寒武纪—奥陶纪	祁漫塔格群 OQ^a	碎屑岩组深灰色岩屑长石砂岩、长石石英砂岩夹板岩、硅质岩,含辉绿岩	浅海—半深海相	东沟锌铜(金)矿
寒武纪—奥陶纪	纳赤台群 OSN^a	碎屑岩组:砂岩夹粉砂岩、千枚岩、硅质板岩	半深海相	驼路沟钴金矿
寒武纪—奥陶纪	滩间山群 $\in OT^{a、b}$	碎屑岩组:千枚岩、砂岩、含砾砂岩、灰岩夹石英片岩、安山质角砾凝灰岩,二云石英片岩、绢云石英片岩、含石榴黑云变粒岩、浅粒岩夹含锰硅质岩;下火山岩组:玄武岩、安山岩、安山质火山角砾岩夹阳起石岩、石英岩、变粒岩及大理岩	深水相、半深海相	绿梁山铜(金)线索
中—新元古代	万洞沟群 JxW、狼牙山组 Jxl	千枚岩、绢云片岩、灰岩、大理岩、含铁石英岩、硅质条带白云岩、石英粉砂岩、砂板岩、碳质磷块岩、硅质岩	滨海—浅海陆棚相	青龙沟金矿
中—新元古代	万保沟群 $Pt_{2-3}W$	下部以中基性火山岩为主夹灰色变砂岩、板岩、灰岩、大理岩,上部含镁质碳酸盐岩为主,白云岩、结晶硅质白云岩、白云质大理岩夹大理岩、结晶灰岩、千枚岩、板岩、变砂岩	海相	果洛龙洼金矿
古元古代	达肯大坂岩群 $Pt_1D.$、金水口岩群 $Pt_1J.$	白云质硅质条带状大理岩、白云岩、碳质片岩及黑云绿泥片岩、角闪片岩、大理岩及黑云斜长片麻岩	—	五龙沟金矿田

东昆仑成矿带古元古界金水口岩群内五龙沟超大型金矿床、中元古界万保沟群内果洛龙洼大型金矿床,柴北缘成矿带蓟县系万洞沟群内青龙沟大型金矿床,与一套黑色岩系密切相关。地层形成于受基底断裂控制的断陷盆地中,为一套来源于同生热水沉积的黑色沉积岩系,具有大面积的 Au、As、S 元素的高背景分布,普遍富含有机碳和黄铁矿,有机碳的吸附障效应和还原障效应使流体中的金沉淀富集,黄铁矿同样在金沉淀的过程中起到还原障的作用,表明它们是富金的最主要载体。省内元古宙地层完全具备黑色岩系产生的地质环境,如万洞沟群(JxW)、狼牙山组(Jxl)滨海—浅海陆棚相,丘吉东沟组滨海—半深海相万保沟群($Pt_{2-3}W$)海相等。青龙沟、果洛龙洼矿床主要矿体,均含有高温低盐度富 CO_2 变质热液和低温中高盐度岩浆热液两个端元组成的混合流体(丁清峰等,2013),次要成矿阶段成矿流体主

要为混合后更均匀的中低温中低盐度热液,但后期明显有大气降水混入,成矿流体总体以CO_2-NaCl-H_2O体系为主,均一温度为130.0~357.3℃,盐度[$w(NaCl)$]为1.83%~20.1%,成矿流体本身亏损Eu或来源于亏损Eu的源区,且成矿时处于还原环境,矿床在变质热液期成矿,后期受到岩浆热液叠加改造,矿质进行再富集(赖建清等,2016)。

二、中寒武世—奥陶纪俯冲环境海相火山作用成矿

青海省海相火山岩分布广泛,祁连造山带、东昆仑造山带、巴颜喀拉地块、三江造山带等几乎所有二级大地构造相内均有发现,大地构造环境复杂,有洋岛、岛弧、陆缘裂谷、弧后盆地、弧前增生楔、陆缘弧、大陆裂谷7种环境。火山岩建造是控制金矿的主要因素之一,伴生金矿在省内也最具规模,成矿时代有元古宙、寒武纪—奥陶纪、二叠纪。元古宙海相火山岩型铜(金)矿集中分布在北祁连造山带与大陆裂谷环境有关的新元古界朱龙关群,以西山梁金矿床为代表,古火山机构控矿,海相火山岩海相岩性组合为细碧岩、玄武岩、安山岩、玄武质角砾岩、凝灰岩,喷溢相。元古宙海相火山作用形成的矿床保存得比较少,或受后期构造热液活动而改造,寒武纪—奥陶纪火山作用形成的多金属(金)矿床在祁连地区、东昆仑地区等广泛分布。寒武纪—奥陶纪海相火山岩可划分3期成岩阶段:第一期生成于寒武纪早期裂谷开始形成阶段;第二期生成于晚寒武世末期与早奥陶世间发生的大洋盆地俯冲消减阶段;第三期生成于中奥陶世末期与晚奥陶世间发生的弧后扩张盆地构造运动阶段。

青海省早古生代阶段完成了大洋岩石圈构造体制向大陆岩石圈构造体制转变,同时伴有俯冲型—碰撞型花岗岩的侵入,以绿片岩相为主的区域低温动力变质作用的发生及一系列蛇绿混杂岩带的形成。大洋扩张期洋盆约在寒武纪初封闭,秦祁昆多岛洋主域于中、晚寒武世裂解离散初始阶段,形成祁连陆缘裂谷环境的黑茨沟玄武岩-玄武安山岩组合、陆源碎屑浊积岩组合,拉脊山洋内弧环境六道沟组玄武岩-安山岩-英安岩组合、远滨泥岩-粉砂岩夹砂岩组合,可能还有全吉地块滩间山陆源碎屑浊积岩组合。晚寒武世—奥陶纪裂解达到鼎盛时期,出现MORS型、SSZ型蛇绿岩。鼎盛洋盆形成的同时或稍后,洋壳与陆壳之间发生了俯冲,开始了洋陆消减汇聚重组(洋-陆转换)构造阶段弧盆系造期。奥陶纪大规模的俯冲消减作用发育大量花岗岩组合及不同程度的岛弧火山岩组合。早奥陶世,分支洋分割成一系列陆块。中晚奥陶世为一系列弧盆系演化,俯冲-碰撞阶段在北祁连地区形成奥陶系阴沟群扣门子组,东昆仑造山带俯冲-碰撞阶段为祁漫塔格群,昆南俯冲增生杂岩带为纳赤台群。

含矿层位主要为祁连地区中上寒武统黑刺沟组、六道沟组、上奥陶统扣门子组和东昆仑地区奥陶系滩间山群、纳赤台群中的中基性—酸性火山岩系。酸性端元的火山岩相对发育地段、基性火山岩发育区岩相多样性变化地段有利于金矿床的形成。铜厂沟金矿、天重峡金矿赋存于晚寒武世基性—中基性火山岩中,松树南沟金矿赋存于奥陶系阴沟群,东沟金矿点赋存于东昆仑造山带奥陶系祁漫塔格群中。柴北缘地区虽未发现金矿床,但地层中Au元素的区域背景值高出地壳背景值1.5~2.5倍,中基性火山岩局部富集几十或上百倍,具备形成金矿体或作为金的初始矿源层可能,如绿梁山一带滩间山群大面积分布的化探金异常及金矿化线索。

三、志留纪—泥盆纪碰撞造山环境岩浆热液作用成矿

奥陶纪岩浆活动强烈,但金矿化不广泛,金矿床(点)少,而且规模不大,局部地区形成尼旦沟接触交代型矿床。晚寒武世随着深源中基性火山喷发、溢流和中酸性岩浆侵入,含Au、S、As的岩浆气液逐渐积聚,构造运动为岩浆气液活动提供了动力和容矿空间,火山喷气-热液活动发生在火山喷溢之后,安山岩中黄铁矿化、硅化、绢云母化等蚀变,形成面形或线性蚀变带,并伴随金的初次富集。晚奥陶世中酸性

岩浆侵入活动强烈,中酸性岩体发育,在拉脊山一带与寒武纪地层中碳酸盐岩接触交代形成矽卡岩型金矿,围岩蚀变有硅化、黄铁矿化、绿泥石化、碳酸盐化等,分布在五道岭花岗闪长岩体周围,离岩体最远不超出500m,岩体中也有矿体赋存。

志留纪早期,省域大部分地区进入弧-陆、陆-陆碰撞阶段。在祁连、东昆仑发育(含白云母)强过铝质碰撞型花岗岩组合,在柴北缘、东昆仑地区出现了两条与大陆深俯冲有关的阿尔卑斯型高压—超高压变质带。碰撞造山期的时限从早志留世一直延续到中泥盆世,随着一系列洋盆的关闭,在祁连、柴北缘、东昆仑等地区形成了一系列碰撞造山带,主要的动力源为右行走滑断裂和左行走滑断裂在构造薄弱地带出现了强烈的主动或被动伸展。早中泥盆世,在祁连塔塔楞河,东昆仑滩北雪峰、金水口一带,柴北缘等地区均出现了高钾钙碱性、高钾—钾玄质碰撞性花岗岩组合,岩浆侵入活动对青龙沟金矿田、五龙沟金矿田具有明显的叠加作用,前人认为青龙沟金矿田主成矿与该期岩浆作用有关,在整体挤压碰撞造山的环境中局部地区进入了伸展后造山环境。晚泥盆世开始原特提斯造山带步入了陆内发展(盆山转换)构造阶段。

泥盆纪岩浆热液型金矿是青海独立岩金矿的最主要的矿床类型之一,集中分布于柴北缘地区、东昆仑地区(东段)。柴北缘地区广泛分布着各时代各种不同类型的侵入体,滩间山金矿田海西期侵入岩普遍具有较高的金含量,斜长花岗斑岩金含量最高,部分岩脉可以形成高品位的脉岩型矿石。据稳定同位素和包裹体成分研究等证实,矿床的形成与深源岩浆有关。西安地质学院(1994)通过对滩间山复式杂岩体及闪长玢岩的岩石化学特征及构造环境的研究后认为,矿田内花岗质岩石均属造山带花岗岩,具火山弧花岗岩特征,海西期侵入岩不仅为矿床的成矿作用提供了能源,促使碳质岩系中的Au元素活化迁移,并直接提供了部分矿质,是叠加在先期脆-韧性成矿阶段之上的韧-脆性剪切变形条件下发生的,是比较重要的一次矿化富集成矿活动。近年新发现泥盆纪—早石炭世成矿作用越来越明显,如滩间山金矿外围青山金矿、阿尔金地区交通社金矿。其中青山金矿床内含金黄铁矿化石英片岩,U-Pb锆石测年(364.7 ± 5.3)Ma,包体为气液两相-盐水溶液二氧化碳包体,冰点$-15.6\sim-12.7$,均一温度$261.2\sim361.3℃$;$\delta^{13}C_{V-PDB}$值为$-3.8‰\sim-3.7‰$,$\delta^{18}O_{V-PDB}$值为$-22.24‰\sim-18.51‰$。交通社金矿含矿黄铁绢英岩,U-Pb锆石测年,$^{206}Pb/^{238}U$表面年龄加权平均值$(433\pm2)\sim(438\pm4)$Ma,冰点$-11.1\sim-3.7$,均一温度$162.5\sim179.9℃$;$\delta^{34}S_{V-CDT}$值为$-2.24‰\sim-1.82‰$,δD_{V-PDB}值为$-129.3‰\sim-125.6‰$。

四、二叠纪俯冲环境海相火山作用成矿

泥盆纪青海省进入古特提斯演化阶段(持续到二叠纪),早期全球海底扩张减缓,古板块运动以汇聚为主,晚泥盆世开始原特提斯造山带步入了陆内发展(盆山转换)构造阶段,到早石炭世持续为后造山环境,发育钙碱性花岗岩组合,加里东造山作用旋回结束。石炭纪—早二叠世进化为一系列分支洋分割一系列陆块的古特提斯多岛洋,在陆块上发育浅水为主的火山-沉积组合,在陆块边缘主要发育深水火山-沉积组合。古特提斯裂解的主体位于昆南-北羌塘地区,昆北-祁连-秦岭外围也有响应,形成了石炭纪—中二叠世陆表海与陆缘裂谷相间构造格局。中晚二叠世之交,进入碰撞构造期,是一种多岛洋的软碰撞弱造山,各块体之间仍处于联而不合的状态没有达到焊合为一体的程度,古特提斯洋仍未消亡。青海省共发现蛇绿混杂岩带14条,布青山蛇绿混杂岩带形成于晚古生代,形成于俯冲造山环境与古巴颜喀拉洋向北俯冲有关。出露二叠系马尔争组深海—半深海相复理石地层,发育蛇绿混杂岩基性火山岩组合,岩石类型以拉斑玄武岩占优势,水系化探扫面Au、Cu反映甚好,产出海相火山岩型铜钴金多金属矿,典型代表为德尔尼铜(金)矿床。

德尔尼典型矿床内,以辉橄岩为主的超基性岩体分布于二叠系布青山群马尔争组下岩组砂岩、千枚岩、板岩夹变安山岩、凝砂质板岩、硅质岩中,构成了主要赋矿层位。超基性岩体内具片理化带(片状蛇纹岩或蛇纹石化片岩),局部见金矿化的角砾蛇纹岩带。矿体形态呈似层状—层状,成层、成群展布。以

含铜黄铁矿矿石为主。矿石矿物有黄铁矿、磁黄铁矿、闪锌矿,具闪锌矿在上、黄铜矿偏下,黄铁矿在上、磁黄铁矿偏下的分带性,特征元素组合基本不含铅,富硅而贫镍、多金而少银,有用及伴生金属元素富Se、Cd、Ga、Cu、Ti、Bi、Sb、Hg、As等特征。围岩蚀变为碳酸盐化、蛇纹石化、滑石化、绿泥石化、钠闪石化、硅化、帘石化、透闪石化、金云母化及石榴石化。矿床形成于洋中脊或弧后盆地扩张中心的大陆边缘,伴随海底火山活动,发育变质橄榄岩-辉长岩-蛇纹岩-玄武岩-硅质板岩-砂板岩等一套不太完整的蛇绿岩套组合,来自深源含成矿物质的岩浆热源沿火山通道上涌,发生铜、铁沉积成矿作用。

五、三叠纪碰撞造山环境岩浆作用成矿

晚古生代—三叠纪时期是以西藏-三江造山系为主造山期,期后直到古近纪一直持续为板块构造环境,进入造山期后的起始期有晚二叠世、晚三叠世和侏罗纪之分,而且在造山系内还包容了西倾山和唐古拉由稳定型沉积构成的未被改造或未被全部改造的古陆块体或陆块。秦祁昆造山系的主体已结束板块构造体制,转变为稳定的陆内环境,但沿边部(东昆仑地区)及宗务隆带板块构造活动依然强烈,不同的岩浆活动形成不同类型的矿产。这一地质历史时期是青海省金矿成矿最为活跃的阶段,金矿的成矿作用与三叠纪岩浆作用密切相关,有与中酸性侵入岩有关的岩浆热液型、接触交代型金矿,与海相火山岩型有关的铅锌(金矿),与陆相火山岩有关的满丈岗金矿4类成矿类型。

(一)岩浆热液型金矿

三叠纪岩浆热液型金矿也是青海独立岩金矿的最主要的矿床类型之一,广泛分布于青海大部分地区,集中于东昆仑地区、西秦岭地区、巴颜喀拉地区。印支晚期南北大陆俯冲碰撞造山作用强烈发生,致使古特提斯洋关闭,南北向挤压应力产生纵向(东西向)断裂、节理裂隙,为热液运移、就位、成矿提供了场所。东昆仑地区五龙沟金矿田、沟里金矿田、昆仑河地区金矿床(点),有单独形成的晚三叠世金矿体,成矿作用明显与中酸性岩浆活动有一定的关系。西秦岭地区印支晚期中酸性岩浆活动主要集中在中北部,主要岩性有花岗闪长岩($T_3\gamma\delta$)、二长花岗岩($T_3\eta\gamma$)等,区域性断裂带同沿构造侵位的酸性—中酸性岩脉是成矿有利条件,脉岩出露密集区也是Au、As、Sb、Ag等元素的高背景区,泽库—同德一带的金、多金属矿产地多产于断裂破碎带和中酸性岩体(脉)接触带附近,如瓦勒根金矿床、夺确壳金砷矿床、石藏寺金锑矿床、牧羊沟金矿床、官秀寺金矿点、多嗖朗日金矿点、直亥买休玛钨金矿点等。

(二)接触交代型金矿

青海省接触交代型金矿主要分布在东昆仑地区祁漫塔格一带、西秦岭地区同仁—循化、化隆一带。其中祁漫塔格一带以共伴生金为主,主要矿种有铁、铜、钼、铅锌等,矿床规模多为中、大型,矽卡岩化、绿泥石化、青磐岩化等岩浆热液蚀变作用明显,矿体距离岩体一般不超过1km。金水口岩群、祁漫塔格群中碳酸盐岩与中酸性花岗岩体接触交代形成的矽卡岩化是主要的成矿作用,代表性矿床有它温查汉西、哈西亚图、拉陵灶火中游多金属(金)矿。同仁-循化、化隆一带主要以单一金矿或金铜矿为主,矿床规模以小型居多,矿体产于下—中二叠统大关山组、下—中三叠统隆务河组与印支中—晚期中酸性岩体形成的矽卡岩带内,岩浆岩主要有二长花岗斑岩($T_2\pi\eta\gamma$)、花岗闪长岩($T_{2-3}\gamma\delta$)、闪长岩($T_2\delta$),如双朋西、铁吾西、德合隆洼、谢坑等铜金矿床。

(三)陆相火山岩型金矿

陆相火山岩型金矿在青海省境内分布局限,成矿作用主要与陆相火山喷发有关,最为发育的地段是在东昆仑与西秦岭接壤的鄂拉山地区,地层为上三叠统鄂拉山组,发育一套中心式喷发陆相火山岩,中酸性火山熔岩为主,火山碎屑岩次之。地层中Au元素含量比较高[$(9.5 \sim 74) \times 10^{-9}$],典型代表为满丈

岗金矿床,矿体受陆相火山岩层位控制,与凝灰岩关系密切,凝灰岩 Au 元素含量远远高于其他岩性。近几年在东昆仑地区中西段也发现了与该套火山岩有关的铜、铅、锌和金矿产地。

(四)海相火山岩型金矿

海西期 MORS 型马尔争大洋(布青山-阿尼玛卿洋)洋板块向北俯冲形成苦海-赛什塘 SSZ 型有限小洋盆,带内出露古元古界金水口岩群基底残块、石炭-二叠纪浩特洛哇组、下三叠统洪水川组、第四系。海相火山活动主要在石炭-二叠纪、早三叠世,石炭-二叠纪火山岩以中性岩为主,早三叠世则以中酸性岩为主。早三叠世火山活动形成的火山岩组成洪水川组,对金矿的形成具控制作用,呈北西西-南东东向展布,长轴方向呈不规则状北西向延伸,横向上向西逐渐变宽,主要由中酸性火山岩、部分同沉积白云岩及少量火山角砾岩组成,岩性主要为含火山角砾流纹质岩屑晶屑凝灰岩、浅灰绿色流纹质岩屑晶屑凝灰岩、浅绿灰色霏细岩、灰—浅灰色沉凝灰岩、火山角砾岩、白云岩、重晶石岩。重晶石化、硅化围岩蚀变最为重要且与矿化关系最为密切,其他蚀变有强绢云母化、碳酸盐化、绿泥石化、绿帘石化、黄铁矿化、白云石化、钾化以及泥化等,接触变质作用为大理岩化。重晶石化一般呈半透明白色,常含其他杂质呈黑色、浅暗红色,大的呈长条板状。硅化主要有两种类型:一种呈细脉网状,如白云岩、大理岩中的硅化;另一种主要是流纹岩、凝灰岩的基质成分发生隐晶质重结晶,产生硅化。绢云母化在近矿围岩和岩体中普遍发育,常呈灰白色、浅灰绿色至暗绿色,主要发育在凝灰岩类和隐爆角砾岩中,粒径一般 1~4mm,大的可达 10mm。

六、三叠纪活动陆缘环境含矿流体作用成矿

早中三叠世,可能持续到晚三叠世早期为古特提斯洋衰退进入残留洋演化时期,或可称古特提斯洋后期演化阶段,洋盆及其继续的俯冲消减作用仍然存在,洋壳呈构造岩片或岩块残留于各个碰撞造山带中。东昆仑俯冲期花岗岩组合(245~229Ma)、三江地区俯冲期花岗岩组合(213~189Ma)是俯冲消减作用开始标志。晚三叠世—白垩纪属现代板块体制,主要为(新)特提斯洋演化阶段。中三叠世—早侏罗世班公湖-怒江洋和雅鲁藏布洋发育成熟,至中侏罗世—白垩纪,尤其至晚白垩世,特提斯洋开始俯冲消减,一系列弧盆系形成。古近纪早期,雅鲁藏布洋关闭碰撞造山。

印支期是一个重要的构造转折时期,特提斯洋盆的扩展和闭合对省内地质构造的演化影响极大,强烈的陆内造山形成的挤压、推覆、剪切、断裂等一系列构造行迹非常发育,岩浆活动也十分频繁,复杂的构造形迹及频繁的岩浆活动为金矿的形成提供了有利条件,成矿作用遍及省内各构造单元。故在印支期也发现了数量最多、规模最大的矿床(点),最典型的是巴颜喀拉地区、西秦岭地区含矿流体作用成矿最为普遍、最具特色,以巴颜喀拉地块大场金矿田为代表。与含矿流体作用有关的金矿床,赋存在一定层位,受构造带控制,远离岩浆岩但又具有热液成矿作用特征,具有成矿物质(介质)多来源、多成因、多阶段成矿的特点。青海省该类型金矿主要产于巴颜喀拉地块(东大滩金锑矿床、大场金矿田)、西秦岭地区(瓦勒根金矿床)。赋矿地层时代为三叠纪,古构造环境为活动大陆边缘或弧后前陆盆地,不同地层中均有矿床分布,共同特点是沉积了厚层—巨厚层的碎屑岩系,一般经历了低绿片岩相变质作用,Au、Sb 元素构成了初始矿源层,后期热液萃取发生迁移而富集成矿。碎屑岩普遍具有浊流沉积特点,同时伴有不同程度的火山活动。以浊流沉积为主导的沉积盆地,原生高硅质环境中,卤水型热液的碱交代作用才有利于 Au、Sb(As)的矿化富集,而对于其他许多元素富集多为不利。

金富集的宏观标识是泥质岩石中有机碳含量高或富含黄铁矿,有岩浆活动或侵入岩产出的地段,以及盆地边缘或早期砂、砾质高密度浊流沉积阶段出现富碳质的低密度浊流沉积的泥质岩石。浊积岩中 Au 元素明显富集,如大场金矿田 Au 元素含量一般在 $(1.2~91.3)×10^{-9}$ 之间,最高达 $300×10^{-9}$,高背景值的地层一方面为成矿奠定了物质基础(矿源层),另一方面由于其物理、化学性质的不同,使变形形

态、渗透性、孔隙度及化学障出现差异，构成有利岩层。金矿床(点)与造山运动关系密切，断裂构造形成于碰撞期[时代为(218.6±3.2)Ma]，如昆仑山口-白玉深大断裂控制着已有的金矿床及矿(化)点的空间分布范围，早期以韧性剪切为主，后期则表现为一定的逆冲和走滑，为穿透型断裂。其特征是从深层次韧性剪切向浅层次脆性破裂转变的过程中，在为深源的岩浆热液提供有利通道的同时，发生右行逆冲及走滑，两侧地层被牵引变形，在褶皱的伴随下形成成群、成束的次级断裂，在地热增温的作用下，促使含矿热液和变质水沿该深大断裂迁移，在温度、压力适宜的环境，即次级断裂带中沉淀富集成矿。次级断裂带的长度和宽度基本框定了矿体的长度和宽度。

七、第四纪青藏高原隆升环境机械沉积作用成矿

始新世以后洋壳消亡，陆内叠覆造山作用使多数古造山带再生，再生的造山带向盆地方向推覆成盆，而盆地向再生的造山带楔入造山，盆山耦合，形成了青藏高原的地壳结构和大陆构造格架，发育一系列的新生代压陷盆地、断陷盆地、走滑拉分盆地、湖泊相、湖泊三角洲相、河流相、陡坡带沉积，形成新生代青藏高原隆升环境沉积型砂金矿。

砂金矿的形成，无例外都受着地质构造、岩石、地层、地貌、水系和水化学环境等综合因素的控制。深大断裂构造控制了断陷盆地、走滑拉分盆地的生成。砂金矿床分布的蚀源区 Au 元素含量常是区域背景值的数倍至数十倍，局部地段高出几百倍至上千倍，并构成多个高含量异常区。蚀源区主要为断层破碎带、岩浆岩-火山岩、岩脉等是金的初始矿源层(岩)，后期发生剥蚀→搬运→填平作用，使金迁移到地表适宜环境中就位成矿。砂金矿床(点)常沿深大断裂分布，由于深大断裂是地壳的薄弱带，在外营力作用下容易被侵蚀成河谷，特别是河流与断裂带走向趋于一致，河流在前进过程中，遇到含金地质体就近补给，会形成开阔的"开、关门"地貌，对砂金成矿特别有利。统计研究表明，中国 83% 的已知砂金矿分布于原生金矿 100km 范围内，原生金矿 0~20km 和 0~40km 缓冲域中砂金矿金储量分别为 24.1% 和 52.7%，这种密切的空间关系清楚指示前者依赖后者的成因联系(周军等，2003)。但青海省砂金矿和岩金矿的关系与上述结果有较大差异，原因可能与青藏高原的快速隆升导致的水系流程较短，寒冷的气候，特色的冰川堆积可能也是主要因素。另外，除了北祁连地区砂金矿与岩金矿关系密切外，其余地区似无明显的相关性，如柴北缘地区、东昆仑地区集中了青海省 50% 以上的岩金资源储量，但尚无成型的砂金矿床，只有少量砂金矿点。

青海省砂金矿均为第四纪砂矿，多分布于省内二级、三级水系(以长江、黄河为一级水系)冲-洪积层及残-坡积层中，具如下特征。①砂金矿床类型以冲积砂矿为主，洪积砂矿次之，有少量的残-坡积砂金矿。②砂金矿富集受水动力条件控制，受河谷地形地貌等条件制约，多聚集于水动力条件降低的地段。矿体的形态、规模等受河谷地貌形态控制，即河谷愈宽，矿体相应增宽，反之亦然。③砂金赋矿层位主要是第四系下部的砂砾石层、含砾黏土层、红土层、含砾亚砂土层。④砂金矿体一般多呈层状、似层状、透镜状、不规则状分布在砂砾石层底部，不对称分布于河谷两侧，大多数呈单一层状产出，产状平缓，略向河床倾斜。⑤砂金矿体规模一般不大，延长数百米至数千米，最长可达 30km，矿体宽 40~200m，最宽可达 500m，厚度 0.4~4m，最厚可达 10m。矿层埋藏 2~8m，最深可达 15m。⑥矿层主产金，少数伴生砂铂。砂金矿品位中等，一般 0.1~0.6g/m³，最高可达 1.0g/m³。自然金主要呈片状、不规则状、粒状、树枝状、棒状等，粒度较大者为 0.01~2mm，均为可见明金，少数可见瓜子金和狗头金(据不完全统计，大于 100g 的块金已达 15 块之多，最重达 23 000g，是我国目前发现的块金之最)。⑦砂金的粒度和矿体品位变化较大，总体呈现从河流上游往下游变贫趋势；矿层中砾石含量较少且细，结构紧密以及含泥质较高，矿层具有上贫下富特点。⑧砂金矿床的物质主要来自两个方面，即原生源(原生岩金矿床或点、矿化带及含金丰度高的地质体或岩层)和过渡源(第三纪红层、含金砂砾岩及上游方向遭受新构造运动破坏的残留阶地等)。

第五章　青海省金矿成矿系列研究

第一节　成矿系列研究概况

矿床成矿系列（简称成矿系列）是我国地质学家在长期研究中总结出来的自主创新性成矿理论学说。成矿系列理论已被广泛地应用于总结区域成矿规律、找矿勘查等方面，并取得了显著成绩。1905年，法国地质学家 de Launay，初步提出了成矿系列概念（郭文魁，1991）。阿伯杜拉也夫（1960）划分了地槽、地背斜、过渡带和地台等大地构造单元的 4 个成岩成矿系列，并进一步划分了与岩浆建造有关的矿床成因序列。斯特罗纳（1978）系统论述了"含矿建造"，划分了含矿建造类型。1920 年，翁文灏提出了"中国矿产区域论"，并于 1923 年发表了《含砷矿物在成矿系列中的地位》，论述了含砷矿物在华南 4 个金属成矿带中出现的情况及地位。20 世纪 70 年代，程裕淇等全面提出了矿床的成矿系列概念（程裕淇等，1979），我国广大地质工作者应用成矿系列理论指导找矿勘探，在总结区域成矿规律方面做了大量工作。因与岩浆作用有关的矿产勘查活动更频繁，研究资料更丰富，该类型矿床成矿系列研究也更深入，取得了更多的研究成果（陈毓川，1983；夏宏远和梁书艺，1987；翟裕生等，1992；毛景文等，1995；王登红等，2002）。对中国非金属矿产成矿系列进行系统论述的是陶维屏等（1989）。程裕淇等（1983，1997）提出了成矿系列的序次及其含义及矿床成矿系列的继承性、后期改造等问题；翟裕生等（1980，1987）提出了成矿系列结构概念，以表示一个矿床成矿系列内部各矿床类型间的时空、物质和成因联系；陈毓川等（1994）提出了矿床成矿系列类型的概念；陈毓川等（2003）对矿床成矿系列在区域内的演化归结为成矿谱系，在应用方面逐步提出了"全位成矿与缺位找矿"的理念。1999 年中国开始进行成矿体系研究，构筑了中国大陆成矿体系（陈毓川等，2007），这是成矿系列理论的重要发展与创新。青海省成矿系列研究起步较晚，研究相对薄弱。赵俊伟（2008）对青海东昆仑造山带造山型金矿床成矿系列进行了研究，在确定各典型金矿成矿深度的基础上，首次建立了该区造山型金矿床由浅成（苦海）—中浅（大场、东大滩）—中深成（开荒北、五龙沟、纳赤台）的金矿地壳连续成矿模式，总结了东昆仑造山带造山型金矿成矿系列。潘彤和王福德（2018）结合多年地质工作成果和经验，初步划分出青海省金矿成矿系列，共有 20 个成矿系列（组），提升了对金矿成矿理论的认识。根据陈毓川等（2007）对成矿体系概念的界定，笔者认为青海成矿体系是指青海境内各个主要阶段不同地质-成矿作用所形成的矿床（点）及其与成矿作用密切相关的地质要素共同构成的有机整体，以及它们在四维时空中的分布规律。有机整体是事物的本质属性，包括了与成矿作用密切相关的地质要素；分布规律是成矿时、空域及与成矿物质之间的相互关系。程裕淇等（1979，1983）初论和再论矿床成矿系列问题，奠定了成矿系列理论基础；陈毓川等（2006）三论矿床成矿系列问题，进一步完善了成矿系列理论体系，成为国内地学界当前重要的区域成矿规律理论之一。按照程裕淇等（1979，1983）及陈毓川等（2006）建立的矿床成矿系列概念，它是指在一定的地质构造单元和一定的地质历史发展阶段内，与一定的地质成矿作用有关，在不同成矿阶段（期）和不同地质构造部位形成的不同矿种和不同类型，但具有成因联系的一组矿床的自然组合。概括地说，对于每一个具体的矿床成矿系列而言，构造空间、成矿时间、地质成矿作用、元素或矿种的这"四个一"是厘定成矿系列的四要素。

陈毓川等(2006)提出,矿床成矿系列包含5个序次。第1序次:为成矿系列的上层建筑,从不同角度概括成矿系列的组合规律。矿床成矿系列组合,指由不同地质成矿作用各自所形成的矿床成矿系列集合,即与沉积作用、侵入作用、火山作用、变质作用、流体作用、风化作用有关的成矿系列组合等。矿床成矿系列类型,是不考虑时间、空间去研究概括类似地质构造、同类成矿作用,形成的类似的矿床成矿系列的集合,偏重于研究成矿专属性。矿床成矿系列组,研究在一个成矿区(带)内的同一个大地构造旋回活动过程中,在不同阶段、不同大地构造环境条件中(如裂谷环境、小洋盆环境、大洋环境、岛弧环境、碰撞造山环境等)形成的各种成矿系列的组合。第2序次:矿床成矿系列是基础,重点强调矿床与矿床之间的相关性。概括地说,对于每一个具体的矿床成矿系列而言,构造空间、成矿时间、地质成矿作用、元素或矿种的这"四个一"是厘定成矿系列的四要素。研究成矿系列,时间一般以大地构造旋回为限;空间采用三级构造单元的范围,也就是相当于三级成矿单元[成矿区(带)]范围较为适宜;地质成矿作用通常划分为岩浆成矿作用、沉积成矿作用、变质成矿作用、表生成矿作用、非岩浆-非变质流体成矿作用。青海省金成矿作用有岩浆成矿作用、沉积成矿作用和流体成矿作用3种,并以岩浆成矿作用为主。第3序次:矿床成矿亚系列,一般不需要,但对于地质构造区较大,形成时间相对较长,而不同地段成矿的地质构造条件有一定差异形成的矿床组合构成成矿系列才考虑进一步划分成矿亚系列。第4序次:矿床式是成矿系列或亚系列之下一小组相同类型的矿床,即一定区域内有成因联系的同类型矿床(对指导找矿而言,矿点、矿化点也应考虑在内)。同时,矿床式也是通用矿床类型在一个构造单元或一个成矿单元的表现形式,是进一步总结成矿系列所需要的模块。第5序次:单个矿床作为成矿系列最基本的组成单元(为提高研究的可信度,将矿点、矿化点也纳入研究范围)。

第二节 青海省金矿成矿系列划分

一、金矿成矿系列划分的原则

(1)以中国矿产地质志-省级矿产地质志研编技术要求,确定矿床类型、成矿作用。
(2)以《青海省矿产地质志》统计数据和研究成果为基础。
(3)重点突出金矿种,兼顾重要的共伴生金矿产。
(4)成矿年龄首先采用同位素测年成果,其次与主要构造事件联系推断。
(5)以青海省大地构造五阶段演化为主线,突出青海省不同时段、不同构造环境成矿特色。

二、金矿成矿系列划分的方法

根据《中国成矿体系与区域成矿评价》(陈毓川等,2007)提出的成矿系列含义、序次等进行研编和矿床成矿系列划分。划分为5个序次(层次):矿床成矿系列(组、组合、类型)→矿床成矿系列→矿床成矿亚系列→矿床式(矿床类型)→矿床。矿床成矿系列组的命名采用:成矿省名称＋构造演化时间＋构造旋回名称＋主要或特色矿产(以中大型规模金属矿产为主)＋矿床成矿系列组。

根据金矿成矿系列划分的原则,按照前南华纪基底演化(AnNh)、南华纪—泥盆纪(780～359.6Ma)原特提斯演化(NhD)、石炭纪—二叠纪(359.6～199.6Ma)古特提斯演化(CT)、侏罗纪—白垩纪(199.6～65.0Ma)特提斯演化(JK)和古近纪—第四纪(65.0Ma至现今)高原隆升演化(EQ)共5个大地构造旋回,根据每个大地构造旋回特点,划分为前南华纪基底演化、寒武纪—奥陶纪原特提斯洋演化、石炭纪—二叠纪古特提斯洋演化、新生代高原隆升4个成矿构造旋回,前寒武纪成矿期(Pt)、早古生代成矿期(Pz_1)、晚古生代成矿期(Pz_2)、中生代(二叠纪)成矿期(Mz)、新生代(第四纪)成矿期(Cz)5个主成矿期。

三、青海省金矿床成矿系列厘定

以前期研究成果为基础,依据矿床成矿系列内涵,结合青海省地质构造环境、成矿作用,矿床(点)特征及时空分布,以青海省大地构造演化旋回为主线,根据厘定出来的成矿构造旋回、成矿期,划分出青海省金矿成矿系列组5个、成矿系列17个、成矿亚系列19个、矿床式20个(表5-1、表5-2,图5-1)。

表5-1 青海省金矿成矿系列

地质时代		成矿省					大地构造演化
		祁连成矿省	柴周缘成矿省	西秦岭成矿省	巴颜喀拉成矿省	三江成矿省	
新生代(Cz)	第四纪(Q)	祁连地区与第四纪(Q)青藏高原隆升环境沉积作用有关的砂金(铂)矿床成矿系列	东昆仑地区与第四纪(Q)青藏高原隆升环境沉积作用有关的砂金矿床成矿系列	西秦岭地区与第四纪(Q)青藏高原隆升环境沉积作用有关的砂金矿床成矿系列	巴颜喀拉地块与第四纪(Q)青藏高原隆升环境沉积作用有关的砂金矿床成矿系列	三江地区与第四纪(Q)青藏高原隆升环境沉积作用有关的砂金矿床成矿系列	高原隆升阶段
	新近纪(N)						
	古近纪(E)						
中生代(Mz)	白垩纪(K)						特提斯洋演化阶段
	侏罗纪(J)						
	三叠纪(T)		东昆仑地区与三叠纪(T)火山沉积断陷盆地陆相火山作用有关的金矿床成矿系列	西秦岭地区与三叠纪(T)弧后前陆盆地含矿流体作用有关的金矿床成矿系列	巴颜喀拉地区与三叠纪(T)活动陆缘俯冲增生杂岩楔含矿流体作用有关的金矿床成矿系列		古特提斯洋演化阶段
			东昆仑地区与三叠纪(T)碰撞造山环境岩浆热液作用、接触交代作用有关的金(铁铅锌铜)矿床成矿系列	西秦岭地区与三叠纪(T)陆内盆地岩浆热液作用、接触交代作用有关的金矿床成矿系列	巴颜喀拉地区与三叠纪(T)活动陆缘俯冲增生杂岩楔岩浆热液作用有关的金矿床成矿系列		
晚古生代(Pz₂)	二叠纪(P)				阿尼玛卿地区与石炭纪—二叠纪(CP)俯冲环境海相火山作用有关的金(铜钴)矿床成矿系列		
	石炭纪(C)						
	泥盆纪(D)	祁连地区与志留纪—泥盆纪(SD)碰撞造山环境岩浆热液作用有关的金矿床成矿系列	柴周缘地区与志留纪—泥盆纪(SD)碰撞造山环境岩浆作用有关的金矿床成矿系列				
	志留纪(S)						
早古生代(Pz₁)	奥陶纪(O)	祁连地区与寒武纪—奥陶纪(∈O)俯冲环境海相火山作用有关的金矿床成矿系列	东昆仑地区与寒武纪—奥陶纪(∈O)俯冲环境海相火山作用有关的金(铜-钴)矿床成矿系列				原特提斯洋演化阶段
	寒武纪(∈)						
	震旦纪(Z)						
前寒武纪(Pt)	南华纪(Nh)						基底演化阶段
	青白口纪(Qb)						
	蓟县纪(Jx)		柴周缘地区与基底演化阶段(AnNh)沉积-变质、岩浆作用有关的金矿床成矿系列				
	长城纪(Ch)						
	古元古代(Pt₁)						

图例:沉积热液叠加改造型 | 海相火山岩型 | 岩浆热液型和接触交代型 | 浅成中低温热液型 | 陆相火山岩型 | 机械沉积型

第五章 青海省金矿成矿系列研究

表 5-2 青海省金矿床成矿系列表

成矿省	矿床成矿系列组	矿床成矿系列	矿床成矿亚系列	矿床式	代表性矿床（点）
祁连成矿省（Ⅱ₁）	祁连地区与原特提斯洋演化成矿阶段（NhD）岩浆、沉积作用有关的金（铜）矿床成矿系列组	祁连地区与寒武纪—奥陶纪（∈O）俯冲环境海相火山作用有关的金矿床成矿系列	北祁连地区与寒武纪（∈）陆缘裂谷海相火山作用有关的金（铜）矿床成矿亚系列	铜厂沟式铜金矿	泉儿沟金矿点、拴羊沟金矿点、下佃沟金矿点
			南祁连地区与寒武纪（∈）洋内弧海相火山作用有关的金矿床成矿亚系列	南天重峡式金矿床	槽子沟金矿点、硖门矿点
			北祁连地区与奥陶纪（O）弧后盆地环境的金矿床成矿亚系列	松树南沟式金矿	陇孔沟金矿床、红川金矿床、扎麻图金矿床
		祁连地区与志留纪—泥盆纪（SD）碰撞造山环境岩浆热液作用有关的砂金矿床成矿系列	祁连地区与志留纪—泥盆纪（SD）碰撞造山环境岩浆热液作用		巴拉哈图矿床、夏格曲金矿床、中铁穆勒金矿点
	祁连地区与第四纪（Q）青藏高原隆升环境沉积作用有关的砂金（铂）矿床成矿系列		北祁连地区与第四纪（Q）冲洪积沉积作用有关的砂金（铂）矿床成矿亚系列	洪水梁式砂金（铂）矿	白沙沟砂金（铂）矿点、黑河上游砂金（铂）矿点、小沙龙沟砂金（铂）矿床、红土沟砂金（铂）矿床、天明河式砂金矿床
			南祁连地区与第四纪（Q）冲洪积沉积作用有关的砂金矿床成矿亚系列	高庙式砂金矿	雅沙沟金矿床、大梁金矿点、岗沟金矿床
柴周缘成矿省（Ⅱ₂）	柴周缘地区与基底演化阶段（AnNh）沉积-变质、岩浆作用有关的金矿床成矿系列		柴北缘地区中新元古代陆缘裂谷沉积-热液叠加改造作用有关的金矿床成矿亚系列	青龙沟式金矿	金红沟金矿床、滩间山金矿床、细晶沟金矿床、青山金矿床
			东昆仑地区中新元古代陆缘裂谷沉积-热液叠加改造作用有关的金矿床成矿亚系列	果洛龙洼式金矿床	按纳格金矿床、阿斯哈金矿床、瓦勒尕尕金矿床
	柴周缘地区与特提斯洋演化阶段（∈D）岩浆作用有关的金矿床成矿系列组	东昆仑地区与寒武纪—奥陶纪（∈O）岛地海相火山作用有关的金（铜-钴）矿床成矿系列	祁漫塔格地区与奥陶纪（O）弧后盆地海相火山作用有关的金（铜）矿床成矿亚系列		东沟金矿点、小盆地南金矿点、十字沟金矿西盆金矿点
			东昆仑南部与奥陶纪—志留纪（OS）周缘前陆盆地海相火山作用有关的金（钴）矿床成矿亚系列	驼路沟式钴金矿床	菜园子沟西矿点、哈拉郭勒金矿点
			阿尔金地区与志留纪（S）碰撞造山环境岩浆侵入作用有关的金矿床成矿亚系列		采石沟金矿床、柴水沟金矿点、南支滩金矿点
	柴周缘地区与志留纪—泥盆纪（SD）碰撞造山环境岩浆作用有关的金矿床成矿系列	柴北缘地区与志留纪—泥盆纪（SD）碰撞造山环境岩浆侵入作用有关的金矿床成矿亚系列		赛坝沟式金矿床	拓新沟金矿床、沙柳泉金矿点、嘎顺金矿点、巴润可万金矿点
			东昆仑地区与志留纪—泥盆纪（SD）碰撞造山环境岩浆侵入作用有关的金矿床成矿亚系列		打柴沟金矿床、水闸西沟金矿点、中支沟金矿点、五龙沟金矿床

续表 5-2

成矿省	矿床成矿系列组	矿床成矿系列	矿床成矿亚系列	矿床式	代表性矿床(点)
柴周缘成矿省(Ⅱ2)	柴周缘地区与古特提斯洋演化阶段(CT)岩浆作用有关的金矿床成矿系列组	东昆仑地区与三叠纪(T)火山沉积断陷盆地环境陆相火山作用有关的金矿床成矿系列		满丈岗式金矿床	日干山金矿点、拿东北金矿点
		东昆仑地区与三叠纪(T)碰撞造山环境岩浆热液作用、接触交代作用有关的金(铁铅锌铜)矿床成矿系列	东昆北与三叠纪(T)接触交代作用有关的金(铁铅锌铜)矿床成矿亚系列	哈西亚图式金(铁铅锌)矿床	肯德可克金(铁铅锌)矿床、它温查汉西金(铁铅锌)矿床、尕林格金(铁铅锌)矿床
			东昆中与三叠纪(T)岩浆侵入作用有关的金矿床成矿亚系列	五龙沟式金矿床	红旗沟-深水潭金矿床、岩金沟金矿床、黑风口金矿床、沙丘沟金矿床、无名沟-百吨沟金矿床、巴隆金矿床、达热尔金矿床
			东昆南与三叠纪(T)岩浆侵入作用有关的金矿床成矿亚系列		大灶火-黑刺沟金矿床、黑刺沟金矿点、小红山北金矿点、纳赤台金矿点、南沟西金矿点
	东昆仑地区与第四纪(Q)青藏高原隆升环境沉积作用有关的砂金矿床成矿系列				托素湖北查卡曲砂金矿点、金矿沟砂金矿点、水塔拉砂金矿点、切毛龙洼砂金矿点、额尔滚赛埃图中游砂金矿点、阿勒坦郭勒砂金矿点
西秦岭成矿省(Ⅱ3)	西秦岭地区与古特提斯洋演化阶段(CT)岩浆作用、含矿流体作用有关的金矿床成矿系列组	西秦岭地区与三叠纪(T)陆内盆地岩浆热液作用、接触交代作用有关的金矿床成矿系列	西秦岭地区与三叠纪(T)周缘前陆盆地岩浆侵入作用有关的金矿床成矿亚系列	瓦勒根式金矿床	直亥买贡玛金矿床、加仓金矿床、拉依沟金矿床、夺确壳金矿床
			西秦岭地区与三叠纪(T)周缘前陆盆地接触交代作用有关的金矿床成矿亚系列	谢坑式铜金矿床	上龙沟金铜矿床、卡加地区金铜矿床、龙德岗西金铜矿床、双朋西金铜矿床、铁吾西金铜矿床
		西秦岭地区与三叠纪(T)弧后前陆盆地含矿流体作用有关的金矿床成矿系列		石藏寺式金锑矿床	浪贝金矿床、显龙沟金矿床、加吾金矿床
	西秦岭地区与第四纪(Q)青藏高原隆升环境沉积作用有关的砂金矿床成矿系列				雪山乡砂金矿点、唐乃亥砂金矿点、沙冬河砂金矿点
巴颜喀拉成矿省(Ⅱ4)	巴颜喀拉地区与古特提斯洋演化阶段(CT)岩浆作用、含矿流体作用有关的金矿床成矿系列组	阿尼玛卿地区与石炭纪—二叠纪(CP)活动陆缘俯冲增生杂岩楔海相火山作用有关的金(铜钴)矿床成矿系列		德尔尼式铜钴(金)矿床	咋布得山梁铜钴(金)矿点、咋布得沟脑铜(金)矿点
		巴颜喀拉地区与三叠纪(T)活动陆缘俯冲增生杂岩楔含矿流体作用有关的金矿床成矿系列		大场式金矿床	扎家同哪金矿床、加给陇洼金矿床、扎拉依陇洼金矿床、稍日哦金矿床、扎拉依金矿床、大东沟金矿床、大场东金矿床
		巴颜喀拉地区与三叠纪(T)活动陆缘俯冲增生杂岩楔岩浆热液作用有关的金矿床成矿系列		东乘贡玛式金矿床	上红科金矿点、青珍金矿点
	巴颜喀拉地区与第四纪(Q)青藏高原隆升环境沉积作用有关的砂金矿床成矿系列			扎朵式砂金矿床	拉浪情曲砂金矿床、折尕考砂金矿床、布曲砂金矿床、德曲-解吾曲砂金矿床
三江成矿省	三江地区与第四纪(Q)青藏高原隆升环境沉积作用有关的砂金矿床成矿系列		金沙江缝合带与第四纪(Q)冲洪积沉积作用有关的砂金矿床成矿系列	扎喜科式砂金矿床	松莫茸砂金矿床、尕何砂金矿点、可涌砂金矿点
			三江造山带与第四纪(Q)冲洪积沉积作用有关的砂金矿床成矿系列		电协陇巴砂金矿点、草曲下游砂金矿床

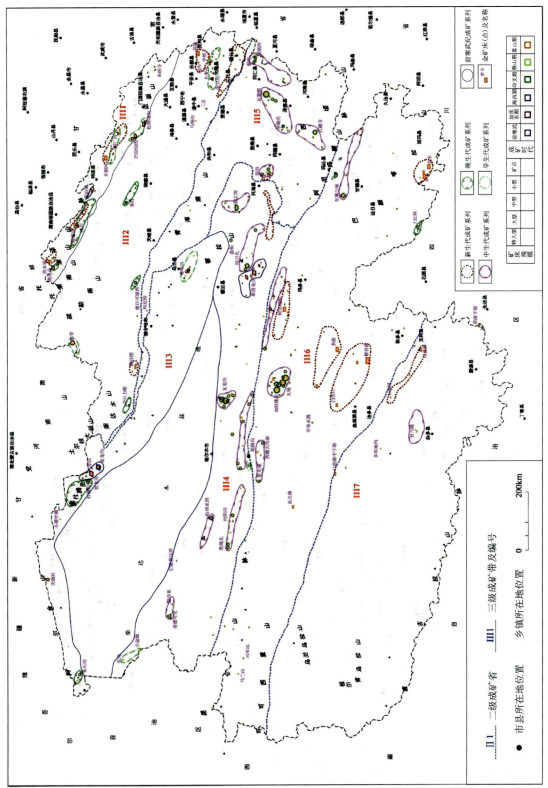

图 5-1 青海省三级成矿带金矿成矿系列分布图

第三节　青海省金矿成矿系列特征

一、北祁连成矿省（Ⅲ1）金矿床成矿系列

根据青海省金矿床成矿系列划分的原则和方法，祁连成矿省厘定出1个矿床成矿系列组、3个矿床成矿系列、5个矿床成矿亚系列、4个矿床式。

（一）祁连地区与原特提斯洋演化成矿阶段（NhD）岩浆、沉积作用有关的金（铜）矿床成矿系列组

1. 祁连地区与寒武纪—奥陶纪（∈O）俯冲环境海相火山作用有关的金矿床成矿系列

该成矿系列分布在北祁连成矿带（Ⅲ1）、中南祁连成矿带（Ⅲ2），对应北祁连造山带、中南祁连造山带。南华纪进入原特提斯洋演化阶段，早中寒武世陆内裂谷环境，晚寒武世陆缘裂谷环境、洋内弧环境，奥陶纪弧后盆地环境，均发育一套火山-沉积岩组合，形成了祁连地区特色的与寒武纪—奥陶纪海相火山作用有关的金矿床成矿系列，可进一步划分为3个成矿亚系列。

1）北祁连与寒武纪（∈）陆缘裂谷海相火山作用有关的金（铜）矿床成矿亚系列

该成矿亚系列分布于北祁连成矿带（Ⅲ1）西山梁-铜厂沟金-（铜）成矿亚带（Ⅳ1），对应走廊南山蛇绿混杂岩带。早古生代是北祁连地质构造发展活跃时期，产生区域性的拉张、裂陷，形成陆缘裂谷、大洋盆地或弧后扩张盆地，火山活动强烈，海相火山岩广泛发育。金共伴生于海相火山岩型矿床中。

【铜厂沟式铜金矿】

成矿区（带）：西山梁-铜厂沟金-（铜）成矿亚带（Ⅳ1）。

含矿建造：裂谷环境基性火山岩。

成矿时代：寒武纪。

矿床类型：海相火山岩型。

矿床（点）实例：泉儿沟金矿点、拴羊沟金矿点、下佃沟金矿点。

简要特征：上寒武统六道沟组中岩组，岩性组合为灰绿色橄榄玄武岩、杏仁玄武岩、蚀变辉石安山岩，紫灰色基性角砾熔岩、凝灰岩夹薄层泥质灰岩、条带状硅质岩。地层构成单斜构造，倾向北东，倾角35°～75°。断裂发育，可分为成矿前和成矿后两种。岩浆岩主要有加里东期蚀变闪长岩及辉长岩、辉石岩、橄榄辉石岩等基性—超基性岩。共圈定铜（金）矿体4个，最长730m，最厚1.97m，铜品位1.0%，伴生金品位0.5g/t。金矿体6个，长度27～268m，厚度0.72～2.50m，平均品位1.08～9.44g/t。矿体呈扁豆状、串珠状、不规则状、脉状等，有分支复合、尖灭再现的现象。矿石类型为金-黄铁矿矿石、金-黄铜矿-黄铁矿矿石、金-方铅矿-闪锌矿-黄铜矿-黄铁矿矿石，工业类型属硫化物石英碳酸盐型金矿石，具粒状结构，浸染状、块状构造，黄铁矿化、硅化、碳酸盐化发育，次为绿泥石化、绢云母化。金资源量932kg。

2）南祁连与寒武纪（∈）洋内弧海相火山作用有关的金矿床成矿亚系列

该成矿亚系列分布于中南祁连成矿带（Ⅲ2）熊掌-尼旦沟金成矿亚带（Ⅳ4），对应党河南山-拉脊山蛇绿混杂岩带。中寒武世，祁连地区进入沟弧盆演化体系，晚寒武世主要在拉脊山一带，陆缘裂谷在拉张作用下，发展为小洋盆，引发强烈的火山活动，火山岩中夹大量陆源碎屑及硅质岩，形成海相火山岩型金（多金属）矿。

【南天重峡式金矿】

成矿区(带):熊掌-尼旦沟金成矿亚带(Ⅳ4)。

含矿建造:洋内弧环境双峰火山岩。

成矿时代:寒武纪。

矿床类型:海相火山岩型。

矿床(点)实例:乐都区槽子沟金矿床、碾民和县金矿床。

简要特征:上寒武统六道沟组中岩组,岩性组合为灰绿色基性—中基性火山岩、基性火山角砾岩、凝灰岩、含铁硅质岩、结晶灰岩。褶皱主要为天重峡向斜,核部由上寒武统六道沟组熔岩组上岩性段阳起石化玄武岩组成,北翼为中、下岩性段,南翼仅出露中岩性段,两翼地层不对称。向斜轴向呈北西西-南东东向延伸,北翼向南南西倾斜,倾角40°~80°,南翼向北北东倾斜,两翼基本对称。金仅赋存在向斜核部地层,形成金矿脉。成矿期断层主要有北西向和北西西向两组,均为压扭性断层,成矿期后断层呈北西向、北北东向延伸。侵入岩有辉石岩、花岗闪长岩、石英闪长岩和闪长岩等。脉岩为斜长花岗斑岩脉。共圈定金矿体49条,长度50~102m,厚度0.73~2.08m,平均品位1.52~7.0g/t。矿体呈不规则脉状。矿石矿物有黄铁矿、黄铜矿、方铅矿、闪锌矿、毒砂,自形—半自形晶粒状、他形不等粒状、碎裂结构,块状、浸染状构造。

3)北祁连与奥陶纪(O)弧后盆地海相火山作用有关的金矿床成矿亚系列

该成矿亚系列分布于北祁连成矿带(Ⅲ1)红川-松树南沟金成矿亚带(Ⅳ2),对应达坂山-玉石沟蛇绿混杂岩带。早奥陶世早期北祁连洋盆演化在走廊一带发育弧后盆地,具浊积岩特征的砂岩、粉砂岩夹硅质岩、灰岩形成于斜坡沟谷沉积环境;靠近达坂山-玉石沟蛇绿混杂岩带,流纹岩、安山岩等中酸性火山岩喷发活动强烈,形成海相火山岩型金矿。

【松树南沟式金矿】

成矿区(带):红川-松树南沟金成矿亚带(Ⅳ2)。

含矿建造:晚奥陶世海相火山沉积岩建造。

成矿时代:奥陶纪。

矿床类型:海相火山岩型。

共(伴)生矿种:金、铅、锌、银、硫。

矿床(点)实例:陇孔沟金矿床、红川金矿床、扎麻图金矿床。

简要特征:出露晚奥陶世中基性火山熔岩和中酸性火山碎屑岩,属海相火山沉积的细碧角斑岩系列,岩性主要为细碧玢岩(部分受动力变质改造成石英绢云母片岩和绢云母绿泥片岩等构造片岩)、石英角斑凝灰岩、细碧质凝灰熔岩、角斑凝灰岩、石英角斑岩等,其中细碧玢岩是最主要的含矿建造。受达坂山深大断裂带影响,加里东晚期北祁连洋壳俯冲使古元古界逆冲于下古生界之上,且形成大量层间挤压破碎带,是含矿主要地质体。岩浆侵入活动以加里东晚期闪长岩和海西-燕山期花岗闪长斑岩为主。细碧岩中金矿体长度50~100m,厚度1.55~4.11m,平均品位4.60~6.60g/t;石英绢云母岩中金矿体长度25~92m,厚度0.76~1.14m,平均品位4.25~14.82g/t,最高达500g/t。矿体形态较复杂,多呈不规则透镜状、脉状,沿走向和倾斜方向均具有膨胀收缩、分支复合的现象,受蚀变岩石中的片理化带、构造挤压带控制,矿体之间多呈平行复脉状或侧幕状斜列式分布。矿石矿物有黄铁矿、黄铜矿、磁铁矿,自形—半自形—他形粒状结构,细脉浸染状构造。围岩蚀变为硅化、绿泥石化、绿帘石化、钾化、绢云母化、碳酸盐化及黄铁矿化。资源量16 546kg。

2.祁连地区与志留纪—泥盆纪(SD)碰撞造山环境岩浆热液作用有关的金矿床成矿系列

该成矿系列分布在祁连成矿省各三级成矿带内,但矿床(点)十分零星。晚古生代持续的造山运动,转化为陆内地质背景,火山活动减弱,岩浆侵入活动增强。志留纪弧陆碰撞提供大量热能引起地壳物质的重熔和地壳结构的改变,形成中酸性同碰撞强过铝花岗岩组合。早中泥盆世进入后碰撞阶段,发育后碰撞高钾钙碱性花岗岩组合,中酸性岩浆侵入活动在局部伸张或挤压作用下预富集、活化、改造Au元素而成矿。矿床(点)实例:巴拉哈图金矿床、夏格曲金矿床、中铁穆勒金矿点;含矿建造:碰撞环境花岗岩；成矿时代：志留纪、泥盆纪；矿床类型：岩浆热液型；共（伴）生矿种：金。

（二）祁连地区与第四纪（Q）青藏高原隆升环境沉积作用有关的砂金（铂）矿床成矿系列

该成矿系列分布在北祁连成矿带（Ⅲ1）、中南祁连成矿带（Ⅲ2），对应北祁连造山带、中南祁连造山带。砂金矿主要分布于黑河-大通河流域、湟水河流域等二级和三级水系冲洪积层、残坡积层，空间分布上与深大断裂带控制关系密切。一方面受深大断裂多期活动影响，产生准平原化作用，地表迁流酸性雨水与地层碱性水融合，有利于金的还原沉积；另一方面在外营力作用下含金构造带易被侵蚀成河谷，可就近补给。砂金矿床（点）伴生其他元素在北祁连和中南祁连具有明显差别，依此可进一步划分为2个成矿亚系列：①北祁连与第四纪（Q）冲洪积沉积作用有关的砂金（铂）矿床成矿亚系列；②南祁连与第四纪（Q）冲洪积沉积作用有关的砂金矿床成矿亚系列。

【洪水梁式砂金（铂）矿】

成矿区（带）：红川-松树南沟金成矿亚带（Ⅳ2）。

含矿建造：冲洪积砂砾石建造。

成矿时代：第四纪。

矿床类型：沉积砂矿型。

共（伴）生矿种：铂、铱。

矿床（点）实例：白沙沟砂金（铂）矿点、黑河上游砂金（铂）矿点、小沙龙沟砂金（铂）矿点、红土沟砂金（铂）矿床、天朋河式砂金矿床。

简要特征：位于托莱山-走廊南山山间断陷盆地中，Ⅰ～Ⅴ级阶地为基座阶地，均有砂铂、金，主要含矿层位为河谷的灰—青灰色砂砾层、Ⅲ级阶地的黄色砂砾黏土层、Ⅳ级阶地的黄色砾石碎石黏土层。金矿体15个，长度3100～5202m，宽度60.6～110.30m，厚度1.52～3.53m。平均品位：砂铂0.001～0.003 6g/m^3，砂金0.181～0.249g/m^3。砂铂矿以亮灰色、六方板状及不规则棱角状为主。金呈金黄色，以不规则状为主，滚圆度差，金成色90.32%～92.30%。资源量435kg。

【高庙式砂金矿】

成矿区带：高庙金成矿亚带（Ⅳ3）。

含矿建造：冲洪积砂砾石建造。

成矿时代：第四纪。

矿床类型：沉积砂矿型。

共（伴）生矿种：锇、铱。

矿床（点）实例：雅沙图金矿床、大梁金矿点、岗沟金矿点。

简要特征：地处西宁-兰州次级坳陷盆地。出露前古生界及加里东期超基性岩、花岗岩。矿区两侧属高中山前缘的侵蚀-剥蚀低山丘陵地貌区，湟水河谷为不对称梯形谷，谷坡发育有Ⅰ～Ⅲ级阶地，支谷沟口有冲积-洪积扇。砂金主要富集于河床、河漫滩的冲积砂砾层下部和底部。主矿体2个。1号矿体长度10 240m，平均宽度145.18m，厚度7.39m，混合砂金平均品位0.182 5g/m^3。2号矿体长度6569m，宽度64.30m，厚度9.50m；混合砂金平均品位0.232 1g/m^3。砂金多呈黄色，以板状为主，次为不规则状、片状、少量粒状、长条状及树枝状。中粗粒状（粒径大于0.5mm），其重量占89.8%。资源量2805kg。

（三）新发现矿床类型进一步工作后有望划分矿床成矿系列

1.南祁连地区与晚中生代陆表海机械沉积作用有关的砾岩型金矿成矿系列

典型矿床为大柴旦镇尕日力根金矿床，矿床类型为机械沉积砾岩型金矿，是青海省近年来新发现的一种特殊金矿类型。赋矿地层为巴音河群勒门沟组，为陆表海砂泥岩夹砾岩建造组合。勒门沟组在早—中二叠世组成了一个完整的海进退积沉积序列，初期的河流相砂砾岩发展成滨海相砂岩、粉砂岩，最后为浅海相碳酸盐岩。

2. 北祁连地区与古—中元古代陆缘裂谷海相火山作用有关的金矿床成矿系列

古—中元古代是秦祁昆造山系基底陆壳成熟阶段,出露托莱南山群、化隆岩群、朱龙关群陆缘海或陆间海火山-沉积组合砂泥质岩-中基性火山岩-镁碳酸盐岩系,吕梁运动区域动力热流变质作用形成以角闪岩相为主的中深变质岩并同期褶皱,古老的火山活动同寒武纪、奥陶纪等时代火山活动一样,可形成独立的金矿。在朱龙关群火山-沉积岩系中保留了省内最早的海相火山岩型金矿(西山梁金矿床)。

二、柴周缘成矿省(Ⅱ2)金矿床成矿系列

根据青海省金矿床成矿系列划分的原则和方法,柴周缘成矿省厘定出2个矿床成矿系列组、7个矿床成矿系列、10个矿床成矿亚系列、8个矿床式。

(一)柴周缘地区与基底演化阶段(AnNh)沉积-变质、岩浆作用有关的金矿床成矿系列

该成矿系列分布在柴北缘成矿带(Ⅲ3)、东昆仑成矿带(Ⅲ4),北祁连成矿带(Ⅲ1)仅发现了西山梁金矿床1处。发现的矿床(点)均经历了元古宙早期沉积地层Au元素的富集乃至成矿,中元古代变质作用进一步叠加并同期形成褶皱,后期热液改造作用,为复合成因的金矿床成矿系列。矿体受层位控制现象十分明显,柴北缘地区、东昆仑地区成矿环境、成矿作用、矿产特征基本类似,根据三级成矿带的不同进一步划分为2个矿床成矿亚系列。

1. 柴北缘地区与中新元古代陆缘裂谷沉积-热液叠加改造作用有关的金矿床成矿亚系列

该成矿亚系列分布在柴北缘成矿带(Ⅲ3)青龙沟-沙柳泉金成矿亚带(Ⅳ7)。受褶皱核部、两翼层位控制,成因类型复杂,经历了中元古代火山沉积,中新元古代褶皱并变质成矿,后经泥盆纪、三叠纪岩浆热液叠加富集。蓟县系万洞沟群浅变质岩系(黑色岩系),总体形成于元古宙陆缘裂谷环境,中新元古代为低角闪岩相—高绿片岩相变质作用,泥盆纪、二叠纪为碰撞造山环境构造岩浆活动。

【青龙沟式金矿】

成矿区(带):青龙沟-沙柳泉金成矿亚带(Ⅳ7)。

含矿建造:浅变质碎屑岩建造。

成矿时代:中元古代。

矿床类型:沉积-热液叠加改造型。

共(伴)生矿种:金。

矿床(点)实例:金红沟金矿床、滩间山金矿床、细晶沟金矿床、青山金矿床。

简要特征:处于青龙沟复向斜核部及两翼,出露中元古界万洞沟群浅变质岩系。矿区构造线总体为北西-南东向,褶皱和断裂十分复杂。从空间上看,大多数金矿体分布于层间褶皱的翼部及其转折端附近,矿体的形态、产状明显受翼部片理化带及后期断裂的控制。褶皱作用形成的次级背斜两翼滑脱层间破碎带是主要赋存部位。矿区见零星的海西期同碰撞造山环境斜长花岗斑岩、石英闪长玢岩、闪长玢岩、花岗斑岩、花岗细晶岩、斜长细晶岩、闪长细晶岩、云煌岩及辉长岩等,对金矿化富集具有叠加作用。分东、西两个矿区。东矿区圈定金矿体3条,主矿体M2长度680m,厚度10m,平均品位7.18g/t,矿石矿物有黄铁矿、毒砂、自然金、粒状、包含结构,稀疏浸染状、线纹状、脉状构造。围岩蚀变为黄铁矿化、硅化、绢云母化、碳酸盐化。资源量24 726kg。

2. 东昆仑地区与中新元古代陆缘裂谷沉积-热液叠加改造作用有关的金矿床成矿亚系列

该成矿亚系列分布在东昆仑成矿带(Ⅲ4)昆中金成矿亚带(Ⅳ10),对应东昆北造山带。中新元古代处于洋盆环境,洋盆扩张发生强烈的火山活动,并伴有泥质岩和硅质岩,形成了金的初始富集成矿。经过中元古代区域变质作用,三叠纪大规模岩浆活动叠加改造二次富集。

【果洛龙洼式金矿】

成矿区(带):昆中金成矿亚带(Ⅳ10)。

含矿建造：浅变质碎屑岩建造。

成矿时代：中元古代。

矿床类型：沉积-热液叠加改造型。

共（伴）生矿种：金。

矿床（点）实例：按纳格金矿床、阿斯哈金矿床、瓦勒尕金矿床。

简要特征：处于区域复式向斜的北翼（倒转翼）。主要出露中新元古界万保沟群含碳绢云/绿泥石英千枚岩、角闪片岩、绿泥石英片岩、千糜岩、硅质岩，地层在矿区内构成走向近东西，向南倾角陡、缓变化大的单斜构造，为区域复式向斜的北翼（倒转翼）。断裂主要为东西向，次为北西向、北东向，控制着水系异常及矿体的分布。基性到中性岩浆岩均有出露，岩性为闪长岩、辉石岩。闪长岩锆石 U-Pb 年龄（202.7±1.5）Ma（肖晔等，2014），后期热液叠加作用明显。圈定金矿体 69 个，长度 40～2600m，厚度 0.51～2.02m，平均品位 1.03～19.66g/t，单样最高 841.0g/t。矿石矿物有银金矿、自然金、黄铜矿、黄铁矿，半自形—他形粒状、填隙、反应边、隐晶状、土状结构，细脉浸染状、晶洞状、斑杂状、块状、网脉状、皮壳状构造。围岩蚀变为硅化、绢云母化、黄铁矿化、绿泥石化。资源量 17 318kg。

（二）柴周缘地区与原特提斯洋演化阶段（NhD）岩浆作用有关的金矿床成矿系列组

1. 东昆仑地区与寒武纪—奥陶纪（∈O）俯冲环境海相火山作用有关的金（铜-钴）矿床成矿系列

该成矿系列分布在东昆仑成矿带（Ⅲ4），对应东昆北造山带。根据东昆仑造山带俯冲-碰撞阶段弧后盆地环境祁漫塔格群和昆南俯冲增生杂岩带周缘前陆盆地环境纳赤台群成矿特征的差别，可进一步划分为 2 个矿床成矿亚系列。

1）祁漫塔格地区与奥陶纪（O）弧后盆地海相火山作用有关的金（铜）矿床成矿亚系列

该成矿亚系列分布在东昆仑成矿带（Ⅲ4），对应东昆北复合岩浆弧。祁漫塔格群早期为半深海斜坡沟谷相碎屑岩组，在小盆地一带为沉积中心，在十字沟蛇绿混杂岩带，含有大量基性、超基性岩组成的蛇绿岩碎块及深水硅质岩。中期为半深海环境火山岩组，火山活动强烈，安山岩-英安岩和流纹岩组合，弧后盆地环境。晚期碳酸盐岩组，沉积物以灰岩为主。矿床（点）实例：东沟金矿点、小盆地南金矿点、十字沟西岔金矿点。

2）东昆仑南部与奥陶纪—志留系（OS）周缘前陆盆地海相火山作用有关的金（钴）矿床成矿亚系列

该成矿亚系列分布在东昆仑成矿带（Ⅲ4）昆南金成矿亚带（Ⅳ11），对应马尔争蛇绿混杂岩带。纳赤台群沉积早期为活动陆缘环境，晚期则为较稳定的周缘前陆盆地环境。早期蛇绿岩混杂岩以玄武岩为主，下碎屑岩组所代表的蛇绿混杂岩以砂岩为主，具浊积岩沉积特点，为半深海斜坡沟谷沉积。火山岩组玄武岩、细碧岩，局部夹硅质岩，海山玄武岩。晚期上碎屑岩组为细碎屑岩浊积岩夹硅质岩、灰岩。

【驼路沟式钴金矿】

成矿区（带）：昆南金成矿亚带（Ⅳ11）。

含矿建造：晚奥陶世海相火山沉积岩建造。

成矿时代：奥陶纪。

矿床类型：海相火山岩型。

共（伴）生矿种：金、钴。

矿床（点）实例：菜园子沟西金矿点、哈拉郭勒金矿点。

简要特征：地处马尔争蛇绿混杂岩带，出露纳赤台群海相碎屑岩、火山岩-碳酸盐岩建造，下部碎屑岩组分 4 个岩性段，自下而上为碳质板岩、千枚岩第一岩性段，绢云石英片岩第二岩性段，绿泥绢云石英片岩夹石英钠长岩第三岩性段，绢云石英片岩夹砾岩第四岩性段。第三岩性段是赋矿层位。受印支-燕山期南北向挤压作用的影响，构造线呈东西向展布，其内褶皱、韧性剪切带发育。岩浆活动极其微弱。变质作用主要是区域变质作用和动力变质作用，对地层中 Co、Au 元素再次改造、富集成矿。圈定钴金矿体 14 个，长度 178～882m，厚度 1.41～4.41m，平均品位 Co 0.025%～0.085%，伴生金 0.37g/t。矿石类型可分为黄铁矿化石英钠长岩钴矿石、块状黄铁矿钴矿石、黄铁矿化绿泥绢云石英片岩钴矿石，其中前者占70%,中者占25%,后者占5%。矿石呈自形粒状、半自形—他形粒状、自形柱状结构,浸染状、斑杂状、条带褶皱、块状构造。矿石矿物主要有黄铁矿、黄铜矿、斑铜矿、硫钴矿、硫铜钴矿、硫锑铅矿、闪锌矿、毒砂和褐铁矿等;脉石矿物有石英、绢云母、白云母、绿泥石、黑云母、斜长石及电气石等。资源储量Co 2165t,Au 160kg。

2. 柴周缘地区与志留纪—泥盆纪(SD)碰撞造山环境岩浆作用有关的金矿床成矿系列

该成矿系列分布在柴北缘成矿带(Ⅲ3)、东昆仑成矿带(Ⅲ4),对应柴北缘造山带、东昆仑造山带。志留纪—泥盆纪洋盆消亡,弧-陆、陆-陆碰撞,右行走滑型韧性剪切带形成,部分洋壳物质及高压—超高压岩石挤入到地壳浅部。碰撞作用形成的花岗闪长岩、钾长花岗岩,产出金矿床(点),以大柴旦镇金龙沟金矿床个别矿体、细金沟金矿床等为代表,形成了与海西期碰撞环境花岗岩有关的金矿。可进一步划分为3个成矿亚系列。

1) 阿尔金地区与志留纪(S)碰撞造山环境岩浆侵入作用有关的金矿床成矿亚系列

该成矿亚系列分布在柴北缘成矿带(Ⅲ3)阿尔金金成矿亚带(Ⅳ6),对应柴北缘造山带滩间山岩浆弧。出露古元古界达肯大坂岩群,中—新元古界蓟县系万洞沟群。区域性北东东向构造发育,形成宽100~500m的韧性剪切带。志留纪区域性中酸性岩浆活动强烈,在断裂形成的破碎蚀变带或韧性剪切带中富集成矿。矿床(点)实例:采石沟金矿床、柴水沟金矿点、柴水沟西金矿点。

2) 柴北缘地区与志留纪—泥盆纪(SD)碰撞造山环境岩浆侵入作用有关的金矿床成矿亚系列

该成矿亚系列分布在柴北缘成矿带(Ⅲ3)骆驼泉-赛坝沟金成矿亚带(Ⅳ8),对应柴北缘造山带滩间山岩浆弧。晚古生代—早中生代,陆内造山作用产生强烈的构造岩浆活动,海西期花岗闪长岩、钾长花岗岩与金矿关系密切,形成与花岗岩类有关的金矿床,矿床类型以岩浆热液型为主。

【赛坝沟式金矿床】

成矿区带:骆驼泉-赛坝沟金成矿亚带(Ⅳ8)。

含矿建造:加里东期的斜长花岗岩,韧性剪切带。

成矿时代:志留纪。

矿床成因:岩浆热液型。

共(伴)生矿产:银。

矿床(点)实例:拓新沟金矿床、沙柳泉金矿点、南戈滩金矿点、嘎顺金矿点、巴润可万金矿点。

简要特征:矿区外出露奥陶系滩间山群火山岩相黑云石英片岩组、角闪片岩组,矿区内除第四系外没有其他地层出露。北西向断裂发育,形成较早、演化复杂,走向多在290°~330°范围内密集平行展布,具有一定的斜列性,断面呈舒缓波状延伸,倾向在地表多向南西倾斜,但向深部逐渐变为北东—北北东倾向,倾角一般较陡,一般在60°~70°之间,局部近于直立,性质以压性、压扭性为主,宽多在0.5~4m之间,长度750~1500m的破碎带,金矿体赋存其中,并严格受其控制。断裂既有明显的韧性变形特征,又有明显的脆性变形特征,是一条非常典型的韧-脆性断裂带,主要经历了早期韧性、晚期脆性变形及后期的改造破坏3个阶段,叠加于早期韧性剪切带之上的晚期脆性破碎带是矿脉的主要产出位置。海西期岩浆活动极为强烈,岩石类型有蛇纹石化橄榄岩、辉石岩、辉长岩、闪长岩、斜长花岗岩、花岗岩、钾长花岗岩等,斜长花岗岩是主要赋矿围岩。圈定金矿体25个,长度33.0~214.4m,厚度0.9~3.35m,平均品位3.92~12.79g/t。矿石矿物有自然金、银金矿、黄铁矿,交代、胶状、碎裂、粒状鳞片变晶结构,稀疏浸染、脉状、片状构造。围岩蚀变为黄铁绢英岩化、硅化。金资源量2912kg。

3) 东昆仑地区与志留纪—泥盆纪(SD)碰撞造山环境岩浆侵入作用有关的金矿床成矿亚系列

该成矿亚系列分布于东昆仑成矿带(Ⅲ4)昆中金成矿亚带(Ⅳ10),对应东昆仑造山带鄂拉山岩浆弧。中志留世开始进入陆陆碰撞阶段,形成同碰撞花岗岩;早中泥盆世为后碰撞阶段,多发育后碰撞花岗岩;晚泥盆世为后造山阶段。花岗岩类与围岩地层作用,在断裂破碎带内成矿。矿床(点)实例:打柴沟金矿床,水闸西沟、中支沟、五龙沟东金矿点。

(三)柴周缘地区与古特提斯洋演化阶段(CT)岩浆作用有关的金矿床成矿系列组

1. 东昆仑地区与二叠纪(T)火山沉积断陷盆地陆相火山作用有关的金矿床成矿系列

该成矿系列分布于东昆仑成矿带(Ⅲ4)昆中金成矿亚带(Ⅳ10),对应东昆仑造山带鄂拉山岩浆弧。与晚三叠世陆相火山喷发作用有关,火山岩为同碰撞高钾钙碱性火山岩构造岩石组合,火山沉积断陷盆地环境。

【满丈岗式金矿】

成矿区(带):昆仑金成矿亚带(Ⅳ10)东昆仑造山带。

含矿建造:三叠纪陆相火山沉积岩建造。

成矿时代:三叠纪。

矿床类型:陆相火山岩型。

共(伴)生矿种:金、铅、锌、银、硫。

矿床(点)实例:日干山金矿点、拿东北金矿点。

简要特征:处于鄂拉山岩浆弧。主要出露中三叠统古浪堤组板岩、粉砂岩夹细砂岩,上三叠统鄂拉山组酸性火山岩组陆相火山喷发的酸性火山碎屑岩、熔岩夹中酸性火山碎屑岩。鄂拉山组为含矿层位,玻屑晶屑凝灰岩是主要的含矿岩性,次为晶屑凝灰岩、流纹质凝灰岩,局部为凝灰质熔岩、角砾状熔岩,硅化和黄铁矿化普遍,倾向一般240°~270°,倾角54°~68°,厚度大于600m。北西向、北北西向、近南北向及北东向断裂发育,多期活动,纵横交错。中细粒黑云母花岗闪长岩、似斑状花岗岩等侵入活动强烈。圈定金矿体24个,长度50~212m,厚度1.92~4.71m,平均品位4.38~7.23g/t。矿体呈似层状。矿石矿物有毒砂、黄铁矿、钛铁矿、磁铁矿、黄铜矿,自形—半自形—他形粒状、压碎、交代结构,浸染状、脉状、泥状、角砾状、块状构造。围岩蚀变为硅化、黄铁矿化、碳酸岩化、绿泥石化、高岭土化。资源量23 954kg。

2. 东昆仑地区与三叠纪(T)碰撞造山环境岩浆热液作用、接触交代作用有关的金(铁铅锌铜)矿床成矿系列

该成矿系列分布于东昆仑成矿带(Ⅲ4),对应东昆仑造山带。早三叠世昆南洋壳向北俯冲,沉积厚数千米的类复理石、火山岩夹碳酸盐岩建造。中三叠世晚期—晚三叠世进入后碰撞阶段,在东昆仑地区东段中性—酸性岩浆侵入活动强烈,斑岩型、矽卡岩、热液型矿产成矿事实较多,是主要成矿期。晚三叠世盆-山转换继承性发展形成陆相火山岩盆地,火山口或火山机构内金银成矿较好。可进一步划分为3个矿床成矿亚系列。

1)东昆北与三叠纪(T)接触交代作用有关的金(铁铅锌铜)矿床成矿亚系列

该成矿亚系列分布于东昆成矿带(Ⅲ4)昆北金成矿亚带(Ⅳ9),对应东昆仑造山带昆北复合岩浆弧。元古宙为陆缘裂谷环境。造山期以寒武纪和奥陶纪沉降作用为主导,志留纪隆升作用主导。印支期花岗岩类为主的侵入岩发育,与碳酸盐岩层接触交代形成矽卡岩型矿床。

【哈西亚图式金(铁铜)矿】

成矿区(带):昆北金成矿亚带(Ⅳ9)。

含矿建造:碳酸盐岩建造、火山岩建造,中酸性侵入岩。

成矿时代:三叠纪。

矿床类型:接触交代型。

共(伴)生矿种:铁、铅、锌、银、硫。

矿床(点)实例:肯德可克金(铁铅锌)矿床、它温查汉西金(铁铅锌)矿床、尕林格金(铁铅锌)矿床。

简要特征:出露金水口岩群下岩组中深变质的斜长片麻岩、大理岩、矽卡岩。北西—北西西向、北东—北东东向、东西向断裂活动生成于海西期或更早,印支-燕山期复活、发展、壮大,沿断裂有石英正长岩脉、细粒花岗岩脉贯入,海西期灰白色闪长岩、石英闪长岩、浅肉红色二长花岗岩及灰白色钾长花岗岩发育。圈定铁金铜矿体2个,主矿体长度600m,厚度5.06m,平均品位:TFe 30.84%、Au 4.61g/t、Cu 0.60%。矿石矿物有磁铁矿、磁黄铁矿、黄铁矿、黄铜矿、闪锌矿、方铅矿,呈半自形粒状、不规则状、交

代、包裹结构,块状、稠密浸染状、星散状—星点状、条带状构造。围岩蚀变为矽卡岩化、硅化、碳酸盐化、黄铁矿化。资源量 9579kg。

2) 东昆中与三叠纪（T）岩浆侵入作用有关的金矿床成矿亚系列

该成矿亚系列分布于东昆仑成矿带（Ⅲ4）昆中金成矿亚带（Ⅳ10），对应东昆仑造山带昆北复合岩浆弧。出露元古宇，造山期后接受晚泥盆世、石炭纪、早二叠世的沉积，印支期碰撞造山环境岩浆侵入活动强烈，受闪长岩类和花岗岩类侵入作用影响，在区域性断裂派生的北西向、北东向、近东西向及近南北向次级断裂带内成矿。

【五龙沟式金矿】

成矿区（带）：昆中金成矿亚带（Ⅳ10）。

含矿建造：中酸性侵入岩。

成矿时代：三叠纪。

矿床类型：岩浆热液型。

共（伴）生矿种：铅、锌、银。

矿床（点）实例：红旗沟-深水潭金矿床、岩金沟金矿床、黑风口金矿床、沙丘沟金矿床、无名沟-百吨沟金矿床、巴隆金矿床、达热尔金矿床。

简要特征：出露古元古界金水口岩群、长城系小庙岩组、青白口系丘吉东沟组、奥陶系祁漫塔格群变火山岩组。北西向、近南北向和北西西向断裂活动强烈，形成系列断裂破碎带，带内断层泥、构造角砾岩、构造挤压透镜体、糜棱岩、碎裂岩发育。岩浆活动以新元古代、泥盆纪及三叠纪中性—酸性岩浆侵入为主。火山活动主要为新元古代中性火山喷发，沿Ⅺ号主干断裂为中心的裂陷槽谷呈线型裂隙式喷发，至少有4个喷发旋回。区域动力热液变质作用使金活化、迁移、富集，形成了硅化、绢云母化、高岭土化及碳酸盐化。划分为5个矿段，红旗沟矿段圈定金矿体53条，黄龙沟段圈定金矿体80条，黑石沟段圈定金矿体15条，水闸东沟段圈定金矿体24条。规模最大矿体长度880m，厚度 0.84~40.94m，平均品位 3.41g/t，含矿岩性以碎裂岩、糜棱岩为主，少量硅化凝灰质板岩、硅质板岩、碎裂状蚀变闪长岩。矿石矿物有黄铁矿、毒砂、黄铜矿、方铅矿、闪锌矿、磁黄铁矿，半自形—自形柱粒状、鳞片变晶、交代、压碎、包含结构，浸染状、细脉状、网脉状构造及角砾状构造次之。围岩蚀变有硅化、绢云母化、高岭土化、黄铁矿化。资源量 36 196kg。

3) 东昆南与三叠纪（T）岩浆侵入作用有关的金矿床成矿亚系列

该成矿亚系列分布于东昆仑成矿带（Ⅲ4）昆南金成矿亚带（Ⅳ11），对应东昆南俯冲增生杂岩带。出露元古宙块体或残留体。造山期由沉降作用为主的寒武系、奥陶系和隆升作用主导的志留系所组成。造山期后的盖层沉积开始于石炭系，沉积至二叠纪，三叠纪碰撞造山环境花岗岩类岩浆活动强烈，在先期断裂带内成矿。矿床（点）实例：大灶火-黑刺沟金矿床、黑刺沟金矿点、小红山北金矿点、纳赤台金矿点、南沟西金矿点。

（四）东昆仑地区与第四纪（Q）青藏高原隆升环境沉积作用有关的砂金矿床成矿系列

该成矿系列分布于东昆仑成矿带（Ⅲ4）昆南金成矿亚带（Ⅳ11），对应东昆南俯冲增生杂岩带。砂金主要分布于兴海地区第四系，全为陆相，残坡积、冲积、洪积、风积、湖积、沼泽沉积、化学沉积、冰碛、冰水沉积均有发育。沉积型砂金矿产于上更新统、全新统。矿床（点）实例：托素湖北查卡曲砂金矿点、金矿沟砂金矿点、水塔拉砂金矿点、切毛龙洼砂金矿点、额尔滚赛埃图中游砂金矿点、阿勒坦郭勒砂金矿点。

三、西秦岭成矿省（Ⅱ3）金矿床成矿系列

该成矿系列根据青海省金矿床成矿系列划分的原则和方法，西秦岭成矿省厘定出1个矿床成矿系列组、3个矿床成矿系列、2个矿床成矿亚系列、3个矿床式。

(一)西秦岭地区与古特提斯洋演化阶段(CT)岩浆作用、含矿流体作用有关的金矿床成矿系列组

1. 西秦岭地区与三叠纪(T)陆内盆地岩浆热液作用、接触交代作用有关的金矿床成矿系列

该成矿系列分布于西秦岭金成矿带(Pz_1、Cz)(Ⅲ5),对应西秦岭造山带。印支-燕山旋回中晚三叠世侵入岩浆活动,为与洋俯冲有关的花岗岩组合、后碰撞构造花岗岩组合,偏铝质、过铝质钙碱性系列。矿床赋存在一定层位,受构造带控制,远离岩浆岩但又具有岩浆热液成矿作用。与二叠纪碳酸盐岩层位接触时,形成接触交代(矽卡岩)型矿床;产于构造破碎带等层位中时,形成岩浆热液矿床。成矿时代为三叠纪,陆内盆地环境。可进一步划分为2个矿床成矿亚系列。

1)西秦岭地区与三叠纪(T)周缘前陆盆地环境岩浆侵入作用有关的金矿床成矿亚系列

该成矿亚系列分布在西秦岭金成矿带(Pz_1、Cz)(Ⅲ5)瓦勒根-石藏寺金成矿亚带(Ⅳ13),对应泽库复合型前陆盆地。晚三叠世花岗闪长岩和岩脉产出的黑云母斜长花岗岩脉、花岗闪长岩脉,燕山期石英斑岩体等对金成矿具有重要的控制作用,在俯冲碰撞造山作用南北向挤压应力产生的纵向(东西向)断裂、节理裂隙和北西向断裂形成的断裂-裂隙系统中叠加富集。

【瓦勒根式金矿】

成矿区(带):瓦勒根-石藏寺金成矿亚带(Ⅳ13)。

含矿建造:砂板岩、浊积岩建造。

成矿时代:三叠纪。

矿床类型:岩浆热液型。

共(伴)生矿种:金。

矿床(点)实例:直亥买贡玛金矿床、加仓金矿床、拉依沟金矿床、夺确壳金矿床。

简要特征:出露下中三叠统隆务河组和古浪堤组。隆务河组为一套巨厚的浊流复理石碎屑沉积建造,是金的主要赋矿层位。区域构造线总体方向为北西-南东向,矿区近东西向占主导。印支晚期—燕山期石英闪长岩、石英斑岩、黑云母煌斑岩脉、石英脉发育。其中,石英闪长岩是晚三叠世的产物,分布于矿区压扭性断裂旁侧,顺层侵入于下—中三叠统隆务河组第三岩性段中,多以岩株、岩枝、岩脉产出,在岩体中发育后期断裂破碎带,其中北西向断裂破碎带中普遍含有金矿化。圈定金矿体41个,长度615~800m,厚度0.88~11.47m,平均品位1.83~3.13g/t。矿石矿物有黄铁矿、毒砂、磁黄铁矿,自形—半自形晶粒状、压碎、交代残余结构,细脉状、浸染状、角砾状构造。围岩蚀变为硅化、黄铁矿化、毒砂矿化。金资源量33.58t。

2)西秦岭地区与三叠纪(T)周缘前陆盆地接触交代作用有关的金矿床成矿亚系列

该成矿亚系列分布在西秦岭金成矿带(Pz_1、Cz)(Ⅲ5)谢坑-双朋西金成矿亚带(Ⅳ12),对应西倾山被动陆缘。以石炭纪—二叠纪地层为主,陆块稳定区,多为缓坡—斜坡相、开阔台地相碳酸盐岩建造组合,少量陆源碎屑岩沉积。三叠纪周缘前陆盆地环境的中酸性花岗岩与二叠纪碳酸盐岩建造组合接触交代,形成一系列的矽卡岩型铜金多金属矿床。

【谢坑式铜金矿】

成矿区(带):谢坑-双朋西金成矿亚带(Ⅳ12),对应泽库复合型前陆盆地。

含矿建造:碳酸盐岩、碎屑岩建造,闪长岩、花岗闪长岩、花岗岩,北西-南东走向断裂构造。

成矿时代:三叠纪。

矿床类型:接触交代型。

共(伴)生矿种:金、铅、锌、铜。

矿床(点)实例:上龙沟金铜矿床、卡加地区金铜矿床、龙德岗西金铜矿床、双朋西金铜矿床、铁吾西金铜矿床。

简要特征:出露下—中二叠统大关山组,位于矿区中部,总体展布呈北西西-南东东向的不规则条带状,岩性为灰白—灰色厚层状砂砾岩、砾状灰岩、粗粒钙质石英砂岩含大理岩、细砂岩,灰黑色斑点、条带

状钙泥质粉砂岩和钙泥质板岩夹大理岩透镜体,地表出露厚度为450~800m,与成矿关系密切。地层构成轴向北东的不对称背斜构造(刚察复式背斜),核部被刚察岩体占据,横向上发育次级倒转褶曲,如谢坑倒转背斜,轴向300°,向南西倒转,倾角38°~64°,金铜矿体位于其核部。断裂构造发育,主体呈北西-南东走向,与地层走向一致,倾向南,长达18km,为压扭性逆断层,部分为层间滑动断裂,属于重要的控矿或容矿断裂。岩浆岩体为刚察复式岩体,呈北西-南东向带状分布,长约12km,宽约3km,由闪长岩、花岗闪长岩、花岗岩组成,呈岩枝产出,侵入时代为中三叠世。侵入岩出露面积约占矿区面积的1/2,在与大关山组碳酸盐岩接触带及附近常形成矽卡岩。圈定金矿体6个,铜矿体22个,铜金矿体28个。长度45~55m,厚度3.5~7m,Au品位9.71g/t,Cu品位2.00%。矿体形态呈透镜状、囊状。矿石矿物有黄铁矿、黄铜矿,粒状结构,块状、角砾状、蜂窝状构造。资源量2383kg。

2. 西秦岭地区与三叠纪(T)弧后前陆盆地含矿流体作用有关的金矿床成矿系列

该成矿系列分布在西秦岭金成矿带(Pz_1、Cz)(Ⅲ5)瓦勒根-石藏寺金成矿亚带(Ⅳ13),对应泽库复合型前陆盆地。早—中三叠纪浊流复理石碎屑沉积形成浊流沉积盆地。盆地沉降、压实形成流体能,构成流体自驱动系统,在三叠系隆务河组浊积岩系中形成有利岩层,具明显的矿源层控矿作用。

【石藏寺式金锑矿床】

成矿区(带):瓦勒根-石藏寺金成矿亚带(Ⅳ13)。

含矿建造:浊积岩建造。

成矿时代:三叠纪。

矿床类型:浅成中低温热液型。

共(伴)生矿种:金、锑。

矿床(点)实例:浪贝金矿床、显龙沟金矿床、加吾金矿床。

简要特征:出露地层为三叠系隆务河组,呈东西向展布。下岩组第一岩性段为灰色、青灰色千枚状板岩,粉砂质板岩夹薄层变质长石砂岩;第二岩性段为灰色、暗灰色千枚状板岩、粉砂质板岩与灰色、灰黄色中细粒长石砂岩互层,是主要的含矿层位。上岩组为灰色、灰黄色、青灰色变质粉砂岩,青灰色变质细粒长石石英砂岩与青灰色泥岩、粉砂质板岩互层。矿区位于多尔根背斜构造南翼,断裂极为发育,多呈北东东向、东西向或近东西向展布,多顺层发育,为压扭性。岩浆活动不强烈,主要为黑云母斜长花岗岩脉。断裂带内石英脉与金矿化最为密切,凡碎裂石英脉,均具金矿化或含量高显示。圈定金矿体9个,长度40~1300m,厚度0.93~5.74m,平均品位:Au 4.81g/t,Sb 2.18%。矿体形态多数为透镜状,个别呈似层状。矿石类型按含矿岩性分,以碎裂岩型金矿石为主,但石英脉型金矿石品位高;按有用矿物组合分,以毒砂黄铁矿辉锑矿金矿石为主,毒砂黄铁矿金矿石、黄铁矿金矿石次之。矿石矿物有自然金、辉锑矿,半自形—自形晶粒状、他形粒状、填隙结构,角砾状、浸染状构造。围岩蚀变为硅化、绢云母化、黄铁矿化。资源量6773kg。

(二)西秦岭地区与第四纪(Q)青藏高原隆升环境沉积作用有关的砂金矿床成矿系列

该成矿系列分布在西秦岭金成矿带(Pz_1、Cz)(Ⅲ5)瓦勒根-石藏寺金成矿亚带(Ⅳ13),对应泽库复合型前陆盆地。第四纪断陷盆地内早更新世河—湖相巨厚砂砾层堆积,多形成开阔河套多级阶地。河流阶地及其沉积物发育,但河漫滩范围较小,灰—灰褐色粗砂砾结构含有机质、泥质、含植物根系的砂砾层、灰—青灰色巨砾砂砾层和含黏土砂砾层及河漫滩是主要的含矿层。矿床(点)实例:雪山乡砂金点、唐乃亥砂金点、沙冬河砂金点。

四、巴颜喀拉成矿省(Ⅱ4)金矿床成矿系列

根据青海省金矿床成矿系列划分的原则和方法,巴颜喀拉成矿省厘定出1个矿床成矿系列组、4个矿床成矿系列、4个矿床式。

(一)巴颜喀拉地区与古特提斯洋演化阶段(CT)岩浆作用、含矿流体作用有关的金矿床成矿系列组

1. 阿尼玛卿地区与石炭纪—二叠纪(CP)活动陆缘俯冲增生杂岩楔海相火山作用有关的金(铜钴)矿床成矿系列

该成矿系列分布于巴颜喀拉金-(锑-钨-铜-钴)成矿带($Pz_2 Mz$、Cz)(Ⅲ6)阿尼玛卿金-(铜-钴)成矿亚带(Ⅳ14),对应阿尼玛卿-布青山俯冲增生杂岩带。古特提斯洋裂解的本部位于昆南-北羌塘地区,随着裂解作用的增强,马尔争地区的木孜塔格-西大滩-布青山洋,为浅水性质的稳定型陆表海沉积,在地块边缘发育深水性质的活动型火山-沉积组合,同时出现了一些MORS型蛇绿岩(得利斯坦蛇绿岩)和弧盆系体系的SSZ型蛇绿岩,构成分布广泛蛇绿混杂岩,成矿特征明显。

【德尔尼式铜钴(金)矿】

成矿区(带):阿尼玛卿金-(铜-钴)成矿亚带(Ⅳ14)。

含矿建造:碳酸盐岩建造、含蛇绿岩碎片浊积建造、火山岩建造。

成矿时代:早中二叠世。

矿床类型:海相火山岩型。

共(伴)生矿种:铜、钴、锌、硫(银)。

矿床(点)实例:咋布得山梁铜钴(金)矿点、咋布得沟脑铜(金)矿点。

简要特征:出露二叠系马尔争组,岩性为含碳质板岩、凝灰质板岩夹结晶灰岩;矿区位于德尔尼复背斜的南翼,以褶皱、断裂、片理化带、角砾岩带发育为特点;超基性岩类具有侵入作用、海底火山喷发沉积作用两种不同认识,铜矿体主要产于超基性岩带的蛇纹岩中。由于受褶皱构造影响,矿体与地层(或火山岩层)呈同形褶曲状,主要矿体就位于褶皱的轴部及翼部。共圈出4个主矿体及21个小矿体,均呈层状、似层状、透镜状。矿石矿物主要为黄铁矿、黄铜矿、闪锌矿、钴镍黄铁矿。Cu平均品位1.18%,Zn平均品位1.04%,Co平均品位0.092%,S平均品位33%。

2. 巴颜喀拉地区与三叠纪(T)活动陆缘俯冲增生杂岩楔含矿流体作用有关的金矿床成矿系列

该成矿系列分布于巴颜喀拉金-(锑-钨-铜-钴)成矿带($Pz_2 Mz$、Cz)(Ⅲ6)巴颜喀拉金成矿亚带(Ⅳ15),对应巴颜喀拉地块。石炭纪—三叠纪处于洋陆转换阶段,省内的阿尼玛卿运动产生的变形构造,形成了含矿流体作用浅成中—低温热液型金矿。三叠系巴颜喀拉山群构成了主体层位,分布面积十分广泛,沉积厚度上万米,但物质组成却非常简单,几乎全是由砂岩-板岩不均匀互层组成的粗—细浊积岩组合。由于地层厚度巨大,在横向和纵向上的沉积环境有所变化,下—中部的昌马河组和甘德组以活动陆缘俯冲增生杂岩楔环境为主,上三叠统清水河组为周缘前陆盆地环境。含矿层由一套半深海环境碎屑浊积岩组成,在地热驱动下,大气水、深部岩层水与部分岩浆水混合,循环萃取岩层中的成矿物质,形成含矿热卤水并沿深大断裂运移,形成省内独具特色的金(锑)矿床。

【大场式金矿】

成矿区(带):巴颜喀拉金成矿亚带(Ⅳ15)。

含矿建造:类复理石。

成矿时代:三叠纪。

矿床类型:浅成中低温热液型。

共(伴)生矿种:金、锑。

矿床(点)实例:扎家同哪金矿床、加给陇洼金矿床、扎拉依陇洼金矿床、稍日哦金矿床、扎拉依金矿床、大东沟金矿床、大场东金矿床。

简要特征:出露三叠系巴颜喀拉山群昌马河组类复理石建造的浊流相沉积岩系,沉积韵律较明显,岩性简单,为浅海—深海相浊流沉积环境,是主要赋矿地层。北西向甘德-玛多区域性深大断裂形成时间较早,多为印支晚期的产物,具有规模大、延伸长、切割深、多期次活动之特点,有明显的控岩、控矿作

用,发育含矿次级断裂、层间破碎带,具成群、成束展布的特点。次级断裂带的长度和宽度基本限定了金矿体的长度和宽度。北东向断裂为平移断层,形成时间较晚,横切地层及北西向构造。三叠纪砂板岩地层中褶皱十分发育,多为复式褶皱,规模不大,轴向北西-南东,两翼次级褶曲发育。岩浆活动较弱,仅有少量火山岩、脉岩出露,火山岩呈夹层赋存于二叠系马尔争组。圈定金矿体57条,主矿体长度1826m,厚度4.18m,平均品位3.10g/t。矿体形态呈脉状,沿走向倾向均具分支复合、膨大缩小的现象,矿体产状比较稳定,多倾向南西,个别矿体呈倾向北东。矿石矿物有黄铁矿、毒砂、辉锑矿,角砾状、碎裂、变余砂状/泥质、显微鳞片变晶结构,块状、角砾状、细脉状、浸染状构造。围岩蚀变为绢云母化、硅化、碳酸盐化。储量83 482kg。

3. 巴颜喀拉地区与三叠纪(T)活动陆缘俯冲增生杂岩楔岩浆热液作用有关的金矿床成矿系列

该成矿系列分布于巴颜喀拉金-(锑-钨-铜-钴)成矿带(Pz_2-Mz、Cz)(Ⅲ6)巴颜喀拉金成矿亚带(Ⅳ15),对应巴颜喀拉地块之可可西里前陆盆地。三叠纪为与洋俯冲有关的花岗岩组合,偏铝质—过铝质高钾钙碱性系列,中酸性花岗岩侵入于三叠纪地层中,在断裂破碎带内成矿。

【东乘公麻式金矿】

成矿区(带):巴颜喀拉金成矿亚带(Ⅳ15)。

含矿建造:浊积岩建造。

成矿时代:三叠纪。

矿床类型:岩浆热液型。

共(伴)生矿种:金、锑。

矿床(点)实例:上红科金矿点、青珍金矿点、西藏大沟金矿床、东大滩金矿点。

简要特征:出露二叠系马尔争组、下—中三叠统昌马河组、中三叠统甘德组和第四系等。昌马河组分布面积大,岩性为灰色角岩化中细粒含屑变长石石英砂岩夹板岩及少量的千枚岩、砾岩的透镜层,普遍具角岩化、硅化及绢云母化,是主要的含矿层位。矿区北西-南东向区域性断裂和复式褶皱非常发育,与之伴生的次级构造也较为发育,北西 南东向(或近东西向)断裂形成时间相对较早,活动较为强烈,是主要的导矿和容矿构造,沿断裂蚀变较强,石英脉和褐铁矿化等较为发育;北东-南西向断裂形成时间较晚,对矿体也有一定的破坏。矿区除吾合玛-青珍复背斜之外,次级褶皱十分发育,轴向为近东西向,轴面南倾,但倾角变化较大。矿体就位于吾合玛-青珍复背斜中东部,在北西有黑云母花岗岩体沿轴部侵入,形成向南东端倾伏且两翼不对称的北西-南东向紧闭线型褶皱。侵入岩以印支期为主,岩性主要有似斑状二长花岗岩、二长花岗岩和似斑状花岗闪长岩,呈串珠状展布。圈出金矿体18个,主矿体长度1700m,厚度10.98m,平均品位3.54g/t。矿石类型为金-毒砂-黄铁矿型金矿石和金-黄铁矿-辉锑矿型金矿石。矿石矿物有黄铁矿、毒砂、辉锑矿,半自形—自形—他形粒状、胶状结构,浸染状、星点状、细脉状构造。围岩蚀变为角岩化、硅化、碳酸盐化、绢云母化。

(二)巴颜喀拉地区与第四纪(Q)青藏高原隆升环境沉积作用有关的砂金矿床成矿系列

该成矿系列分布于巴颜喀拉金-(锑-钨-铜-钴)成矿带(Pz_2-Mz、Cz)(Ⅲ6)巴颜喀拉金成矿亚带(Ⅳ15),对应巴颜喀拉地块之可可西里前陆盆地。盆地内因第四纪地壳不均匀升降、风化、剥蚀、搬运、沉积作用强烈,第四系广泛分布在长江、黄河上游水系,河流沉积物内砂金遍布,矿床规模大,是青海省的主要砂金产区,到目前发现的砂金矿床有14处,并有许多矿点。

【扎朵式砂金矿】

成矿区(带):巴颜喀拉金成矿亚带(Ⅳ15)。

含矿建造:冲洪积砂砾石建造。

成矿时代:第四纪。

矿床类型:沉积砂矿型。

共(伴)生矿种:砂金。

矿床(点)实例:拉浪情曲砂金矿床、折尕考砂金矿床、布曲砂金矿床、德曲-解吾曲砂金矿床。

简要特征：地处通天河高山河谷区，第四系以河流冲积、冲洪积、洪积为主，次为残坡积、融冻蠕流堆积，时代属上更新世与全新世。晚更新世—全新世冲积物，赋存于上游Ⅳ级、Ⅴ级阶地，分布零星。全新世冲积物构成Ⅰ～Ⅲ级阶地及现代河漫滩沉积物。河谷较弯曲，宽窄相间，"关门嘴""迎门山"地貌常见。多呈不对称平底谷，局部为U型谷，河谷内以河漫滩为主。区内新构造运动以总体抬升为主要构造形式，间歇性上升形成Ⅰ～Ⅴ级阶地。矿区分赛柴沟、昂然切、细曲、夏蒿4个矿段，除昂然切矿段的Ⅳ号矿体为阶地砂金矿外，其余诸矿体均产于现代河床和河漫滩冲积层中，砂金主要赋存于冲积物黏土质砂砾层的底部及残积层的上部，严格受河谷控制，呈狭长带状延伸。圈定砂金矿体5个，长度435～14 482m，宽度27.47～80.38m，厚度6.2～9.53m，平均品位0.127 4～0.560 1g/m^3。矿石自然类型单一，均为非冻结的松散矿石，主要由砾石、砂和黏土组成，砾石占62%～68%，砂占27%～31%，黏土占4%～5.5%。自然金以片板状为主，成色高于900‰。重砂矿物种类达数十种，主要有磁铁矿、磁赤铁矿、褐铁矿、钛铁矿、锆石、重晶石、石榴石、金红石、白铁矿、板钛矿、绿帘石、角闪石等，个别样品中有毒砂、独居石及辰砂。石榴石、角闪石、绿帘石、钛铁矿等矿物在各矿段内下游比上游明显增多。储量8222kg。

五、三江成矿省（Ⅱ5）金矿床成矿系列

根据青海省金矿床成矿系列划分的原则和方法，三江成矿省厘定出1个矿床成矿系列、2个矿床成矿亚系列、1个矿床式。

三江地区与第四纪(Q)青藏高原隆升环境沉积作用有关的砂金矿床成矿系列

该矿床成矿系列位于三江金成矿带（Mz、Cz）（Ⅲ7），对应三江造山带、北羌塘造山带。三江地区古近纪延续了陆内造山过程，青藏高原明显隆升，中东部第四纪河谷发育有长江、澜沧江的源头水系，西部以河湖盆并存的总体地貌特征，第四纪冲洪积物砂金矿床（点）不多，矿床规模以小型和小矿为主，主要在治多、玉树一带相对集中。根据产出的地质环境不同，可进一步划分为2个矿床成矿亚系列：①三江造山带与第四纪(Q)冲洪积沉积作用有关的砂金矿床成矿系列，分布在乌拉乌兰金成矿亚带（Ⅳ17）内，矿床（点）实例有电协陇巴砂金矿点、草曲下游砂金矿床；②金沙江缝合带与第四纪(Q)冲洪积沉积作用有关的砂金矿床成矿系列，分布在西金乌兰金成矿亚带（Ⅳ16）内，代表性矿床为扎喜科砂金矿床。

【扎喜科式砂金】

成矿区（带）：三江金成矿带（Mz、Cz）（Ⅲ7）西金乌兰金成矿亚带（Ⅳ16）。

含矿建造：河漫滩冲积黏土质砂砾松散沉积建造。

成矿时代：第四纪。

矿床类型：砂矿型。

矿床（点）实例：松莫茸砂金矿床、尕何砂金矿点、可涌砂金矿点。

简要特征：属唐古拉准地台，巴塘台缘褶带。主要出露三叠系柯南群中、下岩组及巴塘群中、上岩组，有石英闪长岩侵入。河谷发育有Ⅰ级、Ⅱ级阶地，河漫滩冲积层上部为黄褐色粉砂质黏土，厚0.5～1m，不含金；中部青灰色砂砾层厚4～5m，底部含金；下部为黄褐色黏土质砂砾层厚4～5m，为主要含金层。圈定砂金矿体2个，展布方向与河谷一致，长度800～1775m，宽度29.5～144.77m，厚度6.15～8.4m，平均品位0.116 2～1.558 8g/m^3。金以粒状、片状、板状为主，最大粒径4.6mm×3.9mm×0.5mm。储量322kg。

结 语

金矿是青海省地质勘查工作主要矿种之一,以往几十年的找矿成果有力地支撑了青海省经济建设,近几年又有了新发现、新突破、新认识,显示了良好的找矿前景。前人在金矿找矿工作过程中,同时对矿区及周边地区成矿规律进行了研究,取得了一系列的研究认识,有效指导了勘查工作部署。全省级的成矿规律研究主要是在全国潜力评价、矿产地质志等项目指导下进行的,取得的成果是其他项目实施的理论基础、地质基础、资料基础,但成果的阶段性也非常明显,由于全国性的项目周期比较长,对新发现、新突破无法及时跟进研究,新认识不能系统地总结和提升,这在一定程度上制约了更大找矿成果的突破。因此,全面学习总结以往成果资料,及时跟进新成果,深化成矿规律认识,提高研究水平,以图指导后期勘查工作部署,是"青海省金矿成矿系列"课题的根本目的。

在系统梳理学习总结青海省金矿成果资料的基础上,扎实开展了野外实地调查,表明:青海省大致以昆南断裂为界,以北(青北)为秦祁昆成矿域,以南(青南)为北羌塘-三江造山地区特提斯成矿域,两大成矿域金的成矿特点迥异,显现了完全两种不同的勘查方向。总体的成矿特点是,围绕着原特提斯洋、古特提斯洋、(新)特提斯洋的演化,在演化的过程中主要有寒武纪—奥陶纪、二叠纪两期俯冲、碰撞环境海相火山作用成矿,三叠纪活动陆缘环境含矿流体作用成矿;在演化的尾声有明显的志留纪—泥盆纪、二叠纪两期碰撞造山环境岩浆作用成矿。另外,中元古代陆缘裂谷环境火山沉积作用成矿作用不可忽视,古近纪—第四纪青藏高原隆升阶段机械沉积砂岩型金矿也是青海的成矿特色,其他时代的成矿作用偏弱。主要认识如下:

(1)青海省典型金矿田(床)成矿具有长期性特征。前寒武纪占了地球年龄的7/8,金的成矿占总储量的73%,国内前寒武纪地层分布面积占了全国地层总面积的7.8%,青海省地层分布面积占省内地层面积的比例更大,成矿环境和国内相比,与金矿有关的环境在省内均存在,金没有前寒武纪的成矿阶段是难以理解的(著书前各类资料显示青海省金矿无前寒武纪成矿)。省内比较著名的滩间山金矿田、五龙沟金矿田、沟里金矿田和大场金矿田四大金矿田,除大场金矿田成矿时代基本限定在三叠纪(尤其是晚三叠世)争议不大以外,其他的矿田(主要是矿田内规模较大的几个矿床)争议比较大。认识比较一致的是滩间山金矿田成矿时代以海西期为主,五龙沟金矿田成矿时代以印支晚期—燕山早期为主,沟里金矿田以海西晚期—印支期为主。本次调查研究发现,这3个比较有争议的矿田内规模最大的矿床含矿建造均以黑色岩系为主,形态特征受褶皱控制,具有明显的层控性。黑色岩系形成于中元古代,古地理环境均为陆缘裂谷,当时环境海相火山作用强烈,形成的火山-沉积岩系,在中新元古代发生动力热流变质作用并同期褶皱,前寒武纪这一时期海相火山作用和变质作用应该已经形成矿体。之所以有海西期、印支期成矿,完全与这两期内泥盆纪原特提斯洋演化尾声碰撞造山环境、晚三叠世古特提斯洋演化尾声碰撞造山环境的岩浆作用有关,岩浆作用叠加富集成矿特征十分明显,从这个角度上界定到这两个时期主成矿也是正确的。但不能局限于此,如五龙沟金矿,除了传统的印支期成矿外,已经发现了海西期泥盆纪成矿;沟里矿田果洛龙洼金矿也发现了变质作用为主的矿体。因此,前寒武纪、海西期(泥盆纪为主)、印支期—燕山早期3期成矿活动独立存在(区域上有单独的各成矿时代的矿床,各主要矿床内也有明显的各时代矿体),后期构造岩浆活动又叠加,在3期地质体同时存在于一个矿区时,容易引起争论,笔者认为这是成矿的继承性和长期性的结果,最早的成矿并形成矿体应从中元古代开始。若想更容易找到大矿好矿,在没有特殊的成矿地质事件情况下,地层时代越久、地层出露的越复杂、地层分布的面积越广、构造岩浆活动越强烈,应对成矿越有利,青海省滩间山、五龙沟、沟里三大矿田有这个特点。

(2)青海省金矿在成矿时代上具有一定规律性。祁连成矿省已发现的金矿床(点)中,以寒武纪—奥陶纪海相火山作用成矿为显著特征,奥陶纪俯冲环境、泥盆纪碰撞环境岩浆作用成矿较弱,二叠纪新发现1例机械沉积砾岩型金矿。秦祁昆成矿域自北向南成矿时代也不同。柴北缘成矿带是以志留纪—泥盆纪为主的碰撞造山环境岩浆作用成矿的主要时期,还对前寒武纪陆缘裂谷环境海相火山岩型金矿进行了叠加、改造和富集。东昆仑成矿带志留纪—泥盆纪、三叠纪两期碰撞造山环境岩浆作用成矿并重,奥陶纪是海相火山作用成矿(伴生金)的主要时代。西秦岭成矿带成矿时代以三叠纪为主,海相火山岩型、陆相火山岩型、岩浆热液型、接触交代型较均匀分布,总体资源储量规模相当,但后两者矿床(点)数量明显多。巴颜喀拉成矿省以三叠纪成矿为主,分布青海省特色的含矿流体作用浅成中低温热液型金矿,砂金对其有继承性。三江地区工作程度过低,基本没有什么规律性,三江地区北部与巴颜喀拉成矿省特征相似,南部逐渐有以岩浆作用成矿为主的趋势。

(3)青海省的岩金矿具有集中分布的特点。集中分布区有北祁连的陇孔一带、红川—西山梁一带、铜厂沟一带、松树南沟一带,中南祁连的尼旦沟—高庙一带、柴北缘的滩间山一带、赛坝沟一带,东昆仑的五龙沟一带、沟里一带,巴颜喀拉的大场一带。秦祁昆成矿域金矿集中分布区,除与其本身的含矿地质体有关外,如祁连地区的海相火山岩,柴周缘的元古宙地层等,在断裂分布上有一套基本垂直于北西向区域断裂的北东向断裂,应该起到抬升含矿地质体和后期流体运移通道的作用。西秦岭成矿省、巴颜喀拉成矿省金矿集中分布区与楔状地质体关系密切。

(4)青海省的砂金矿具有明显的继承性特点。岩金矿的继承性证据还不充分,如滩间山金矿田内Au元素是否继承于前寒武纪海相火山活动、元古宙变质作用等阶段的Au元素的初始富集,还是来自海西期碰撞造山环境深源岩浆,或者复合来源。但砂金矿的继承性表现得十分明显。如北祁连砂金(铂)矿,空间分布上与走廊南山蛇绿混杂岩带、达坂山-玉石沟蛇绿混杂岩带内金矿集区密切相关,并且紧紧围绕着寒武纪—奥陶纪海相火山岩集中分布。但东昆仑地区,尤其是山脉北坡砂金矿发现比较少,应与古特提斯洋向北俯冲剧烈抬升快速剥蚀有关,但山脉南坡砂金矿的保留较好(祁连地区亦如此)。

(5)青海省海相火山作用成矿强度不同、矿种组合不同。海相火山作用成矿主要发生在寒武纪、奥陶纪、二叠纪、三叠纪。寒武纪成矿在南祁连地区最强,北祁连次之,矿种组合为金、银、铜、硫。奥陶纪成矿在北祁连地区最强,东昆仑地区次之,北祁连地区矿种组合为铜、金、铅锌等,东昆仑地区祁漫塔格一带矿种组合为锌、铜、铁、硫、铅、金、银等,东昆仑地区驼路沟一带矿种组合为钴、金等。二叠纪成矿以阿尼玛卿地区为主,矿种组合为铜、钴、金等。三叠纪成矿以西秦岭地区坑得弄舍一带为主,矿种组合为金、铅、锌。

(6)青海省碰撞造山环境岩浆作用成矿强度不同。特提斯成矿域因工作程度比较低,该成矿作用特征不明显。秦祁昆成矿域祁连成矿省该成矿作用仅有零星的矿点产出。柴北缘地区以志留纪—泥盆纪成矿为主,东昆仑地区志留纪—泥盆纪、三叠纪成矿并重。这种现象,源于不同的大地构造环境演化。原特提斯洋演化阶段在中寒武世时大洋板块裂解向北俯冲,奥陶纪—志留纪北祁连洋南向俯冲和柴达木北缘洋北向俯冲共同作用,青海北部演化成为活动大陆边缘,青海南部处于原特提斯大洋区。志留纪—泥盆纪柴达木等诸陆块汇聚碰撞,三叠纪古特提斯洋活动的主体在巴颜喀拉地区,向北俯冲与东昆仑造山带碰撞。上述活动,在碰撞伸展阶段,志留纪—泥盆纪构造应力主要发生在东昆仑地区、柴北缘地区,三叠纪构造应力主要发生在东昆仑地区,造成了成矿活动的明显差异。

(7)青海省元古宙大地构造环境与金的成矿关系应加强研究。元古宙金的成矿特征比较清楚的至少有两类,以西山梁小型矿床为代表的海相火山岩型和以青龙沟大型金矿为代表的浅变质碎屑岩系(黑色岩系)有关的类型。两种类型均发生在元古宙及更早的陆缘裂谷环境,原岩均为一套海相火山-沉积岩,西山梁矿体直接分布在古火山口,青龙沟含矿浅变质碎屑岩系(黑色岩系)还经过了元古宙基底断裂控盆地层建造水等流体作用,及中新元古代变质作用成矿。但元古宙原始构造古地理环境与成矿的关系研究过于薄弱,一些基本的成矿现象没有可靠的数据支撑,对青海省金矿成矿规律的研究限制很大。尤其是青海省元古宙地层分布广泛,但金的成矿,与其分布面积不相对等,与国内元古宙金矿规模不匹配。

(8)青海省新发现、新突破的金矿床(点)重视程度不够,金矿床成矿系列单一。青海省沉积作用有关金矿床成矿系列仅有与第四纪(Q)高原隆升环境沉积作用有关的砂金(铂)矿床成矿系列一种,新发现的二叠纪机械沉积作用砾岩型金矿(尕日力根)重视程度不够。岩浆侵入作用有关金矿床成矿系列中,志留纪—泥盆纪、三叠纪两期碰撞造山环境成矿一直是勘查和研究的主体,但指导新地区的勘查部署还不够,如阿尔金地区、柴北缘地区、东昆仑地区祁漫塔格一带等。俯冲阶段,如奥陶纪岩浆侵入作用的成矿研究也不足,发现的金矿床(点)过少。火山作用有关的金矿床成矿系列中,东昆仑地区寒武纪、奥陶纪海相火山作用成矿的研究薄弱,巴颜喀拉地区阿尼玛卿成矿带金矿与蛇绿混杂岩带的关系研究不够,更应重点针对三叠纪满丈岗式陆相火山岩型金矿、坑得弄舍式海相火山岩型金铅锌矿加强研究扩大成果。应在加强上述成矿作用研究和勘查的同时,不断丰富矿床成矿系列,反哺勘查工作部署。

(9)青海省金矿床成矿系列空间分布不均衡。青海北部地区主要分布在环柴达木盆地周缘,祁连地区、阿尔金地区、西秦岭地区较少;南部地区相对集中在巴颜喀拉地区北部,巴颜喀拉地区南部和三江地区基本没有。对地质单元亦具有明显选择性。矿床(点)基本围绕着几个陆块周边密集分布,如祁连古陆块边缘、柴北缘板块结合带(俯冲带)和柴北缘、东昆仑、巴颜喀拉等地区裂陷(谷)带。同一地质单元内,相似的成矿环境和化探异常,发现的矿床(点)和规模差异很大。

(10)青海省南部地区前景巨大,金矿绿色勘查需加强。巴颜喀拉成矿带北部是青海省重要的特色的浅成中低温热液型金矿集区,近年来金矿勘查工作取得较大进展,如大场金矿床于1996年发现,2006年进入系统勘查后,每年新增金资源量超过20t,目前矿区资源量达220t,排名青海省第一位,形成了以大场超大型金矿床和加给陇洼、扎家同哪大型金矿床为代表与印支期含流体作用有关的大场金矿田。巴颜喀拉成矿带除大场金矿田,其他地区高强度区域化探异常广布,三江成矿带也发现了类似的矿化线索,占青海省近半面积的南部地区,十分有希望实现重大突破,但也存在自然条件恶劣、生态脆弱的问题,如何在做好环境保护的前提下,加强地质勘查工作,为国家资源储备打好基础,也是一项重要的研究内容。

总之,青海省金矿勘查成果显著,研究认识水平不断提高,找矿新发现、新突破层出不穷,找矿前景不断显现,资源储备基底作用越来越明显,相信青海省会成为金矿勘查新的热土,尤其是在青海南部地区极有希望找到大型,甚至超大型矿床,柴周缘已知矿田1000m深范围内同样如此。只要加强金矿的勘查,会得到优厚的回报。

主要参考文献

白云,2018.北祁连造山带松树南沟金矿床成因与成矿预测[D].成都:成都理工大学.

边飞,吴柏林,高永旺,等,2013.青海扎日加花岗岩地球化学、锆石 LA-ICP-MS U-Pb 定年及地质意义[J].矿床地质,32(3):625-640.

边飞,杨海涛,2019.加给陇洼金矿区火山岩地球化学特征[J].世界有色金属(1):179-180.

边千韬,1994.可可西里马兰山地区原生金的发现[J].黄金科学技术,2(2):27-33.

陈纪明,1990.中国金矿床类型的划分[J].黄金地质科技(3):1-8.

陈露,张延林,吴珍汉,等,2013.青海省都兰县五龙沟金矿主断裂带断层泥 K-Ar 定年[J].地质力学学报,19(4):385-391.

陈能松,孙敏,王勤燕,等,2008.东昆仑造山带的锆石 U-Pb 定年与构造演化启示[J].中国科学 D 辑:地球科学,38(6):657-666.

陈苏龙,2015.青海省泽库县瓦勒根金矿矿床地质特征及成因分析[J].西北地质,48(4):168-175.

陈毓川,1983.华南与燕山期花岗岩有关的稀土、稀有、有色金属矿床成矿系列[J].矿床地质(2):15-24.

陈毓川,1994.矿床的成矿系列[J].地学前缘,1(3-4):90-94.

陈毓川,1997.矿床的成矿系列研究现状与趋势[J].地质与勘探,33(1):21-25.

陈毓川,2007.中国成矿体系与区域成矿评价丛书[M].北京:地质出版社.

陈毓川,常印佛,裴荣富,等,2007.中国成矿体系与区域成矿评价[M].北京:地质出版社.

陈毓川,裴荣富,宋天锐,1998.中国矿床成矿系列初论[M].北京:地质出版社.

陈毓川,裴荣富,王登红,2006.三论矿床的成矿系列问题[J].地质学报,80(10):1501-1507.

陈毓川,裴荣富,王登红,等,2015.论矿床的自然分类:四论矿床的成矿系列问题[J].矿床地质,34(6):1092-1106.

陈毓川,王登红,朱裕生,等,2007.中国成矿体系与区域成矿评价[M].北京:地质出版社.

陈毓川,薛春纪,王登红,等,2003.华北陆块北缘区域矿床成矿谱系探讨[J].高校地质学报,9(4):520-535.

陈毓川,朱裕生,1993.中国矿床成矿模式[M].北京:地质出版社.

程裕淇,陈毓川,赵一鸣,1979.初论矿床的成矿系列问题[J].中国地质科学院院报,1(1):32-57.

程裕淇,陈毓川,赵一鸣,等,1983.再论矿床的成矿系列问题[J].中国地质科学院院报,5(6):1-64.

崔艳合,张德全,李大新,等,2000.青海滩间山金矿床地质地球化学及成因机制[J].矿床地质,19(3):211-221.

丁清峰,金圣凯,王冠,等,2013.青海省都兰县果洛龙洼金矿成矿流体[J].吉林大学学报(地球科学版),43(2):415-426.

丁清峰,王冠,孙丰月,等,2010.青海省曲麻莱县大场金矿床成矿流体演化:来自流体包裹体研究和毒砂地温计的证据[J].岩石学报,26(12):3709-3719.

董想平,杜占美,2010.青海省谢坑铜金矿地质特征及找矿方向[J].矿产与地质,24(1):70-73.

范德廉,杨秀珍,王连芳,1973.某地下寒武统含镍钼多元素黑色岩系的岩石学及地球化学特点[J].地球化学(3):143-164.

范德廉,张焘,叶杰,1998.缺氧环境与超大矿床的形成[J].中国科学(28):57-62.

丰成友,张德全,王富春,等,2004.青海东昆仑造山型金(锑)矿床成矿流体地球化学研究[J].岩石学报,20(4):949-960.

丰成友,2002.青海东昆仑地区的复合造山过程及造山型金矿床成矿作用[D].北京:中国地质科学院.

丰成友,张德全,李大新,等,2002.青海赛坝沟金矿地质特征及成矿时代[J].矿床地质,21(1):45-52.

丰成友,张德全,李大新,等,2003.青海东昆仑造山型金矿硫、铅同位素地球化学[J].地球学报,24(6):593-598.

丰成友,张德全,佘宏全,等,2002.韧性剪切构造演化及其对金成矿的制约:以青海野骆驼泉金矿为例[J].矿床地质,21(sl):582-585.

丰成友,张德全,王富春,等,2004.青海东昆仑复合造山过程及典型造山型金矿地质[J].地球学报,25(4):415-422.

冯益民,何世平,1995.祁连山及其邻区大地构造基本特征:兼论早古生代海相火山岩的成因环境[J].西北地质科学,16(1):92-103.

高延林,1993.板块构造单元划分方法探讨:以青藏高原为例[J].青海地质(3):10-23.

高延林,2000.青藏高原古洋壳恢复与重建问题讨论[J].青海地质(1):1-8.

高延林,肖序常,常承法,等,1988.青藏高原及邻区构造单元划分及地质特征[M].北京:地质出版社.

葛良胜,邓军,张文钊,等,2008.中国金矿床(I):成矿理论研究新进展[J].地质找矿论丛(4):265-274.

耿阿乔,段建华,2010.青海满丈岗金矿控矿因素及找矿靶区分析[J].黄金科学技术,18(6):34-37.

郭文魁,1991.金属矿床地质的发展[J].矿床地质.10(1):1-9.

郭现轻,闫臻,王宗起,等,2011.西秦岭谢坑矽卡岩型铜金矿床地质特征与矿区岩浆岩年代学研究[J].岩石学报,27(12):3811-3822.

郭跃进,2011.青海东昆仑东段果洛龙洼金矿床地球化学特征与成矿模式[D].昆明:昆明理工大学.

国家辉,1998.滩间山金矿田成矿作用演化及成因类型[J].青海地质(3):37-41.

国家辉,陈树旺,1998.滩间山金矿田成矿物质来源探讨[J].贵金属地质,7(3):189-204.

韩英善,李俊德,王文,等,2006.对大场金矿成因的新认识[J].高原地震,18(3):54-57.

呼格吉勒,马国栋,邓元良,2018.滩间山地区青龙沟金矿床成矿条件及模式[J].西北地质,51(3):156-160.

黄汲清,1960.中国地质构造基本特征的初步总结[J].地质学报,40(1):1-37.

黄汲清,陈炳蔚,1987.中国及邻区特提斯海的演化[M].北京:地质出版社.

黄汲清,李春昱,1981.中国及其邻区大地构造论文集[M].北京:地质出版社.

黄汲清,任纪舜,姜春发,等,1977.中国大地构造基本轮廓[J].地质学报,2:117-135.

黄艳丽,秦德先,邓明国.2008.黑色岩系多金属矿床的研究现状与发展趋势[J].地质找矿论丛,23(3):177-181.

贾群子,杜玉良,赵子基,等,柴达木盆地北缘滩间山金矿区斜长花岗斑岩锆石LA-MC-ICPMS测年及其岩石地球化学特征[J].地质科技情报,32(1):87-93.

江新胜,潘桂棠,颜仰基,等,1996.秦、祁、昆交接区三叠纪沉积相格架及构造古地理演化[J].四川地质学报,16(3):204-208.

姜春发,1995.青海阿尼玛卿山一带与构造有关的几个问题[J].地学研究,28:15-26.
姜春发,2002.中央造山带几个重要地质问题及其研究进展[J].地质通报,21(9):1-3.
姜春发,王宗起,李锦轶,2000.中央造山带开合构造[M].北京:地质出版社.
姜春发,杨经绥,冯秉贵,等,1992.昆仑开合构造[M].北京:地质出版社.
蒋呈磊,2014.近代青海地区金矿业发展探析[J].新西部(8):10-12.
寇林林,张森,钟康惠,等,2015.东昆仑五龙沟金矿矿集区韧性剪切带构造变形特点研究[J].中国地质,42(2):495-503.
赖健清,鞠培姣,周凤,2016.青海省果洛龙洼金矿多因复成成矿作用[J].中国有色金属学报,26(2):402-414.
李春昱,1980.中国板块构造的轮廓[J].中国地质科学院院报,2(1):11-22.
李春昱,王荃,刘雪亚,等,1982.亚洲大地构造图(1∶800万)及说明书[M].北京:地质出版社.
李德彪,牛漫兰,夏文静,等,2014.秦祁昆结合部瓦勒根金矿床含矿斑岩体岩石学 LA-ICP-MS 锆石 U-Pb 年龄[J].地质通报,33(7):1055-1060.
李厚民,沈远超,胡正国,等,2001.青海东昆仑五龙沟金矿床成矿条件及成矿机理[J].地质与勘探,37(1):65-69.
李怀坤,陆松年,赵风清,等,1999.柴达木北缘新元古代重大地质事件年代格架[J].现代地质,13(2):224-225.
李吉均,2013.青藏高原隆升与晚新生代环境变化[J].兰州大学学报,49(2):154-159.
李吉均,方小敏,潘保田,等,2001.新生代晚期青藏高原强烈隆起及其对周边环境的影响[J].第四纪研究,21(5):381-391.
李吉均,张青松,李炳元,1994.近15年中国地貌学的进展[J].地理学报(49):641-649.
李吉均,周尚哲,赵志军,等,2015.论青藏运动主幕[J].中国科学:地球科学,45(10):1597-1608.
李金超,2017.青海东昆仑地区金矿成矿规律及成矿预测[D].西安:长安大学.
李金超,杜伟,孔会磊,等,2015,青海省东昆仑大水沟金矿英云闪长岩锆石 U-Pb 测年、岩石地球化学及其找矿意义[J].中国地质,42(3):509-520.
李金超,杜伟,孔会磊,等,2015,青海东昆仑及邻区单元划分[J].世界地质,34(3):664-674.
李俊建,1998.中国金矿床成矿时代的讨论[J].地球学报(2):102-107.
李荣社,徐学义,计文化,2008.对中国西部造山带地质研究若干问题的思考[J].地质通报,27(12):2020-2025.
李世金,2011.祁连造山带地球动力学演化与内生金属矿产成矿作用研究[D].长春:吉林大学.
李廷栋,2010.李廷栋文集[M].北京:地质出版社.
李文渊,董福辰,姜寒冰,等,2006.西北地区重要金属矿产成矿特征及其找矿潜力[J].西北地质,39(2):1-16.
李颖,刘连登,胡春生,等,1999.斑岩型金矿的概念及相关问题讨论[J].世界地质,18(1):16-20.
李忠宪,2009.浅论砂金矿床形成的地质条件[J].有色矿冶,25(4):5-7.
梁华英,莫济海,胡光黔,等,2010.斑岩型铜(金)矿床成矿元素析出新机制及找矿意义[J].矿床地质(sl):232-234.
林宜慧,张立飞,季建青,等,2010.北祁连山九个泉硬柱石蓝片岩 $^{40}Ar-^{39}Ar$ 年龄及其地质意义[J].科学通报,55(17):1710-1716.
刘恒轩,张思山,刘鑫,等,2017.满丈岗金矿地质特征及成因[J].四川地质学报,37(2):223-227.
刘连登,李颖,兰翔,1999.论角砾/网脉-斑岩型金矿[J].矿床地质,18(1):29-35.
刘烊,常春郊,丛润祥,等,2014.青海省双朋西金铜矿床地球化学特征及矿床成因探讨[J].矿床地质(sl):225-226.

刘增铁,任家琪,杨永征,等,2005.青海金矿[M].北京:地质出版社.

鲁蒂埃 P,1990.全球成矿规律研究:未来到何处去找金属[M].卢星,译.北京:地质出版社.

陆露,张延林,吴珍汉,等,2013.青海省都兰县五龙沟金矿主断裂带断层泥 K-Ar 定年[J].地质力学学报,19(4):385-391.

陆松年,王惠初,李怀坤,等,2002.柴达木盆地北缘"达肯大坂群"的厘定[J].地质通报,21(1):19-23.

路宗悦,余心起,刘满年,等,2019.秦昆结合部塔秀地区隆务河组碎屑锆石 LA-ICP-MS U-Pb 年代学及其地质意义[J].现代地质,33(4):691-702.

马国栋,贾建团,韩玉,等,2016.青海五龙沟金矿矿床成因及成矿模式探讨[J].西北地质,49(4):172-178.

马彦青,郭贵恩,易平乾,等,2013.青海昆仑山口-两湖地区金矿成矿模式[J].西北地质,46(4):156-162.

毛景文,李红艳,裴荣富,1995.千里山花岗岩体地质地球化学及与成矿关系[J].矿床地质,14(1):12-25.

毛景文,张作衡,裴荣富,2012.中国矿床模型概论[M].北京:地质出版社.

毛景文,张作衡,王义天,等,2012.国外主要矿床类型、特点及找矿勘查[M].北京:地质出版社.

毛景文,周振华,丰成友,等,2012.初论中国三叠纪大规模成矿作用及其动力学背景[J].中国地质,39(6):1437-1458.

南卡俄吾,贾群子,唐玲,等,2015.青海东昆仑哈西亚图矿区花岗闪长岩锆石 U-Pb 年龄与岩石地球化学特征[J].中国地质,42(3):702-712.

牛翠祎,2011.中国金矿床时空分布规律及地质背景[J].矿物学报(s1):625-627.

牛翠祎,韩先菊,卿敏,等,2013.中国金矿矿产预测评价模型及资源潜力分析[J].吉林大学学报,43(4):1210-1222.

潘桂棠,肖庆辉,陆松年,等,2009.中国大地构造单元划分[J].中国地质,36(1):1-28.

潘彤,2017.青海成矿单元划分[J].地球科学与环境学报,39(1):16-30.

潘彤,罗才让,尹有昌,等,2006.青海省金属矿产成矿规律及成矿预测[M].北京:地质出版社.

潘彤,马梅生,1999.门源县松树南沟金矿地质特征及成矿初探[J].青海地质(2):53-58.

潘彤,王福德,2018.初论青海省金矿成矿系列[J].黄金科学技术,26(4):423-430.

祁生胜,2015.青海省大地构造单元划分与成矿作用特征[J].青海国土经略,82(5):53-62.

祁生胜,2015.青海省东昆仑造山带火成岩岩石构造组合与构造演化[D].北京:中国地质大学.

钱青,王焰,1999.不同构造环境中双峰式火山岩的地球化学特征[J].地质地球化学,27(4):29-32.

钱青,张旗,孙晓猛,2001b.北祁连九个泉玄武岩的形成环境及地幔源区特征:微量元素和 Nd 同位素地球化学制约[J].岩石学报,17(3):385-394.

钱青,张旗,孙晓猛,等,2001a.北祁连老虎山玄武岩和硅质岩的地球化学特征及形成环境[J].地质科学,36(4):444-453.

钱壮志,胡正国,李厚民,2000.东昆仑中带印支期浅成—超浅成岩浆岩及其构造环境[J].矿物岩石,20(2):14-18.

钱壮志,胡正国,李厚民,等,2000.东昆仑中带金矿成矿特征及成矿模式[J].矿床地质,19(4):315-321.

钱壮志,胡正国,刘继庆,1998.东昆仑北西向韧性剪切带发育的区域构造背景:以石灰沟金矿床为例[J].成都理工大学学报,25(2):201-205.

乔耿彪,杨合群,杜玮,等,2014.阿尔金成矿带成矿单元划分及成矿系列探讨[J].西北地质,47(4):209-220.

邱家攘,曾广策,王思源,等,1995.青海拉脊山造山带早古生代火山岩[J].西北地质科学,16(1):69-83.

邱正杰,范宏瑞,刘玄,等,2013.造山型金矿床研究进展综述[J].矿物学报(sl):488-489.

任纪舜,1999.中国及邻区大地构造图简要说明书(1∶5 000 000)[M].北京:地质出版社.

单卫国,钟维敷,宋懿红,2004.黑色岩系成矿作用及相关金属矿床找矿[J].云南地质,23(2):125-139.

施春华,曹剑,胡凯,等,2013.黑色岩系矿床成因及其海水、热水与生物有机成矿作用[J].地学前缘,20(1):19-31.

石金友,1997.青海省都兰县五龙沟金矿成矿地质特征及找矿标志[J].前寒武纪研究进展,20(2):29-36.

史仁灯,2005.蛇绿岩研究进展、存在问题及思考[J].地质评论,51(6):681-693.

宋述光,1997.北祁连山俯冲杂岩带的构造演化[J].地球科学进展,12(4):351-365.

宋述光,吴珍珠,杨立明,等,2019.祁连山蛇绿岩带和原特提斯洋演化[J].岩石学报,35(10):2948-2970.

宋述光,杨经绥,2001.柴达木盆地北缘都兰地区榴辉岩中透长石+石英包裹体:超高压变质作用的证据[J].地质学报,75(2):180-185.

宋述光,张贵宾,张聪,等,2013.大洋俯冲和大陆碰撞的动力学过程:北祁连-柴北缘高压-超高压变质带的岩石学制约[J].科学通报,58(23):2240-245.

宋述光,张立飞,牛耀龄,等,2007.大陆碰撞造山带的两类橄榄岩:以柴北缘超高压变质带为例[J].地学前缘,14(2):129-136.

宋述光,张立飞,Niu Y,等,2004.北祁连山榴辉岩锆石 SHRIMP 定年及其构造意义[J].科学通报,49(6):592-595.

宋忠宝,张雨莲,贾群子,等,2016.青海祁漫塔格地区野马泉花岗闪长岩 LA-ICP-MS 锆石 U-Pb 年龄及其地质意义[J].科学通报,35(16):2006-2013.

孙泽航,胡凯,韩善楚,等,2015.湘黔新晃—天柱重晶石矿床微量稀土元素和硫同位素研究[J].高校地质学报,21(4):701-710.

陶维屏,1989.中国非金属矿床的成矿系列[J].地质学报(4):324-337.

田承胜,2012.东昆仑中段五龙沟矿集区金矿成矿作用及成矿预测研究[D].北京:中国地质大学.

田立明,2017.青海东昆仑成矿带区域地球化学数据处理及靶区优选[D].武汉:中国地质大学.

涂光炽,1989.中国金矿若干特征[J].黄金(6):2-5.

王秉章,陈静,罗照华,等,2014.东昆仑祁漫塔格东段晚二叠世—早侏罗世侵入岩岩石组合时空分布、构造环境的讨论[J].岩石学报,30(11):3213-3218.

王成辉,徐珏,黄凡,等,2014.中国金矿资源特征及成矿规律概要[J].地质学报,88(12):2316-2325.

王成辉,王登红,黄凡,等,2012.中国金矿集区及其资源潜力探讨[J].中国地质,39(5):1125-1142.

王春涛,刘建栋,张新远,等,2015.冷湖镇三角顶地区金矿地质特征及找矿前景分析[J].甘肃冶金,37(3):94-97.

王登红,1997.与黑色岩系有关矿床研究进展[J].地球与环境(2):85-88.

王登红,徐志刚,盛继福,等,2014.全国重要矿产和区域成矿规律研究进展综述[J].地质学报,88(12):2176-2191.

王登红,应立娟,王成辉,等,2007.中国贵金属矿床的基本成矿规律与找矿方向[J].地学前缘,14(5):71-81.

王福德,李云平,贾妍慧,2018.青海金矿成矿规律及找矿方向[J].地球科学与环境学报,40(2):162-175.

王富春,陈静,谢志勇,等,2013.东昆仑拉陵灶火钼多金属矿床地质特征及辉钼矿 Re-Os 同位素定年[J].中国地质,40(4):1209-1217.

王冠,2012.青海果洛龙洼金矿床地质特征及成因探讨[D].长春:吉林大学.

王鸿祯,1980.亚洲地质构造的主要阶段[J].中国科学,22(12):1187-1197.

王鸿祯,1981.从活动论观点论中国大地构造分区[J].地球科学(1):42-66.

王鸿祯,杨森楠,刘本培,等,1990.中国及邻区构造古地理与生物古地理[M].武汉:中国地质大学出版社.

王鸿祯,杨巍然,刘本培,1986.华南地区古大陆边缘构造史[M].武汉:武汉地质学院出版社.

王科强,牛翠袆,张峰,等,2008.中国大型—超大型金矿床时空分布及其成矿地质背景[J].矿床地质(sl):63-76.

王檬,2017.青海门源县松树南沟金矿床地质特征及成因探讨[D].成都:成都理工大学.

王小龙,袁万明,冯星,等,2017.东昆仑哈日扎多金属矿区花岗斑岩与闪长岩LA-ICP-MS锆石U-Pb年龄及其地质意义[J].地质通报,36(7):1158-1168.

王星,肖荣阁,杨立朋,等,2008.青海谢坑铜金矿床石榴石矽卡岩成因研究[J].现代地质22(5):733-742.

韦永福,孙培基,1995.中国金矿区域成矿地质背景[J].黄金地质,1(3):2-8.

韦永福,1995.中国金矿地质构造背景和成矿环境特征简介[J].地球学报(2):177-181.

韦永福,孙培基,1995.中国金矿地质规律及找矿前景[J].地质科技情报(1):65-69.

魏仪方,刘春华,1996.中国陆相火山岩型金矿床找矿模型[J].吉林地质,15(2):16-21.

翁文灏,1920.中国矿产区域论[J].农商部地质调查所汇报(1):19-24.

吴才来,郜源红,吴锁平,等,2008.柴北缘西段花岗岩锆石SHRIMP U-Pb定年及其岩石地球化学特征[J].中国科学D辑:地球科学:38(8):930-949.

夏宏远,梁书艺,1987.黄沙-铁山垄含矿花岗岩演化和稀土元素地球化学[J].地球化学(4):330-340.

夏锐,邓军,卿敏,等,2013.青海大场金矿田矿床成因:流体包裹体地球化学及H-O同位素的约束[J].岩石学报,29(4):1358-1376.

肖晓林,仲世新,张龙,等,2012.青海省门源县松树南沟金矿矿床控制因素及找矿方向[J].四川地质学报,32(sl):116-121.

肖晔,丰成友,李大新,等,2014.青海省果洛龙洼金矿区年代学研究与流体包裹体特征[J].地质学报,88(5):895-902.

谢智勇,李少东,崔召玉,等,2015.青海果洛龙洼金矿床成因探讨及成矿模式构建[J].黄金科学技术,23(4):18-23.

徐勇,2010.青海省石藏寺金锑矿床地质特征及成矿机理探讨[J].山东国土资源,26(11):8-12.

徐志刚,陈毓川,王登红,等,2008.中国成矿区带划分方案[M].北京:地质出版社.

许志琴,姜枚,杨经绥,1996.青藏高原北部隆升的深部构造物理作用:以"格尔木-唐古拉山"地质及地球物理综合剖面为例[J].地质学报,70(3):196-206.

许志琴,杨经绥,李文昌,等,2012.青藏高原南部与东南部重要成矿带的大地构造定格与找矿前景[J].地质学报,86(12):1857-1868.

薛静,戴塔根,息朝庄,2012.青海同仁双朋西金铜矿床地质特征及矿床成因[J].岩石矿物学杂志,31(1):28-38.

闫亭廷,2011.柴北缘沙柳泉地区侵入岩地球化学特征及构造环境研究[D].西安:长安大学.

闫臻,胡正国,刘继庆,等,2000.东昆仑开荒北金矿床地质特征及控矿条件[J].西安工程学院学报,22(1):23-27.

杨百慧,2019.青海金龙沟金矿矿床地质特征及矿床成因研究[M].长春:吉林大学.

杨宝荣,杨小斌,2007.青海都兰果洛龙洼金矿床地质特征及控矿因素浅析[J].黄金科学技术,15(1):26-30.

杨法强,温春齐,1999.青海省岩金的分布、控矿因素及找矿方向初探[J].成都理工学院学报,26

(3):42-45.

杨立朋,2008.青海省循化县谢坑铜金矿矽卡岩成因[D].北京:中国地质大学.

杨生德,潘彤,李世金,等,2012.青海省矿产资源潜力评价[M].北京:地质出版社.

杨涛,李智明,张乐,等,2017.东昆仑它温查汉西花岗岩地质地球化学特征及其构造意义[J].高校地质学报,23(3):452-464.

杨旭,杨捷,向文勤,等,2013.贵州下寒武统黑色岩系中镍、钼、钒成矿作用与区域成矿模式[J].贵州地质,30(2):107-113.

叶杰,范德廉,2000.黑色岩系型矿床的形成作用及其在我国的产出特征[J].矿物岩石地球化学通报,19(2):95-102.

叶天竺,张智勇,肖庆辉,等,2013.全国重要矿产成矿地质背景研究[M].北京:地质出版社.

伊有昌,陈树云,文雪峰,2006.青海北祁连松树南沟造山型金矿床地质特征及矿床成因[J].黄金,27(10):16-19.

于凤池,马国良,魏刚锋,等,1998.青海滩间山金矿床地质特征和控矿因素分析[J].矿床地质,17(1):47-56.

袁士松,金宝义,闫家盼,等,2010.同德县加吾金矿床地质特征及矿床成因、成矿模式探讨[J].矿床地质,29(sl):1021-1022.

袁万明,王世成,王兰芬,2000.东昆仑五龙沟金矿床成矿热历史的裂变径迹热年代学证据[J].地球学报,21(4):389-395.

岳维好,周家喜,高建国.等,2017.青海都兰县阿斯哈金矿区花岗斑岩岩石地球化学、锆石U-Pb年代学与Hf同位素研究[J].大地构造与成矿学,41(4):776-789.

曾福基,李德彪,陶延林,2009.青海省泽库县瓦勒根金矿床地质特征及找矿前景分析[J].青海大学学报,27(5):7-13.

翟裕生,林新多,池三川,等,1980.长江中下游内生铁矿床成因类型及成矿系列探讨[J].地质与勘探(3):9-14.

翟裕生,1992.成矿系列研究问题[J].现代地质,6(3):302-308.

翟裕生,邓军,李晓波,1999.区域成矿学[M].北京:地质出版社.

翟裕生,熊永良,1987.关于成矿系列的结构[J].地球科学,12(4):375-380.

张博文,2010.青海南祁连造山带内生金属矿床成矿作用研究[D].长春:吉林大学.

张大明,屈光菊,2012.青海省甘德县东乘公麻金矿床成因及控矿因素探讨[J].西部探矿工程(5):119-121.

张德庆,2013.兴海县满丈岗地区金矿地质特征研究[D].阜新:辽宁工程技术大学.

张德全,丰成友,李大新,等,2001.柴北缘-东昆仑地区的造山型金矿床[J].矿床地质,20(2):137-146.

张德全,党兴彦,佘宏全,等,2005.柴北缘-东昆仑地区造山型金矿床的Ar-Ar测年及其地质意义[J].矿床地质,24(2):87-98.

张德全,党兴彦,佘宏全,等,2005.柴北缘—东昆仑地区造山型金矿床的Ar-Ar测年及其地质意义[J].矿床地质,24(2):87-98.

张德全,王富春,佘宏全,等,2007.柴北缘-东昆仑地区造山型金矿床的三级控矿构造系统[J].中国地质,34(1):92-100.

张德全,张慧,丰成友,等,2007.柴北缘-东昆仑地区造山型金矿床的流体包裹体研究[J].中国地质,34(5):843-853.

张德全,张慧,丰成友,等,2007.青海滩间山金矿的复合金成矿作用:来自流体包裹体方面的证据[J].矿床地质,26(5):519-526.

张东林,庄光军,高仁品,2014.青海东乘公麻金矿区成矿条件分析[J].黄金科学技术,22(5):10-17.

张激悟,2013.青海东昆仑沟里地区阿斯哈金矿床元素地球化学特征与成矿分析[D].昆明:昆明理工大学.

张纪田,张志强,孙国胜,等,2021.青海沟里整装勘查区金矿成矿要素及预测意义[J].黄金,42(7):11-16.

张建新,万渝生,许志琴,等,2001.柴达木北缘德令哈地区基性麻粒岩的发现及形成时代[J].岩石学报,17(3):453-458.

张楠,林龙华,管波,等,2012.青海抗得弄舍金-多金属矿床的成矿流体及物质来源研究[J].矿床地质(31):691-692.

张旗,孙晓猛,周德进,等,1997.北祁连蛇绿岩特征、形成环境及其构造意义[J].地球科学进展.12(4):366-393.

张涛,2007.青海双朋西-斜长支沟地区金矿成矿地质条件及成矿规律[J].西北地质,40(3):62-66.

张涛,刘庆云,张晓娟,等,2012.青海双朋西金铜矿床成矿模式研究[J].西北地质,45(1):184-191.

张涛,伊有昌,肖小强,等,2011.青海松树南沟金矿床控矿因素及找矿方向研究[J].矿产勘查,2(1):49-53.

张文钊,等,2014.中国金矿床类型、时空分布规律及找矿方向概述[J].矿物岩石地球化学通报(5):721-732.

张雪亭,2007.青海省大地构造格架研究[D].北京:中国地质大学(北京).

张延军,孙丰月,许成瀚,等,2016.柴北缘大柴旦滩间山花岗斑岩体锆石U-Pb年代学、地球化学及Hf同位素[J].地球科学,41(11):1830-1944.

张以茀,张健康,1994.青海可可西里及邻区地质概况[M].北京:地震出版社.

赵财胜,赵俊伟,孙丰月,等,2009.青海大场金矿床地质特征及成因探讨[J].矿床地质,28(3):345-356.

赵财胜,2004.青海东昆仑造山带金、银成矿作用[D].长春:吉林大学.

赵财胜,杨富全,代军治,2006.青海东昆仑肯德可克钴铋金矿床成矿年龄及意义[J].矿床地质(25):427-430.

赵俊伟,2008.青海东昆仑造山带造山型金矿床成矿系列研究[D].长春:吉林大学.

赵俊伟,孙丰月,李世金,等,2008.青海驼路沟钴矿成矿特征及控矿规律研究[J].世界地质,27(1):7-29.

赵旭,付乐兵,魏俊浩,等,2018.东昆仑按纳格角闪辉长岩体地球化学特征及其对古特提斯洋演化的制约[J].地球科学,43(2):354-370.

周军,高凤亮,沈杉平,等,2003.应用GIS研究中国原生金矿与砂金矿的关系[J].长安大学学报,25(4):48-54.

朱永峰,2004.克拉通和古生代造山带中的韧性剪切带型金矿:金矿成矿条件与成矿环境分析[J].矿床地质,23(4):509-519.

朱裕生,王全明,张晓华,等,1999.中国成矿区带划分及有关问题[J].地质与勘探(4):1-4.

朱裕生,王全明,张晓华,等,1999.中国成矿区带划分及有关问题[J].地质与勘探,35(4):1-4.

朱裕生,肖克炎,马玉波,等,2013.中国成矿区带划分的历史与现状[J].地质学刊37(3):349-357.

裴荣富,吴良士,赵余.1986.华南地区花岗岩形成环境、侵位类型与成矿[J].中国地质科学院院报(15):54-72.

邹长毅,史长义,2004.五龙沟金矿区域地球化学异常特征及找矿标志[J].中国地质,31(4):420-423.

邹定喜,杨小斌,芦文泉,2011.青海果洛龙洼金矿床同位素特征及成因[J].黄金科学技术,19(2):26-30.

TAYLOR S R,MCLENNAN S M,1986. The chemical composition of the Archaean crust (in the nature of the lower continental crust)[J]. Geological Societu Special Publications,24:173-178.

内部参考资料

山东省第八地质矿产勘查院,2014.青海省乌兰县赛坝沟金矿生产探矿报告[R].

山东省第一地质矿产勘查院,2010.青海省同德县石藏寺矿区金矿资源储量核实报告[R].

四川省地矿局一〇八地质队,2015.青海省循化县谢坑铜金矿深部(3332米标高以下)详查报告[R].

四川省核工业地质局二八二大队,2014.青海省兴海县满丈岗外围金矿M38—M40一带详查及外围普查报告[R].

四川省冶金地质勘查局六〇四大队,2014.青海省门源县巴拉哈图Ⅰ矿带金矿详查报告[R].

四川鑫顺矿业股份有限公司,2011.青海省门源县松树南沟金矿资源/储量核实报告[R].

四川鑫顺矿业股份有限公司,2013.青海省门源县松树南沟金矿西矿区生产地质报告[R].

中国地质科学院矿床资源研究所,2002.东昆仑地质综合找矿预测与突破[R].

中国人民武装警察部队黄金第二总队,2013.青海省祁连县红土沟-川刺沟岩金矿普查报告[R].

兴海县源发矿业有限公司,2014.兴海县满丈岗陆相火山岩型金矿普查报告[R].

青海省地质矿产勘查开局,1990.青海省区域矿产总结[R].

图 版

图版 I（五龙沟金矿）

1. 五龙沟金矿

2. 渣土场

3. 运输

4. 选矿

5. 尾矿库

6. 产品金锭

图版 Ⅱ（五龙沟金矿）

1. Ⅺ含矿带水闸东沟段

2. Ⅺ含矿带黄龙沟段

3. Ⅶ号蚀变带红旗沟矿段

4. Ⅸ号蚀变带红旗沟矿段

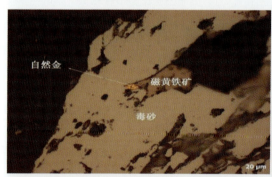

5. 磁黄铁矿和自然金共同以包裹体形式嵌布于毒砂中

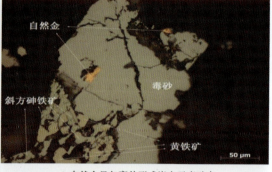

6. 自然金呈包裹体形式嵌布于毒砂中

7. 自然金包裹于毒砂中，并有部分已经裸露

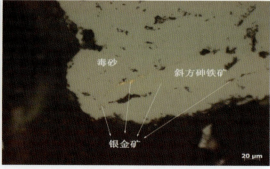

8. 银金矿呈粒状、脉状嵌布于毒砂和斜方砷铁矿颗粒间隙中

图版Ⅲ（五龙沟金矿）

1. 自形柱粒状结构、他形粒状结构，浸染状构造
（柱粒状毒砂和他形黄铜矿呈浸染状分布在脉石矿中）

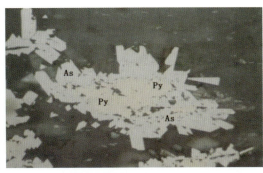

2. 半自形—自形粒状结构　局部放大　×400 单偏光
［半自形—自形粒状毒砂(Ars)围绕黄铁矿(Py)外围生长］

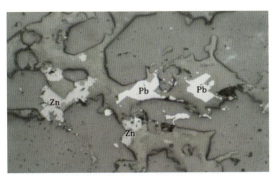

3. 他形粒状结构，浸染状构造

4. 包含结构［毒砂(Ars)包裹在黄铁矿(Py)中］

5. 包含结构、乳滴状结构　　　×160 单偏光
（闪锌矿中包裹着方铅矿及黄色小点乳滴状黄铜矿）

6. 压碎结构　　　×80 单偏光
（黄铁矿被压碎成大小不等的碎粒，黄铜矿沿其破碎裂隙贯入）

7. 半自形粒状结构，细脉浸染状构造　×40 单偏光

8. 细脉状构造　　　×40 单偏光
（白色黄铁矿沿岩石裂隙贯入呈不规则细脉）

图版 Ⅳ（五龙沟金矿）

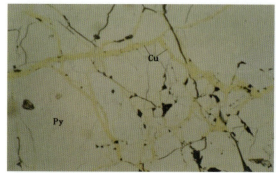

1. 网络状构造　　　　　　　×160单偏光
（黄铜矿沿黄铁矿粒间和裂隙贯入呈网络状）

2. 角砾状构造　　　　　　　×50单偏光
（含矿岩石的构造角砾被次生矿物黄色黄钾铁矾胶结）

3. 糜棱岩型金矿石

4. 蚀变斜长花岗岩型金矿

5. 碎裂岩型金矿石

6. 斜长花岗岩型金矿石

7. 高岭土化　　黑石沟TC3501探槽内

8. 黄钾铁矾化　　黄龙沟TC5501探槽内

图版Ⅴ(满丈岗金矿)

1. 流纹质角砾晶屑熔岩
2. F2断裂破碎蚀变带

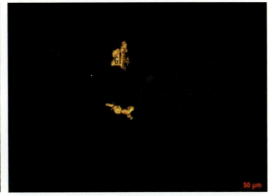

3. 蚀变石英脉
4. 自然金(Ng)呈中粒麦粒状和树枝状分布在石英颗粒间

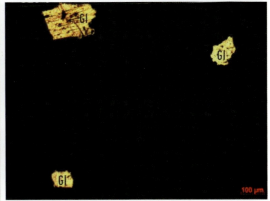

5. 自然金(Ng)呈巨粗粒麦粒状分布在石英颗粒间
6. 自然金(Ng)呈巨粗粒麦粒状分布在石英颗粒间

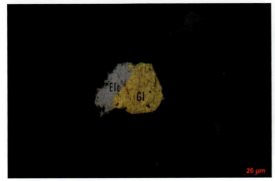
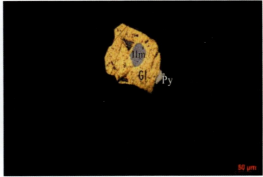

7. 自然金(Ng)与银金矿(El)呈细粒麦粒状连生在一起
8. 自然金(Ng)分布在石英颗粒间,内部包裹银金矿

图版 Ⅵ（满丈岗金矿）

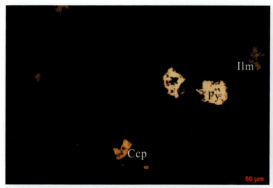
1. 黄铁矿（Py）、黄铜矿（Cp）与他形钛铁矿（Il）伴生

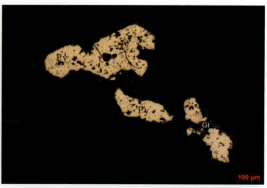
2. 黄铁矿（Py）被褐铁矿（Lm）交代形成环边结构

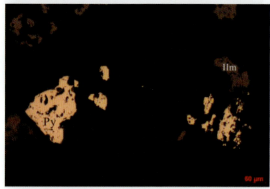
3. 半自形黄铁矿（Py）与他形钛铁矿（Il）伴生

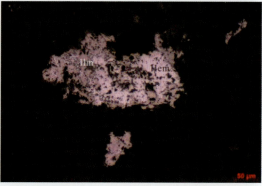
4. 钛铁矿（Il）与赤铁矿（Hm）相互交代

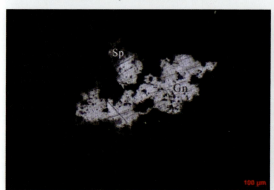
5. 闪锌矿（Sph）沿着方铅矿（Ga）的边缘以及裂隙进行交代

6. 方铅矿（Ga）的典型黑三角

7. 他形方铅矿（Ga）与自形晶黄铁矿（Py）伴生

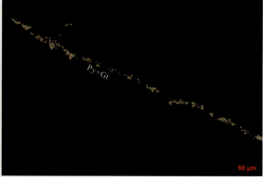
8. 黄铁矿（Py）组成细脉穿插在矿石中

图版Ⅷ（大场金矿）

1. 大场北山景观

远处为稍日哦山，由二叠纪硅化大理岩、结晶灰岩、蚀变玄武岩、砂板岩等组成，三叠纪地层主要为一套砂板岩互层组合，二叠系与三叠系之间呈断层（F4）接触关系。中间为大场北矿带及N1矿体。近处为大场北带与大场主带之间的砂金采坑

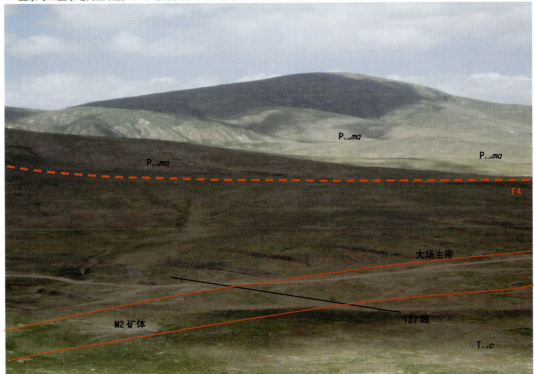

2. 大场主带及M2主矿体（局部）

3. 大场东南景观

远处为尕石崖，山脚下为大场河，砂金采坑长10km，平均宽100m。钻机所处位置为大场南带东延段

图版 Ⅷ（大场金矿）

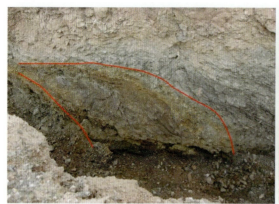

1. 地表探槽中含矿破碎带，带内黄铁绢云岩化发育（TC11501，品位8.89g/t）

2. 地表探槽中含矿破碎带顺层产出（TC8002H25，品位10.5g/t）

3. 揉皱、滑脱及金矿体（XT17小体重，品位6.13g/t）

4. 发育在张性裂隙中的石英脉体（ZK29）

5. 碎裂岩（ZK37，15m，品位8.92g/t）

6. 浸染状毒砂矿化、黄铁矿化长石砂岩（品位15.5g/t）

7. 东岔沟上游主带交汇处含明金石英脉

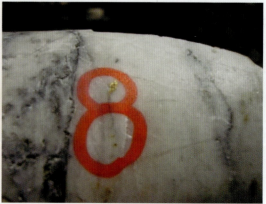

8. 明金（ZK414，92.5m，品位22.4g/t）

图版Ⅸ（大场金矿）

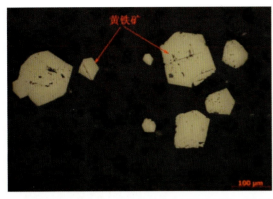

1. 黄铁矿呈自形晶、半自形晶结构嵌布于脉石矿物中（反光）　　2. 毒砂呈自形晶、半自形晶结构嵌布于脉石矿物中（反光）

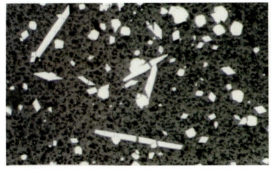 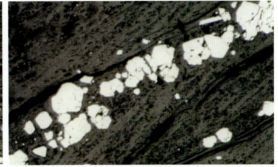

3. 黄铁矿呈自形粒状结构，毒砂呈自形长柱状结构，浸染状构造（反光，×156）　　4. 黄铁矿呈半自形—他形粒状结构，细脉浸染状构造共生有少量毒砂（长柱状、菱形断面）（反光，×156）

5. 压碎结构。自形浸染状毒砂被压碎（反光，×625）　　6. 穿插结构。黄铁矿被毒砂穿插（反光，×625）

7. 角砾状构造。含矿千枚岩（右）和含矿粉砂岩（左）的角砾被后期石英脉胶结（偏光，×125）　　8. 糜棱结构，假流动构造。浸染状黄铁矿（黑色粒状）和毒砂（黑色菱形）两端发育压力影（石英）（偏光，×500）